骨架

竹木大棚立柱与拱杆连接

安装草苫

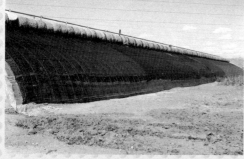

遮阳网覆盖

育苗温室

分散营养钵育苗

嫁接苗去除萌蘖

嫁接苗管理

2

虫情测报灯

大棚定植前撒施基肥

黄板诱蚜

3

温室番茄定植

温室番茄结果期

日光温室秋冬茬茄子

温室甜椒

4

瓠瓜

温室黄瓜盛果期

温室苦瓜

丝瓜

5

大棚厚皮甜瓜植株

温室西瓜吊蔓

一串铃冬瓜

西葫芦保花保果

豇 豆

温室菜豆

荷兰豆

汉中冬韭

中甘 11 号

花椰菜

绿菜花

皱叶生菜

8

名优蔬菜反季节栽培

（修订版）

主 编

吴国兴 陈杏禹

编著人员

刘晓芬 那伟民 刘学敏

任翠君 刘国新 张 臣

戴艳伟 张晓军

本书荣获第四届"中国人
民解放军图书奖"提名奖

金盾出版社

内 容 提 要

　　本书是《名优蔬菜反季节栽培》的修订版。编者根据近年来蔬菜栽培技术的发展、新品种的涌现和农药的新旧换代，对第一版进行了必要的删简、增添和编排。全书分为综合篇和栽培篇。综合篇除蔬菜的保护地设施部分外，新增蔬菜的无公害栽培和化学调控技术两章。栽培篇撤掉了一些老品种，换上了很多新品种；删掉了芽苗菜部分。全书内容包括：综合篇的蔬菜保护地设施、无公害栽培、化学调控技术，栽培篇的瓜类、茄果类、绿叶菜类和其他蔬菜的栽培技术。本书内容更加充实，技术更加先进，更加贴近人民的需要。适合广大菜农和园艺生产技术人员阅读。

图书在版编目(CIP)数据

　　名优蔬菜反季节栽培/吴国兴，陈杏禹主编．—修订版．—北京：金盾出版社，2007.6
　　ISBN 978-7-5082-4529-4

　　Ⅰ．名…　Ⅱ．①吴…②陈…　Ⅲ．蔬菜-温室栽培　Ⅳ．S626.5

　　中国版本图书馆 CIP 数据核字(2007)第 042869 号

金盾出版社出版、总发行

北京太平路 5 号(地铁万寿路站往南)
邮政编码：100036　电话：68214039　83219215
传真：68276683　网址：www.jdcbs.cn
彩色印刷：北京 2207 工厂
黑白印刷：北京四环科技印刷厂
装订：海波装订厂
各地新华书店经销
开本：850×1168 1/32　印张：15.5　彩页：8　字数：392 千字
2009 年 5 月修订版第 9 次印刷
印数：70001—90000 册　定价：25.00 元

前　言

　　《名优蔬菜反季节栽培》2001年10月出版以来，深受广大读者欢迎，截至2006年6月，已经5次印刷，并荣获第四届"中国人民解放军图书奖"提名奖。

　　近年来，由于国民经济快速发展，人民生活水平不断提高，对副食品也有了更高的需求。在生产领域，蔬菜种类增加，品种换代，新的技术、新的科研成果、高产高效益典型大量涌现。本书初版已很难适应新形势的需要。为此，重新调整编著人员，将内容进行必要的删简、增添和编排，进行了全面修订。

　　修订版的《名优蔬菜反季节栽培》，除了保持原版力求反映最新科技成果、注重实际、理论贴近生产和深入浅出、系统完整、重点突出、表述通俗简练、浅显易懂的特点外，对内容进行了如下编排：全书分为综合篇和栽培篇。综合篇除蔬菜的保护地设施部分外，新增蔬菜的无公害栽培和化学调控技术两章。栽培篇增添了很多新品种，删掉了芽苗菜部分。

　　本书修订时参考了有关学者、专家的著作资料，在此表示感谢！由于水平所限，书中错误和不当之处在所难免，欢迎批评指正。

编　者

2007年2月25日

目 录

第一篇 综合篇

第一章 蔬菜的保护地设施

人为地创造条件,改变局部小气候,进行多种蔬菜的提早、延后和超时令栽培,统称反季节栽培,又叫保护地栽培。

在保护地设施中,有简易保护地设施、塑料拱棚和温室。我国首创的日光温室具有造价低、节能、实用、高效等特点,成为北方地区的主要保护地设施。

一、简易保护地设施

(一)风 障

风障是蔬菜生产应用最早的简易保护地设施,现在仍在应用。具有提高局部温度和防止作物遭受风害的作用。

1. 风障的种类及设置 风障分为大风障和篱笆障两种。

大风障设在生产地块的北侧,用高粱秸或芦苇筑成。近年来由于高粱秸和芦苇短缺,改用细竹竿筑成篱笆障,再用旧塑料薄膜作披风。

西欧和北欧用 15 厘米宽的黑色塑料薄膜条编织在木桩拉起的铁丝网上,形成透过 50%风的风障。

日本用冷纱绑在木桩或铁架上,构成单排风障或围障。

篱笆障也叫花障,用高粱秸或细竹竿编织,与大风障配套。

大风障距离 30~40 米,中间设置 4~5 排篱笆障。篱笆障距离 5~6 米。

2. 风障的作用 风障的主要作用是减弱风速,提高局部温度。

最佳范围是风障高度的 1.5～2 倍，可减弱风速 15% 左右。越是风大天气效果越明显。如果再有篱笆障配套，防风效果更好（表1-1，表1-2，表1-3）。

表1-1 各排风障障前不同位置风速比较 （米/秒）

排 次	距风障的距离（米）					障 外
	1	2	3	4	5	
第一排障	0.61	0.91	1.18	1.30	1.67	3.83
第二排障	0.30	0.64	1.00	0.84	0.40	
第三排障	0.00	0.13	0.43	0.38	0.20	
第四排障	0.00	0.00	0.07	0.23	0.00	

表1-2 风障各部位地表温度 （℃）

部位（米）	有风晴天		无风晴天		阴 天	
	10厘米地温	比露地增温	10厘米地温	比露地增温	10厘米地温	比露地增温
0.5	10.4	7.2	−0.2	2.1	0.0	0.6
1	8.8	5.6	−0.4	1.9	−0.4	0.2
5	5.5	2.3	−2.1	0.2	−0.5	0.1
10	2.8	−0.4	−2.3	0.0	−0.5	0.1
15	4.6	1.4	−2.0	0.3	−1.0	0.4
露地	3.2	—	−2.3	—	−0.6	—

表1-3 风障前后冻土层深度

地 点	风障不同部位（米）	冻土层深度（厘米）
风障前	0.5	37.0
	1.0	43.0
	2.0	58.0
	4.0	72.0
	8.0	76.0

地 点	风障不同部位（米）	冻土层深度（厘米）
风障后	0.5	83.0
	1.0	96.0
露地		76.0

从表 1-1 可以看出：风障排数越多，减弱风速效果越明显。从表 1-2 和表 1-3 可以看出，距风障越近，增温效果越明显，但是不同天气有差异。有风的晴天增温多，阴天增温少。效果主要表现为气流比较稳定，风障前光照较强，地温较高，蔬菜生长发育快，可获得早熟高产。

设置大风障应在入冬前进行，使冻土层较浅，春天土壤化冻快，对越冬叶菜类早熟效果明显。篱笆障可在春天根据需要临时筑起，到菜豆、豇豆、黄瓜插架时，撤下来作为架材。

（二）阳 畦

阳畦是在田间用土作框，北侧筑大风障，畦面盖玻璃窗扇，夜间覆盖草苫，以北京和大连地区应用最普遍，主要用于早春育苗和蔬菜早熟栽培。20 世纪 80 年代以来，由于木材和玻璃紧缺，已改为畦面搭竹竿，覆盖塑料薄膜代替玻璃窗扇，不但降低生产成本，还便于操作和管理。

阳畦宽 1.8～2 米、长 10～20 米，北框高出地面 20 厘米，南框高出地面 5 厘米（图 1-1）。根据地块宽度，可多个阳畦连成一排。

在阳畦的基础上加宽加高，后部筑 1 米左右高的土墙，前部用竹竿作拱杆，形成中部高 1.3～1.5 米、宽 3～4 米的半拱形改良阳畦，拱杆上覆盖塑料薄膜，夜间覆盖草苫。改良阳畦不但提高了采光、保温效果，还便于操作，既适于早春蔬菜育苗，耐寒叶菜类的越冬栽培，还可进行矮棵果菜类蔬菜提早、延后栽培（图 1-2）。

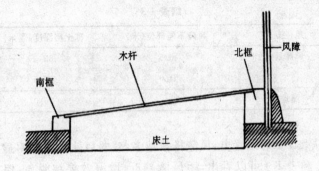

图 1-1　阳畦结构示意图

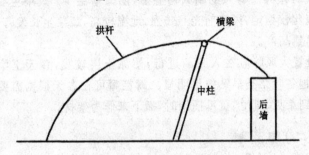

图 1-2　改良阳畦示意图

（三）地膜覆盖

地膜覆盖已在农业生产上广泛应用。其效应表现在以下几个方面。

1. 增温　透明地膜覆盖能提高地温,0～20 厘米深的地温,日平均增加 3℃～6℃。但不同天气、不同覆盖方式,增温效应是不同的,晴天增温多,阴天增温少,高垄高畦增温多,平畦增温少。

2. 改善光照条件　由于地膜和地膜下表面附着水滴的反射作用,可使近地面的反射光和散射光增强 50％～70％,提高作物光合作用,取得早熟增产效果。

3. 防止肥水流失　可防止大雨造成的地面径流,避免肥水流失,提高土壤施肥的利用率,相对节省肥料。

4. 保水作用 地膜封闭下减少水分蒸发,促进了土壤深层毛细管水向上运动。水分在地膜下形成内循环,减少了蒸发,使深层水分在上层累积,气化的土壤水分在地膜内表面凝结成水滴,被土壤吸收,所以具有保水作用。地膜覆盖不但能减少浇水量,在雨季还有利于排水、防涝作用。

5. 优化土壤理化性状 地膜覆盖下的土壤能始终保持疏松状态,土壤微生物活动加强,有机肥分解快,可提高土壤施肥利用率,相对节省肥料。

6. 减轻病虫草害 覆盖地膜能防止一些土传病害和借风雨传播的病害和部分虫害。如覆盖银灰色地膜有避蚜作用,对防止由蚜虫引起的病毒病效果明显;覆盖黑色地膜,能闷死杂草。

我国的地膜覆盖是 1978 年由日本引进的。日本的地膜覆盖是采用高垄、高畦进行地面覆盖,果菜类蔬菜必须在终霜后定植。我国引进后,经过试验,创造了改良地膜覆盖,利用高低埂畦和高畦沟栽,可在终霜前 10 天左右定植,先栽苗后盖地膜,终霜后把秧苗引出膜外,进一步提高了早熟效果(图 1-3,图 1-4)。

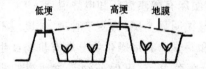 

图 1-3　高低埂畦地膜覆盖　　　图 1-4　高畦沟栽地膜覆盖

(四)遮阳网

1. 遮阳网的规格性能 遮阳网是由高密度聚乙烯拉丝编织而成,有银灰、黑、黄等颜色。遮光率为 $25\%\sim80\%$。具体规格见表1-4,表 1-5。

表 1-4　遮阳网的型号与遮光率　（％）

型　号	SZW-35	SZW-50	SZW-65	SZW-80
遮光率	35～50	50～65	65～80	＞80

表 1-5 遮阳网的型号与力学功能

型　　号		SZW-35	SZW-50	SZW-65	SZW-80
拉断力(牛)	纬向		＞280	＞380	＞450
	经向			＞280	

2. 遮阳网的应用　南方夏季防高温、强光、暴雨,利用拱架,覆盖遮阳网,进行蔬菜栽培,或进行育苗,高温、强光、暴雨季节过去后再定植于露地;北方炎热夏季,把遮阳网覆盖在日光温室,塑料大、中、小棚上,可进行多种蔬菜越夏栽培或进行遮荫育苗。

（五）温　床

温床是在苗床的床土下面加温,可在露地设置,也可在日光温室或大、中棚中设置。常用的温床有酿热温床和电热温床。

1. 酿热温床　规格与阳畦无明显差别,为便于管理,长度应不超过 8 米。酿热物多用稻草和马粪。利用微生物分解有机物产生热量,在酿热物上铺床土进行蔬菜育苗,可保证幼苗对地温的需要。

马粪与稻草的比例为 3∶1,在床内先铺 3 厘米厚的稻草,浇热水后再铺 10 厘米厚新鲜马粪,穿胶底鞋踩实。如马粪含水量不足,可喷水后再踩。在露地设置温床需要踩两层酿热物。为了防止因四周受低温的影响,保持床土温度一致,床底挖成覆锅形(图1-5)。

2. 电热温床　在苗床的床土下铺设电热线,通电后土温上升。电热线每根长度为 80～160 米,每平方米苗床设定功率为 80～

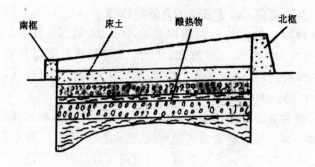

图 1-5　酿热温床断面示意图

100 瓦,可做成 10 平方米的苗床。在苗床两端钉上小木桩,把电热线按 10 厘米间距,挂在两端的小木桩上。挂线由 3 个人操作,一人持线往返于苗床两端,两人在两端把线挂在桩上,线要拉紧。挂完线接上电源,通电后检查无问题时再铺床土。接电源要按说明书或请电工操作。

电热线与控温仪配套,可自动控制温度。不设控温仪时,可在通电后用地温计实测床土温度,根据温度通电或断电(图 1-6)。

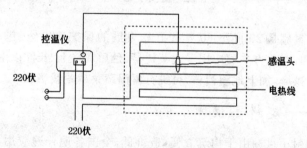

图 1-6　电热温床示意图

(六)防虫网覆盖

防虫网是以高密度聚乙烯为主要原料,经拉丝编织而成的一种形似窗纱的新型覆盖材料,具有抗拉强度大,抗紫外线,耐腐蚀、耐老化等性能。利用防虫网覆盖栽培能有效地防止害虫的发生,是实现夏季蔬菜无公害栽培的有效措施之一。

1. 种类 目前防虫网按网格大小有 20 目、24 目、30 目、40 目,幅宽有 100 厘米、120 厘米、150 厘米等规格。使用寿命 3~4 年。色泽有白色、银灰色等。蔬菜生产中为防止害虫迁飞,以 20 目、24 目最为常用。

2. 覆盖方式 根据覆盖的部位可分为完全覆盖和局部覆盖两种类型。完全覆盖是指利用温室或大棚骨架,用防虫网将其完全封闭的一种覆盖方式。局部覆盖只在通风口门窗等部位设置防虫网,在不影响设施性能的情况下达到防虫效果。防虫网覆盖前应对温室大棚用药剂彻底熏蒸消毒,切断设施内的虫源。

3. 性能 防虫网可有效地防止菜青虫、小菜蛾、蚜虫等害虫迁入棚内,抑制了虫害的发生和蔓延,同时有效地控制了病毒病的传播。另外,由于其网眼小,可防止暴雨、冰雹等对蔬菜植株的冲击,并有一定的保湿作用。结合覆盖遮阳网,还具有遮光降温的功效。

二、塑料棚

塑料棚是 20 世纪 60 年代开始发展的保护地设施,包括大、中、小棚,在北方主要应用于蔬菜提早、延后栽培上,长江以南大棚内扣小拱棚,加上地膜覆盖,可进行喜温蔬菜越冬栽培。

(一)塑料小拱棚

塑料小拱棚由于构筑方便,造价低,全国各地普遍应用,分布范围最广,面积最大。

1. 小拱棚的规格结构 跨度 1~2 米,高 0.6~0.8 米,长 6~8 米,用细竹竿或刺槐条弯成拱形,两端插入土中,拱杆间距 0.6~0.7 米。覆盖普通聚乙烯或聚氯乙烯薄膜,四周埋入土中踩实。

1 米跨度的小拱棚多用细竹竿作拱杆。2 米跨度小拱棚用竹片作拱杆,为了提高稳固性,在中部设一道横梁,2~3 米距离处设一立柱支撑(图 1-7,图 1-8)。

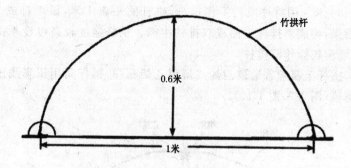

图 1-7　1 米小拱棚结构图

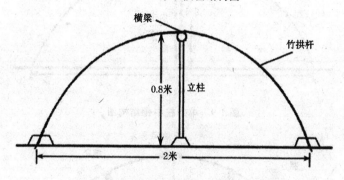

图 1-8　2 米小拱棚结构图

2.小拱棚的应用及小气候特点　以蔬菜春提早栽培为主,也可作为移苗应用。

小拱棚空间小,晴天升温特别快,夜间降温也快。遇到寒流强降温,棚内外温差很小,不论生产和育苗,都要防高温危害和冻害。

(二)塑料中棚

塑料中棚是介于大棚和小棚之间的塑料棚,与大棚的区别只是大小的不同。大棚面积多为 667 平方米左右,而中棚的面积只有大棚的 1/10~3/10。

1. 塑料中棚的规格与建造 跨度 5～6 米,高 1.8～2 米,长 10～30 米。用竹片或竹竿作拱杆,拱杆间距离 1 米,设 1 排或 2 排横梁,构成单排柱中棚或双排柱中棚。拱杆强度较高可设单排柱,强度较低作双排柱。

拱杆上覆盖普通聚乙烯或聚氯乙烯薄膜,拱杆间用压膜线压紧薄膜(图 1-9,图 1-10)。

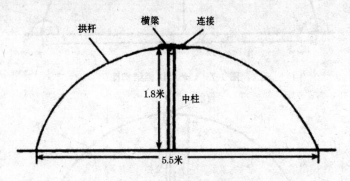

图 1-9　单排柱中棚结构图

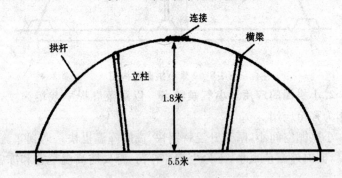

图 1-10　双排柱中棚结构图

2. 中棚小气候特点 中棚的小气候与大棚相似,由于空间较小,热容量少,升温快,降温也快,保温效果不如大棚,优于小拱棚。

由于面积小,可覆盖草苫进行外保温,蔬菜提早延晚栽培效果优于大棚。

（三）塑料大棚

我国的塑料大棚是 20 世纪 60 年代兴起的。开始是竹木结构拱形单栋有柱大棚，面积 667 平方米左右，后来又发展了钢架无柱大棚。曾经一度向大型连栋发展，出现了 6 670 平方米的连栋大棚。经过生产实践发现，这种棚既不利于排雪，放风也困难，20 世纪 80 年代初已相继淘汰。

1.大棚的规格结构

(1)竹木结构大棚 跨度 12～14 米，中高 2.4～2.7 米，长 50～60 米。以竹竿为拱杆，木杆为立柱和拉杆，拱杆间距多为 1 米(图 1-11)。竹木结构大棚建造简易，造价低，其稳固性主要靠立柱支撑。由于立柱多，不但作业不方便，遮光部分也多。

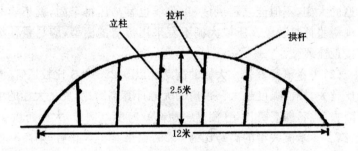

图 1-11 竹木骨架大棚结构

(2)竹木结构悬梁吊柱大棚 把支撑拱杆的立柱减少 2/3，改用小吊柱支撑拱杆。由于加重了立柱和拉杆的荷载，立柱和拉杆的截面需加大，以提高大棚的稳固性(图 1-12)。

2.大棚的设计 大棚的稳固性，除建材外，棚的高跨比、长跨比，棚面的构型都有密切关系。

(1)大棚的合理棚型 塑料大棚的稳固性，既决定于骨架的材质、塑料薄膜的质量、压膜线压紧程度，也与棚面的弧度有密切关系。

竹木结构的大棚，由于有很多立柱支撑，遇大风或大雪天气，

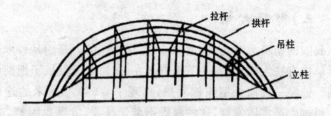

图 1-12　竹木结构悬梁吊柱大棚

虽然骨架不会倒塌,但是棚膜破损在大风天气容易出现。原因是棚面平坦,在风速大时,棚面上空气压强变小,而棚内的空气压强未变,产生较大的空气压强差,使棚内产生举力,把薄膜鼓起,风速有时变小,又在压膜线的作用下,鼓起棚膜又回到骨架上,不断地鼓起、落下,摔打的结果使薄膜破损,甚至挣断压膜线。如果是流线型的大棚,不但能减弱风速,压膜线也容易压得牢固,就不容易出现薄膜摔打现象。所以大棚不宜采用带肩的棚型,应尽量使棚面接近流线型。

(2)大棚的高跨比　大棚的高跨比以 0.25～0.3 比较适宜,高跨比越大,棚面弧度越大。带肩的大棚计算高跨比,要从大棚的中高减去肩高,即高跨比=(棚高－肩高)/跨度。例如,大棚跨度 10 米,高 2.5 米流线型的高跨比为 0.25,如果有 1 米高肩,则高跨比=(2.5－1)/10=0.15,势必造成棚面平坦,降低抗风能力。

(3)大棚的长跨比　长跨比与大棚的稳固性也有关系。长宽比值较大,地面固定部分越多,稳固性越强。例如,大棚面积为 667 平方米,跨度 14 米,长度应为 47.6 米,周边长为 123 米;而跨度为 10 米,长度为 66.6 米,周边长度为 153 米,地面稳固部分增加 30 米,所以稳固性增强。大棚的长跨比应等于 5 或大于 5。

3. 大棚的建造　首先选择场地,进行规划,然后根据建造材料确定大棚规格进行施工。

(1)场地选择与规划　选择地势平坦、开阔,避开风口,距水源近的地块。确定每栋大棚的面积和长、跨度后,再确定棚间和棚头间的距离。棚间距离应达到 2～2.5 米,以便于放风,棚头间距离应达到 5～6 米,以便于车辆通过。

(2)竹木结构大棚建造 在初冬土地封冻前,在规划好的大棚场地上,按 1 米间距埋 6 排立柱(边柱、腰柱、中柱各 2 根),均匀分布于大棚的地面上。中柱和腰柱垂直,边柱顶端向外倾斜 15°～80°。为防立柱下沉或上拔,在柱脚处钉上 20 厘米长的横木。立柱埋入土中 30 厘米深,距柱顶 4～5 厘米处钻孔,以便穿过细铁丝固定拱杆,距立柱顶端 25 厘米处用木杆作拉杆,纵向固定在立柱上,把立柱连成一体。

用 4～5 厘米粗的竹竿作拱杆,两端埋入土中,中部通过边柱、腰柱和中柱,固定在拱杆上(图 1-13)。

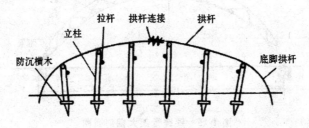

图 1-13 有柱竹木大棚骨架

(3)竹木结构悬梁吊柱大棚建造 建造方法与有柱大棚完全相同,不同之处是减少 2/3 立柱,用小吊柱代替立柱。小吊柱用 4 厘米粗 20 厘米长的木杆,两端穿孔,穿过细铁丝,下端固定在拉杆上,上端固定在拱杆上(图 1-14)。

(4)钢骨架大棚建造 钢管骨架无柱大棚,跨度 10 米,中高最低 2.5 米,长 66 米左右。用 6 分镀锌钢管作拱杆,每隔 3～4 道拱杆,设一加强桁架,用 φ14 钢筋,拉花用 φ10 钢筋,在下弦处设 5 道拉筋,斜撑用 φ10 钢筋焊在拱杆和拉筋上(图 1-15)。

(5)塑料薄膜覆盖大棚 用普通聚乙烯或聚氯乙烯薄膜覆盖。覆盖时先在两侧盖底脚围裙,用 1～1.1 米宽的两幅棚膜,长度超

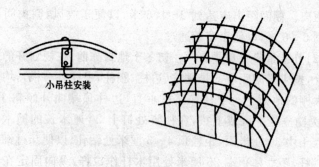

图 1-14　竹木结构悬梁吊柱大棚示意图

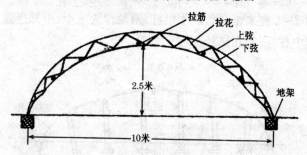

图 1-15　镀锌管架大棚剖面图

过大棚长度 1 米,上边卷入塑料绳烙合成筒状,绑在各拱杆上,下边埋入土中。棚顶盖一整块薄膜,薄膜宽度不足时,用两幅以上薄膜烙合,宽度为盖满围裙以上棚面,并延过围裙 30 厘米左右,长度为棚长加棚高的 2 倍,再加 0.5 米。选无风的晴天,把烙合好的薄膜从两侧向中间卷起,放在大棚顶部,向两侧放下,棚头两端拉紧埋入土中踩实,两侧拉紧延过围裙,用压膜线压紧。

(6)安装大棚门　覆盖薄膜前在大棚两端拱杆下设置门框,但不安门。覆盖薄膜后把门框中间的薄膜切开"丁"字形口,把两边卷在门框上,上边卷在上框上,用木条钉住,再安门。

4.塑料大棚建材用量　为了便于农民朋友造建竹木棚参考,将普通竹木结构大棚及悬梁吊柱大棚的建材用量列于表 1-6,表1-7。

表 1-6　竹木结构大棚用料表　（667 平方米）

材料名称	规格(厘米) (长×直径)	单 位	数 量	用 途	备 注
木 杆	290×5	根	112	中 柱	
木 杆	260×5	根	112	腰 柱	
木 杆	190×5	根	112	边 柱	
木 杆	400×4	根	104	拉 杆	
木 杆	25×3	根	336	柱脚横木	
竹 竿	600×4	根	224	拱 杆	
竹 片	400×4	根	114	底脚横杆	截断用
门 框		副	2		
木板门		扇	2		
木 杆	400×4	根	30	底脚固定拱杆	
塑料绳		千克	4	绑拱杆	
细铁丝	16#	千克	3	绑拱杆	
钉 子	7.62	千克	4	钉横木	
铁 线	8#	千克	50	压膜线	
聚乙烯薄膜	普通聚乙烯膜	千克	110	覆盖棚面	
红 砖		块	110	拴地锚	

注:跨度 12 米,长 55.5 米,高 2.5 米

表 1-7　竹木结构悬梁吊柱大棚用料表　（667 平方米）

材料名称	规格(厘米) (长×直径)	单 位	数 量	用 途	备 注
木 杆	290×6	根	37	中 柱	
木 杆	230×6	根	37	腰 柱	
木 杆	190×6	根	37	边 柱	
木 杆	300×5	根	120	纵向拉杆	

材料名称	规格(厘米) (长×直径)	单 位	数 量	用 途	备 注
木 杆	25×4	根	111	柱脚横木	防止立柱 上下串动
竹 竿	500×4	根	168	拱杆	
木 杆	20×4	根	224	小吊柱	
竹 片	400×4	根	114	底脚横杆	
细铁丝	16#	千克	3	固定拉杆小吊柱	
铁 线	8#	千克	50	压膜线、地锚	
钉 子	5	千克	4	钉横木	
门 框		副	2		
木板门		扇	2		
薄 膜		千克	110	覆盖棚面	
木 杆	400×4	根	30	底脚固定拱杆	
麻 绳		米	120	穿底脚围裙	
红 砖		块	110	拴地锚	

5. 塑料大棚内的小气候特点及调节

(1)光照条件 塑料大棚内的光照,因受薄膜的影响,与自然界光强比较,明显偏低,原因是棚面呈弧形,光线被反射掉一部分,拱杆、立柱、拉杆遮掉一部分,覆盖普通聚乙烯或聚氯乙烯薄膜,内表面布满水滴也反射一部分。见光时间与自然界一致,晴天光照强时棚内光照也较强,而阴天光照弱时棚内光照也弱。

大棚内光照度随季节和天气的变化而变化,外界光照强的季节棚内光照也强,外界光照弱的早春、晚秋棚内也弱。在一天中晴天的中午光照强,阴天光照弱。

大棚内各部位的光照强度有差异,越接近棚面越强,向下递减。光照的水平分布与棚的走向有关,南北延长的大棚,上午东侧光照强,下午西侧光照强。从全天来看两侧差异不大,但两侧与中间各有一弱光带。东西延长的大棚平均光照度比南北延长的大棚高,升温快,但棚内南部光照度明显高于北部,南、北最大可相差20%,光照的水平分布也不均匀。

大棚内夏季光照强,经过 2~3 个月的覆盖,薄膜内表面已无水滴,对有些忌强光的作物,容易遭受强光高温危害,需覆盖遮阳网,减弱光照强度,降低温度。

(2)温度条件 大棚的气温明显高于外界,虽然晴天白天气温上升快,到了夜间下降也快,但是地温升高后,可使棚内温度下降速度减慢。入冬前覆盖薄膜的大棚,冻土层可比露地浅 1/3 以上,春天土壤化冻快,10 厘米以下温度较高,夜间气温下降后,土壤中的热量释放出来,可使气温下降速度减慢,棚内高温时间较长,对作物生育有利。

大棚内春、秋两季气温明显高于露地,有利于春提早和秋延后栽培,但是受天气的影响明显(表1-8)。

塑料大棚栽培蔬菜,关键是调节温度。根据不同蔬菜、不同生育时期对温度的要求进行调节,尽量延长最适宜温度的时间,减少不适宜温度时间,防止高温和低温危害,温度高时可通风降温,早春出现寒流时可覆盖小拱棚保温。夏季由于强光,靠通风降温困难时可覆盖遮阳网。

表1-8　大棚内外最高气温比较

天　气	气　温(℃)		
	棚　内	棚　外	内外温差
晴　天	38.0	19.3	18.7
多　云	32.0	14.1	17.9
阴　天	20.5	13.9	6.6

(3)湿度条件 塑料大棚在生产过程中完全靠人工灌溉,不受

自然降水的影响,可完全根据栽培作物不同生育阶段对水分的要求供给适宜水分,这是容易获得高产稳产的原因之一。

大棚内空气湿度高于露地,空气湿度来自土壤蒸发和作物蒸腾水分,早春通风量很少,密闭时间长,空气湿度高,有时超过90%,白天多在60%~80%,对有些蔬菜容易发生气传病害。所以浇水宜在晴天上午进行,浇水后应加强通风,对果菜类蔬菜最好采用高垄、高畦覆盖地膜。

三、日光温室

日光温室是我国独创的保护地设施。在北纬40°地区冬季不加温可生产喜温蔬菜,在节能方面居国际领先水平。到目前为止,除我国的日光温室外,没有任何国家,任何保护地设施,在冬季外界气温达到－20℃甚至更低时,不进行人工加温能生产喜温蔬菜。

(一)日光温室的主要类型结构

日光温室从前屋面的构型来分,主要有一斜一立式和半拱形两种类型。

1. 一斜一立式温室 跨度7~8米,脊高2.5~3.1米,后屋面水平投影1.2~1.5米,前立窗高0.6~0.8米,前屋面采光角18°~23°,长度多为60~80米(图1-16)。

2. 半拱形温室 跨度、高度、长度与一斜一立式温室基本相同,主要区别是前屋面的构型为半拱圆形。这种温室采光性能良好,而且屋面薄膜容易被压膜线压紧,抗风能力强(图1-17)。

日光温室的结构主要有竹木结构(土墙、土后屋面)、钢管结构(砖墙、永久式后屋面)和混合结构(竹木结构改木杆立柱为水泥预制柱或钢竹混合结构)。竹木结构温室应用普遍,主要优点是造价低,建造容易,可就地取材,充分利用农副产物,保温效果也比较好。缺点是每年需要维修,立柱多,拱杆截面大,遮光部分多,作业

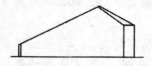
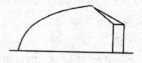

图 1-16　一斜一立式日光
　　　　温室示意图

图 1-17　半拱形日光
　　　　温室示意图

也不方便。钢管无柱日光温室因为造价高,前期应用不普遍,近年已经开始逐渐发展起来。

(二)日光温室的采光设计

日光温室的热能来自太阳辐射,太阳光透入温室内,由短波光转为长波光,产生热量,温度升高。只有多透过太阳光才能升温快,对蔬菜作物的光合作用也最有利。采光设计就是确定日光温室的方位角、前屋面采光角度、后屋面仰角,使太阳光最大限度地透入温室。

1. 方位角　日光温室东西延长,前屋面朝向南方。采取正南方位角,正午时太阳光线与温室前屋面垂直,透入室内的太阳光最多,强度最高,温度上升最快。根据地理纬度不同,温室可采用不同的最佳方位角。北纬 40°左右地区,日光温室以正南方位角比较好。北纬 40°以南地区,以南偏东 5°比较适宜,太阳光线提前 20分钟与温室前屋面垂直,温度上升快,作物上午光合作用强度最高,南偏东 5°,对光合作用有利;北纬 40°以北地区,由于冬季外温低,早晨揭苫较晚,则以南偏西 5°为宜,这样太阳光线与温室前屋面垂直延迟 20 分钟,相当于延长午后的日照时间,有利于高纬度日光温室夜间保温。

2. 前屋面采光角　设计日光温室采光角,首先从温室最高透光点向前底脚连成一条直线,使最高透光点与地面的垂线到地平面的点与前底脚连线呈三角形,前屋面与地面的夹角大小与透入温室的光线多少有密切关系。夹角越大,透入室内的太阳光越多。

太阳光线与前屋面垂直时,透入室内的太阳光最多,即入射角等于0°,称为理想屋面角。

以北纬40°为例,冬至日的太阳高度角为26.5°,与温室前屋面构成90°的投射角,即入射角等于0°时,温室前屋面的夹角为90°—26.5°=63.5°。

按理想屋面角设计日光温室,实际上是行不通的,不但浪费建材,提高造价,保温困难,管理也不方便(图1-18)。

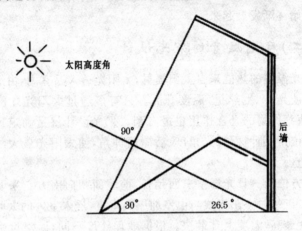

图1-18　理想屋面角

考虑到入射角与透光率之间的关系,并不是简单的直线关系,当入射角为30°时,反射损失仅为2.7%,40°时损失也不足4%,到60°透光率才急剧下降。所以第一代节能日光温室采光设计是以入射角40°为参数,称为合理屋面角。入射角与透光率之间的关系见图1-19。

计算合理屋面角的公式:

合理屋面角=90°—h_0—40°

式中,h_0 为太阳高度角

以北纬40°地区为例,已知冬至日太阳高度角为26.5°,代入公式,合理屋面角为:90°—26.5°—40°=23.5°。

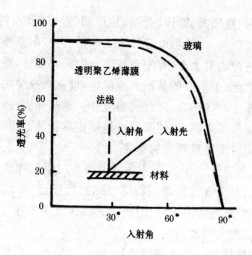

图 1-19　入射角与透光率的关系

　　20 世纪 90 年代以来,各地日光温室的生产实践表明,按合理屋面角设计建造的日光温室,在北纬 40°地区,冬季阴天少,日照百分率高的地区,气候正常的年份,效果较好,低纬度地区,日照百分率低,或遇到气候反常的情况,应用效果均不理想。为此,全国日光温室协作网专家组,经过深入考察研究后,提出合理时段采光理论,即从 10 时至 14 时,4 个小时内太阳入射角都不大于 40°。简便算法为当地纬度减 6.5°,即北纬 40°地区以 33.5°适宜,最小不小于 30°。

　　3. 后屋面仰角　后屋面仰角受温室后墙高、温室脊高、后屋面水平投影长度等指标制约。高度和水平投影固定后,后墙增高则后屋面平坦,室内后部受光不好;后墙矮,后屋面陡峭,光照好,但管理不便。日光温室后屋面的仰角应为冬至日正午时太阳高度角再增加 5°～7°,最多不超过 10°。以北纬 40°地区为例,冬至日的太阳高度角为 26.5°,再加 5°～7°,应为 31.5°～33.5°,不超过 35°。

（三）日光温室的保温设计

　　日光温室的热量来自太阳辐射,太阳辐射是以短波辐射的形式透入室内,被地面、墙体、骨架、后屋面、空气吸收,转化为热能,并通过长波辐射、传导和对流等方式进行交换,向室外放热。日光温室冬季进行蔬菜生产,首先要有科学的采光设计,最大限度地获得太阳辐射能,更重要的是把热能保住,也就是减少向室外的放热量和放热速度,这就需要进行保温设计。进行保温设计,关键是了解热量是怎样散失的,以便采取措施阻止热量的散失。

1. 日光温室热量损失的途径

(1)贯流放热 日光温室内获取的太阳辐射能转化为热能以后,以辐射、对流方式传送到山墙、后墙、后屋面、前屋面薄膜的内表面,再传导到外表面,通过对流散失到大气中去,叫做贯流放热,是温室热量损失的主要途径。

(2)缝隙放热 温室的墙体有缝隙,后屋面与后墙交接处有缝隙,前屋面薄膜有孔洞,温室出入口不严,管理人员出入时开关门,都会以对流方式把室内热量放到室外。

(3)地中传热 白天日光温室透入太阳辐射能,转化为热能以后,室内温度升高,大部分热能传入地下,成为土壤蓄热。传入土壤中的热量,加上原来蓄积在土壤中的热量,以两种主要途径向外界散失:一种是夜间或阴雨天,没有或基本没有太阳辐射能补给时,地表首先向空气中释放热量,进行热交换,当地表温度低于下层土壤温度时,下层土壤的热量便向地面传导,补充地面损失的热量,进而补充空气损失的热量。另一种是地中横向传导,由于温室四周被温度很低的土壤和冻土层包围,热量向室外传导。日光温室热量的损失途径见图1-20,图1-21。

2. 减少热量损失的措施 明白了日光温室热量损失的途径,就可以有针对性地进行保温设计。

日光温室的前屋面,覆盖0.1毫米厚的塑料薄膜,内外温差大,室内热量不断传导到外表面,散失到大气中。晴天白天揭开草苫后随着太阳的升高,透入室内的太阳辐射能多,增加的热量超过放出的热量,温度不断上升,到了午后,随着太阳高度角减小,产生

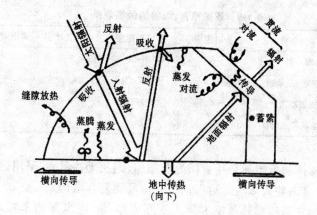

图 1-20　白天日光温室热平衡示意图

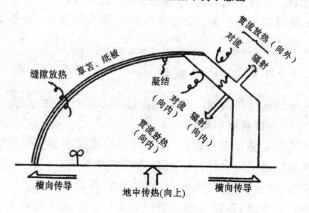

图 1-21　夜间日光温室热平衡示意图

的热量与放出的热量平衡,温度不再升高,进一步放出的热量大于产生的热量,室内温度就开始下降,温度降到一定程度,就要进行覆盖保温。

目前普遍采用稻草草苫覆盖,厚度为 5 厘米。北纬 40°以北地区寒冷季节盖双层草苫,或在草苫正面再加盖 4 张牛皮纸被。其保温效果见表 1-9。

表 1-9 覆盖草苫、纸被的保温效果 （℃）

保温条件	4时温度	室内外温差	盖草苫增温	盖纸被增温
室　外	−18.0	—	—	—
不盖草苫、纸被	−10.5	+7.5	—	—
加盖草苫	−0.5	+17.5	10.0	—
加盖草苫、纸被	6.3	+24.3	—	—

墙体和后屋面采用异质复合结构,钢架无柱温室,采用砖砌夹心墙,墙内装入苯板。后屋面也采用异质复合结构。

温室前底脚外侧挖沟装入 5 厘米厚、50 厘米深的苯板,或挖 50 厘米深、50 厘米宽的沟,装入乱草,培土踏实。

土筑墙和土后屋面,以及墙体和后屋面连接处,都不能有缝隙。

（四）日光温室的建造

1. 场地选择与规划　日光温室已经形成产业化,向集中连片发展,需要合理规划布局。

日光温室必须阳光充足。选择场地,南面不能有山峰、树木、高大建筑物等遮光物体,大烟囱、电线杆都不能有。地下水位低,土质疏松,交通方便,还要避开山口、河谷等风道及机动车辆频繁通过的乡间土路,不靠近排放烟尘的工厂。最好充分利用已有的水源和电源。

选好场地,首先要调整好土地,丈量面积,测准方位,确定温室的跨度、高度、长度及前后排温室间距,绘制田间规划图,按图施工。田间规划见图 1-22。

绘制田间规划图,首先要确定温室的方位和总体大小,然后按 1：50 的比例,绘制出各栋温室的位置。

目前日光温室跨度 7.5 米、高 3.5 米,后屋面水平投影 1.5～1.6 米,温室长 70～80 米比较普遍。计算前后排温室距离,用简

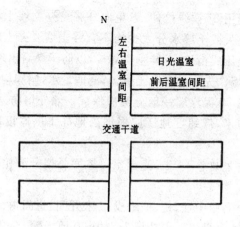

图 1-22 日光温室田间规划示意图

单的方法计算,是从最高透光点向地面引垂线,垂线与地面的交点距后排温室前底脚的距离为高度的 2 倍外加 1.5 米。

温室高 3.5 米,加上卷起草苫直径 0.5 米为 4 米,其 2 倍为 8 米,加 1.5 米为 9.5 米。减去后屋面水平投影 1.5 米、后墙 0.61 米,则后排温室前底脚至前排温室后墙根的距离为 7.39 米。如果后墙厚度为 1.5 米,则距离应为 6.5 米(图 1-23)。

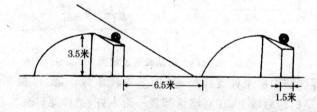

图 1-23 日光温室前后排间距

2. 竹木日光温室建造 竹木结构日光温室的山墙和后墙为夯土墙或草泥垛土墙,后屋面用高粱秸箔抹草泥。骨架用木杆或竹竿构成。

(1)筑墙 伏雨过后开始筑墙。按墙体位置放线,夯土墙在里外线处钉木桩,放上木板,木板内填土 50 厘米厚夯实,再填第二层土,木桩上端用 8# 铁线拴住,以免向外胀。夯土墙土壤必须干湿适宜,湿度过大或土壤水分太少均不宜夯土墙。夯土墙需多次夯成,应采取叠压式衔接,不能垂直靠接,以防干燥后出现裂缝。

草泥垛墙。先将碎草和土掺匀,浇适量水,调和均匀后用钢叉一层层垛起。草泥垛墙一般分两次垛成。墙外培防寒土,墙体厚度多为 50 厘米,低纬度地区应根据当地冻土层厚度决定墙体厚度。

(2)立后屋面骨架 日光温室后屋面骨架分为柁檩结构和檩椽结构。

柁檩结构:由中柱、柁、檩组成,3 米开间,每间由一根中柱、一架柁、3~4 道檩组成。中柱埋入土中 50 厘米深,向北倾斜呈 85°角,基部垫柱脚石,埋紧捣实。中柱上端支撑柁头,柁尾担在后墙上,柁头超出中柱 40 厘米左右。在柁头上平放一道脊檩,脊檩对接成一直线,以便安装拱杆。腰檩和后檩错落摆放(图 1-24)。

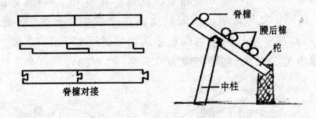

脊檩对接

图 1-24 柁檩结构示意图

檩椽结构由中柱支撑脊檩,用细木杆做椽子,上部担在脊檩上,椽尾担在后墙上,在后墙顶部放一道木杆,把椽尾钉在木杆上,椽头探出脊檩 40 厘米,椽头上设一道瞭檐,以便安装拱杆(图 1-25)。

(3)覆盖后屋面 立完后屋面骨架,雨季过后覆盖后屋面。用高粱秸、玉米秸或棉槐条作箔,抹草泥,上面再铺乱草、玉米秸防寒。

(4)建造一斜一立式温室前屋面骨架 用 4 厘米直径的竹竿

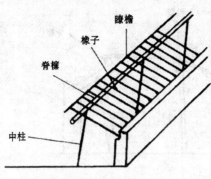

图 1-25　檩椽结构示意图

作拱杆,上端固定在脊檩上,下端固定在前立窗上,中部用腰梁支撑,腰梁下每隔 3 米设一立柱。拱杆间距 80 厘米。靠前底脚处用竹片作拱杆,弯成拱形,上端绑在竹竿下梢上,下端插入土中(图 1-26)。

(5)建造半拱形温室前屋面骨架　用 5 厘米宽竹

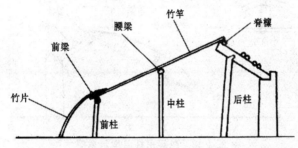

图 1-26　竹木结构—斜—立式温室前屋面骨架

片作拱杆,上端固定在脊檩或瞭檐上,下端插入土中,中部由腰梁和前梁支撑,形成半拱形前屋面(图 1-27)。

　　(6)建造悬梁吊柱温室前屋面骨架　竹木结构日光温室,为了作业方便,前屋面扣中、小棚保温,取消前屋面下的立柱,每 3 米设一加强桁架,在桁架上设横内梁,用小吊柱支撑拱杆(图 1-28)。

　　3. 钢管骨架日光温室建造

　　(1)筑墙　北纬 40°及其以北地区,用红砖砌夹心墙,内外墙均为二四墙,中间留出 11 厘米空隙,填入 5 厘米的苯板两层。后墙顶部浇筑钢筋混凝土梁。

　　砌墙时先砌内墙,清扫地面后放上苯板,双层苯板错口安放,再砌外墙。外墙皮抹水泥沙浆,内墙皮抹白灰各 1 厘米厚,墙体厚

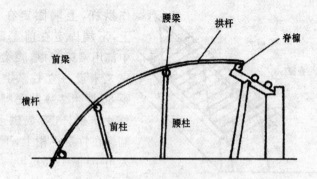

图 1-27　半拱形温室前屋面骨架

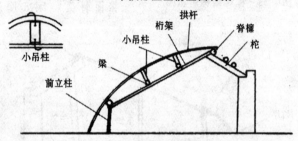

图 1-28　悬梁吊柱温室示意图

度为 61 厘米。

(2)拱架制作　用 6 分镀锌管作上弦,Φ12 钢筋作下弦,Φ10 钢筋作拉花,按前屋面形状做好模具,焊成拱杆。在前底脚处浇筑地梁,拱杆焊接在顶梁和地梁预埋的钢筋或角钢上。拱杆间距 80～85 厘米,由 3 道拉筋连成整体。拉筋用 Φ14 钢筋或 4 分镀锌管焊接,其中顶部拉筋焊接在屋脊部,改用槽钢,以便于覆盖薄膜时,把上边卷入木条装入槽钢内固定。

(3)后屋面异质复合结构　在拱杆上铺一层木板箔,两层 5 厘米厚草苫,靠后墙三角区填炉渣,上面抹水泥沙浆,并烫沥青防水层(图 1-29)。

4.日光温室薄膜的选用及覆盖　日光温室前屋面覆盖的薄膜,按树脂原料分为聚乙烯薄膜、聚氯乙烯薄膜和乙烯-醋酸乙烯

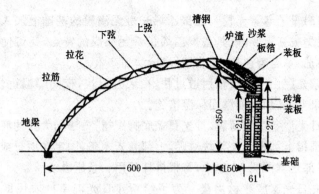

图 1-29　钢管骨架无柱温室示意图　（单位：厘米）

薄膜；按性能分有普通薄膜和无滴薄膜。无滴膜是在树脂中添加助剂，使薄膜表面张力与水的表面张力接近，水不形成水滴，只能形成水膜，按内表面弧度流到前底脚地面，所以透光率比较高。另外还有防老化功能。

日光温室普遍应用聚乙烯长寿无滴膜和聚氯乙烯无滴膜。乙烯-醋酸乙烯膜将成为换代产品，目前尚处在试用阶段。

(1)聚氯乙烯无滴膜　在聚氯乙烯树脂中加入一定比例的增塑剂、耐候剂、防雾滴剂，经塑化压延而成，有的还采用双向拉伸新工艺，使其幅宽由 2 米增加到 3～4 米。这种薄膜透光率高，没有水滴落在作物上，蔬菜生理障害和侵染性病害相对较轻，保温性能较好，适于北纬 40°以北地区使用。不足之处是透光率衰减速度快，经过夏季高温强光阶段，透光率明显下降，一般下降 50％甚至更多。耐高温能力差，膜面松弛，大风天容易破损。另外，比重大，单位面积成本高，薄膜表面增塑剂渗出后，吸尘严重，影响透光率。

(2)聚乙烯长寿无滴膜　在聚乙烯长寿膜的配方中加入防雾滴剂，不仅使用期延长，还具备无滴优点。比重轻，同样重量，比聚氯乙烯膜覆盖面积多 30％左右，生产成本相对较低。透光率、保温性能不如聚氯乙烯无滴膜，但透光率下降较慢。

近年来日光温室覆盖聚乙烯长寿无滴膜的面积已经不断增加。

(3)聚乙烯紫光膜 在聚乙烯长寿无滴膜的基础上加入紫颜色,吹塑成紫色膜,既具备聚乙烯长寿无滴膜的特点,又可使紫茄子、番茄、草莓着色好,采收期提早,增加产量。

紫光膜由于长波辐射透过快,白天升温快,夜间降温也快,保温效果差,需加强前屋面保温措施。

日光温室覆盖薄膜,首先覆盖底脚围裙,方法同大棚的底脚围裙。围裙上部覆盖一整块薄膜,上部卷入木条,固定在屋脊或后坡下,下部延至围裙 30 厘米,每根拱杆间用一条压膜线压紧。

5. 日光温室建材用量 为了给新建日光温室的农民朋友参考,将竹木结构的一斜一立式、半拱形、悬梁吊柱和钢管骨架日光温室的建造材料用量(以 667 平方米为单位)列于表 1-10,表 1-11,表 1-12,表 1-13。

表 1-10 竹木结构一斜一立式温室用料表 (667 平方米)

材料名称	规格(厘米)	单 位	数 量	用 途	备 注
木 杆	200×12	根	31	柁	
木 杆	350×8	根	31	中 柱	
木 杆	400×6	根	23	腰 梁	
木 杆	350×6	根	31	腰 柱	
木 杆	400×10	根	60	腰后檩	
木 杆	200×5	根	31	前 柱	
木 杆	300×4	根	30	前横梁	
竹 竿	700×4	根	112	拱 杆	
竹 片	400×4	根	66	底脚拱杆	
木 杆	300×10	根	30	脊 檩	
竹 竿	600×5	根	11	后屋面上拴绳	
巴 锔	20×Φ8	个	100	固定檩木	
钉 子	7.5	千克	3	固定横梁	
塑料绳		千克	3	绑拱杆	

材料名称	规格（厘米）	单位	数量	用途	备注
薄 膜	0.1毫米	千克	70	覆盖前屋面	聚乙烯长寿无滴膜
高粱秸		捆	1000	箔	
草 苫	800×150×5	块	110	夜间保温	
压膜线		千克	15	压薄膜	
稻 草		千克	1000	垛墙和草泥	
玉米秸		捆	2000	后屋面防寒	

注：温室跨度7.5米、高3.5米，后屋面水平投影1.5米

表 1-11　半拱形日光温室用料表　（667平方米）

材料名称	规格（厘米）	单位	数量	用途	备注
木 杆	200×12	根	31	柁	
木 杆	330×8	根	31	中柱	
木 杆	300×10	根	30	脊檩	
木 杆	400×10	根	60	腰后檩	
木 杆	150×8	根	31	前柱	
木 杆	400×5	根	23	腰梁	
木 杆	400×5	根	23	前梁	
木 杆	300×8	根	31	腰柱	
竹 片	600×5	根	112	拱杆	
竹 片	400×4	根	56	底脚拱杆	
木 杆	400×4	根	25	固定底脚拱杆	
巴 锔	20×Φ8	个	60	固定檩木	
钉 子	7.5	千克	2	钉木杆	
塑料绳		千克	3	绑拱杆	
草 苫	800×150×5	块	110	夜间保温	

续表 1-11

材料名称	规格(厘米)	单 位	数 量	用 途	备 注
薄 膜	0.1毫米	千克	70	覆盖前屋面	聚乙烯长寿无滴膜
高粱秸		捆	1000	箔	
稻 草		千克	适量	垛 墙	
压膜线		千克	15	压薄膜	

注:温室跨度、高度、长度、后屋面水平投影同表1-10

表 1-12　悬梁吊柱温室用料表(667平方米)

材料名称	规格(厘米)	单 位	数 量	用 途	备 注
木 杆	200×12	根	31	柁	
木 杆	330×8	根	31	中 柱	
木 杆	300×10	根	30	脊 檩	
木 杆	600×8	根	31	桁 架	
木 杆	400×10	根	60	腰、后檩	
木 杆	400×8	根	60	腰、后梁	
木 杆	400×5	根	23	前 梁	
木 杆	150×8	根	31	前 柱	
木 杆	30×4	根	224	小吊柱	
竹 片	600×5	根	112	拱 杆	
竹 片	400×4	根	56	底脚拱杆	
木 杆	400×4	根	25	固定底脚拱杆	
巴 锔	20×Φ8	个	100	固定檩、梁	
钉 子	7.5	千克	2	钉木杆	
塑料绳		千克	3	绑拱杆	
薄 膜	0.1毫米	千克	70	覆盖前屋面	聚乙烯长寿无滴膜
高粱秸	捆	捆	1200	箔	

材料名称	规格(厘米)	单位	数量	用 途	备 注
压膜线		千克	15	压薄膜	
草 苫	800×150×5	块	110	夜间保温	
稻 草		千克	适量	垛 墙	

注:温室跨度、高度、长度、后屋面水平投影同表 1-10

表 1-13 钢管骨架无柱温室用料表 (667平方米)

材料名称	规格(厘米)	单位	数 量	用 途	备 注
镀锌管	6 分×960	根	106	骨架上弦	
钢 筋	Φ12×900	根	106	骨架下弦	
钢 筋	Φ10×960	根	106	拉 花	
钢 筋	Φ10×9000	根	4	顶梁筋	
镀锌管	4 分×9000	根	2	拉 筋	
槽 钢	5×5×9000	根	1	屋脊拉筋	覆盖塑料固定
角 钢	5×5×9000	根	2	焊接骨架	顶部预埋 顶梁、地梁
钢 筋	φ5.5×100	根	250	顶梁箍筋	
细铁丝	16#	千克	2	绑 线	
毛 石		立方米	30	基 础	
红 砖		块	70000	墙 体	
水 泥	325#	吨	20	沙浆、浇梁	
沙 子		立方米	30	沙 浆	
碎 石	2～3 厘米	立方米	3	浇 梁	
薄 膜	0.1 毫米	千克	75	覆盖前屋面	聚乙烯长 寿无滴膜
压膜线		千克	15	压 膜	
草 苫	800×150×5	块	110	夜间保温	

注:温室跨度、高度、长度、后屋面水平投影同表 1-10

(五)日光温室的辅助设备

日光温室的辅助设备有作业间、输电线路、给水设备、补光设备、补助加温设备、卷帘机等。辅助设备齐全，才能保证反季节蔬菜栽培正常进行，获得稳产、高产。

1.作业间 在温室山墙外靠近道路的一侧设置作业间。作业间是管理人员休息场所，也是放置小农具和进行产品分级包装的地方，更主要是通过作业间进出温室，起到缓冲作用，减少缝隙放热。作业间的大小应根据需要决定，有的农民朋友作业间与家庭居住结合起来建成两间，一般可建成8~10平方米。

2.输电线路 日光温室需要照明，安装电动卷帘机，设置电热温床，输电线路是不能缺少的。在进行温室群规划时，输电线路同时安排，电线杆的埋设要既不影响交通，又不对温室产生遮荫，并符合电力操作规程。保证每栋温室都能就近把电线拉进室内。

3.给水设备 集中连片的温室群，应统一供水，打深机井，建大型贮水池，埋设地下管道，主管道直径10厘米，支管道直径7厘米，分管道直径2.5厘米，直接通入温室内。

地下水位高的地区，可打压水井，安装小水泵，在建造温室前打成。

4.卷帘机 日光温室每天卷放草苫，不但费工，更主要是浪费了很多光照时间。特别是温室面积较大时，提早卷起草苫室温下降，延晚放草苫，不等放完室温降低，影响夜间保温。特别是遇阴天或阴有时晴的天气，因卷放费工，往往不卷起草苫，白白浪费光照。

近年来利用卷帘机卷放草苫的温室，已经不断增多。

(1)机械卷帘机 在温室后屋面上，每隔3米设1个角钢支架，支架上焊1个直径5厘米的钢圈，按温室长度穿入1根直径5厘米的钢管，钢管两端焊上摇把。把草苫拉绳绑在钢管上，卷草苫时由两个人同时摇动摇把，使拉帘绳卷在钢管上，把草苫拉到后屋面上,用铁棍把摇把别住;放草苫时由两人扶着摇把轻轻放下。机械卷帘机只能 50~60 米长,再长卷不动(图 1-30)。

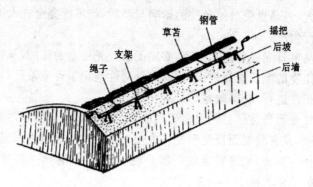

图 1-30　机械卷帘机示意图

(2)电动卷帘机　在后屋面上中部设一台电动机配上减速机。每隔 3 米设 1 支架,支架上安装轴承,穿入钢管,把拉帘绳固定在钢管上,早晨卷草苫时,合上电闸,钢管转动,把草苫自动卷到后屋面上。卷放时间 5~6 分钟。

草苫遭雨雪浸湿后,重量成倍增加,有时电动机带不动,容易烧坏电机,可在草苫上铺上一层聚乙烯薄膜作为防雨膜,不但有效防止草苫被浸湿,还可延长草苫使用年限,提高保温效果。

电动卷帘机需考虑停电时的对策。普遍采用在钢管上焊上两处扳手,用 4 分管焊成三角形,停电时由两人同时扳动扳手卷起草苫,放草苫,扶住扳手缓缓放下。

除了以上辅助设备外,日光温室内还可以安装日光灯。冬季光照时间短,特别是连续阴天时用以补充光照。为防连续降雪揭不开草苫遭受冻害,可设置热风炉或烟道加温以免受损失。

(六)日光温室的环境特点及调控技术

日光温室是在人工控制下,创造在非生产季节适合蔬菜生长发育条件的设施。其最大特点是靠太阳辐射能提高温度,满足蔬菜作物光合作用需要。生产有时在封闭条件下进行,有时在半封闭条件下进行。日光温室的环境条件与加温温室不同,与露地差别更大,但是也受自然条件的影响与制约,尚不能完全在人工控制下进行生产。

从事日光温室蔬菜生产,必须了解日光温室的性能,掌握各种蔬菜作物的生长发育规律,才能有针对性地调节环境条件,使蔬菜生产正常进行,获得效益。

1. 光照条件 日光温室坐北朝南,东西山墙、后墙和后屋面都不透明,只有前屋面接受阳光。太阳光通过塑料薄膜进入温室,要反射掉一部分,被薄膜吸收一部分,拱杆和立柱遮掉一部分,实际得到的太阳光减少了很多。

(1)日光温室光照分布的变化 日光温室光照的水平分布差异不明显,后屋面水平投影以南光照条件最好,距地面0.5米高度,光照都在自然光的60%左右,南北方向上差异很小。东西方向上,午前东侧光照弱,午后西侧光照弱,所以日光温室长度应尽量延长。

光照的垂直分布,表现为靠近前屋面薄膜最强,向下递减,靠近薄膜处相对光强为80%,距地面0.5～1米处为60%,距地面20厘米处只有50%。

(2)不同类型温室的光照强度 对不同类型日光温室进行了光照强度的测试。测试结果见表1-14。

表1-14 不同类型温室光照强度

照度与透光率	时间(时)						
	9	10	11	12	13	14	15
室外光照度(万勒)	3.2	5.0	5.1	4.8	4.6	3.5	1.6
半拱形温室光照度(万勒)	1.9	3.4	3.75	3.4	3.1	2.3	0.56
一斜一立式温室光照度(万勒)	1.9	2.5	3.6	3.4	3.0	2.1	0.54
半拱形温室透光率(%)	59.0	68.0	74.0	71.0	67.0	65.0	35.0
一斜一立式温室透光率(%)	59.0	50.0	71.0	65.0	60.0	34.0	33.4

(3)日光温室光照调节 日光温室冬季光照弱,需要增强光照,盛夏光照过强,需要减弱光照。

增强光照的方法是覆盖无滴膜,每天卷起草苫后清洁薄膜,最根本的措施是科学的采光设计,争取多透入太阳光。

冬季光照弱,在栽培畦北部,或靠后墙处,张挂反光幕,可明显增加日光温室后部的光照强度,取得显著的效果。把两幅镀铝膜用透明胶布粘接成 2 米宽,在温室后部东西拉一道细铁丝,把反光幕垂直悬挂在细铁丝上,太阳光照到反光幕上,反射到反光幕前的地面上空气中,光照强度明显增强(表 1-15)。

表 1-15　反光幕的增光效果

处　　理	地　　表				距地面 0.6 米			
	反光幕前(米)							
	0	1	2	3	0	1	2	3
张挂反光幕(万勒)	35.1	36.8	39.6	34.3	44.2	43.6	46.5	41.5
对照(万勒)	25.0	28.5	33.3	31.4	30.9	36.0	41.4	43.1
增加光照强度(万勒)	10.1	8.3	6.3	2.9	12.3	7.5	5.1	3.4
增光率(%)	40.0	29.1	18.9	9.2	39.8	20.8	12.3	7.8

张挂反光幕后,后部光照增强,地温、气温升高,昼夜温差加大,空气湿度降低,不但对作物生长发育有利,还减少气传病害发生。反光幕不但起防蚜作用,还减轻了病毒病的发生。

炎热的夏季,光照过强,对有些蔬菜生长发育不利,可覆盖遮阳网,减弱光照,降低温度。

2. 温度条件 日光温室内不论气温和地温均明显高于外界,并且越是严寒季节,外界温度越低时,室内外的温差越大。

日光温室的温度来源于太阳辐射能,所以晴天光照充足室内温度上升快,遇到阴天,即使外界温度不是很低,室内温度也难升高,反之外温很低的晴天,室内温度也很快升高。

(1)地温 冬季北方广大地区土地封冻,若日光温室采光、保温设计科学,露地封冻1米深的地区,室内地温仍可保持12℃以上。这种增温效果称之为"热岛效应"。

(2)气温 日光温室内的气温与外界温度有关,但不是正相关,主要取决于太阳光的强弱,晴天光照充足,即使外界温度很低,室内气温也较高。

(3)温度调节 日光温室栽培蔬菜的种类不同,各种蔬菜不同生育阶段对温度的要求也有差异。当温度高于适宜温度时,可通过通风来调节,温度低时扣小拱棚或进行人工补助加温。夏季温度过高时覆盖遮阳网,通过减弱光照强度来降温。

3.湿度条件 日光温室内的空气湿度和土壤水分均有特点,需要进行人工控制和调节。

(1)土壤水分 日光温室的土壤水分来自建造温室前或夏季休闲期自然降水的贮存、人工灌溉的水。土壤水分的消耗有两个途径:一个是地面的蒸发,另一个是作物叶片的蒸腾。

日光温室土壤水分的运动是从深层向上,毛细管水不断向地表上升,有时下层的水分已经较少,满足不了作物正常生长的需要,地表还表现潮湿状态,容易给管理人员造成错觉,以为不缺水,耽误了及时浇水。

(2)空气湿度 日光温室在冬季很少通风的情况下,空气湿度比较高,夜间有时相对湿度达到90%以上,甚至接近饱和状态。这种高湿环境对作物生长发育很不利,极容易产生生理障害和气传病害。

(3)湿度调节 日光温室调节湿度主要是降低空气湿度,控制适宜的土壤含水量。调节空气湿度通风是一个途径,单靠通风是不够的,因为受温度的限制,有时湿度很高,但温度低不宜通风。降低空气湿度,除了通风外,更重要的是减少地面蒸发。地膜覆盖、膜下软管滴灌或暗沟浇水,是日光温室冬季普遍采用的技术措施,对果菜类蔬菜栽培效果最好。

调节土壤水分,应根据不同蔬菜在不同生育阶段对水分的需要、土壤含水量、温度、光照及作物的长势进行。浇水前要收听当地天气预报,最怕刚浇完水就遇阴天。

4. 气体条件 日光温室的气体条件与露地差异较大,因为在密封条件下,特别是冬季很少通风的情况下,二氧化碳的浓度与露地不同,还容易发生有毒气体危害。

(1)人工补充二氧化碳 自然界二氧化碳含量约 0.032%,满足不了作物的需要,但并没有影响自然界各种植物光合作用的正常进行,原因是空气不断流动,叶片周围随时可以得到二氧化碳补充。日光温室冬季很少通风,早晨揭开草苫后,二氧化碳浓度较高,随着光照的增强,温度的升高,光合作用加强,二氧化碳浓度下降很快,严重影响光合作用的正常进行。所以人工补充二氧化碳,是一项有效的增产技术。

温室人工施用二氧化碳技术,各国都在应用。我国 20 世纪 90 年代以来,已经开始应用化学反应法,进行二氧化碳施肥,具体方法是用硫酸与碳酸氢铵反应法产生二氧化碳气体。其反应方程式为:

$$2NH_4HCO_3 + H_2SO_4 \rightarrow (NH_4)_2SO_4 + 2H_2O + 2CO_2 \uparrow$$

使用时要先稀释浓硫酸,在耐酸的缸或桶中装入适量的水,把硫酸(96%~98%)按 1/7 缓慢地沿边沿注入水中,边倒边搅拌,一次可稀释 3~5 天的用量。

在 667 平方米的温室中,用耐酸容器吊在距地面 1 米高处 10 个点,装上稀释的硫酸,每个点中加上 150 克左右碳酸氢铵,在揭开草苫后 30 分钟后进行。

近年来市场上已有成品二氧化碳肥出售,有片状、颗粒和粉状,生产者可根据产品说明书使用。

(2)消除有害气体 日光温室的有害气体,主要有氨和二氧化氮。

①氨 温室内的空气中氨气浓度达到 5 微升/升时,可使作物受害。氨气从叶片的气孔和叶缘的水孔侵入,使叶片出现水浸状

斑,叶肉组织白化、变褐,最终枯死。叶片受害多发生在生命活动比较旺盛的中部叶片。采取通风排除氨气,清除氨气发生源以后,新发生的叶片不再有受害症状,植株可恢复生长。

氨气发生的原因,主要是在地面撒施未腐熟的畜禽粪肥、碳酸氢铵、尿素等造成的。

②二氧化氮 温室中二氧化氮浓度达到 2 微升/升时,作物叶片就要受害。二氧化氮气体从叶片气孔侵入叶肉组织,开始气孔周围组织受害,进而扩展到海绵组织,最后使叶绿体遭破坏而褪绿,呈现白斑,浓度高时叶脉也变白色而枯死。

二氧化氮发生有两个条件:一是土壤呈强酸性(pH 值在 5 以下),二是土壤中有大量氨积累。一般施入土壤中的氮肥,都要经过有机态氮→铵态氮→亚硝酸态氮→硝酸态氮的转化过程,最后以硝酸态供作物吸收利用。大量施用氮肥,最终会使土壤在硝酸细菌作用下酸化。一经酸化的土壤,使得亚硝酸向硝酸的转化受到阻碍,而铵态氮向亚硝酸态的转化受影响较小,由于转化的不平衡,使亚硝酸在土壤中大量积累,在土壤强酸性条件下,亚硝酸气不稳定而发生气化。一次氮肥施用过多,或上茬施肥过多,下茬又大量施氮肥,就容易发生二氧化氮危害。

5. 土壤条件 与露地相比,日光温室内的土壤具有以下特点:一是温室内的土壤温度全年高于露地,土地很少休闲,土壤水分充足,土壤微生物活动旺盛,加快了土壤养分转化和有机质的分解速度。二是温室内完全用人工灌溉,不受自然降水淋溶,土壤水分流失少,肥料利用率高。土壤水分由于毛细管的作用,由下层向表层运动,各种肥料盐分随水分向表层积聚,形成温室土壤的"次生盐渍化",对作物发生危害。三是由于长期连作,会使土壤中元素和微生物群落失去平衡,对作物造成危害;病菌、病残体积累过多,导致病害猖獗。

日光温室土壤条件的调控主要包括土壤消毒和防止次生盐渍化两方面。

(1)土壤消毒 温室土壤消毒方法很多,比较实用的有以下两种。

①甲醛(40%)熏蒸 用于温室大棚或苗床床土消毒,可消灭土壤中的病原菌,同时也可杀死有益微生物。使用浓度为 50～100 倍液。使用时先将土壤翻松,然后用喷雾器均匀喷洒在地面上,再稍翻一翻,使耕作层土壤都能沾着药液,并用塑料薄膜覆盖地面保持 2 天,使甲醛充分发挥杀菌作用以后揭膜,打开门窗,使甲醛散发出去,2 周后才能使用。

②高温消毒 在炎热的夏季,趁温室休闲之机,利用天气晴好、气温较高、阳光充足的 7～8 月份,将室内的土壤深翻 30～40 厘米,每 667 平方米均匀撒施 2～3 厘米长的碎稻草和生石灰各 300～500 千克,并一次性施入农家肥 5 000 千克,再耕翻,使稻草、石灰及肥料均匀分布于耕作层土壤。然后做成 30 厘米高、60 厘米宽的大垄,以提高土壤对太阳热能的吸收。棚室内周边地温较低,易导致灭菌不彻底,故将土尽量移到棚室中间。浇透水,上覆塑料薄膜,新旧薄膜均可,旧膜在用前应洗净晾干。将薄膜铺平拉紧,压实四周,闭棚升温。根据水分渗透状况,每隔 6～7 天充分浇水 1 次。然后高温闷棚 10～30 天,使耕层土壤温度达到 50℃以上,可直接杀灭土壤中所带的有害病菌及各种虫卵,大大减轻菌核病、枯萎病、疫病、根结线虫病、红蜘蛛及多种杂草的危害,还能促进土壤中的有机质分解,提高土壤肥力。土壤中加入石灰和稻草,可以加速稻草等基质腐烂发酵,起放热升温作用;同时石灰的碱性又可以中和基质腐烂发酵产生的有机酸,保持土壤酸碱平衡。

(2)土壤次生盐渍化的防治 建造日光温室应尽量选择土质疏松、腐殖质含量高的土壤,地下水位低于 2.5 米,矿化度小于 2克/升。此外,生产上还需注意以下几点。

①合理施肥 增施有机肥,增加土壤对盐分的缓冲能力。施用化肥时,应根据蔬菜作物种类和预计产量进行配方施肥,避免超量施入。施肥方法上要掌握少量多次,随水追施。

②淋雨洗盐　雨季到来之前,揭掉棚室上的塑料薄膜,使土壤得到充足的雨水淋洗。事先挖好棚内的排水沟,使耕层土壤中多余的盐分能够随水排走。这是季节性覆盖保护地最有效的排盐措施。

③浇水洗盐　春茬作物收获后,在棚内浇大水洗盐。浇水量以 200～300 毫米为宜。浇水前清理好排水沟,使浇水及时由径流排走。有条件的可以在地下埋设有孔塑料暗管,可使浇水洗盐时下渗的水和盐分由暗管排走。

④地面覆盖　地膜覆盖可降低土面蒸发,减少随水上移的盐分在土表积聚。畦间过道由于土壤被踩实,毛细作用较强,表土盐分积累严重。在过道上铺盖秸秆、锯末等有机物,可以减少土面蒸发积盐。

⑤生物除盐　盛夏季节,利用温室地休闲之际,可在室内种植吸肥力强的禾本科植物,如玉米、高粱、苏丹草等。这些作物在生长过程中可以吸收土壤中的无机态氮,降低土壤溶液浓度。吸盐作物长成后还可割青翻入土中作绿肥。也可结合整地施入锯末、稻草、麦糠、玉米秸秆等含碳量高的有机物,使之在分解过程中,通过微生物活动来消耗土壤中的可溶性氮,降低土壤溶液盐浓度和渗透压,以缓解盐害。

(七)灾害性天气及对策

设施栽培中冬、春季常遇到大风、暴风雪、寒流强降温、冰雹、连续阴天或久阴暴晴等灾害性天气。如不立即采取措施,园艺作物生产必然要遭受损失。

1.大风天气　大棚温室冬、春季如遇 8 级以上大风,前屋面薄膜会随着风速变化而鼓起、下落,上下摔打,时间一长薄膜就会破损,使温室内的作物遭受冻害。因此,遇到大风天气,半拱形前屋面,应紧好压膜线,一斜一立式前屋面应用竹竿或木杆压膜。必要时放下部分草苫把薄膜压牢。夜间遇到大风,容易把草苫吹开掀起,使前屋面暴露出来,加速了前屋面的散热,作物易发生冻害,薄膜也容易刮破。所以遇到大风天的夜晚要把草苫压牢,随时检查,发现被风吹开时应及时拉回原位压牢。

2. 暴风雪 冬、春降雪天气一般温度不是很低,但降雪后气温下降较多,有时大北风夹着雪,形成暴风雪。在外温不是很低时降雪,可能边降雪边融化,湿透草苫,雪后草苫冻硬,这样不但影响保温效果,卷放也比较困难。因此,可采取降雪前揭开草苫,雪停后清除前屋面积雪,再放下草苫的办法,以防草苫潮湿。初冬和早春这种情况较多。严寒冬季出现暴风雪天气,气温低不能揭开草苫,降雪量大,强劲的北风把雪花吹落在前屋面上,越堆越厚,很容易把温室前屋面骨架压垮。这时应及时清除积雪,避免灾害发生。

3. 寒流强降温 严寒冬季出现寒流强降温天气是难以避免的。如在晴天遇到寒流强降温,由于温室蓄热量较多,即使连续1～2天,室温也不会降到作物适应温度以下。但连续阴天后再遇到寒流强降温,就容易造成低温冷害或冻害。遇到这种情况,可采取扣小拱棚保温,小拱棚上增加覆盖。不便于扣小拱棚的可进行临时补助加温,如利用火炉加温、生炭火盆加温。火炉加温要安装好烟囱,防止烟害;生炭火盆应先在室外燃烧,木炭烧红再移入温室内。临时加温只保持作物不受冻害即可,不宜把室温提高过多,以免作物呼吸消耗多,影响正常生育。日光温室遭受冻害多在前底脚处,因为此处热容量少,与外界接触面积大,地中横向传导热量损失多,所以设置前底脚防寒沟非常重要。遇到低温灾害天气,在前底处,按1米距离点燃一支蜡烛,可保持前底脚附近作物不受冻害和烟害。

4. 连续阴天 大棚温室的热能来自太阳辐射,遇到阴天,因为没有太阳光,一般认为没有必要揭开草苫。其实阴天的散射光仍然可提高室内温度,作物也可在一定程度上进行光合作用。如果遇到连续阴天,始终不揭草苫,就断绝了热能来源,作物不能进行光合作用,只靠体内贮存的营养维持生命,只有消耗而没有积累,时间过长必然受害。所以，遇到连阴天或时阴时晴，只要外温不是很低，应尽量揭开草苫。冬季阴雨雪雾天气较多的地区，入冬前应尽量提早覆盖前屋面薄膜，提高地温，使土壤积存较多热量，冬季遇到连阴天时，由于地温较高，在一定程度上能提高保温效果，减少冻害的发生。

5. 冰雹灾害　春秋季节有时降水时夹带冰雹，容易把前屋面薄膜打成很多孔洞，严重时把薄膜打碎。防止办法是及时用卷帘机卷放草苫，遇到冰雹天气时应及时放下草苫。

6. 久阴暴晴　大棚温室在冬季、早春季节，遇到灾害性天气，温度下降，连续几天揭不开草苫，不但气温低，地温也逐渐降低，根系活动微弱；一旦天气转晴，揭开草苫后，光照很强，气温迅速上升，空气湿度下降，作物叶片蒸腾量大，失掉水分不能补充，叶片出现暂时萎蔫现象，如不及时采取措施，就会变成永久萎蔫。遇到这种情况，揭开草苫后应注意观察，一旦发现叶片出现萎蔫，立即把草苫放下，叶片即可恢复；再把草苫卷起来，发现再萎蔫时，再把草苫放下，如此反复几次，直至不再萎蔫为止。如果萎蔫严重，可用喷雾器向叶片上喷清水或 1% 的葡萄糖溶液，增加叶面湿度，再放下草苫，有促进叶片恢复的作用。

第二章 蔬菜的无公害栽培

一、无公害蔬菜及其发展前景

(一)无公害蔬菜的含义

从狭义上讲,无公害蔬菜是指没有受有害物质污染的蔬菜,也就是说在商品蔬菜中对人体有毒、有害物质的残留量要控制在允许的标准之内。从广义上讲,无公害蔬菜应该是集安全、优质、营养为一体的蔬菜的总称。"安全"主要指蔬菜不含有对人体有毒、有害的物质,或将其控制在安全标准以下,从而对人体健康不产生危害。具体讲要做到"三个不超标":一是农药残留不超标,不能含有禁用的高毒农药,其他农药残留不超过允许量;二是硝酸盐含量不超标,食用蔬菜中硝酸盐含量不超过标准允许量,一般叶菜类控制在 432 毫克/千克以下,根菜类、茄果类等控制在 150 毫克/千克以下;三是"三废"等有害物质不超标,无公害蔬菜的"三废"和病原微生物等有害物质含量不超过规定允许量。"优质"主要是指商品质量。商品蔬菜要个体整齐、发育正常、成熟良好,质地、口味俱佳,新鲜,无病虫危害,净菜上市。"营养"是指蔬菜的内在品质。由于蔬菜种类繁多,各具特色,在营养上差异很大,但蔬菜类的共同性是人们膳食纤维、维生素和矿物元素的主要来源,因此围绕这三类成分的含量及各种蔬菜的品质特性来评价它们的营养高低。由此可见,无公害蔬菜不仅是实现绿色食品工程最基本的材料资源,而且还是农业可持续发展及人类生存环境保证的重要组成部分之一。

(二)蔬菜污染的主要途径及危害

1. 化学农药 随着蔬菜设施栽培的迅速发展,连作、重茬导致蔬菜的病虫害逐年加重。大量使用化学农药来防病增产,已成为各地蔬菜生产中的一项重要措施。与此同时,化学农药给人类带来很大危害,包括导致害虫的抗药性、引起新的病虫害大发生、污染农产品及环境等 3 个相互关联的部分,国际上称为"3R"(Resistance—抗药性、Resurgence—再猖獗、Residue—残毒)问题。

(1)我国蔬菜生产中农药污染的主要原因

①使用剧毒、高毒、高残留农药 剧毒、高毒农药进入蔬菜体内主要有两条途径:一是少数生产者因缺乏农药安全使用的知识或谋利心切,在蔬菜上施用国家明令禁止使用的剧毒、高毒、高残留农药;二是在粮棉上使用的剧毒、高毒农药在土壤中残留而进入下茬蔬菜作物体内。

②超量使用低毒农药 据调查,全国菜田每 667 平方米农药用量少则 2～3 千克,多则 9 千克以上。由于频繁使用农药,使病菌和害虫对一些常用农药产生抗药性。于是生产者就擅自提高浓度,增加喷药次数。如 40%乐果乳油、90%晶体敌百虫,由常规 1 000 倍提高到 400～500 倍;2.5%溴氰菊酯乳油、20%氰戊菊酯乳油等由常规 4 000～5 000 倍提高到 1 000～2 000 倍;50%辛硫磷乳油浇灌防治地下害虫由常规 1 000～1 500 倍提高到 200～300 倍。而且一旦发现病虫,无论轻重,每隔 5～7 天喷 1 次药,直至采收。

③无视农药使用的安全间隔期 对一些可鲜食的蔬菜,如黄瓜、番茄、小青菜、小白菜、叶用莴苣等,常常是今天施药,明天即采摘上市。采收时间只根据市场价格和蔬菜产品大小而定,完全不考虑农药使用的安全间隔期。

(2)化学农药的主要危害

①在蔬菜上的残留物对人、畜的直接毒害 人们食用了被农

药污染的蔬菜后,可表现为急性中毒和慢性中毒两种症状。急性中毒轻则头痛、头昏、恶心、腹痛,重则痉挛、呼吸困难、大小便失禁、昏迷甚至死亡。慢性中毒是指人们长期从蔬菜中摄取微量的残留农药,在体内蓄积到一定数量时才表现中毒症状。例如,有机汞、有机氯对神经、肝等有损伤作用,有机磷和氨基甲酸类农药会抑制人体的乙酰胆碱酯酶,而有机砷会引起贫血、血红蛋白症、脱皮、神经炎等疾病。

②污染环境 我们曾经或正在大量使用的化学农药,已经对人类赖以生存的环境造成了污染。在中国北方,人们在原始森林里的黑熊体内发现了残留农药;在美国大峡谷,没有一种飞禽走兽可以逃离出农药的追踪;在泰国热带雨林,大象体内也不例外。甚至连南极大陆的企鹅体内也检验出有机氯农药的残留。除此之外,残留在大气、水体、土壤中的农药,将会再次污染蔬菜作物,对人类造成危害。

2. 化学肥料 蔬菜生产是一项高投入、高产出的产业。菜农为获得高产,常常超量施入化肥,尤其是氮素化肥,因其用量大、分解产物多、流失严重,从而对水质和环境造成污染,对生态环境和生产影响较大。特别是氮肥分解过程中产生的硝酸盐、亚硝酸盐等有害物质在蔬菜产品中大量积累,对人体健康产生危害。硝酸盐在人体内还原成亚硝酸盐后,破坏血液吸收氧的能力,导致高铁血红蛋白血症,婴幼儿尤为如此;亚硝酸盐与胃内的胺类物质结合生成的亚硝胺,可引起核酸代谢紊乱或突变,成为细胞癌变的诱因,常导致胃癌和食管癌。日本人每天摄入的硝酸盐相当于美国人摄入的 3～4 倍。因此,日本人胃癌死亡率比美国高 6～8 倍。但由于硝酸盐的毒害作用缓慢而隐蔽,很少引起人们的注意。蔬菜作物易于富集硝酸盐,尤其绿叶蔬菜多施氮肥,其体内硝酸盐含量更高。人体摄取的硝酸盐81.2%来自蔬菜。因此,蔬菜中硝酸盐的含量关系到人们的健康,必须予以足够的重视。

(1)蔬菜中的硝酸盐含量 不同种类蔬菜中的硝酸盐含量差

别很大。近年来,国内外学者对蔬菜体内硝酸根(NO_3^-)含量进行了大量研究,结果都证明了这一点。一般来说,叶菜和根菜类蔬菜的硝酸盐含量高于果菜类、花菜类蔬菜。上海农业科学院对上海市11类33种新鲜蔬菜抽样测定的结果表明,各类蔬菜累积硝酸盐量的大小顺序为:芥菜类(2 660毫克/千克)＞根菜类(2 378毫克/千克)＞白菜类(1 704毫克/千克＞绿叶菜类(1 536毫克/千克)＞薯芋类(1 047毫克/千克)＞甘蓝类(994毫克/千克)＞豆类(956毫克/千克)＞葱蒜类(790毫克/千克)＞茄果类(544毫克/千克)＞瓜类(490毫克/千克)＞水生类(474毫克/千克)。叶菜和根菜类蔬菜的硝酸盐含量均在1 000毫克/千克以上,而瓜、果、豆类蔬菜大多数都在1 000毫克/千克以下。另外,同一种蔬菜的不同品种,即使在相同的栽培管理条件下,对硝酸盐的累积程度也不相同。这说明各种蔬菜累积硝酸盐的多少受本身遗传特性的限制。

蔬菜不同器官中的硝酸盐含量不同。大体上是茎或根＞叶＞瓜(果),叶柄＞叶片,外叶＞内叶。蔬菜的不同生长发育阶段体内硝酸盐含量不同,一般生长旺盛期硝酸盐含量高于生长后期或成熟期。

(2)蔬菜中硝酸盐含量的食品卫生标准　世界卫生组织(WHO)和联合国粮农组织(FAO)1973年规定的硝酸盐ADI值(日允许量)为每千克体重3.6毫克,以此为依据,各国先后制定了一些关于硝酸盐最高允许含量的标准。目前我国普遍采用沈明珠等1982年提出的蔬菜硝酸盐卫生评价标准,该标准按每人平均体重60千克,每天平均食用蔬菜0.5千克计,参照WHO和FAO规定的ADI值,推算出我国蔬菜的硝酸盐允许量为每千克鲜重432毫克。如再将盐渍和烹煮时的损失(分别为45%和70%)加入计算,此限量可扩大为785毫克和1440毫克。由此将蔬菜可食部分中硝酸盐含量的卫生标准定为每千克重432毫克。蔬菜中硝酸盐含量≤432毫克,生食允许,定为一级,属轻度污染;≤785毫克定为二级,属中度污染,生食不宜,但盐渍和熟食允许;≤1 440 毫克定为三级,属高度污染,生食和盐渍均不宜,但熟食允许;可能中毒的一次剂量为3 100 毫克,即≤3 100 毫克为四级,属严重污染,熟食也不宜。

(3)我国蔬菜硝酸盐污染状况 表2-1和表2-2列出了我国部分城市主要蔬菜每千克鲜重硝酸盐含量和污染程度分级情况。由此可见,我国蔬菜中的硝酸盐累积情况十分严重,居民消费量较大的几种主要蔬菜如绿叶菜类、根菜类和白菜类的硝酸盐已达重度污染或严重污染。

表 2-1 我国部分城市几种主要蔬菜

每千克鲜重硝酸盐含量 (毫克)

蔬菜种类	北 京	上 海	天 津	重 庆	杭 州	兰 州	银 川
菠 菜	2 358	1 112	1 944	1 846	1 649	1 035	1 522
小白菜	1 818	1 933	缺	1 824	1 416	3 410	2 570
大白菜	缺	缺	2 312	1 308	缺	799	1 858
芹 菜	缺	缺	2 144	1 021	2 045	1 090	2 180
甘 蓝	845	1 558	1 023	1 621	479	510	719
萝 卜	2 177	2 462	1 933	2 674	875	1 762	1 802
黄 瓜	65	485	513	63	104	212	157
番 茄	15	238	缺	87	16	168	362

表 2-2 我国部分城市主要蔬菜硝酸盐污染程度分级

城 市	轻度污染	中度污染	重度污染	严重污染
北 京	豇豆、菜豆、西瓜、黄瓜、丝瓜、西葫芦、冬瓜、番茄、青椒、茄子	韭菜、小葱、青蒜	芹菜、莴笋、莴苣、菠菜、茴香、花椰菜、甘蓝、大白菜、小白菜、雪里蕻	马铃薯、姜、萝卜、芜菁

城 市	轻度污染	中度污染	重度污染	严重污染
上 海	番茄、水芹、花椰菜、小葱、韭菜	黄瓜、冬瓜、甜椒、长豇豆、蚕豆、茼蒿、茄子	莴笋、菜豆、菠菜、马铃薯、南瓜、芹菜、豌豆、青蒜、洋葱	甘蓝、乌塌菜、小白菜、雪菜、萝卜、榨菜、胡萝卜、大白菜、雍菜、米苋、荠菜
重 庆	番茄、茄子、辣椒、黄瓜、冬瓜、豇豆、菜豆	丝瓜	大葱、大白菜、芹菜、韭菜	白萝卜、红萝卜、小白菜、甘蓝、花椰菜、莴笋、菠菜、青蒜
兰 州	黄瓜、小辣椒、番茄、胡萝卜、花椰菜	甘蓝、韭菜、茄子、豇豆	菜豆、绿萝卜、大白菜、菠菜、芹菜	莴笋、小白菜
银 川	胡萝卜、茄子、番茄、黄瓜、辣椒	甘蓝、莴笋、马铃薯、花椰菜、菜豆、西葫芦	韭菜、葱、水萝卜	大白菜、小白菜、芹菜、菠菜、雪里蕻、青萝卜、蒜薹

3. 工业"三废"污染 随着工业生产的发展,工厂排放的废水、废气、废渣中含有大量有害物质,污染大气、水源和土壤,甚至直接污染蔬菜作物,从而进入人体造成危害。

(1)大气污染对蔬菜的危害 大气中的有害物质如二氧化硫、氟化物、氯、乙烯、氮氧化物、粉尘等通过植物叶片的气孔进入叶内,或附着在植物体表,形成黄化或坏死斑,使植物生长受阻,甚至死亡。氟化物有在人体内蓄积的特性,摄入后轻则造成釉齿,重则造成"氟骨症"。二氧化硫是对蔬菜生产危害最广泛的空气污染物,从气孔进入植物,转变为亚硫酸根和硫酸根,使叶缘和叶脉间变白而后干枯。粉尘包含煤烟尘和铝、锌、锰、铬、镉、砷、汞等混合物,往往影响植物的光合作用和生长发育。其中金属微尘间接被蔬菜吸收,对人类的毒害大大超过杀虫剂和二氧化硫。

(2)水体污染对蔬菜的危害　水体污染是指工业"三废"进入水体的数量已达到破坏水体原有净化功能的程度。这些污染物的成分十分复杂,如硫化氢、硫醇、纤维悬浮物、油脂、浮游物、蛋白质、糖、有机氮、氯化物、碳酸盐、氨、硫酸、酚、无机盐、碱、氟化物、氰化物以及多种重金属等。用受污染的水源灌溉菜地,有害物质可以对蔬菜产品产生二次污染。

(3)土壤污染对蔬菜的危害　土壤中的污染物以重金属危害最为严重,这是因为它不能被微生物分解,而生物体又能将它吸收和蓄积的缘故。根菜类和块茎类蔬菜含镉较多。人吃了较多含镉的食物,就会引起骨痛病,还有致癌、致畸作用。因此,镉残留被列为世界八大公害之一。铅被蔬菜吸收后,大多积累在根部,很少向其他组织部位转移。萝卜含铅较多。铬也是一种重要的环境污染物,铬在自然界中以 3 价和 6 价的形式存在,6 价铬对生物和人体毒性极大,是致癌物质。

在被污染的土壤中种菜,用被污染的水源灌溉,生产出的蔬菜必然受污染;而且蔬菜作物对重金属的富集量比其他作物要大得多,在被污染的土地上种出的菜有毒物质的含量可达土壤的 3～6 倍。污染物在蔬菜植物体内的分布是不均匀的。重金属在植物地下部的含量高于地上部分,其顺序是根＞茎＞叶＞穗＞壳＞种子。氟主要集中在叶尖,其次是根、茎,果实最少。茄子被铜、铅、锌污染后污染物主要积累在叶片,其次是根和茎,果实极少。人们食用了被污染的蔬菜后,有害物质会在体内浓缩积累以致带来严重后果。

4.有害微生物　城市垃圾、医院污水和生活污水以及未腐熟的粪肥,常携带各种病原微生物,其中包括大肠杆菌、沙门氏菌、痢疾杆菌、伤寒杆菌、霍乱杆菌、钩端螺旋体等细菌,肝炎病毒、胃肠炎病毒等以及蛔虫、鞭虫、绦虫、钩虫等寄生虫。在蔬菜生长过程中,施用未腐熟的人、畜粪肥作基肥,直接向叶菜类泼浇人粪尿,用污水灌溉菜田等农业措施,可使上述病原微生物及其代谢产物附着在蔬菜产品表面,人们食用后容易引起甲肝、痢疾、伤寒、不明原因的腹泻等多种疾病。

(三)无公害蔬菜的开发前景

蔬菜是人们生活中不可缺少的副食品,它的质量直接关系到人民的生活水平和身体健康,也关系着生产者的产品价位和效益的高低。发展无公害蔬菜,不仅有利于保护环境、促进农业可持续发展,而且有利于增加农民收入,提高企业的经济效益,扩大农产品出口创汇。这是一项利国利民的工作。尽管相对于整个农产品和食品总量来说,无公害蔬菜的开发规模还很小,但这项工作已经显示出重要的意义和广阔的前景。从国内来看,主要表现在以下3个方面。

(1)满足国内消费者对蔬菜产品质量的需求 近年来,随着国民经济的发展和人民生活水平的提高,人们的饮食观念正在发生变化,已从填饱肚子过渡到了重视营养和健康。长期食用受污染的蔬菜,有害物质会在人体内富集,危害人们的身体健康。因此,发展无公害蔬菜,不仅满足了人民生活需要,同时也关系到一个民族、一个国家的国民素质和经济水平。同时,随着我国蔬菜业的迅猛发展,蔬菜的品种增加,数量过剩,给消费者提供了可挑选的空间,其结果必然促进优质无公害蔬菜的发展。

(2)适应入世后蔬菜出口创汇的需要 我国加入世界贸易组织(WTO)后蔬菜产品出口具有很强的比较优势,但有害物质残留超标是制约蔬菜出口的最主要因素。目前,世界上大多数国家都非常重视进口食品的安全性,对药物残留等检测指标的限制十分严格,检验手段已经从单纯检测产品发展到验收生产基地。因此,为扩大出口创汇的效益,必须大力发展优质无公害蔬菜。

(3)农业可持续发展的要求 常规农业对环境和食品安全在不同程度上产生了一系列负面影响,日益受到人们的关注。从全球农业发展的趋势看,常规农业向可持续农业转变的速度很快,其产品具有广阔的市场空间。我国的无公害蔬菜兼顾了可持续农业和有机农业的特点,并结合了我国的国情,无论是从资源状况、技术条件等因素分析,还是从市场接受程度来判断,都具有现实的发展空间和成长性。

二、无公害蔬菜生产的环境条件

建立无公害蔬菜生产基地,是切断环境中有害物质污染蔬菜的首要措施。无公害蔬菜产地应选择不受污染源影响或污染物含量限制在允许范围之内、生态环境良好的农业生产区域。土壤重金属背景值高的地区,与土壤、水源环境有关的地方病高发区不能作为无公害蔬菜产地。因此,开辟新基地首先要注意到它的环境条件,包括土、水、气经过严格的监测,证明它过去基本上没有遭受到污染,即"本底值"不高;同时还要经过调查研究,证明其附近没有较大的污染源,今后也不会产生新的污染。根据以上要求,菜田应远离工厂、公路。目前有些菜田建在公路两侧,从便捷运输的角度来看无可非议,但从污染的角度来说,在这种地方建菜田不符合无公害蔬菜的生产要求。其次要考虑土壤肥沃、地势平坦、排灌良好、适宜蔬菜生长、利于天敌繁衍及便于销售等条件。

(一)大气环境标准

根据《无公害食品 蔬菜产地环境条件》(NY5010—2002)的规定,无公害蔬菜生产的环境空气质量要求见表2-3。

表 2-3 环境空气质量要求

项 目		浓度限值			
		日平均		1小时平均	
总悬浮颗粒物(标准状态)/(mg/m³)	≤	0.30		—	
二氧化硫(标准状态)/(mg/m³)	≤	0.15[a]	0.25	0.50[a]	0.70

项　目	浓度限值	
	日平均	1 小时平均
氟化物(标准状态)/(μg/m³) ≤	1.5ᵇ　　7	—

注:日平均指任何 1 日的平均浓度;1 小时平均指任何 1 小时的平均浓度

a. 菠菜、青菜、白菜、黄瓜、莴苣、南瓜、西葫芦的产地应满足此要求

b. 甘蓝、菜豆的产地应满足此要求

(二)水质标准

根据《无公害食品　蔬菜产地环境条件》(NY5010—2002)的规定,无公害蔬菜生产的灌溉水质量要求见表 2-4。

表 2-4　灌溉水质量要求

项　目	浓度限值		项　目	浓度限值	
pH 值	5.5~8.5		总铅/(毫克/升) ≤	0.05ᶜ	0.10
化学需氧量/(毫克/升) ≤	40ᵃ	150	铬(六价)/(毫克/升) ≤	0.10	
总汞/(毫克/升) ≤	0.001		氰化物/(毫克/升) ≤	0.50	
总镉/(毫克/升) ≤	0.005ᵇ	0.01	石油类/(毫克/升) ≤	1.0	
总砷/(毫克/升) ≤	0.05		粪大肠菌群/(个/升) ≤	40 000ᵈ	

a. 采用喷灌方式灌溉的菜地应满足此要求

b. 白菜、莴苣、茄子、雍菜、芥菜、芜菁、菠菜的产地应满足此要求

c. 萝卜、水芹的产地应满足此要求

d. 采用喷灌方式灌溉的菜地以及浇灌、沟灌方式灌溉的叶菜类菜地时应满足此要求

(三)土壤环境质量标准

根据《无公害食品　蔬菜产地环境条件》(NY5010-2002)的规

定,无公害蔬菜生产的土壤环境质量要求见表2-5。

表2-5 土壤环境质量要求 （单位:毫克/千克）

项　　目	含 量 限 值					
	pH<6.5		pH6.5~7.5		pH>7.5	
镉　≤	0.30		0.30		0.40ᵃ	0.60
汞　≤	0.25ᵇ	0.30	0.30	0.50	0.35ᵇ	1.0
砷　≤	30ᶜ	40	25ᶜ	30	20ᶜ	25
铅　≤	50ᵈ	250	50ᵈ	300	50ᵈ	350
铬　≤	150		200		250	

注:本表所列含量限值适用于阳离子交换量>5厘摩/千克的土壤,若≤5厘摩/千克,其标准值为表内数值的半数

a. 白菜、莴苣、茄子、蕹菜、芥菜、苋菜、芜菁、菠菜的产地应满足此要求
b. 菠菜、韭菜、胡萝卜、白菜、菜豆、青椒的产地应满足此要求
c. 菠菜、胡萝卜的产地应满足此要求
d. 萝卜、水芹的产地应满足此要求

农业环境的污染物主要包括重金属、有机氯、有机磷以及硝酸盐等。它们在农业生产过程中主要通过水、肥、气携带进入,并污染农田环境,同时还会继续对周围环境产生二次污染。因此,无公害蔬菜生产基地的环境除符合上述标准外,还应有一套保证措施,确保在以后的生产过程中环境质量不出现下降。

三、无公害蔬菜生产中的病虫草害防治

蔬菜作物病虫草害较多,特别是温室、大棚等保护地设施高温高湿的特殊环境,造成了多种病虫害严重发生,加之冬季生产的温室为病虫提供了越冬和孳生的场所,造成周年循环量增加,增大了病虫害的防治难度。此外,菜田杂草对蔬菜生产的危害也很大,一

方面杂草和蔬菜作物争夺水分、养分和生存空间，另一方面杂草又是各种害虫的隐蔽所和病原菌的寄生植物。长期以来，人们采用化学农药和化学除草剂曾使蔬菜的病虫草得到了有效控制。但实践证明，大量、不合理使用化学农药和化学除草剂，不仅破坏了菜田生态环境，使天敌种群衰弱，而且也使病虫害产生更强的抗药性，反过来又不得不加大农药用量，从而形成恶性循环，这就难免造成农药在农产品中的残留量严重超标。1993年我国政府开始在一些大中城市推行有害生物综合防治（IPM）生产技术。目前我国在"预防为主，综合防治"的植保方针指导下，已形成了"以蔬菜为对象，健身栽培为基础，优先采用农业和生物防治措施，科学使用化学农药，协调各项防治技术，发挥综合效益，把病虫害控制在经济允许水平以下，并保证蔬菜中农药残留量低于国家允许标准"的无农药污染蔬菜病虫害综合防治技术体系。

（一）加强植物检疫和病虫害的预测预报工作

植物检疫又叫法规防治。它是国家或地区政府，为防止危险性有害生物随植物及其产品的人为引入和传播，以法律手段和行政措施强制实施的植物保护措施。植物检疫是病虫害防治的第一环节，加强对蔬菜种苗的检疫，在未发病地区应严禁从疫区调种和调入带菌种苗，采种时应从无病植株采种，可有效地防止病害随种苗传播和蔓延。如2006年在我国辽宁、河北等省发现的黄瓜绿斑驳病毒为世界检疫性病害，已在瓜类蔬菜生产上造成了严重危害。

各种蔬菜病虫害的发生，都有其固有的规律和特殊的环境条件。如高温天气，昼夜温差大，叶片上有水珠，则易患霜霉病、灰霉病、菌核病等；环境干旱，则易发生蚜虫和红蜘蛛。要根据蔬菜病虫害发生的特点和所处环境，结合田间定点调查和天气预报情况，科学分析病虫害发生的趋势，及时做好防治工作。如蔬菜苗期的生理病害，多因温度和湿度过高或过低、营养不足、肥料未腐熟等原因而引起，进而导致沤根、猝倒、立枯等病害，出现秧苗萎蔫、叶黄、叶有斑点或叶缘黄白等症状。因此,对这类病虫害,就要通过预测预报工作,相应采取有针对性的防治措施,将病虫害防治在发生之前或控制在初期阶段。实践证明,加强蔬菜病虫害预测预报工作,是发展无公害蔬菜生产的有效措施。

(二)农业综合防治

农业防治是利用植物本身抗性和栽培措施来控制病虫害发生、发展的技术和方法,是进行无公害蔬菜生产的重要一环。主要包括以下几个方面。

1.选用优良抗病、抗虫品种 各种蔬菜都有针对重要病害的抗病品种,但兼抗多种病害的品种并不多。所以,在实际生产上,要针对当地温室的生态环境特点和病虫害发生情况,选择抗病虫力及抗逆性强、适应性广、商品性好的丰产品种,以避免某些重大病害发生,从而减少防治。例如,抗病毒病的番茄品种毛粉802,抗西瓜枯萎病的京抗二号、郑抗三号,抗黄瓜霜霉病、枯萎病的中农七号、津春四号等的利用在生产上取得了良好效果。但由于人与害虫在蔬菜品质上的一致性,在蔬菜上抗虫品种获得比较困难。在推广抗病、抗虫品种时必须遵循下列原则:尊重当地消费者的消费习惯,否则再抗病的品种也很难推广,如在京津地区番茄以粉红果为主,大红的抗病番茄在京津推广很难;掌握当地的主要病虫害的种类、小种、株系;充分利用品种的特点,如熟性、结果特点、生育期、水肥条件;注意不同抗性品种和种类的合理搭配,避免单一化;生产中加大新品种的推广宣传力度。

2.育苗及栽培场所消毒

(1)清洁田园 菜田周围的残枝落叶是多种害虫滋生和越冬的场所,应及时清除。蔬菜拉秧后施足有机肥进行深耕晒垡。深翻可促进病株残体在地下腐烂,同时也可把地下病菌、害虫翻到地表,冻死或晒死一些越冬、越夏的害虫。深翻还可使土层疏松,有利于根系发育。腐熟有机肥可改善土壤结构,避免沤根,增强根际有益微生物的活动,减少枯萎病发生。

(2)设施消毒 对育苗和栽培设施进行提前消毒。例如,对准备育苗或生产用温室,每667平方米可用硫黄粉0.8～1千克、敌敌畏0.3～0.5千克,加3.5千克锯末或适量干草,混合点燃、密闭熏蒸12～24小时,可以杀灭一部分病原菌和害虫。

(3)温室土壤消毒 温室夏季休闲期,利用淹水进行嫌气高温消毒,也可以杀灭大部分病原菌或虫源。具体方法是利用气温较高、阳光充足的7～8月份,在保护地内每667平方米均匀撒施2～3厘米长的碎稻草和生石灰各300～500千克,并一次性施入农家肥5 000千克,再耕翻30～40厘米使稻草、石灰及肥料均匀分布于耕作层土壤。然后做成30厘米高、60厘米宽的大垄,以提高土壤对太阳热能的吸收。棚室内周边地温较低,易导致灭菌不彻底,故将土尽量移到棚室中间。浇透水,上覆塑料薄膜。将薄膜铺平拉紧,压实四周,闭棚升温。根据水分渗透状况,每隔6～7天充分浇水1次。然后高温闷棚10～30天,使耕层土壤温度达到50℃以上,可直接杀灭土壤中所带的有害病菌及各种虫卵,大大减轻菌核病、枯萎病、疫病、根结线虫病、红蜘蛛及多种杂草的危害,还能促进土壤中的有机质分解,提高土壤肥力。

3. 培育无病虫害的适龄壮苗 无公害蔬菜生长过程中一旦发生病虫害,因高残留农药不能使用,以致造成被动防治。因此,选用适当的育苗方式和合理的温、光、肥、水调控技术,培育出适龄无病虫害的壮苗,定植前再对秧苗进行严格的筛选,可以大大减轻或推迟病害发生。

(1)适期播种 调整播期,避开病虫可能大发生的时期,就可以大大减轻病虫的为害。如北方地区露地秋白菜在立秋前3天播种,就可以大大减轻软腐病的发生。

(2)种子消毒 很多种病害可由种子带菌传播。播种前采取温汤浸种、高温干热消毒、药剂拌种、药液浸种等方法,都能较好地预防种子带菌传播的病害,但无公害蔬菜生产应以物理的方法消毒为主。主要有干热处理和湿热处理。干热处理危险性大,要求种子水分含量低于10%(瓜类、茄果类),在70℃条件下恒温处理72小时,对病毒、细菌、真菌和虫卵都有良好杀伤效果,处理时注意恒定温度、严格操作,避免种子丧失活性。湿热处理即温汤浸种(55℃)或热水(70℃)烫种,对防治病虫害也有一定效果。

(3)嫁接换根 对黄瓜、西瓜、西葫芦、甜瓜、番茄、茄子等幼苗进行嫁接换根可有效地防止土传病害的发生。如采用云南黑籽南瓜嫁接黄瓜,防治黄瓜枯萎病效果可达95%以上,还可兼治疫病、白粉病等,增产增收明显。茄子嫁接可以较好地预防黄萎病发生。

4.实行轮作 包括间作、套种、倒茬等方法使病原菌和虫卵不能大量积累,以起到控制病虫发生的作用。无公害蔬菜生长过程中,提倡插入一茬葱蒜类或豆科作物。葱蒜类作物在土壤中残留的大蒜素,对一些土传病害可以起到抑制或杀灭的作用;豆科作物根瘤菌的固氮作用可以培肥土壤,从而减少肥料的施用。山西省推广的茄科—十字花科—葫芦科蔬菜三年轮作,对控制瓜类枯萎病和早疫病的危害具有一定效果。采用不同蔬菜种类之间的间作、套种,可以减少某些蔬菜病虫害的发生,达到少用或不用农药的效果。如冬瓜与苦瓜间套作,能有效地防止冬瓜疫病发生。韭菜温室套栽黄瓜,可使细菌性角斑病减少20%左右。此方法在实际应用中受到土地资源和种植习惯等因素的限制。

5.改进栽培措施

(1)选择防雾防尘保温膜 日光温室反季节栽培利用多功能复合薄膜覆盖效果较好。在使用期间,其透光率可比普通膜提高10%~20%,平均温度提高2℃~3℃。这对改善温室温光环境,减少蔬菜体内硝酸盐含量十分重要。温室使用普通棚膜覆盖时,也要通过翻晒棚膜,经常清洁膜面,提高其透光率。并尽可能早揭晚盖草苫,延长光照时间。

(2)合理安排种植密度 提倡宽窄行种植,适当稀植,利于通风透光,降低田间湿度,减少病虫害的发生。稀植时个体生长健壮,抗病性也会大大增强。

(3)**科学浇水** 高畦双行地膜覆盖栽培,实行膜下沟灌或滴灌,可有效降低温室内的空气湿度,提高土壤温度,增强植株抗逆性,可显著减轻黄瓜霜霉病、疫病、枯萎病和番茄早疫病、灰霉病等危害。

(4)**遮阳网降温** 日光温室秋冬茬栽培的一些蔬菜,往往需要在高温多雨的炎夏开始育苗。强光和高温加上害虫猖獗,常常使病毒病等严重发生。利用遮阳网等遮光设备,可以降低光照强度和温度。日光温室冬春茬作物转入露地越夏连秋栽培时,利用灰色遮阳网覆盖可降低室温2℃～3℃,降低地表温度4℃～5℃,并可驱避蚜虫,减少日灼病发生。

(5)**昆虫授粉** 番茄、茄子为自花授粉作物,花粉成熟后需要适宜的温、湿度条件和一定的振动才能完成授粉过程,未授粉或授粉不良的花朵,易在花柄处产生离层而全部脱落。目前温室生产普遍使用番茄灵或2,4-D等人工合成的生长调节剂涂抹花柄或蘸花。此外,温室栽培的西葫芦、西瓜、甜瓜为防止化瓜,保证坐果率,也往往采用坐果灵或膨瓜素等化学药品进行喷花或喷瓜。为解决这一问题,可在温室内放蜂授粉或人工辅助授粉,防止落花、落果及化瓜,提高蔬菜的商品安全质量。

(6)**果菜类套袋栽培** 据陕西省动物研究所的实践经验,对于黄瓜、番茄、西葫芦、茄子等连续采摘连续生长的蔬菜采用套袋栽培,可直接阻隔农药污染,使农药残留量下降86%,使果实达到无公害标准。据试验,黄瓜套袋后,产量比不套袋的增加10%,成本仅增加0.04～0.06元/千克,且黄瓜在袋内生长发育,外界污染小,取袋后即可食用。同时黄瓜套袋后有利于维生素C的形成,保鲜期长,耐贮藏,利于长途运输。套袋果实市场优势强,价位高,效益好。

（三）生态防治

寄主与有害生物对环境条件的要求往往有一定的差异。利用这种差异，创造一个有利于蔬菜生长、不利于有害生物发生的环境条件，从而达到减轻病害的目的，即生态防治。

1. 防止叶面结露　叶面上凝结的水珠是大部分病害发生的先决条件。叶面结露再加上适宜温度，病害就会迅速蔓延。根据病害发生规律和蔬菜对温、湿度的要求，在上午、下午、前半夜和后半夜进行不同的温、湿度管理，可有效地控制病害发生。具体做法是：早上在室外温度允许的情况下，通风 1 小时左右以排除湿气；上午密闭棚室，温度提到 28℃～32℃（但不超过 35℃），这样利于蔬菜植物进行光合作用，并抑制部分病害的发生；中午、下午通风，温、湿度降至 20℃～25℃ 和 65％～70％，保证叶片上无水滴，这样温度虽然适于病菌萌发，但湿度条件绝对限制了病菌的萌发；夜间不通风，湿度上升到 80％ 以上，温度却降到 11℃～12℃，湿度适合，但低温却限制了病菌的萌发，并且利于蔬菜植株减少呼吸消耗，积累养分。同时，要科学浇水，必须选晴天早上浇，浇完后密闭棚室，温度提到 40℃ 左右，闷 1～2 小时后通风排湿，使叶片上没有水滴或水膜。

2. 叶面微生态调控　大部分病原真菌均喜酸性，通过喷施一定的化学试剂可以改变寄主表面的微环境，从而抑制病原菌的生长和侵染。如白粉病刚刚发生时，喷小苏打 500 倍液，每隔 3 天喷 1 次，连喷 5～6 次，既防白粉病，又可分解出二氧化碳，提高产量。用 27％高脂膜乳剂 80～100 倍液，每隔 6 天喷 1 次，连续 4 次，可在植株上形成一层保护膜，阻止和减弱病毒的侵入。

（四）生物防治

生物防治是利用生物或其代谢产物来控制蔬菜病虫害的技术，主要包括利用天敌、有益微生物及其产物防治蔬菜病虫害。生物防治的副作用少、污染少、环保效果佳等优点现已受到各界广泛重视,但由于成本高、技术复杂,在实际利用中已广泛推广的方法不多。现行的生物防治技术主要有以下几种。

1. 利用天敌昆虫 天敌昆虫是对有害生物具有寄生性或捕食性的昆虫、螨、线虫等动物。通过商品化繁殖、施放起防治作用。捕食性昆虫常见的有步行虫、瓢虫、草蛉等,如生产上利用草蛉、瓢虫防治蚜虫,植绥螨防治叶螨等都取得良好效果。利用寄生性昆虫最成功的例子是利用赤眼蜂(人工饲养)寄生卵的特性控制、杀死番茄棉铃虫、辣椒烟青虫等害虫。其他如丽蚜小蜂防治温室白粉虱、金小蜂防治菜青虫等也在生产中取得了一定的效果。

2. 利用昆虫病原微生物 昆虫病原微生物有千余种。这些微生物对人、畜和植物是无害的,可用来防治害虫。利用微生物防治害虫,具有应用范围广、毒力持久和使用方便等优点。

(1)病原真菌的利用 引起昆虫病症的虫生真菌种类很多,常用的有白僵菌、绿僵菌和虫霉。白僵菌以防治大豆食心虫、玉米螟而著称;绿僵菌则以防治地下害虫蛴螬而出名。虫霉则是蔬菜蚜虫的重要病原真菌。

(2)苏云金杆菌的利用 苏云金杆菌又称 Bt 杀虫剂。它是一种寄生于昆虫体内的细菌,是微生物农药中应用最广泛的一类,市场上已出现多种苏云金杆菌制剂如高效 Bt、复方菜虫菌、大宝、7216生物农药等,用来防治危害各种蔬菜的鳞翅目昆虫特别有效。

(3)昆虫病毒的利用 一般昆虫病毒只感染一种昆虫,并不感染人、畜、植物及其他有益生物,因此使用比较安全。由于昆虫病毒具有专化性,因此可制成良好的选择性杀虫剂,而对生态系统极少有破坏作用,这是应用病毒治虫的一大优点。用以防治蔬菜害虫的昆虫病毒主要有两类,即核型多角体病毒和颗粒体病毒。这两类病毒,可防治菜青虫、斜纹夜蛾、烟青虫和棉铃虫等主要蔬菜害虫。害虫由发病至死亡时间较长,在 20℃温度条件下,一般需要 7~8 天。从国内昆虫病毒剂发展情况看,昆虫病毒复合杀虫剂的生产与应用已成为一大特色。首先是病毒与微生物复合的一种纯生物杀虫剂,是将昆虫病毒与苏云金杆菌或白僵菌在生产过程中进行复合。其特点是能集病毒和菌类制剂的优点于一体,既保持了微生物的广谱性和速效性,也保证了对抗药性害虫的特异性和持续性,弥补了单用病毒所起作用的不足,克服了苏云金杆菌对夜蛾科害虫不甚敏感的缺点。如小菜蛾病毒-苏云金杆菌复合生物杀虫剂被运用于蔬菜害虫防治,取得了十分满意的治虫效果。另外一类是病毒与低残毒化学农药复配的生物-化学杀虫剂。该制剂既可发挥病毒治虫的优势,大大减少化学农药的用量,又能起到化学药剂杀虫的作用。

(4)昆虫病原线虫的利用 昆虫病原线虫是寄生于昆虫体内的细丝形寄生虫。蔬菜害虫中的小地老虎、斜纹夜蛾、棉铃虫和菜青虫等,都有线虫寄生,一般寄生率为 $40\%\sim70\%$,高的可达 $80\%\sim90\%$。目前应用较多的小卷蛾线虫,是一种杀虫范围广的生物农药,能防治鳞翅目、双翅目、鞘翅目几百种不同的害虫,均有较好的效果。尤其是在人工大量繁殖后,将其释放于田间,防治害虫的效果更好,其寄生率常高达 85%。

3.利用昆虫生长调节剂、性信息激素 昆虫生长调节剂号称第四代农药。例如灭幼脲是一种几丁质合成酶的抑制剂,可阻断害虫的正常蜕皮而杀虫,对菜青虫、黏虫等害虫都有很好的防治效果。

自然界的各种昆虫,都能向外释放具有特异性气味的微量化学物质,以引诱同种异性昆虫前去交配。这种在昆虫交配过程中起通讯作用的化学物质,称为昆虫性信息素或昆虫性外激素。用以防治害虫的性外激素或类似物,通称为性诱剂。性诱剂有两个优点:一是专一性,小菜蛾性外激素只能诱到小菜蛾,而不能诱到其他昆虫,这就有力地保护了自然界为数众多的天敌。二是分泌有一定的时间性,昆虫性成熟后才分泌性外激素。据此,可找出诱蛾的高峰期。这在生产实践中可用来直接诱杀成虫,同时可作为预测预报蛾峰的准确期,指导适时防治害虫,提高防治害虫的效果。例如利用外源性激素"梨小"性诱剂、"桃小"性诱剂等在扰乱害虫的交配与繁殖上都取得良好效果。

4. 利用植物疫苗或植物抗性诱导剂防治植物病害 利用植物疫苗、植物抗性诱导剂防治植物病害是一种全新的病害防治方法，对一些难控制的病害效果明显。目前较为成功的是利用弱毒病毒诱导植物产生抗病毒能力，减轻病毒病的危害。例如，在分苗期用100倍液弱毒病毒疫苗 N_{14} 蘸根 30 分钟，可预防番茄病毒病。

5. 利用农用抗生素 农用抗生素是由微生物发酵产生的具有农药功能的次代谢物质。是生物源农药的重要组成部分。有一大部分品种已经商品化。如防治真菌病害的灭瘟素、春雷霉素、多抗霉素、灭粉霉素、井冈霉素等；用于防治细菌病害的链霉素和土霉素等；用于防治螨类的浏阳霉素和华光霉素等。近年来新开发的高效广谱抗生素阿维菌素防治昆虫、螨类效果较好。

表 2-6 列出了几种生物农药的施用标准。

表 2-6 蔬菜上推广使用的生物农药和抗生素制剂施用标准

制剂名称	施用浓度倍数	安全间隔期（天）	注意事项
苏云金杆菌（Bt 乳剂）	600	1～2	不能与内吸性有机磷杀虫剂混用
杀螟杆菌粉剂	600	1～2	
青虫菌（蜡螟杆菌 1 号）	600	1～2	
爱比菌素 1.8% 乳剂	600	1～3	
农抗 120 水剂	800	1～2	不限制混用
多抗霉素 3% 粉剂	1000	2～3	不与酸性、碱性农药混用
农用链霉素 15% 粉剂	1000	2～3	应单独施用
井冈霉素 15% 粉剂	1000	2～3	不与碱性农药混用

注：1. 以上制剂施用后 4 小时内遇雨，须补施 1 次；2. 根据广西无公害蔬菜生产技术规范附录制表

6.利用动、植物源农药 动、植物毒素是动、植物产生的对有害生物具有毒杀作用的活性物质。动物毒素有大胡蜂毒素、沙蚕毒素等,但商品化的不多。只有根据沙蚕毒素化学结构衍生合成开发了不少杀虫剂品种,如杀螟丹、杀虫双等。植物毒素如具有杀虫作用的除虫菊素、鱼藤酮、烟碱、茼蒿素,具有杀菌作用的大蒜素,具有抗烟草花叶病毒作用的海藻酸钠等。由植物源有效成分衍生合成的重要农药有拟除虫菊酯类、氨基甲酸酯类杀虫剂和乙基大蒜素(抗菌剂402)杀菌剂。

7.其他无公害农药

(1)自制土农药

①草木灰液 每667平方米菜田用草木灰10千克对水50升浸泡24小时,取滤液喷洒可有效地防治蚜虫、黄守瓜。若葱、蒜、韭菜受种蝇、葱蝇的蛆虫为害,每667平方米沟施或撒施草木灰20~30千克,既治蛆又增产。

②红糖液 红糖300克溶于500毫升清水中,加入10克白衣酵母,置于温室或大棚内,每天搅拌1次,发酵15~20天,待其表面出现白膜层为止。然后将此发酵液再加入米醋、烧酒各100毫升,对入100升水,每隔10天喷1次,连喷4~5次,防治黄瓜细菌性角斑病和灰霉病有良好的效果。

③猪胆液 10%浓度的猪胆液加适量小苏打、洗衣粉,能防治茄子立枯病、辣椒炭疽病,能驱赶豇豆、菜豆等蔬菜上的蚜虫、菜青虫、蜗牛等多种害虫。稀释液可保持10天有效。

④兔粪浸出液 每10升水加兔粪1千克,装入瓦缸内密封沤15~20天,用时搅拌均匀,浇于瓜菜根部,可防治地老虎。

⑤植物浸出液 利用大蒜、烟草、蓖麻叶、洋葱、丝瓜叶、番茄叶的浸出液制成农药,防治蚜虫、红蜘蛛;利用苦参、臭椿、大葱叶的浸出液防治蚜虫、菜青虫、菜螟虫。

⑥死虫浸出液 在菜青虫、小菜蛾发生期,先从菜叶上捉50克幼虫装入塑料袋中捣碎腐烂,加水100毫升浸泡24小时后过

滤,在滤出液中加水 20 升、洗衣粉 25 克搅匀喷雾。除能防治菜青虫、小菜蛾外,还能防治地老虎、黏虫等其他害虫。

(2)高锰酸钾 高锰酸钾是强氧化还原剂,医药上是一种人、畜通用的外科用药,其溶液具有很强的杀菌、消毒及防腐作用。试验证明,用其不同浓度的溶液防治蔬菜苗期猝倒病和立枯病、霜霉病、软腐病、枯萎病、根腐病、病毒病等多种病害,效果非常显著。同时,它含有植物所必需的锰和钾两种营养元素,能促进作物增产10%以上,可谓药、肥两用。该药药源丰富、成本低,各地药店均有销售,易于采购,而且使用时对人、畜安全、无毒,对作物无残留、无药害,对环境无污染。因此,高锰酸钾是一种无公害蔬菜难得的杀菌剂。

8.种植绿肥除草 在蔬菜作物轮作茬口中,当菜田倒茬休闲时,可种植一茬绿肥,以防杂草丛生。在绿肥未结籽前翻入土中作为肥料,再安排下一茬蔬菜作物。绿肥的种类可根据各地的气候条件,选择适宜的品种,一般夏季种植田菁、太阳麻,冬季种植油菜、紫云英、埃及三叶草、豌豆、苜蓿、红花苕子、燕麦、大麦、小麦等,到春天未开花时耕翻入土,不仅可防止杂草生长,还能克服连作障碍。

(五)物理防治

物理防治是主要通过物理措施防治病虫害,主要包括利用高温杀死种子和土壤中的病原菌和虫卵,利用光、色诱杀害虫或驱避害虫。

1.诱杀、驱避、阻隔害虫,人工捕杀害虫

(1)诱杀害虫 诱杀害虫是根据害虫的趋光性、趋化性等习性,把害虫诱集杀死的一种方法。这种方法简单易行、投资少、效果好,可以大大减少化学农药残留量,提高蔬菜产品质量,是发展无公害蔬菜的主要技术措施之一。主要诱杀方法如下。

①黄板诱蚜 在 30 厘米×30 厘米的纸板上正反两面刷上黄

漆,干后在板上刷一层10号机油,每667平方米菜地的行间竖立放置10~15块板,黄板要高于植株30厘米,可诱杀蚜虫、温室白粉虱和美洲斑潜蝇等害虫,防止其迁飞扩散危害。

②糖醋毒液诱蛾　用糖3份、醋4份、酒1份和水2份,配成糖醋液,并在糖醋液内按5%加入90%晶体敌百虫,然后把盛有毒液的钵放在菜地里高1米的土堆上,每667平方米放糖醋液钵3只,白天盖好,晚上打开,诱杀斜纹夜蛾、甘蓝夜蛾、银纹夜蛾、小地老虎等害虫成虫。

③杨柳树枝诱蛾　将长约60厘米的半枯萎的杨树枝、柳树枝、榆树枝按每10支捆成一束,基部一端绑一根小木棍,每667平方米插5~10把枝条,并蘸95%的晶体敌百虫300倍液,可诱杀烟青虫、棉铃虫、黏虫、斜纹夜蛾、银纹夜蛾等害虫成虫。

④毒饵诱杀地老虎　在幼虫发生期间,采集新鲜嫩草,把90%晶体敌百虫50克溶解在11升温水中,然后均匀喷洒到嫩草上,于傍晚放置在被害株旁或洒于作物行间,进行毒饵诱杀。

⑤性诱杀　用50~60目防虫网制成一个长10厘米、直径3厘米的圆形笼子,每个笼子里放两头未交配的雌蛾(可以先在田间采集雌蛹放在笼里,羽化后待用),把笼子吊在水盆上,水盆内盛水并加入少许煤油,在黄昏后放于田中,一个晚上可诱杀数百上千只雄蛾。

⑥黑光灯诱蛾　在夜蛾成虫盛发期开始诱杀成虫,每2~3公顷菜地堆一个高1米左右的土堆,在土堆上放置水盆,水盆内盛半盆水并加入少许煤油,在水盆上方离水面20厘米悬挂一盏20瓦的黑光灯,每晚9时至次日凌晨4时开灯,可诱杀小菜蛾、斜纹夜蛾、甘蓝夜蛾、银纹夜蛾、甜菜夜蛾、小地老虎、烟青虫、豆荚螟、蝼蛄、金龟子、棉铃虫等成虫,天气闷热、无月光、无风的夜晚诱杀更好。

⑦频振式杀虫灯　该技术是近年国内推广的一项先进实用的物理杀虫技术,它利用害虫对光源、波长、颜色、气味的趋性,选用

了对害虫有极强的诱杀作用的光源和波长,引诱害虫扑灯,并通过高压电网杀死害虫,能有效地防治害虫为害,控制化学农药的使用,减少环境污染。利用频振式杀虫灯,诱杀虫量大、杀谱广,能诱杀鳞翅目、鞘翅目、双翅目、同翅目4个目11个科的200多种害虫,同时有较好的杀害保益效果,其诱杀成虫益害比为1:97.6,比高压汞灯低50%以上。

(2)驱避、阻隔害虫 利用蚜虫对银灰色的负趋向性,将银灰色薄膜覆盖于地面,方法同覆盖地膜,每667平方米用量约5千克。将灰色反光塑料膜剪成10~15厘米宽的挂条,挂于温室周围,每667平方米用量为1.5千克,可收到较好的避蚜效果。在害虫发生较重的温室大棚的通风口覆盖防虫网,可以阻隔害虫,防止害虫迁飞。

(3)人工捕杀害虫 对于金龟子、棉铃虫、蛴螬等虫体较大的害虫,可采取人工捕捉、集中销毁的防治方法。

2. 高温杀虫灭菌 在黄瓜霜霉病发生初期,可利用高温闷棚的方法杀死病原菌,同时还可杀死一部分白粉虱。具体方法见黄瓜无公害生产技术。

3. 覆盖除草 利用黑色、绿色地膜或树叶、稻草、稻壳、花生壳、棉籽壳、木屑、蔗渣、泥炭、纸屑、布屑等有机物覆盖栽培畦面或作业道的地面,都有防除杂草、间接消灭害虫的作用。有机物在田间腐烂后还能增加土壤中的有机质。

(六)化学防治

生产无公害蔬菜并不是完全拒绝化学农药,无公害蔬菜生产中允许限量使用一些高效、低毒、低残留的化学农药。在化学防治中提高农户的认识和技术水平是保证蔬菜无公害生产的关键。因此,掌握必要的农药使用常识,正确地选购和使用农药,是有效治理病虫害、保证无公害蔬菜高产稳产的一项重要措施。减少化学农药的残留危害应注意以下几点。

1. 无公害蔬菜禁止使用的农药种类 表 2-7 列出了绿色食品蔬菜生产中禁止使用的农药种类。无公害蔬菜生产中除了允许少量施用安全性植物生长调节剂和除草剂之外,对其他农药的规定可参照绿色食品蔬菜。

表 2-7 绿色食品蔬菜生产中禁止使用的农药种类

种 类	农药名称	禁用原因
无机砷杀虫剂	砷酸钙、砷酸铅	高毒
有机砷杀菌剂	甲基胂酸锌、甲基胂酸铁铵(田安)、福美甲胂、福美胂	高残毒
有机锡杀菌剂	薯瘟锡(三苯基醋酸锡)、三苯氯化锡和毒菌锡	高残毒
有机汞杀菌剂	氯化乙基汞(西力生)、醋酸苯汞(赛力散)	剧毒、高残毒
氟制剂	氟化钙、氟化钠、氟乙酸钠、氟乙酰胺、氟铝酸钠、氟硅酸钠	剧毒、高毒、易产生药害
有机氯杀虫剂	DDT、六六六、林丹、艾氏剂、狄氏剂	高残毒
有机氯杀螨剂	三氯杀螨醇	部分含有 DDT
卤代甲烷熏蒸杀虫剂	二溴乙烷、二溴氯丙烷	致癌、致畸
有机磷杀虫剂	甲拌磷、乙拌磷、久效磷、对硫磷(1605)、甲基对硫磷、甲基异柳磷、治螟磷、氧化乐果、磷胺、甲胺磷	高毒
有机磷杀菌剂	稻瘟净、异稻瘟净(异嗅米)	高毒
氨基甲酸酯杀虫剂	呋喃丹、涕灭威、灭多威	高毒
二甲基甲脒类杀虫杀螨剂	杀虫脒	慢性毒性、致癌
取代苯类杀虫杀菌剂	五氯硝基苯、稻瘟醇(五氯苯甲醇)	国外有致癌报道或二次药害
二苯醚类除草剂	除草醚、草枯醚	慢性毒性

2. 无公害蔬菜允许使用的农药种类、用量和安全间隔期 目前无公害蔬菜生产中,允许使用的低毒低残留化学农药根据用途可分为以下七大类:防治真菌性病药剂、防治细菌性病药剂、防治病毒病药剂、杀虫杀螨剂、育苗床土消毒药剂、种子处理药剂和菜田化学除草剂。

(1)常用防治蔬菜真菌性病害的药剂 如50%多菌灵500倍液,75%百菌清600倍液,25%瑞毒霉600倍液,70%代森锰锌500倍液,80%乙磷铝500倍液,70%甲基托布津500倍液,65%甲霉灵1 000倍液,72%克露600倍液,50%速克灵1 500倍液,50%扑海因1 000倍液,50%农利灵500倍液,64%杀毒矾500倍液,80%炭疽福美500倍液,20%三唑酮乳油1 500倍液等。药剂喷雾时一般每667平方米用药液50~70升,苗期或叶菜类用量少些。

烟雾粉尘类药剂,多在保护地内施用,不但药效高,而且可降低棚室内湿度,从而减少病害的发生。常用烟雾粉尘类药剂种类及667平方米用量:20%(或40%)百菌清烟雾剂300克,10%速克灵烟雾剂300克,5%百菌清粉尘1 000克,10%灭克1 000克等。

(2)常用防治蔬菜细菌性病害的药剂 农用链霉素3 000~4 000倍液,30%琥胶肥酸铜(DT杀菌剂)500倍液,50%丰护安500倍液,27%高铜悬浮剂400倍液,77%可杀得500倍液,每667平方米用药液60升左右。

(3)常用防治蔬菜病毒病的药剂 5%菌毒清300倍液加50%抗蚜威2 000倍液(兼治蚜虫),5%菌毒清300倍液加1.5%植病灵乳剂500倍液,83-1增抗剂200倍液,硫酸锌800倍液,绿芬威1号1 000倍液,20%病毒A500倍液,抗毒剂1号400倍液,抗毒素500倍液,磷酸三钠500倍液,一般每667平方米用药液60升。另外,可在叶面上喷施牛奶、葡萄糖,或喷施含磷、钾、锌的叶面肥,以增强植物抵抗能力。

(4)常用防治蔬菜病虫的药剂

①防治咀嚼式口器害虫(菜青虫、烟青虫、黄守瓜等) 50%辛

硫磷乳油 2 000 倍液,90％晶体敌百虫 1 000 倍液,2.5％功夫(三氟氯氰菊酯)乳油 5 000 倍液,48％毒死蜱乳油 1 000～1 500 倍液,10％天王星(联苯菊酯)乳油 1 000 倍液,21％灭杀毙增效氰马乳油 3 000 倍液。一般每 667 平方米用药液 50 千克。

②防治潜叶类害虫(潜叶蝇)　25％斑潜净 1 000～1 500 倍液,25％喹硫磷 1 000 倍液,20％菊·马乳油 2 000 倍液,21％灭杀毙乳油 3 000 倍液。另外,还可用爱福丁、绿菜宝、灭蝇胺、氯氰菊酯、虫蛹光、三氟氯氰菊酯,一般每 667 平方米用药液 70 升。

③防治刺吸式口器害虫(白粉虱、蚜虫)　25％扑虱灵 2 000 倍液,25％喹硫磷 1 000 倍液,50％抗蚜威 2 000 倍液(用于防治菜蚜,对瓜蚜效果不好),每 667 平方米用药液 60 升克左右。另外,还可使用灭蚜灵烟剂 350 克/667 平方米。

④防治红蜘蛛(叶螨、茶黄螨)　73％克螨特 1 000 倍液,25％螨猛 1 500 倍液,10％螨死净 3 000 倍液。每 667 平方米用药液 60 升左右。

(5)常用蔬菜育苗床土消毒药剂　50％拌种双粉剂 7 克/平方米,72.2％普力克水剂 6～8 毫升/平方米,1.5％恶霉灵(土菌消)水剂 6～7 毫升/平方米,50％多菌灵可湿性粉剂 8 克/平方米等,任选一种,加水稀释后均匀喷洒床土消毒。另外,可用 25％甲霜灵可湿性粉剂 3 克,加 70％代森锰锌可湿性粉剂 1 克,混合均匀后再与 15 千克细土混合,播种前先遍撒 10 千克/平方米,播种后再覆盖 5 千克/平方米。同时,还可用 30 毫升甲醛,加水 2 升,喷雾 1 平方米苗床,然后覆膜闷 1 周,再揭膜晾晒7～10 天,放净气味后播种,可防治多种病害。

(6)允许使用的蔬菜种子处理药剂　蔬菜种子处理药剂很多,可根据不同蔬菜种类和不同处理方法,选用相应药剂,采取不同处理措施。如表 2-8,表 2-9 所示。

表 2-8 不同种类蔬菜拌种药剂品种及用量

种 类	药 剂	药剂用量占种子量(%)	防治病害
黄 瓜	50%福美双 50%多菌灵	0.3 0.3	细菌性病害 黑星病
菜 豆	50%多菌灵	0.1	枯萎病
白 菜	50%福美双 35%瑞毒霉	0.4 0.4	黑斑病、黑腐病、 黑根病、霜霉病

表 2-9 不同种类蔬菜浸种药剂品种及用量表

种 类	药 剂	药液浓度百分比或倍数	处理时间(分)	防治对象
黄 瓜	升 汞 40%甲醛 多菌灵盐酸	1000 150 1000	10~15 60~100 60	炭疽、角斑、枯萎病 炭疽、角斑、枯萎病 枯萎病
番 茄	磷酸三钠	10%	20	病毒病
辣 椒	磷酸三钠 链霉素 硫酸铜	10% 1000 100	20 30 5	病毒病 疮痂病 炭疽病
茄 子	40%甲醛	300	15	褐纹病
菜 豆	40%甲醛	300	30	炭疽病
洋 葱	40%甲醛	300	180	灰霉病
白 菜	40%甲醛	400	10	黑霉病

化学农药对防治蔬菜病虫害确实有立竿见影的效果,但如果施用不当,对人类健康和自然环境的危害也十分严重。因此,在无公害蔬菜生产中施用化学农药时,必须严格掌握用法、用量和安全间隔期,即最后一次用药距产品采收期的间隔天数。详见表 2-10,表 2-11。

表 2-10 部分蔬菜农药安全使用标准

种类	药剂	剂型	667 平方米常用药量或稀释倍数	667 平方米最高用药量或稀释倍数	施药方法	最多使用次数	安全间隔期(天)	实施说明
青菜	乐果	40%乳油	50 毫升,2000 倍液	100 毫升,800 倍液	喷雾	6	不少于 7 天	秋、冬季间隔期 8 天
	敌百虫	90%固体	50 克,2000 倍液	100 克,800 倍液	喷雾	5	不少于 7 天	秋、冬季间隔期 8 天
	敌敌畏	80%乳油	100 毫升,1000～2000 倍液	200 毫升,500 倍液	喷雾	5	不少于 5 天	冬季间隔期 7 天
	乙酰甲胺磷	40%乳油	125 毫升,1000 倍液	250 毫升,500 倍液	喷雾	2	不少于 7 天	秋、冬季间隔期 9 天
	二氯苯醚菊酯	10%乳油	6 毫升,10000 倍液	24 毫升,2500 倍液	喷雾	3	不少于 2 天	
	辛硫磷	50%乳油	50 毫升,2000 倍液	100 毫升,1000 倍液	喷雾	2	不少于 6 天	每隔 7 天喷 1 次
	氰戊菊酯	20%乳油	10 毫升,2000 倍液	20 毫升,1000 倍液	喷雾	3	不少于 5 天	每隔 7～10 天喷 1 次
白菜	乐果	40%乳油	50 毫升,2000 倍液	100 毫升,800 倍液	喷雾	4	不少于 10 天	
	敌百虫	90%固体	100 克,1000 倍液	100 克,500 倍液	喷雾	5	不少于 7 天	秋、冬季间隔期 8 天
	敌敌畏	80%乳油	100 毫升,1000～2000 倍液	200 毫升,500 倍液	喷雾	5	不少于 5 天	冬季间隔期 7 天
	乙酰甲胺磷	40%乳油	125 毫升,1000 倍液	250 毫升,500 倍液	喷雾	2	不少于 7 天	秋、冬季间隔期 9 天
	二氯苯醚菊酯	10%乳油	6 毫升,10000 倍液	24 毫升,2500 倍液	喷雾	3	不少于 2 天	

种类	药剂	剂型	667平方米常用药量或稀释倍数	667平方米最高用药量或稀释倍数	施药方法	最多使用次数	安全间隔期(天)	实施说明
甘蓝	氰戊菊酯	20%乳油	20毫升,4000倍液	40毫升,2000倍液	喷雾	3	不少于5天	每隔8天喷1次
	辛硫磷	50%乳油	50毫升,1500倍液	75毫升,1000倍液	喷雾	4	不少于5天	每隔7天喷1次
	氯氰菊酯	10%乳油	8毫升,4000倍液	16毫升,2000倍液	喷雾	4	不少于7天	每隔8天喷1次
大白菜	辛硫磷	50%乳油	50毫升,1000倍液	100毫升,500倍液	喷雾	3	不少于6天	
萝卜	乐果	40%乳油	50毫升,2000倍液	100毫升,800倍液	喷雾	6	不少于5天	叶若供食用,间隔期9天
	溴氰菊酯	2.5%乳油	10毫升,2500倍液	50毫升,1250倍液	喷雾	1	不少于10天	
	氰戊菊酯	20%乳油	30毫升,2500倍液	50毫升,1500倍液	喷雾	2	不少于21	
	二氯苯醚菊酯	10%乳油	25毫升,2000倍液	50毫升,1000倍液	喷雾	3	不少于14	
黄瓜	乐果	40%乳油	50毫升,2000倍液	100毫升,800倍液	喷雾		不少于2天	施药次数按防治要求而定
	百菌清	75%可湿性粉剂	100克,600倍液	100克,600倍液	喷雾	3	不少于10天	结瓜前使用
	三唑酮	15%可湿性粉剂	50克,1500倍液	100克,750倍液	喷雾	2	不少于3天	
	三唑酮	20%可湿性粉剂	30克,3300倍液	60克,1700倍液	喷雾	2	不少于3天	
	多菌灵	25%可湿性粉剂	50克,1000倍液	100克,500倍液	喷雾	2	不少于5天	
	溴氰菊酯	2.5%乳油	30毫升,3300倍液	60毫升,1650倍液	喷雾	2	不少于3天	
	辛硫磷	50%乳油	500毫升,2000倍液	500毫升,2000倍液	喷雾	3	不少于3天	

种类	药剂	剂型	667平方米常用药量或稀释倍数	667平方米最高用药量或稀释倍数	施药方法	最多使用次数	安全间隔期(天)	实施说明
番茄	氰戊菊酯	20%乳油	30毫升,3300倍液	40毫升,2500倍液	喷雾	3	不少于3天	
	百菌清	75%可湿性粉剂	100克,600倍液	120克,500倍液	喷雾	6	不少于23天	每隔7～10天喷1次
韭菜	辛硫磷	50%乳油	500毫升,800倍液	750毫升,500倍液	浇施灌根	2	不少于10天	浇于根际土中
洋葱	辛硫磷	50%乳油	250毫升,2000倍液	500毫升,1000倍液	垄底浇灌	1	不少于17天	洋葱结头期使用
	喹硫磷	25%乳油	200毫升,2500倍液	400毫升,1000倍液	垄底浇灌	1	不少于17天	洋葱结头期使用
大葱	辛硫磷	50%乳油	250毫升,2000倍液	750毫升,1000倍液	行中浇灌	1	不少于17天	
	喹硫磷	25%乳油	250毫升,2500倍液	500毫升,700倍液	垄底浇灌	1	不少于17天	
豆类	乐果	40%乳油	50毫升,2000倍液	100毫升,800倍液	喷雾	5	不少于5天	夏季豇豆、四季豆隔期3天
	喹硫磷	25%乳油	100毫升,800倍液	160毫升,500倍液	喷雾	3	不少于7天	
辣椒	喹硫磷	25%乳油	40毫升,1500倍液	60毫升,1000倍液	喷雾	2	不少于5天(青椒)	红椒安全间隔期不少于10天

注:摘录农药安全使用标准(GB4285-89)蔬菜部分

表 2-11 菜田常用农药合理使用准则 (喷雾用)

种类	药剂	剂型	667平方米常用剂量	667平方米最高用药量	最多使用次数	安全间隔期(天)	最高残留限量(毫克/千克)	实施说明
叶菜	*氯氰菊酯	10%乳油	25毫升	50毫升	3	2～5	1	适用于南方青菜和北方大白菜

蔬菜种类	农药	剂型	667平方米常用剂量	667平方米最高用药量	最多使用次数	安全间隔期(天)	最高残留限量(毫克/千克)	实施说明
叶 菜	★溴氰菊酯	2.5%乳油	20毫升	40毫升	3	2	0.2	适用于南方青菜和北方大白菜
	★氰戊菊酯	20%乳油	15～25毫升	40毫升	3	夏季青菜5天,秋、冬季青菜、大白菜12天	1	适用于南方青菜和北方大白菜
	★喹硫磷	25%乳油	60毫升	100毫升	1～2	喷1次为9天,喷2次为24天	甘蓝、大白菜为0.2	适用于甘蓝和大白菜
	★抗蚜威	50%可湿性粉剂	25克	50克	1～3	喷1次为6天,喷3次为11天	适用于甘蓝	
	#毒死蜱	40.7%乳油	50毫升	75毫升	3	7	甘蓝中1	
	#伏杀硫磷	35%乳油	130毫升	190毫升	2	7	甘蓝中1	
	来福灵	5%乳油	10毫升	20毫升	3	3	2	
	甲氰菊酯	20%乳油	25毫升	30毫升	3	3	0.5	
	马扑立克	10%乳油	25毫升	50毫升	3	7	1	
	顺式氯氰菊酯	10%乳油	5毫升	10毫升	3	3	1	适用于大芹菜和小白菜
	功夫	2.5%乳油	25毫升	50毫升	3	7	0.2	
	氯氰菊酯	25%乳油	12毫升	16毫升	3	3	1	

种类	药剂	剂型	667平方米常用剂量	667平方米最高用药量	最多使用次数	安全间隔期(天)	最高残留限量(毫克/千克)	实施说明
黄瓜	琥胶肥酸铜	30%胶悬剂	150毫升	300毫升	4	3	5	
	杀毒矾锰锌	64%可湿性粉剂	110克	130克	3	3	5	
	顺式氯氰菊酯	10%乳油	5毫升	10毫升	2	3	0.2	
	♯甲霜灵锰锌	58%可湿性粉剂	75克	120克	3	1	0.5	
番茄	♯百菌清	75%可湿性粉剂	145克	270克	3	7	5	
	联苯菊酯	10%乳油	5毫升	10毫升	3	4	0.5	
	苯丁锡	50%可湿性粉剂	20克	40克	2	7	1	
	★氯氰菊酯	10%乳油	25毫升	50毫升	2	1	0.5	

注:带★数据来源于农药安全使用指南(一),带♯数据来源于农药合理使用准则(二)(GB8321.2-87),其余数据均来源于农药合理使用准则(三)(GB8321.3-89)

(7)菜田化学除草剂 菜田一般不提倡化学除草,应尽量采用人工除草、覆盖除草及种植绿肥压草等物理防治方法或生物防治方法。但对于某些草害较严重的蔬菜,如百合科、伞形科蔬菜,可选用高效低毒少残留的除草剂(表2-12)。

表 2-12 无公害蔬菜部分推荐使用除草剂

序号	名称	防治对象及施用说明	667平方米用量
1	48%氟乐灵	一年生禾本科及部分阔叶草,用药后立即耙入土中,防光解	100~150毫升

序　号	名　称	防治对象及施用说明	667 平方米用量
2	50%敌草胺	一年生禾本科及部分阔叶草,浇足底水	100~150 毫升
3	72%都尔	一年生禾本科及部分阔叶草,不适应多雨季节和有机质 1%的沙土	100~150 毫升
4	33%除草通	一年生禾本科及部分阔叶草,防止直接接触种子	100~150 毫升
5	10.8%高效盖草能	禾本科杂草,严禁将药液喷到禾本科作物上	40~60 毫升
6	50%扑草净	一年生阔叶杂草(尚未出土的杂草),沙土不宜	100 克
7	20%克芜踪	行间或休闲地除草,喷雾时压低喷,防雾滴飘移	100~200 克
8	10%农达	灭生性休闲或免耕田除草,喷雾时避免药滴乱飘移	400~1000 毫升

3. 购买农药的注意事项　购买农药应该选择正规的农药经销部门,并注意查看其经营执照。购买时应仔细检查农药的标签,正式合格产品的标签应包括农药名称(商品名、通用名、有效成分含量、剂型)、农药登记号(国产农药还要求有准产证号)、净重、生产厂名及地址、农药类别(杀虫剂、杀菌剂等)、使用说明、毒性标志、注意事项、生产日期、批号等。每次购药时,要检查标签是否完整,除了看其使用方法等内容外,要特别注意查看有无农药登记证号,以免买到假冒产品。标签上注明是低毒或中等毒性才能购买;无生产日期或日期超过 2 年的则不应购买。购药时先从外观上检查是否有异常,并索取发票。购得农药后如怀疑质量有问题,应及时送农药鉴定所等单位检验。

4. 合理使用农药

(1) 对症下药　蔬菜病虫害种类多,危害程度不同,对农药的敏感性也各异。因此,必须熟悉防治的对象,掌握不同农药的药效、剂型及其使用方法,做到对症下药,才能达到应有的防治效果。首先应正确识别病虫害种类,选用不同农药。如黄瓜霜霉病及细菌性角斑病,叶部表现的症状十分相似,但前者为真菌侵染所致,后者为细菌侵染所致,用药的种类截然不同。其次要了解农药的性能及防治对象。例如,扑虱灵对白粉虱若虫有特效,而对同类害虫则无效。辟蚜雾只对桃蚜有效,而对瓜蚜效果差。甲霜灵对黄瓜霜霉病有效,但不能防治白粉病。如果对自己菜田发生的病虫害种类和农药品种不够熟悉时,应查阅蔬菜病虫害图书,或向当地的农业技术人员咨询,确定病虫害的种类,再对症下药。

(2)选择最佳防治时期 任何病虫害在田间发生发展都有一定的规律性,根据病虫害的消长规律,讲究防治策略,准确把握防治适期,准确选用适宜的农药,有事半功倍的效果。如蔬菜播种或移栽前,进行苗床、棚室消毒,土壤处理,药液浸种,药剂拌种等,有利于培育壮苗,减轻苗期病害。又如菜青虫、小菜蛾春季防治应掌握"治一压二"的原则,即防治一代压低二代的害虫基数。夜蛾类害虫的防治应在傍晚时间,因为白天它们都躲在地下,施药对它们几乎没有效果。傍晚它们出来为害作物时施药,则防效显著。豆类、瓜类病毒病与苗期蚜虫有关,只要防治好苗期蚜虫,病毒病的发生率就能明显降低。

(3)正确选择农药剂型 晴天可选用粉剂、可湿性粉剂、胶悬剂等喷雾。阴天要选用烟熏剂、粉尘剂喷施或熏烟,不增加棚内湿度,减少叶露及叶缘吐水,对控制霜霉病及低温高湿病害有显著作用。

(4)严格控制施药次数、浓度、范围和用量 病虫害能局部处理的绝不普遍用药而扩大用药面积,无公害蔬菜的生产要尽量减少用药,施最少的药,达到最理想的防效。如黄瓜霜霉病常从发病中心向四周扩散,采用局部施药,封锁发病中心,可有效地控制病害蔓延。通常菊酯类杀虫剂使用浓度为 2 000～3 000 倍(每年每块地只使用 1 次以防止害虫抗药性的产生),有机磷为 1 500～

2 000倍,激素类为 3 000 倍左右,杀菌剂为 600~800 倍。在有效的浓度范围内,每 667 平方米喷施药液 40~60 升即可。如果杀虫效果 85％以上,防病效果 70％以上,即称为高效,切不可盲目追求防效而随意增加施药次数、浓度和剂量,以防药害产生和蔬菜产品上农药残留超标。

(5)提倡交混用药 交混用药是指交替、混合使用作用方式等不同的药剂。同一地区连续、大量地长期使用同一种或同一类型药剂会使害虫、病菌等有害生物产生抗药性,降低防效;另外,对某一种作物来说,为了不同的目的,有时在同一时期内需要使用几种药剂,合理混用可以起到兼治多种病虫和节省用工、降低成本的作用。

(6)引入先进的农药施用技术

①低量喷雾技术 通过喷头技术改进,提高喷雾器的喷雾能力,使雾滴变细,增加覆盖面积,降低喷药液量。传统喷雾方法每 667 平方米用药量在 40~60 升,而低量喷雾技术用药量仅为 3~13 升,不但省水省力,还提高了工效近 10 倍,节省农药用量 20％~30％。

②静电喷雾技术 通过高压静电发生装置,使雾滴带电喷施的方法,药液滴在叶片表面的沉积量显著增加,可将农药有效利用率提高到 90％。

③药辊涂抹技术 主要用于内吸收除草剂的使用,药液通过药辊(一种利用能吸收药液的泡沫材料做成的抹药滚筒)从药辊表面渗出,只需接触到杂草上部的叶片即可奏效。此方法几乎可使药剂全部施在靶标植物表面,不会发生药液抛洒和滴落。

④循环喷雾技术 对常规喷雾机具进行重新设计改造,在喷洒部件的相对一侧加装药物回收装置,将没有沉积在靶标植株上的药液收集后抽回药液箱,循环利用,可大幅度提高农药的有效利用率。

运用以上先进的农药施用技术不但可以大幅度减少农药用量(可节省农药用量 50％~95％),同时还可大幅度减少或基本消除农药喷到非靶标植物上的可能性,从而显著减少对环境的污染。

(7)安全施药 使用农药时应特别注意防止农药中毒。一方面要防止施药人员中毒。我国农村发生生产性农药中毒事故的原因主要有:在高温季节喷洒高毒农药;没有开瓶盖工具时就用牙齿咬开;配药时不戴胶皮手套、用瓶盖倒药(易流到手上);药液浓度过高;施药时不戴口罩、不穿鞋袜,只穿短裤、背心;药器械质量差、发生故障多,有故障时带药用手拧、嘴吹,等等。这些情况都是不符合农药安全使用规则的,应当避免。如施药时身体有不适的感觉,须立即离开施药现场,并脱去被农药污染的衣服,用肥皂清洗手、脸和用清水漱口,必要时及时送医院治疗。另一方面避免蔬菜上农药残留超标,防止消费者吃菜中毒。菜农应本着对己、对人负责的态度,杜绝在蔬菜上施用高毒、高残留农药,严格执行农药安全间隔期。

四、无公害蔬菜生产的施肥技术

(一)无公害蔬菜生产中允许使用的肥料种类

无公害蔬菜生产中,允许使用的肥料类型和种类有以下几种。

1. 有机肥 就地取材、就地使用的各种有机肥料。它由含有大量生物物质、动物和植物残体、排泄物、生物废物等积制而成,主要包括以下几类。

(1)堆肥 以各类秸秆、落叶、柴草等为主要原料并与人、畜粪便和适量泥土混合堆制,经好气微生物分解而成的一类有机肥。

(2)沤肥 所用物料与堆肥基本相同,只是在淹水条件下,经微生物嫌气发酵而成的一类有机肥。

(3)厩肥 以猪、马、牛、羊等家畜和鸡、鸭、鹅等家禽的粪尿为主,与秸秆、泥土等垫料堆制并发酵而成的一类有机肥料。

(4)沼气肥 制取沼气的副产物,是有机物料在沼气池密闭环境的嫌气条件下,经微生物发酵而成。

(5)绿肥 以新鲜植物体就地翻压或异地翻压,或经堆沤而成的肥料,主要分为豆科绿肥和非豆科绿肥两类。

(6)作物秸秆肥 以麦秸、稻草、玉米秸、豆秸、油菜秸等直接还田作为肥料。

(7)饼肥 由油料作物籽实榨油后剩下的残渣制成的肥料。如菜籽饼、棉籽饼、豆饼、花生饼、芝麻饼、蓖麻饼等。

(8)泥肥 以未经污染的河泥、塘泥、沟泥、港泥、湖泥等,经嫌气微生物分解而成的肥料。

(9)腐殖酸类肥料 以含有酸类物质的泥炭、褐煤、风化煤等经过加工制成的含有植物营养成分的肥料。

2.生物菌肥 以特定微生物菌种培育生产的含活的有益微生物制剂,其活菌含量要符合标准。根据其对改善植物营养元素的不同,可分为根瘤菌肥料、固氮菌肥料、磷细菌肥料、硅酸盐细菌肥料、复合微生物肥料等5类。

3.化学肥料

(1)氮肥类 碳酸氢铵、尿素、硫酸铵等。

(2)磷肥类 过磷酸钙、磷矿粉、钙镁磷肥等。

(3)钾肥类 硫酸钾、氯化钾等。

(4)复合(混)肥料 磷酸一铵、磷酸二铵、磷酸二氢钾、氮磷钾复合肥、配方肥类。

(5)微量元素肥 即以铜、铁、硼、锌、锰、钼等微量元素及有益元素为主配制的肥料。如硫酸锌、硫酸锰、硫酸铜、硫酸亚铁、硼砂、硼酸、钼酸铵等。

4.其他肥料 不含有毒物质的食品、纺织工业的有机副产品,以及骨粉、骨胶废渣、氨基酸残渣、家畜家禽加工废料、糖厂废料等。

(二)无公害蔬菜生产的施肥原则

无公害蔬菜施肥以有机肥为主,辅以其他肥料;以多元复合肥为主,单元素肥料为辅;以施基肥为主,追肥为辅。尽量限制化肥的施用,如确实需要,可以有限度有选择地施用部分化肥,必须根据农作物的需肥规律、土壤供肥情况和肥料效应,实行平衡施肥,最大限度地保持农田土壤养分平衡和土壤肥力的提高,减少肥料成分的过分流失对农产品和环境造成的污染。

(三)有机肥的施用

1.有机肥的特点 有机肥料含有丰富的有机质和作物所需的多种营养元素,是一种完全肥料,对改良土壤、培肥地力和无公害蔬菜的生产具有独特的作用。与其他肥料相比,有机肥具有以下优点:①肥料养分齐全,许多养分可以被蔬菜作物直接吸收利用。②能改善土壤的结构和理化性能,提高土壤的缓冲能力和保肥供肥能力。可增加土壤的通气性和透水性,从而改善了土壤的水、肥、气、热状况。③有机肥在土壤中能形成腐殖质,不仅可以直接营养植物,而且其胶体能和多种金属离子形成水溶性和非水溶性的结合物或螯合物,对微生物的有效性起控制作用。④有机肥的营养是缓慢释放出来的,肥效持续时间长,不易发生浓度障碍。⑤在温室大棚半封闭的环境下,有机肥分解过程中可释放出大量二氧化碳,成为供给光合作用原料的重要来源。而且多施有机肥可提高冬季温室土壤的温度,这对喜温蔬菜的温室冬季生产是十分重要的。⑥有机肥和化肥氮、磷、钾含量相同时,有机肥可以大大降低蔬菜产品中的硝酸盐含量。⑦增施有机肥可提高蔬菜产品中维生素 C、还原糖、矿物质等营养物质的含量,改善品质。长期施用有机肥,可提高植株的抗逆性、抗病性,保持蔬菜作物的丰产稳产。⑧增施有机肥,可明显改善土壤理化性状,增加土壤环境容量,提高土壤还原能力,从而可以使铜、镉、铅等重金属在土壤中呈固定状态,使蔬菜对这些重金属的吸收量也相应地减少。

2.有机肥的无害化处理 有机肥多数是人和动物的排泄物以及动植物残体等,来源复杂。合理使用有机肥料不仅要求施入量充足,而且必须保证有机肥料的无害化处理。无害化处理主要包括农家肥的充分腐熟和城市垃圾的消毒净化。农家肥在田地腐熟将影响蔬菜的生长和发育,城市垃圾中的重金属和病原菌等物质将影响蔬菜的生长和品质,以至人体的健康。研究表明,对农业固体废弃物等进行高温堆肥处理有以下效果。

(1)对有机氯农药六六六、DDT有降解效应 由于我国农业在历史上曾广泛大量地施用过有机氯农药六六六和DDT,在土壤和动、植物产品及其废弃物(畜禽粪便和农作物秸秆)可广泛检测出有机氯的残留。但经高温堆肥处理,可促使残留的六六六、DDT加速降解,其浓度仅为一般沤肥的 $1\% \sim 1.6\%$ 和 $1.1\% \sim 1.5\%$。因此,蔬菜生产中的畜禽粪便及秸秆经高温堆肥,可大大减少残留有机氯农药再次进入生态循环中去,从而缩短了在农田环境中的自然衰减时间,有利于无公害蔬菜生产。

(2)有杀灭病原菌、虫卵、杂草的作用 高温堆肥在堆制腐熟过程中,因发酵可释放出热量,使堆温达到 $55℃ \sim 70℃$,持续达 $10 \sim 15$ 天,对杀灭农业废弃物中的病原微生物、虫卵及杂草种子具有显著效果。

(3)可能使重金属在有机肥中得到积累 由于作物秸秆、畜禽粪便中或多或少会含有一定数量的重金属元素,其含量除因作物种类不同、畜禽食用的饲料不同外,主要取决于这些作物和饲料产地土壤的重金属含量。作物秸秆和粪便在堆肥过程中,可挥发出的元素如碳、氢、氧、氮等,可转化成二氧化碳、水、氨等挥发掉,但重金属元素如汞、铅、铬、砷等,除汞可部分转化为汞蒸气减少外,其他元素一般在堆肥过程中会发生积累,这与堆肥原料在堆制过程中体积和重量的减少有关。所以,无公害蔬菜生产所用有机肥制备的原料应来源于本地区,才可避免有机肥中重金属积累的问题。对外来的原料应加强检测,并采用高温堆肥的堆制方法。

高温堆肥是农业废弃物无害化处理的有效措施,对防止菜田环境的生物污染,减少蔬菜生产过程中病虫害的发生和杂草滋生具有显著效果。所有有机肥无论采用何种原料制堆肥，必须经过50℃以上5~7天发酵，以杀灭各种寄生虫卵和病菌、杂草种子，去除有害气体，使之达到无害化卫生标准（表 2-13），并符合堆肥腐熟度的鉴别指标（表 2-14）。城市生活垃圾经无害化处理，除达到堆肥卫生标准和熟化指标外，还必须严格执行城镇垃圾农用控制标准（表 2-15）。农用污泥中污染物控制标准见表 2-16。沤肥和沼气肥是嫌气条件下发酵的产物《沼气发酵卫生标准》（表 2-17）可用作其无害化指标。

表 2-13　高温堆肥卫生标准

序　号	项　目	卫生标准及要求
1	堆肥温度	最高堆温达 50℃~55℃，持续 5~7 天
2	蛔虫卵死亡率	95%~100%
3	粪大肠菌值	10^{-1}~10^{-2}
4	苍蝇	有效地控制苍蝇孳生，肥堆周围没有活的蛆、蛹或新羽化的成蝇

表 2-14　堆肥腐熟度的鉴别指标

项　目	鉴　别　标　准
颜色气味	堆肥的秸秆变成褐色或黑褐色，有黑色汁液；有氨臭味；铵态氮含量显著增高（用铵试纸速测）
秸秆硬度	用手握堆肥，湿时柔软，有弹性；干时很脆，容易破碎，有机质失去弹性
堆肥浸出液	取腐熟的堆肥加清水搅拌后（肥水比例一般 1：5~10），放置 3~5 分钟，堆肥浸出液颜色呈淡黄色
堆肥体积	腐熟的堆肥，肥堆的体积比刚堆肥时塌陷 1/3~1/2
碳氮比（C/N）	一般为 20~30：1（其中一碳糖含量在 12% 以下）
腐殖化系数	30% 左右

表 2-15　城镇垃圾农用控制标准

编　号	项　目	标准限值
1	杂物（%）	＜3
2	粒度（毫米）	＜12
3	蛔虫卵死亡率（%）	95～100
4	大肠菌值	10^{-1}～10^{-2}
5	总镉（以镉计）（毫克/千克）	＜3
6	总汞（以汞计）（毫克/千克）	＜5
7	总铅（以铅计）（毫克/千克）	＜100
8	总铬（以铬计）（毫克/千克）	＜300
9	总砷（以砷计）（毫克/千克）	＜30
10	有机质（以碳计）（%）	＞10
11	总氮（以氮计）（%）	＞0.5
12	总磷（以五氧化二磷计）（%）	＞0.3
13	总钾（以氧化钾计）（%）	＞1.0
14	pH 值	6.5～8.5
15	水分（%）	25～35

表 2-16　农用污泥中污染物控制标准　（毫克/千克）

项　目	最高允许含量	
	酸性土壤 （pH＜6.5）	中性与碱性土壤 （pH＞6.5）
镉及化合物（以镉计）	5	20
汞及化合物（以汞计）	5	15
铅及化合物（以铅计）	300	1000
铬及化合物（以铬计）	600	1000
砷及化合物（以砷计）	75	75
硼及化合物（水溶性硼计）	150	150

项 目	最高允许含量	
	酸性土壤 （pH＜6.5）	中性与碱性土壤 （pH＞6.5）
矿物油	3000	3000
铜及化合物（以铜计）	250	500
锌及化合物（以锌计）	500	1000
镍及化合物（以镍计）	100	200

表 2-17 沼气发酵卫生标准

编 号	项 目	卫生标准及要求
1	密封贮存期	30 天以上
2	高温沼气发酵温度	53℃±2℃，持续 2 天
3	寄生虫卵沉降率	95％以上
4	血吸虫卵和钩虫卵	在使用粪液中不得检出活的血吸虫卵和钩虫卵
5	粪大肠菌值	普通沼气发酵 10^{-4}，高温沼气发酵 $10^{-1}\sim10^{-2}$
6	蚊子、苍蝇	有效地控制蚊、蝇孳生，粪液中无子了，池的周围无活的蛆、蛹或新羽化的成蝇
7	沼气池残渣	经无害化处理后方可用作农肥

3. 有机肥施用的原则

无公害蔬菜生产中肥料施用必须使足够数量的有机物质返回土壤，以保持或增加土壤肥力及土壤生物活性。所有有机和无机（矿质）肥料，尤其是富含氮的肥料应以对环境和作物（营养、风味、品质和植物抗性）不产生不良后果为原则使用。①生产无公害蔬菜的有机肥料无论采用何种原料（包括人、畜粪尿、秸秆、杂草、泥炭等)制作堆肥,必须经高温发酵,使之达到无害化卫生标准。有机肥料,原则上就地生产就地使用。外来有机肥应确认符合要求后才能使用。商品肥料及新型肥料必须通过国家有关部门的登记认证及生产许可。②城市生活垃圾在一定的情况下,使用是安全的。但要防止金属、橡胶、砖瓦石块的混入,还要注意垃圾中经常含有重金属和有害物质等。因此,城市生活垃圾要经过无害化处理,质量达到国家标准后才能使用。每年每 667 平方米农田限制用量,黏性土壤不超过 3 000 千克,沙性土壤不超过 2 000 千克。禁止使用有害的城市垃圾和污泥。医院的粪便垃圾和含有有害物质如毒气、病原微生物、重金属等的工业垃圾,一律不得直接收集用作肥料。③秸秆还田可根据具体蔬菜对象选用堆沤(堆肥、沤肥、沼气肥)还田、过腹还田(牛、马、猪等牲畜粪尿)、直接翻压还田或覆盖还田等多种形式。秸秆直接翻入土中,一定要和土壤充分混合,注意不要产生根系架空现象,并加入含氮丰富的人、畜粪尿调节碳氮比,以利于秸秆分解。还允许用少量氮素化肥调节碳氮比。秸秆烧灰还田方法只有在病虫害发生严重的地块采用较为适宜。应当尽量避免盲目放火烧灰的做法。④栽培绿肥最好在盛花期翻压(如因茬口关系也可适当提前),翻压深度为 15 厘米左右,盖土要严,翻后耙匀。一般情况下,压青后 20~30 天才能进行播种或栽苗。⑤腐熟达到无害化要求的沼气肥水及腐熟的人粪尿可用作追肥,严禁在蔬菜上使用未充分腐熟的人粪尿,更禁止将人粪尿直接浇在(或随水灌在)绿叶菜类蔬菜上。⑥饼肥对水果、蔬菜等品质有较好的作用,腐熟的饼肥可适当多用。

(四)提倡施用生物肥料

生物肥料简称菌肥,也称微生物接种剂。它是一种含有大量微生物活细胞,对土壤矿物和有机物等物质具有较强的降解和转化能力,并使养分有效性提高的微生物制品。目前应用的生物菌肥主要有固氮、解磷、解钾、发酵分解有机物的作用,无毒无害、不污染环境,用于蔬菜作物上,不仅能大幅度提高产量,改善品质,而且能够逐步消除化肥污染,为无公害蔬菜生产创造条件。根据菌肥中有效微生物的特定功能可分为以下几种。

1. 根瘤菌肥 根瘤菌是一种细菌,通常与豆科植物共生,侵染豆科植物根系后形成很多瘤状物——根瘤。根瘤中的根瘤菌利用豆科植物提供的养料生长繁殖并进行生物固氮,不断为豆科植物生长输送氮素营养,提高产量。利用各种豆科菌经人工培养制成的各种剂型的菌接种剂便是菌肥。根瘤菌肥主要在豆科植物播种时用于拌种,一般每 667 平方米使用 0.5 千克。

2. 固氮菌肥 固氮菌也是一种细菌,主要由自生固氮菌和联合固氮菌两大类好气性固氮微生物组成。它们主要生活在各种植物根际和寄生在根表或根内,但寄生在根系上并不形成根瘤。其功能与根瘤菌相同,但生物固氮能力要比根瘤菌低得多。利用各种固氮菌经人工培养制成的各种剂型的固氮菌接种剂便是固氮菌肥。固氮菌肥虽然在各种作物上都可以用,但通常用作禾本科作物拌种剂,一般每 667 平方米使用 0.5~1 千克。

3. 解磷菌肥 目前生产上所用的解磷菌主要是细菌,一类是分解无机磷,另一类则分解有机磷。它们都能分别把土壤有机物中植物难以直接吸收利用的磷素(无效磷)转化为能利用的有效磷。其主要功能是提高磷的有效性,其次是能产生某些生长活性物质,促进作物生长,提高产量。解磷菌肥在各种作物上都能用,在豆科作物上使用效果更好,既可作拌种剂,也可与有机肥一起作基肥施用,一般宜早用,每 667 平方米用量为 1 千克。

4. 解钾菌肥 又称硅酸盐菌肥或生物钾肥,生产用菌种为芽胞杆菌。它们能分解土壤中难溶性磷、钾等矿物营养元素。其主要功能是提高磷、钾的有效性,其次是能产生一些生长激素,促进作物生长,提高产量。解钾菌肥在各种作物上都能用,在豆科、薯类、瓜果、糖蔗等作物上使用效果更好,既可作拌种剂和蘸根剂,也可与有机肥一起作基肥施用,一般宜早用,每 667 平方米用量为 1

千克。

5. 抗生菌肥　是用有抗菌效果和生长刺激作用的特定放线菌经人工培养制成的菌肥。在我国应用最广泛的是 5406 抗生菌肥，其主要功能是能抑制土传病菌和减轻作物根基病害以及刺激作物生长。这类菌肥目前已很少生产。

6. 酵素菌肥　酵素菌是由细菌、放线菌和酵素菌三大类 21 种有益微生物组成的群体。内含淀粉酶、脂酶、纤维素酶、氧化还原素酶、乳糖酶、麦芽糖酶、蔗糖酶、尿酶、酒精酶等几十种不同类型的酶类，具有极其强大的透气性、发酵分解能力。它能够催化分解作物秸秆和木屑中的纤维素、淀粉、糖、脂肪以及页岩等矿物质。我国部分城市引进酵素菌堆肥技术，应用于大棚黄瓜、辣椒、西瓜等作物上，具有明显的防病和增产效果。

生物菌肥可用于拌种，也可作为基肥和追肥使用。使用时应严格按照说明书的要求操作。生物菌肥只在进入土壤后才能发挥作用，而且生长繁殖有一定的碳氮比要求。因此，生物肥料提倡早施，施用后土壤要保持湿润。与有机肥一起施用效果更佳。菌肥对减少蔬菜硝酸盐含量，改善蔬菜品质有明显效果，可在蔬菜上有计划扩大使用。生物肥料中的主要有效物质往往是活体微生物。因此，在贮存、运输和应用中要注意保持菌肥的活性。

(五)科学施用化学肥料

1. 无公害蔬菜生产中化肥的施用原则　无公害蔬菜施肥应尽量限制化肥的施用，如确实需要，可以有限度有选择地施用部分化肥。但应注意掌握以下原则：①正确选用肥料，既应考虑养分含量，又应选用重金属及有毒物质等杂质含量少、纯度高的肥料，还要根据土壤情况尽可能选用不致使土壤酸化的肥料。要重视氮、磷、钾肥的配合使用，杜绝偏施氮肥的现象。特别要禁止使用硝态氮肥和含硝态氮的复合肥、复混肥等。②要严格控制化肥的用量，尤其要减少氮素化肥的用量。蔬菜的种类繁多，生育特性与需肥规律相差很大,不同的蔬菜栽培季节与栽培方式又多不相同。因此,要根据不同种类蔬菜的生育特性、需肥规律、土壤供肥状况以及肥料的种类与养分含量,科学地计算施肥量,并根据不同的栽培方式(如设施栽培与露地栽培),不同的栽培季节以及土壤、水分等条件灵活掌握。一般情况下,每667平方米一次性施入化肥不超过25千克。应大力推广菜田配方施肥技术和测土施肥技术。氮肥的施用量可参照表2-18。③采用科学的施肥方法,坚持基肥与追肥相结合。基肥要以腐熟有机肥为主,配合施用磷、钾肥;追肥要根据蔬菜不同生育阶段及对肥料的需要量大小分次追肥,注重在产品器官形成的盛期如根茎、块茎膨大期、结球期、开花结果期重施追肥。基肥要深施、分层施或沟施。追肥要结合浇水进行。化肥必须与有机肥配合施用,有机氮与无机氮比例以1:1为宜。例如,施优质厩肥1 000千克加尿素10千克(厩肥作基肥,尿素可作基肥和追肥用)。化肥也可与有机肥、复合微生物肥配合施用。厩肥1 000千克,加尿素5~10千克或磷酸二铵20千克,复合微生物肥料60千克(厩肥作基肥,尿素、磷酸二铵和微生物肥料作基肥和追肥用)。④对于一次性收获的蔬菜,为避免硝酸盐在植物体内的积累,最后一次追施化肥应在收获前30天进行。对于连续结果的瓜果类蔬菜,也应尽可能在采收高峰来临之前15~20天追施最后一次化肥。

表2-18 蔬菜生产氮肥限量使用标准 (千克/667平方米)

类 别	纯 氮	备 注	类 别	纯 氮	备 注
速生叶菜类	8	小油菜、叶用莴苣	结球叶菜类	15	大白菜、甘蓝
瓜果类	20	番茄、黄瓜、西瓜、甜瓜	根菜类	12	白萝卜、胡萝卜

注:1. 限量标准为一个生育期的施用量,每次用量标准要小于0.4千克纯氮;建议总氮量为50%有机氮,50%无机氮。2. 本表数据来源于北京市安全蔬菜生产投入品暂行标准

2. 蔬菜施肥量的确定方法 确定合理施肥量,避免盲目施肥是无公害蔬菜施肥技术最重要的内容。由于土壤供肥能力、肥料

利用率和蔬菜根系吸收受到多方面因素的影响,进行施肥量的计算有相当的难度。现有的科学知识还只能凭借肥料试验结果和经验进行推算,给出一个参考值。

蔬菜配方施肥法是建立在利用土壤资源生产潜力的基础上,达到产出与投入的养分收支平衡,通过施肥补充土壤当季养分供应的不足,同时充分发挥所施肥料的较高效益。确定施用量一般采用以下公式。

$$施用量 = \frac{作物携出养分量 - 土壤可提供养分量}{肥料养分含量 \times 所施肥料养分利用率}$$

这个方法简单易行,有了各种数据就可以计算,较易在生产上推广应用。但要结合蔬菜生产的特点、种植土壤的肥力特性和蔬菜作物本身的需肥特性,还要考虑蔬菜商品价格等特点(表 2-19)。上述公式中各项数据的来源和计算如下。

(1)作物养分携出量　计算公式如下。

作物养分携出量(千克)=单位面积计划产量(吨)

×每吨商品菜养分吸收量

表 2-19　主要蔬菜形成每吨商品菜所需养分数量　(单位:千克)

蔬　菜	氮	磷	钾	蔬　菜	氮	磷	钾
大白菜	1.90	0.87	3.42	小萝卜	2.16	0.26	2.95
甘　蓝	2.99	0.99	2.23	水萝卜	3.09	1.91	5.80
花椰菜	10.8	2.09	4.91	胡萝卜	2.43	0.75	5.68
菠　菜	2.48	0.86	5.29	黄　瓜	2.73	1.30	3.47
芹　菜	2.00	0.93	3.88	冬　瓜	1.36	0.50	2.16
茴　香	3.79	1.12	2.34	苦　瓜	5.28	1.76	6.89
油　菜	2.76	0.33	2.06	西葫芦	5.47	2.22	4.09
小白菜	1.61	0.94	3.91	菜架豆	3.37	2.26	5.93
莴　笋	2.08	0.71	3.18	豇　豆	4.05	2.53	8.75
芫　荽	3.64	1.39	8.84	韭　菜	3.69	0.85	3.13

蔬菜	氮	磷	钾	蔬菜	氮	磷	钾
番茄	3.54	0.95	3.89	洋葱	2.37	0.70	4.10
茄子	3.24	0.94	4.49	大葱	1.84	0.64	1.06
甜椒	5.19	1.07	6.46	大蒜	5.06	1.34	1.79

(2)土壤可提供养分量 计算公式如下。

土壤可供养分量(千克)＝土壤速效养分含量(毫克/千克)

$$×0.15×a×b×c$$

式中:0.15 为转换系数;a 为蔬菜土地利用系数,一般为 0.8;b 为不同季节养分调节系数,春季栽培 0.7,秋季栽培 1.2,一般 1.0;c 为土壤速效养分利用系数,土壤速效氮 0.6,土壤速效磷 0.5,土壤速效钾 1.0;0.15×a×b×c 实际为一常数。

土壤供氮量(千克/667 平方米)＝

春季栽培:土壤碱解氮(毫克/千克)×0.0504

秋季栽培:土壤碱解氮(毫克/千克)×0.0864

一般栽培:土壤碱解氮(毫克/千克)×0.072

土壤供磷量(千克/667 平方米)＝

春季:土壤速效磷(毫克/千克)×0.042

秋季:土壤速效磷(毫克/千克)×0.072

一般:土壤速效磷(毫克/千克)×0.06

土壤供钾量(千克/667 平方米)＝

春季:土壤速效钾(毫克/千克)×0.084

秋季:土壤速效钾(毫克/千克)×0.144

一般:土壤速效钾(毫克/千克)×0.12

(3)增施养分量系数 在土壤养分含量高于作物携出量时,会出现土壤供给养分量超过作物携出量的情况,似乎可以不施肥了。但考虑到蔬菜要求土壤提供养分强度高,为了满足蔬菜短期、速生、产量高的要求和培养地力、持续高产稳产的要求,而提出增施养分量的系数,一般定为相当于携出量的 20%～40%。土壤肥力较高时可少施(乘以 20%),土壤肥力较低时可多施(乘以 40%)。但在土壤供给量超过携出量 2 倍或以上时,也可以不增施。尤其是磷、钾肥料,如有些高肥力土壤速效磷在 150 毫克/千克以上,速效钾在 250 毫克/千克以上,就没有增施磷、钾肥的必要了。

(4)所施肥料养分利用率 根据试验结果,一般化肥的利用率,氮素化肥 30%～45%,磷素化肥 15%～30%,钾素化肥 15%～40%。有机肥成分复杂,有效养分利用与腐熟程度有关。一般腐熟较好的人粪尿、鸡鸭粪肥氮、磷、钾利用率可达 20%～40%;猪厩肥氮、磷、钾利用率为 15%～30%;土杂肥较为复杂,养分含量及利用率相差很大,氮、磷、钾利用率为 5%～30%。表 2-20 和表 2-21 中列出了几种常用有机肥和化肥可提供的养分量,供参考。

表 2-20　各种有机肥料养分含量表　(%)

肥料名称	养　　分			
	有机质	氮	磷	钾
人粪尿	10	0.57	0.13	0.27
猪　粪	15	0.56	0.4	0.44
马　粪	21	0.58	0.3	0.24
牛栏粪	20.3	0.34	0.16	0.4
鸡　粪	25.5	1.63	1.54	0.85
鹅　粪	26.2	1.1	1.4	0.62
羊圈粪	31.8	0.83	0.23	0.67
大豆饼	-	7	1.32	2.13
芝麻饼	-	5	2	11.9
生骨粉	-	4.05	22.8	-
草木灰	-	-	1.13	4.61
土　粪	-	0.12～0.58	0.12～0.68	0.12～0.53
一般堆肥	15.2	0.4～0.5	0.18～0.26	0.45～0.7
一般厩肥	-	0.55	0.26	0.9

表 2-21　化肥的养分含量　（％）

肥料名称	养　分		
	氮	磷	钾
硫酸铵	21	—	—
尿　素	46	—	—
磷酸氢铵	17	—	—

为了便于理解,现举例如下:某块菜地中等肥力,于早春测得土壤速效养分为碱解氮 75 毫克/千克,速效磷 80 毫克/千克,速效钾 120 毫克/千克。计划种植冬春茬黄瓜,预计 667 平方米产 4 000 千克。

现计算施肥量:①每形成黄瓜 1 000 千克需氮 2.734 千克,磷 1.304 千克,钾 3.471 千克。667 平方米产 4 000 千克黄瓜约需养分量:氮 10.93 千克,磷 5.21 千克,钾 13.88 千克。②土壤可提供养分量为:碱解氮 75 毫克/千克×0.0504＝3.78 千克;速效磷 80 毫克/千克 ×0.042＝3.36 千克;速效钾 120 毫克/千克 ×0.084＝10.08 千克。③应施入养分量为:氮:10.93 千克－3.78 千克＝7.15 千克;磷:5.21 千克－3.36 千克＝1.85 千克;钾:13.88 千克－10.08 千克 ＝3.80 千克。

在无公害蔬菜生产中,应首先考虑使用有机肥,不足部分可用无机化肥来补充。在本例中,如 667 平方米施 1 500 千克鸡粪。鸡粪所含养分为氮 1.63％、磷 1.54％、钾 0.85％。利用率分别为 20％、25％、40％。则 1 500 千克鸡粪可提供:氮＝1 500×1.63％ ×20％＝4.90 千克;磷＝1 500×1.54％×25％＝5.80 千克;钾＝ 1 500×0.85％×40％＝5.10 千克。可见,1 500 千克鸡粪作为基肥已完全能满足黄瓜对磷、钾的需要,只是氮不足,需化肥来补充。应补尿素＝(7.15－4.90)÷(0.46×0.35)＝13.97 千克。

(六)微肥的施用

微量元素在蔬菜生长发育中的需求量甚少,但作用甚大,其作用是氮、磷、钾等大量元素所无法替代的。在蔬菜生长过程中微量元素的补充对调节作物生长和防治生理病害有良好效果。微量元素的补充主要通过叶面喷肥的方法进行。在实际操作中注意微量元素的浓度以及盐溶液间的反应,以减少不必要的浪费。

喷施微肥需因地因作物施用,对多年连作的地块,要注意缺素症状的表现,以缺什么补什么为原则。例如,土壤中水溶性硼含量低于0.5毫克/千克,有效钼含量低于0.2毫克/千克,酸性土壤中有效锌含量小于1毫克/千克,石灰性土壤中有效锌含量小于0.5毫克/千克等,均需及时补施。但蔬菜对某种微量元素从缺乏到过量之间的浓度范围很窄,如果施用量过大或施用不均匀,就会对蔬菜产生毒副作用。蔬菜常用微肥的种类及安全施用量见表2-22。

表2-22　常用微肥的名称及安全用量

肥料名称	微量元素	667平方米土壤施用量	浸种浓度	喷施浓度
钼酸铵	钼	30～200克	0.05%～0.10%	0.02%～0.05%
硫酸亚铁	铁	1.5～3.75千克		0.2%～1.0%
硫酸锌	锌	1.5～2.0千克	0.02%～0.05%	0.1%-0.5%
硼砂或硼酸	硼	0.75～1.25千克	0.02%～0.05%	0.3%～0.5%
硫酸锰或氧化锰	锰	1～1.25千克	0.01%～0.05%	0.05%～0.10%
硫酸铜	铜	1.5～2.0千克	0.01%～0.05%	0.02%～0.10%

上述微肥应严格按标准量施用,切忌任意加大或减少用量。一般每667平方米喷施肥液40～75升,以能使蔬菜茎叶(包括背面)均匀沾湿为度,避免重复施用。另外,不同种类及不同生长发育阶段的蔬菜,对微肥的敏感程度不同,需要量也不一样,应根据其对微肥的敏感程度及植株生长状况进行施用。如大白菜、甘蓝、花椰菜、芜菁、莴苣、萝卜等对硼肥需求量大,豆科和十字花科蔬菜

对钼肥敏感,豆类、番茄、马铃薯、洋葱等对锌肥敏感。前期苗小叶小可少喷,生长旺盛则需多喷等等。

喷施微肥的时期必须根据蔬菜品种的不同和微肥用途的不同而定,一般以苗期至初花期前喷施为宜。为减少微肥在喷施过程中的损失,最好选择在阴天喷施,晴天则宜选在下午至傍晚时喷施,以尽可能延长肥料溶液在蔬菜茎叶上的湿润时间,增强植株的吸肥效果。受浓度和用量的限制,喷施一次微肥难以满足蔬菜整个生长过程的需要,应根据蔬菜生育期的长短来确定喷施次数,一般整个生育期喷 2~4 次。对土壤中缺乏的微量元素、对缺素敏感的蔬菜宜多次喷施,但最后一次必须在收获前 30 天以前喷施。同时可与种子处理(浸种、拌种)、基肥施用相结合。

微肥之间可以合理混合喷施,或与其他肥料或农药混喷,但需注意弄清肥料和农药的理化性质,防止发生化学反应降低药效或肥效。各种微肥都不可与碱性肥料(如草木灰、石灰)、碱性农药混合。与农药混用前应先将微肥和农药分别取少量放入同一容器中,如无浑浊、沉淀及冒气泡等现象,即表明可以混用,否则不能使用。配制混合喷施溶液时,通常先将一种微肥配制成水溶液,然后再把其他药、肥按用量直接加入配制好的微肥溶液中,混合液宜随配随喷。

五、无公害蔬菜的质量监测

在无公害蔬菜"从土地到餐桌全程质量控制"的新观念下,无公害蔬菜生产的质量监测标准也应与之相适应,包括产地环境质量标准、生产过程控制标准及产品质量检验标准三部分,以此监控蔬菜生产的全过程,确保蔬菜产品的安全质量。

(一)生产基地环境质量的监测及标准

无公害蔬菜生产基地除了一般蔬菜生产基地所需的各种条件

外,特别要防止基地环境、蔬菜生产、蔬菜初级包装加工、运输、销售等一系列环节中可能对蔬菜的污染。

1.基地基本情况调查　以注重区域环境现状及污染控制措施,兼顾外部环境对无公害蔬菜生产基地的影响为原则进行调查。通常采用"查"、"观"、"听"、"访"4种方法调查,即查阅该区域以往水文、气象、地质、卫生、环保、农业等有关资料;现场考察基地生态环境现状及外部污染对基地的影响;通过现场座谈的形式,了解基地生产区域对生态环境及产品质量的控制措施及生产单位有关产品生产、贮运、产后处理各环节的质量保证措施;走访当地居民,了解他们对区域目前环境质量状况的意见以及对基地环境保护的建议。调查的主要内容包括:①水文、地质、地貌、土壤肥力、气候条件等自然环境资料;②工业"三废"污染及外部污染情况;③产品生产过程中病虫害防治技术、肥料施用情况及其他化学物质(除草剂、植物生长调节剂等)使用情况;④土壤类型、背景值、农药残留资料;⑤以往环境质量监测资料;⑥蔬菜生产基本情况。根据调查资料进行综合分析,做出产地环境质量状况的初步评价。

2.环境监测和评价

(1)水质(灌溉水)采样和监测　对水源丰富、水质稳定的水源水,若属同一水源,采样点5个已足够。如基地面积大,适当增加点数。如水质稳定性较差,也应增加点数。用小型河流灌溉的,可不设断面。若河流宽度大于30米、水深超过5米的河流,应先确定断面位置(样点位置),按左、中、右在水面下0.3～0.5米处取样。一般河流可在河面中点处(或在桥中处)于水面下0.3～0.5米采集水样便可,用灌溉渠系灌溉的可在干渠取水口和支渠起点处布点。采样期应在蔬菜主要灌溉期,采样量总共为2升。采样后检查是否贴好标签,做好记录。有些测定项目需加相应的固定剂。

(2)土壤采样与监测　土壤监测点的布设以生产区内相对污染和受外部环境影响较大的地块为重点,兼顾监测区域内主要土类为原则。可采用网格法、随机布点法或放射型布点法取样,中小型基地在 50 公顷以内的可布点 6～12 个。应考虑露地区、设施区分别采样。基地面积在 1 000 公顷以上则可增加样点至 20～30 点。布点应照顾到地势、土壤类型、可能的环境污染影响和基地的利用状况等。一个采样点的土壤样品系指采样点地段一块菜田或数块菜田,经采集 5～15 个分点土壤均匀混合所组成。分点采集要充分代表该采样点的状况。采样层次一般为 0～20 厘米土壤。土壤样品经 4 分法缩小样品量至约 1 千克,再经风干、磨细、过筛、装瓶保存,同时贴好标签。

(3) 大气采样与监测 大气监测布点原则应根据当地主导风向,确立以可能对基地大气造成污染的污染源下风向为监测重点,同时兼顾基地内部可能的污染。面积较小的中小型基地,大气状况变动不大,布点 3 个已可满足要求;基地面积 1 000 公顷以上,可适当增加布点数。在空旷地带,无明显工矿影响地区也可适当减少点数。大气监测点设置在主导风向 45°～90°夹角内,置于远离建筑物及公路的开阔地带上。监测点位置不应轻易变动。大气采样花费较多的人力物力。大气污染物不断随时间而变化,简化的大气采样方法为每天采样 3 次,连续 3 天。每天 3 次分别为早晨 7：00～8：00,午后 14：00～15：00,傍晚 17：00～18：00。

(二)生产过程中的质量监控

无公害蔬菜生产过程中的质量监控,涉及到蔬菜的整个生长季节,少则 1 个月,多则半年以上。蔬菜在这一生长过程中,人为的农业技术措施对其干涉最为频繁。一般各地都制订了无公害蔬菜生产技术操作规程。生产过程的质量监控,主要从其生产操作技术规程中选择重要的、关键性的技术措施,从无公害蔬菜的要求出发,定量地对蔬菜生产过程驾驭管理,是否按原制定的操作规程进行。在蔬菜的整个生产过程中存在若干重要的关键性操作,如果抓住这些操作,就基本上控制了整个生产过程。这些操作可以认为是无公害蔬菜生产的质量监控点。因此,选择、抓住这些质量监控点就成为无公害蔬菜生产的关键。

在生产过程中可以无公害蔬菜生产技术规程为基础,分解出若干关键措施。这些关键措施将显著地间接或直接影响蔬菜产量及无公害蔬菜的质量。它包括以下若干方面:合理轮作,选用优良品种,种子处理,育苗,施肥,病虫害防治等。

(三)无公害蔬菜产品的内在质量检验

如果环境质量及生产过程的污染控制两个关都能把严,一般来说,产品的安全性会得到保证。但是,环境质量是变化的,特别是来自大气的污染,有其一定的偶然性;另外,生产过程的污染控制难度也很大,不一定都能执行得很好,且造成的污染很难从直观上察觉和发现,况且在产后过程中还可能造成二次污染。为确保无公害蔬菜真正达到安全标准,有必要对蔬菜的初级产品及上市的蔬菜商品进行抽样检测。

1. 抽样 在按无公害蔬菜规定操作下生产的蔬菜是否达到无公害蔬菜的质量标准要求,必须经过合适的抽样与检验。蔬菜的抽样要求是抽取的蔬菜样品具有代表在规定条件下生产的蔬菜的质量状况。一般说,不同的土壤、不同种类蔬菜及其栽培设施(露地、保护地)以及农业技术措施都可影响蔬菜中有害物质的残留。根据《无公害蔬菜安全要求》国家标准,无公害蔬菜的检验分为产地检验(采摘上市前检验)和市场(批发或零售)检验。产地检验以同一品种、同一田块、同期采收的蔬菜,以1公顷为一抽样批次,不足1公顷也视为一个货批。市场检验以同一产区、同一品种、同一销售单位为一个货批。产地检验对每货批按5点抽样法取样,将样品缩分后抽取2千克,取1千克样品作为制备实验室样品,1千克样品作为备样。备样应低温冷冻保存。市场检验从每一批中随机抽取2千克样品。取1千克样品作为制备实验室样品,1千克样品作为备样。备样应低温冷冻保存。

若要测定卫生学指标时,需用新的无菌聚乙烯袋包装,防止样品污染。此外,重金属、农药也分别置于聚乙烯袋中。写好标签,内外各 1 个。农药、卫生学指标分析务必当天进行处理,所有分析皆做可食部分。对如南瓜、甘蓝、芹菜、白菜、花椰菜等需去掉变质的果柄、叶,对胡萝卜、马铃薯则要洗去泥土。对个体大的蔬菜如南瓜、冬瓜、甘蓝,至少应有 5 个个体,必要时可切开,有代表性的取 1/4 或更少。所有测定皆以新鲜样品进行,以鲜重表示。

2. 检验 产地检验或申请使用无公害蔬菜标志时,应对表 2-23 和表 2-24 所列项目做全项检验。市场检验根据各地蔬菜病虫害发生情况、农药使用特点等情况对表 2-23 所列项目做抽样检验,其中"不得检出"的农药品种为必检项目。有条件的应针对性地检验当地主要应用的农药,作为重点检验。又如在富硒土及富硒地区,土壤中硒的含量高,检测无公害蔬菜中的硒是必须的,一般地区则可省略。若该蔬菜属外销,则还应考虑进口国对蔬菜要求必须检验的内容。

表 2-23　重金属及有害物质限量

项　目	指　标(毫克/千克)
铬(以 Gr 计)	≤0.5
镉(以 Cd 计)	≤0.05
汞(以 Hg 计)	≤0.01
砷(以 As 计)	≤0.5
铅(以 Pb 计)	≤0.2
氟(以 F 计)	≤1.0
亚硝酸盐($NaNO_2$)	≤4.0
硝酸盐	≤600(瓜果类)
	≤1 200(根茎类)
	≤3 000(叶菜类)

注:摘自中华人民共和国国家标准 GB 18406.1-2001

表 2-24 农药最大残留限量

通用名称	英文名称	商品名称	毒 性	作 物	最高残留限量 （毫克/千克）
马拉硫磷	Malathion	马拉松	低	蔬菜	不得检出
对硫磷	Parathion	一六○五	高	蔬菜	不得检出
甲拌磷	Phorate	三九一一	高	蔬菜	不得检出
甲胺磷	Methamidophos	—	高	蔬菜	不得检出
久效磷	Monocrotophos	纽瓦克	高	蔬菜	不得检出
氧化乐果	Omethoate	—	高	蔬菜	不得检出
克百威	Carbofuran	呋喃丹	高	蔬菜	不得检出
涕灭威	Aldicarb	铁灭克	高	蔬菜	不得检出
六六六	BHC	—	中	蔬菜	0.2
滴滴涕	DDT	—	中	蔬菜	0.1
敌敌畏	Dichlorvos	—	中	蔬菜	0.2
乐 果	Dimethoate	—	中	蔬菜	1.0
杀螟硫磷	Fenitrothion	—	中	蔬菜	0.5
倍硫磷	Fenthion	百治屠	中	蔬菜	0.05
辛硫磷	Phoxim	肟硫磷	低	蔬菜	0.05
乙酰甲胺磷	Acephate	高灭磷	低	蔬菜	0.2
二嗪磷	Diazinon	二嗪农、地亚农	中	蔬菜	0.5
喹硫磷	Quinalphos	爱卡士	中	蔬菜	0.2
敌百虫	Trichlorphon	—	低	蔬菜	0.1
亚胺硫磷	Phosmet	—	中	蔬菜	0.5
毒死蜱	Chlorpyrifos	乐斯本	中	叶类菜	1.0
抗蚜威	Pirimicarb	辟蚜雾	中	蔬菜	1.0
甲萘威	Carbaryl	西维因、胺甲萘	中	蔬菜	2.0
二氯苯醚菊酯	Permetthrin	氯菊酯、除虫精	低	蔬菜	1.0

通用名称	英文名称	商品名称	毒性	作物	最高残留限量（毫克/千克）
溴氰菊酯	Deltamethrin	敌杀死	中	叶类菜	0.5
				果类菜	0.2
氯氰菊酯	Cypermethrim	灭百可、兴棉宝，赛波凯、安绿宝	中	叶类菜	1.0
				番茄	0.5
氰戊菊酯	Fenvalerate	速灭杀丁	中	块根类	0.05
				果类菜	0.2
				叶类菜	0.5
氟氰戊菊酯	Flucythrinate	保好鸿、氟氰菊酯	中	蔬菜	0.2
顺式氯氰菊酯	Alphacyper-methrin	快杀敌、高效安绿宝、高效灭百可	中	黄瓜	0.2
				叶类菜	1.0
联苯菊酯	Biphenthrin	天王星	中	番茄	0.5
三氟氯氰菊酯	Cyhalothrin	功夫	中	叶类菜	0.2
顺式氰戊菊酯	Esfenvaerate	来福灵，双爱士	中	叶类菜	2.0
甲氰菊酯	Fenpropathrin	灭扫利	中	叶类菜	0.5
氟胺氰菊酯	Fluvalinate	马扑立克	中	叶类菜	1.0
三唑酮	Rtiadimefon	粉锈宁、百理通	低	蔬菜	0.2
多菌灵	Carbendazim	苯并咪唑 44 号	低	蔬菜	0.5
百菌清	Chlorothalonil	Danconil2787	低	蔬菜	1.0
噻嗪酮	Buprofezin	优乐得	低	蔬菜	0.3
五氯硝基苯	Quimtozene	—	低	蔬菜	0.2
除虫脲	diflubenzuron	敌灭灵	低	叶类菜	20.0
灭幼脲		灭幼脲三号	低	蔬菜	3.0

注:1. 摘自中华人民共和国国家标准 GB 18406.1—2001;2. 未列项目的农药残留限量标准各地区根据本地实际情况按有关规定执行

目前蔬菜的有害物质残留的检测主要有 3 种方法:生物检测、生化检测和理化检测。3 种检测方法各有其优缺点。其中重金属和硝酸盐含量只能用理化检测法检测。

(1)理化检测 理化检测可以通过气谱仪或液谱仪分析,按照《无公害蔬菜安全要求国家标准》(GB18406.1-2001)规定的方法测定,能够比较准确地定性定量确定蔬菜有害物质残留,但设备较昂贵、操作手续较复杂、检测所需时间也较长。一般从蔬菜基地采集样品到检验结果出来,总要几天时间。检验期蔬菜产品可能未待结果出来已进入市场流通了。

(2)生物检测 生物检测在这里是指以敏感家蝇为材料,以这种家蝇接触供测蔬菜以后的中毒程度,来判断供测蔬菜的农药残留程度。其优点是检测所需要时间较短(3～4小时),方法简便,所需设备不多,可以在较短时间内从大量蔬菜样品中筛选出农药残留"超毒"样品,适合对分散来源的商品蔬菜检测,更有利于生产地蔬菜收获前的田间农药残留情况检测。但它涉及培养家蝇,技术掌握相对较难。而且这种方法只能检测蔬菜的农药残留是否"超毒",而无法检出"超毒"的具体农药品种及其准确的残留量。

(3)生化检测 是将乙酰胆碱酯酶从生物体中分离出来与微量的农药残毒做离体试验,其优点是灵敏度较高、结果比较稳定,但它只能检测出对乙酰胆碱酯酶具有抑制作用的有机磷类或氨基甲酸酯类杀虫剂的残毒,对其他类农药残毒则无法检测。同时它只能测出蔬菜是否"有毒",而不能具体测出残留农药的种类和准确含量。目前技术成熟的农药残留快速生化检测法有以下两种。

①农药速测卡法(酶试纸法) 取蔬菜可食部分3.5克,剪碎于杯中。用纯净水浸没菜样,盖好盖子,摇晃20次左右,制得样品溶液。取速测卡,将样液滴在速测卡酶试纸上,静置5～10分钟,将速测卡对折,用手捏紧。3分钟后打开速测卡:白色酶试纸片变蓝色为正常反应;不变蓝或显浅蓝色说明有过量有机磷和氨基甲酸酯类农药残留。同时做空白对照。

②农药残毒快速测定仪法 近年上海电子光学研究所研制了CL-1农药残留测定仪,对有机磷、氨基甲酸酯类农药在蔬菜上的

残留都可测定。仪器采用了从敏感酶源中提取制备乙酰胆碱酯酶作为试剂。仪器由一台比色仪加上一台微电脑组成,以酶抑制率表示测定结果,从而估算蔬菜中农药的浓度。每测定 1 次约 30 分钟,较为实用。

按 GB18406.1-2001 规定的色谱测定方法进行测定时,测定的结果符合表 2-23 和表 2-24 中规定的要求者,则判该批产品为合格品;测得的结果不符合本部分要求的,允许对不合格项目进行加密取样复测,复测仍不合格的,则判该批产品为不合格品。

农药残留量按简易测定方法进行时,从每货批中随机抽取 3 个样品进行测定。对于 1 次检验出现阳性允许进行复测。若复测仍呈阳性者,应进行色谱测定,以色谱测定法测定的结果为判定依据。

(四)无公害蔬菜外观质量要求

蔬菜作为一种商品,在流通过程中为了更好地实行按质论价、优质优价的政策就必须对蔬菜的质量做出具体的规定。如前所述,无公害蔬菜是集优质、安全、营养于一身的蔬菜商品。因此,在判别无公害蔬菜质量优劣时,不仅要考虑蔬菜产品中有害物质残留应控制在允许范围以下,还要考虑蔬菜的外观质量。外观质量主要指蔬菜的颜色、大小、形状、整齐度及结构等外观可见的质量属性。对这些质量的要求虽依国家或地区、蔬菜种类或品种、商品用途甚至消费者嗜好而不同,但也有一定的共同基本要求。例如,胡萝卜色泽有红、黄、橙色等各种颜色,直根长短依品种不同,但要求色泽正常,肉质直根直而无歧根。蔬菜商品的整齐度是体现商品群体质量的重要外观质量标准,包括颜色、形状、大小整齐,同一优良品种,在颜色、形状的整齐度上一般比较容易达到较高标准,而个体大小可能悬殊较大,虽然可以通过分级将其分为若干等级,但优质蔬菜的商品率就会大大降低。蔬菜商品在个体组成结构上的差异往往也是鉴别质量的一种标准,如大白菜、甘蓝的包心紧实度,黄瓜果实上的刺瘤多少,大葱有无分蘖和葱白的长度及粗度,芹菜叶柄的宽度等,其结构特征多与蔬菜的食用质量有关。

感官检验蔬菜商品质量是最简便、实用和有效的检验方法。随着科学技术的发展,也可用一些仪器来检测蔬菜商品质量中的某些指标,如硬度、新鲜度等,但大量的工作还是要依靠感官来解决。利用感官检验是在反复实践、积累经验的基础上进行的,虽然容易受到主观因素的影响,只要是有经验的人,是完全可以找出和利用感官评价的共同客观标准。

表 2-25 列出了农业部已颁布标准的几类无公害蔬菜的感官要求。

表 2-25　无公害蔬菜的感官要求

蔬菜种类	项 目	品质要求	蔬菜种类	项 目	品质要求
韭菜	品种	同一品种	白菜类	品种	同一品种
	整齐度	＞80%		新鲜	色泽明亮,水分适宜而没有萎蔫
	韭薹	＜50 毫米			
	枯梢	＜2 毫米		清洁	菜体表面无泥土、灰尘及其他污染物
	整修	符合整修要求			
	鲜嫩	符合鲜嫩要求		烧心	无
	异味	无		裂球	无(大白菜)
	冻害	无		腐烂	无
	病虫害	无		异味	无
	机械伤	无		冻害	无
	腐烂	无		病虫害	无
	规格	长:株长＞300 毫米 中:株长 200～300 毫米 短:株长＜200 毫米		机械伤	无
				规格	规格用整齐度表示。同规格的样品其整齐度应≥90%
	限度	每批样品中感官要求总不合格百分率不得超过 10%,其中枯梢不得超过 0.5%		限度	每批样品中不符合感官要求的按质量计,总不合格率不得超过 5%
	腐烂、病虫害为主要缺陷			烧心、腐烂、病虫害为主要缺陷	

蔬菜种类	项目	品质要求	蔬菜种类	项目	品质要求
甘蓝类	品种	同一品种	茄果类	品种	同一品种
	结球紧实度	叶（花）球达到该品种适期收获时的紧实程度		成熟度	果实已充分发育，种子已形成（番茄、辣椒）；果实已充分发育，种子未完全形成（茄子）
	新鲜	叶（花）球的帮叶、球有光泽，脆嫩		果形	只允许有轻微的不规则，并不影响果实的外观
	清洁	叶（花）球外部无泥土或其他外来物的污染和病虫害		果面清洁	果实表面不附有污物或其他外来物
	裂球	无（结球甘蓝）		新鲜	果实有光泽、硬实、不萎蔫
	修整	良好		腐烂	无
	绒毛花蕾	无（花椰菜）		异味	无
	枯黄花蕾	无（青花菜）		灼伤	无
	腐烂	无		裂果	无（指番茄）
	异味	无		冻害	无
	冻害	无		病虫害	无
	病虫害	无		机械伤	无
	机械伤	<2%		规格	规格用整齐度表示，同规格的样品其整齐度≥90%
	规格	规格用整齐度表示，同规格的样品其整齐度在规定范围内的球数应≥80%		限度	每批样品中不符合感官要求的按质量计，总不合格率不得超过5%
	限度	每批样品中不符合感官要求的按质量计，其总不合格率不得超过10%		成熟度的要求不适用于2，4-D和番茄灵等化学处理坐果的番茄果实；腐烂、裂果、病虫害为主要缺陷	
	枯黄花蕾、腐烂、病虫害为主要缺陷				

注：表中数据来源于无公害食品农业行业标准 NY5001-2001，NY5003-2001，NY5005-2001，NY5008-2001

(五)无公害蔬菜的包装贮运

无公害蔬菜的包装物上应标明蔬菜品种名称、净质量、产地、生产者、生产(或收获)日期。包装物上必须使用无公害蔬菜的标志。无公害蔬菜包装物要整洁、牢固、透气、无污染、无异味。每批样品包装规格、单位、质量必须一致。

装运时要做到轻装、轻卸,运输工具清洁无污染,运输时应注意防冻、防雨淋、防晒和通风透气。贮存按品种、规格分别贮藏,环境必须阴凉、通风、清洁,严防暴晒、雨淋、冻害、病虫害污染及有害物质污染。

(六)无公害蔬菜的认证与管理

我国不少地区从 20 世纪 80 年代起就开展了无公害农产品生产技术的研究、示范和推广工作,向社会提供了一定数量的无公害农产品,取得了良好的经济、社会和生态效益。90 年代中期,在农业部原环保能源司的组织下,开展了无污染、无公害、优质农产品生产技术的开发及基地建设工作。此后,一些省、直辖市相继出台了地方性无公害农产品管理办法及相关标准,重点开发了无公害蔬菜,取得了显著成效,并在全国形成了无公害农产品开发热潮。2002 年 4 月 29 日,经国家认证认可监督管理委员会审议,业经农业部、国家质量监督检验检疫总局审议通过,发布了《无公害农产品管理办法》,并自发布之日起施行。具体内容见附录。

第三章 蔬菜的化学调控技术

一、化学调控技术在蔬菜生产中的意义

(一)化控技术的概念

蔬菜作物和其他作物一样,其生长发育除了要求一定的环境条件和营养物质外,还需要有一定的生理活性物质来进行调节和控制,这种生理活性物质主要是植物激素。植物激素不同于一般的营养物质,也不是肥料。在天然条件下,它通常是以有机化合物的形式,产生并存在于植物体内。

植株体内自身产生的植物激素被称为内源激素。内源激素在植株体内的含量虽然很少,浓度也很低,但是却能使植物体内的各种酶互相协调,调节和控制着植株体内的生理生化和代谢过程。绿色植物从营养生长到生殖生长,从开花结果到种子发育成熟和休眠,多年生植物的发芽和萌发生长等,都是由植物的内源激素起作用的。植物激素对植株体产生的强烈影响,往往是由2种或2种以上植物激素调节和控制的结果。

植物内源激素在植物体内各个部位的含量不同,其合成和运转首先是随着不同的生长发育阶段在不断变化,同时也与光照、温度、水分、气体及各种营养元素有着密切的关系。一旦因环境条件中的某种或几种因子发生改变,都要在一定程度上影响到内源激素合成和含量,从而影响到体内的代谢水平和同化产物的分配,引起生长发育状况的改变。例如,黄瓜在短日照和低夜温的条件下,往往有利于雌花的形成;而在长日照和高夜温的情况下,往往会诱发雄花的形成。扁豆在短日照下能开花结实,而在长日照下却迟

迟不开花。这些都是因为在不同环境的条件下,所形成或运转的植物内源激素不同的作用结果。

目前已公认的植物激素有五大类,即生长素、赤霉素、细胞分裂素、脱落酸和乙烯。此外植物体内还有其他生长物质,如油菜素甾体类化合物、茉莉酸类化合物、水杨酸、多胺等。

除了植株体内天然存在的植物激素外,人们还在模拟天然激素的研究中,用化学合成的方法,生产出了许多与天然植物激素有类似分子结构和效能的生理活性物质,这就是植物生长调节剂,它们是植物的外源激素。

应用从自然界中提取或人工合成的植物生长物质,和传统蔬菜栽培技术相结合,按人们的需要调节控制蔬菜的生长发育,从而达到高产、优质的目的,这就是化学控制,简称化控技术。在某些条件下,合理的运用化控技术能为农业生产带来显著效果。因此,这项技术越来越受到人们的重视。

(二)化学调控在蔬菜生产中的意义

蔬菜反季节栽培是在人为控制的环境条件下,在自然界不适于蔬菜作物生产的季节,进行生产的一门实用技术科学。在保护地里人为地模拟自然环境来适应和满足作物的生长发育的需要,就目前科学技术发展的水平来看,完全能够达到这一要求,如建造人工气候室。但是其建造费用高,管理难度大,是目前我国国情和民情所不能接受的。我国目前生产上大面积使用的塑料薄膜日光温室和塑料大、中、小棚等,限于其结构性能和科技含量,其创造环境条件的能力尚存在较大的局限性,往往不可能满足栽培作物的需求。在这种情况下,栽培作物体内的生长激素就不可能像其在自然条件下的状态,因此其生长发育也就难免出现一些异常。更由于保护地栽培是一个高投入的生产方式,人们往往渴求能从中获得尽量高的经济回报。因此,应用化学调控就成为一项必要的技术措施。

根据作物的生长表现和生产的需要,用人工化学合成的植物外源激素,即植物生长调节剂,从植株体外给予补充,就可以起到打破或促进休眠,促进或抑制萌发和生长,调节开花和结果,刺激或抑制某些器官的生长等作用,这样就可以配合改善作物的生长环境条件,来使栽培作物最大限度地按照人们的意志去生长发育,从而达到生产的目的。因此,当前蔬菜的反季节生产中,植物生长调节剂应用较为广泛。

二、蔬菜常用植物生长调节剂的种类及作用

蔬菜生产中常用的植物生长调节剂根据其作用原理可分为三大类,即生长促进剂、生长抑制剂和生长延缓剂。现在将蔬菜生产中常用的生长调节剂的种类、基本性质和应用方法介绍如下。

(一)生长促进剂

这类生长调节剂可以促进细胞分裂、分化和伸长生长,也可促进植物营养器官的生长和生殖器官的发育。

1. 赤 霉 素

【其他名称】 九二○、赤霉酸。

【商品剂型】 85%结晶粉,4%水溶性粉剂,70%可湿性粉剂,4%乳油。

【作用特点】 赤霉素是一种广谱性植物生长调节剂,可促进作物生长发育,使之提早成熟、提高产量、改进品质;能迅速打破种子、块茎和鳞茎等器官的休眠,促进发芽;减少蕾、花、铃、果实的脱落,提高果实结果率或形成无籽果实。也能使某些 2 年生的植物在当年开花。

【注意事项】 ①赤霉素水溶性小,用前先用少量酒精或白酒溶解,再加水稀释至所需浓度;②赤霉素遇碱易分解,不能与碱性农药和肥料混用。其水溶液在 5℃ 以上时,易被破坏而失效,要现

配现用。③贮存时,应放置于低温、干燥处,特别注意避免高温。

2. α-萘乙酸

【其他名称】 NAA、快丰收等。

【商品剂型】 80%原粉,99%精制粉剂,2%钠盐水剂,2%钾盐水剂等。

【作用特点】 为广谱性植物生长调节剂,可促进细胞分裂,诱导形成不定根,增加坐果,改变雌、雄花比率等。此外还能使作物增加抗旱、抗寒、抗涝、抗倒伏的能力,促进扦插枝条生根等。

【注意事项】 ①萘乙酸难溶于冷水,配制时选用少量酒精溶解,然后加水稀释至所需浓度。②可与碱性农药混合使用,不可与酸性农药混配,混合后不宜久存。③配药和施药人员需注意防止污染手、脸和皮肤。使用后要注意清洗手和面部。

3. α-萘乙酸甲酯

【其他名称】 MENA。

【商品剂型】 98%原粉。

【作用特点】 具有萘乙酸抑制发芽的效果。主要用于延长窖藏马铃薯、洋葱的休眠期,抑制发芽。

【注意事项】 ①本品具有挥发性,一般以蒸气方式使用,温度越高挥发越快。②本品不溶于水,能溶于多种有机溶剂(如乙酸或丙酮)。③在使用前应先将处理过的薯块在通风处摊放几天,以便萘乙酸甲酯挥发,除去毒害。④留种用的块茎不宜使用。

4. 防 落 素

【其他名称】 番茄灵、促生灵、番茄生长素、丰收宝 2 号、丰收灵。

【商品剂型】 98%粉剂,95%可湿性粉剂,1%、2.5%、5%水剂。

【作用特点】 防落素是一种高效植物生长调节剂,能防止落花,促进坐果,加速幼果发育,并能形成无籽果实。有利于茄果类蔬菜提早上市,增加产量。

【注意事项】 ①配制药液时,必须先用0.5升热水将药剂溶解后,再加水稀释成所需浓度。②使用剂量过高或全株喷雾,对叶片有影响。③使用后由于会增加坐果,更需要加强肥、水管理,使植株生长健壮,防止早衰。④不能在种子田使用。

5. 增产灵

【其他名称】 4-碘苯氧乙酸、P1PA、保棉灵

【商品剂型】 95%粉剂。

【作用特点】 增产灵是一种内吸性、低毒植物生长调节剂。对植物具有加速细胞分裂、增强光合作用能力、提高根系活力、促进成熟增产的作用。

【注意事项】 ①增产灵原粉在水中不易溶解,配制时可先用适量酒精或开水溶解,再加水稀释到所需浓度。②可与其他农药、化肥混用,但不能代替化肥,因此在用药后必须加强肥、水管理。③药液如有沉淀,可加入少量纯碱使其溶解后再用。喷药后6小时内降雨,要补喷1次。④增产灵的喷药时间不能过早,浓度也不能过高,以免作物发生倒伏。

6. 6-苄基腺嘌呤

【其他名称】 6-苄氨基嘌呤、苄基腺嘌呤、6-BA、BAP。

【商品剂型】 0.5%乳油,1%、3%水剂,99%原药。

【作用特点】 是第一个人工合成的细胞分裂素。具有抑制植物叶内叶绿素、核酸、蛋白质的分解,将氨基酸、生长素、矿物质等向处理部位调运等多种效能,并有诱导侧芽萌发、促进分枝、提高坐果率、形成无核果实等作用。

【注意事项】 ①本剂难溶于水,易溶于乙醇、丙酮等有机溶剂,在酸性条件下较稳定。②可与赤霉素混用。

7. 羟烯腺嘌呤

【其他名称】 富滋、Boot。

【商品剂型】 0.01%水剂。

【作用特点】 属于细胞分裂素类,存在于植物种子、根、茎、

叶、幼嫩分生组织及发育的果实中。主要由根尖分泌传导至其他部位,刺激细胞分裂,促进叶绿素形成,防止早衰及果实脱落。促进光合作用和蛋白质合成,促进花芽分化和形成。

【注意事项】 ①按规定剂量用药。过量用药增产效果不明显,甚至造成减产。②在晴天施药,施药后要有 24 小时晴天,以保证叶片充分吸收药液。喷药后短期内降雨冲刷,应在天晴后补喷 1 次。③药剂使用前充分摇匀。已稀释的药液及时用完,不能保存。④药剂应保存在阴凉、干燥处,不要放在冰箱内。⑤避免接触皮肤、眼睛,避免吸入雾滴。

8. 吡效隆

【其他名称】 氯吡脲、调吡脲、脲动素、施特优、KT-30、CPPU、4PU-30。

【商品剂型】 0.1%乙醇溶液。

【作用特点】 吡效隆是一种新型的植物生长调节剂,是高活性的苯脲类细胞分裂素物质。具有加速细胞分裂,促进细胞增大与分化,诱导芽的发育,防止落花落果,促进植物生长,延缓作物叶片衰老,增加产量,提高品质等作用。蔬菜生产中多用于提高瓜类坐果率,减少化瓜。

【注意事项】 ①严格按照使用时期、用量和方法操作。②现用现配,当天用完,久置会降低药效。③易挥发,用后盖好瓶盖。④该药对眼睛和皮肤有刺激性,使用时注意防护。

9. 乙烯利

【其他名称】 一试灵、乙烯磷、乙烯灵。

【商品剂型】 40%水剂。

【作用特点】 乙烯利是一种广谱植物生长调节剂。能促使果实成熟,并使果实成熟得比较集中,促进叶片脱落,矮化植株,诱导雌花发育,改变雌、雄花的比率,增加植株分蘖,提早结果,增加产量,改善品质等。

【注意事项】 ①溶于水,易溶于乙醇,在酸性介质中十分稳定,遇碱易分解,忌与碱性农药混用。②乙烯利具有强酸性,能腐蚀金属、器皿、皮肤及衣物。因此,应戴手套作业,作业完毕,应立即充分清洗喷雾器械。③对皮肤、黏膜、眼睛有强刺激作用。如皮肤接触到药液,应立即用水和肥皂冲洗;如溅入眼内,要及时用大量水冲洗,必要时请医生治疗。

10. 三十烷醇

【其他名称】 TRIA、TAL、正三十烷醇。

【商品剂型】 0.1%微乳剂,1.4%三十烷醇乳粉。

【作用特点】 具有促进生根、发芽、开花、茎叶生长和早熟作用,具有提高叶绿素含量、增强光合作用等多种生理功能。在作物生长前期使用,可提高发芽率、改善秧苗素质,增加有效分蘖。在生长中、后期使用,可增加花蕾数、坐果率及千粒重。

【注意事项】 ①三十烷醇生理活性很强,使用浓度很低,配制药液要准确。②应选用经重结晶纯化、不含其他高烷醇杂质的制剂,否则效果不稳定。③不得与酸性物质混合,以免分解失效。

11. 芸薹素内酯

【其他名称】 油菜素内酯。

【商品剂型】 0.1%、0.2%可溶性粉剂,0.01%、0.15%乳油,0.04%水剂。

【作用特点】 芸薹素内酯为甾醇类化合物,是一种高效植物生长活性物质,在很低浓度下,即能显著地增加植物的营养体生长和促进受精作用。其功效主要表现在提高种子活力,促进生长发育,增加产量,改善品质,抗旱耐冻,防病减灾,耐盐害,解药害。

【注意事项】 ①施用芸薹素内酯时,应按对水量的 0.01%加入表面活性剂,以便药物进入植物体内。②使用过程中要注意防护。

12. 复硝酚钠

【其他名称】 特丰收、丰产素、爱多收。

【商品剂型】 2%、1.8%、0.9%、1.4%、0.7%、2.85%水剂。

【**作用特点**】 复硝酚钠是由三种硝基苯酚类化合物组成的钠盐,是一种强力细胞赋活剂,与植物接触后能迅速渗透到植物体内,促进细胞的原生质流动,提高细胞活力。能加快生根速度,打破休眠,促进生长发育,防止落花落果,改善产品品质,提高产量,提高作物的抗病、抗虫、抗旱、抗涝、抗寒、抗盐碱、抗倒伏等抗逆能力。

【**注意事项**】 ①使用浓度过高,将会对作物幼芽及生长有抑制作用。②作茎叶处理时,喷洒应均匀,不易附着药滴的作物,应先加展着剂后再喷。③结球性叶菜在结球前应停用,否则会推迟结球。④可与一般农药混用,包括碱性药液。如果种子消毒剂的浸种时间与本剂相同时,可一并使用。与尿素及液体肥料混用时能提高功效。

13. 复硝酚钾

【**其他名称**】 农多收。

【**商品剂型**】 2%水剂,98%粉剂。

【**作用特点**】 复硝酚钾为复硝酚的钾盐,作用与复硝酚钠类似。

【**注意事项**】 同复硝酚钠。

14. 复硝酚铵

【**其他名称**】 多效丰产灵。

【**商品剂型**】 1.2%复硝酚铵水剂,2.5%复硝酚胺粉剂。

【**作用特点**】 复硝酚铵为复硝酚的铵盐,作用与复硝酚钠类似。

【**注意事项**】 同复硝酚钠。

15. 石油助长剂

【**其他名称**】 环烷酸钠。

【**商品剂型**】 40%乳油。

【**作用特点**】 是从石油产品精制碱洗时产生的废液中分离出来的混合物质,为具有促进生长活性的有机酸,含有硫酸盐、氯化物、游离碱与钠、钾、钴、铜、锰、氯等阳离子,主要成分为环烷酸。具有促进生根的效应,可提高根系吸收氮、磷肥与水分的能力,提高植物对不良环境的耐受能力。促进光合作用,增加同化产物的积累,增产作用明显。

【注意事项】 ①与肥料混合进行根外追肥,比单用肥料追肥促进植物生长发育的效果更好。②一般使用浓度较低,浓度过高对植物有抑制作用。

(二)生长延缓剂

抑制植物亚顶端分生组织生长的生长调节剂称为植物生长延缓剂。亚顶端分生组织中的细胞主要是伸长生长,由于赤霉素在这里起主要作用,所以外施赤霉素往往可以逆转这种效应。这类物质包括矮壮素、多效唑、比久等,它们不影响顶端分生组织的生长,而叶和花是由顶端分生组织分化而成的,因此生长延缓剂不影响叶片的发育和数目,一般也不影响花的发育。

1. 矮 壮 素

【其他名称】 CCC、三西。

【商品剂型】 50%水剂。

【作用特点】 矮壮素是赤霉素的拮抗剂。可经叶片、幼枝、芽、根系和种子进入植物体内,抑制植物体内赤霉素的生物合成,控制植株徒长,促进生殖生长,使植株节间缩短,长得粗壮,根系发达,抗倒伏,叶色加深,叶片增厚,叶绿素含量增多,光合作用增强,提高作物抗逆性,改善品质,增加产量。

【注意事项】 ①用药应与加强田间肥、水等管理结合起来,才能取得明显效果。②严格掌握用药时期和用药量,防止过早用药引起植物矮小,过迟用药引起早衰。③不能与碱性药剂混用。

2. 多 效 唑

【其他名称】 PP333、氯丁唑。

【商品剂型】 25%乳油,95%原药,10%、15%可湿性粉剂。

【作用特点】 多效唑具有延缓剂植物生长,抑制茎秆伸长,缩短节间、促进植物分蘖、增加植物抗逆性能,提高产量等效果。对培养蔬菜壮苗有明显作用。

【注意事项】 ①多效唑在土壤中残留时间较长,施药田块收获后,必须经过耕翻,以防对后作有抑制作用。②一般情况下,使用多效唑不易产生药害,若用量过高,秧苗抑制过度时,可增施氮肥或用赤霉素解救。

3. 比 久

【其他名称】 丁酰肼、B9、B995、SADH。

【商品剂型】 85%、90%可溶性粉剂,5%液剂。

【作用特点】 比久是植物生长延缓剂,能抑制植物徒长,使植株矮化粗壮,防止落花,促进结实。药剂进入植物体内后,抑制内源赤霉素的生物合成,也可以抑制内源生长素的合成。其主要作用是抑制新枝徒长,缩短节间长度,增加叶片厚度及叶绿素含量,诱导不定根形成,刺激根系生长,提高抗寒能力,促进坐果。

【注意事项】 ①药液应随配随用,不可久藏,如发现药液变红褐色则不能使用。不能与波尔多液、硫酸铜等含铜药剂混用或连用,也不能和铜器接触,以免发生药害。②水、肥条件越好,使用比久效果越明显。在水、肥严重不足的情况下使用,可能会导致大幅度减产。比久的作用温和,当使用浓度成倍提高时,只会增加对茎生长的抑制程度,不会有杀死的危险。

4. 烯 效 唑

【其他名称】 S-3307、S-327、XE-1019。

【商品剂型】 0.05%水剂,10%可湿性粉剂。

【作用特点】 属广谱性、高效植物生长调节剂,兼有杀菌和除草作用。是赤霉素合成抑制剂。具有控制营养生长,抑制细胞伸长、缩短节间、矮化植株,促进侧芽生长和花芽形成,增进抗逆性的作用。其活性较多效唑高 6～10 倍,但其在土壤中的残留量仅为多效唑的 1/10,因此对后茬作物影响小,可通过种子、根、芽、叶吸收,并在器官间相互运转,但叶吸收向外运转较少而向顶性明显。

【注意事项】 ① 烯效唑的应用技术还正在研究开发之中,使用时最好先试验后推广。② 严格掌握使用量和使用时期。用作种子处理时,要求平整好土地,浅播浅覆土,墒情好。

5.缩节胺

【其他名称】 调节啶、缩节胺、助壮素、壮棉素、Pix。

【商品剂型】 40%、25%、5%水剂,96%可溶性粉剂。

【作用特点】 缩节胺是一种内吸性的生长延缓剂,能降低体内赤霉素的活性,抑制细胞伸长,延缓营养生长,控制株型纵横生长,使植株矮化、粗壮、株型紧凑。能促进叶片合成叶绿素,促进开花,防止落果。

【注意事项】 ①使用时要严格掌握使用时期、浓度和用量,不能提早使用或加大用量。②宜在水、肥条件好,长势好的菜地使用。③使用时遵守一般农药安全使用操作规程,避免吸入药雾或长时间与皮肤、眼睛接触。④助壮素易水解,贮存期间要严防受潮。

(三)生长抑制剂

抑制植物茎顶端分生组织生长的生长调节剂属于植物生长抑制剂。这类物质使茎顶端分生组织细胞的核酸和蛋白质合成受阻,细胞分裂慢,植株生长矮小。生长抑制剂通常能抑制顶端分生组织细胞的伸长和分化,但往往促进侧枝的分化和生长,从而破坏顶端优势,增加侧枝数目。有些生长抑制剂还能使叶片变小,生殖器官发育受到影响。外施生长素等可以逆转这种抑制效应,而外施赤霉素则无效,因为这种抑制作用不是由于缺少赤霉素而引起的。蔬菜上常用的生长抑制剂有以下几种。

1.青鲜素

【其他名称】 抑芽丹、马来酰肼、MH。

【商品剂型】 90%原药,30%乙醇铵盐溶液,25%水剂。

【作用特点】 青鲜素是一种选择性除草剂和暂时性植物抑制剂,它能破坏植株的顶端优势,抑制芽和茎的伸长,在蔬菜上主要用于防止马铃薯、萝卜、洋葱、大蒜等抽芽或抽薹,延长贮藏时间。

【注意事项】 ①留种的葱头、大蒜不宜施药。②喷药不能过早,施药过早会抑制植株的正常生长,太晚又达不到预期效果。③葱头经施药后,可能会增加腐烂率,在贮藏期间应注意挑出并及早上市。④在收获后不需贮藏的块茎作物上,不可喷洒青鲜素,以免过量残留,对食用不安全。

2. 三碘苯甲酸

【其他名称】 TIBA。

【商品剂型】 98%的三碘苯甲酸粉剂。

【作用特点】 TIBA与生长素的作用相反,它能通过阻碍生长素的运输,促进侧芽萌发,消除顶端优势,使分枝或分蘖增加,抑制生长,增加开花数和结实数。此外,TIBA还能促进番茄花芽分化,缩短发育过程,使其提早结果。

【注意事项】 三碘苯甲酸不溶于水,使用时先将1克药剂溶于100毫升酒精中,为加速溶解,可进行振荡,当溶液变成金黄色,表示已全部溶解。然后将酒精溶液配制成所需的使用浓度。

3. 整形素

【其他名称】 形态素、疏果丁、氯芴醇、氯甲丹、整形剂。

【商品剂型】 10%乳油、2.5%水剂。

【作用特点】 是一种葱类植物生长调节剂,其作用是阻碍生长素向下运输,同时能提高生长素氧化酶的活性,使生长素含量下降,能抑制顶端分生组织细胞分裂和伸长,促进腋芽生长。延缓植物营养生长,对开花、结果和衰老都有延缓作用。也可诱导一些作物单性结实。整形素对植物体内的赤霉素有拮抗作用,使经过春化的鳞茎植株不能抽薹。

【注意事项】 ①对眼睛和皮肤有刺激性,操作后要用清水洗手。②容器使用后要用洗涤剂与清水洗净。③不要与肥料、杀虫剂、杀菌剂混合使用或存放在一起。

4. 吡啶醇

【其他名称】 丰啶醇、7841、增产醇。

【商品剂型】 90％、90％乳油。

【作用特点】 吡啶醇是一种植物生长抑制剂。能抑制植物营养生长，促进生殖生长，加强脂肪及蛋白质的转化等。在作物营养生长期，可促进根系生长，茎秆粗壮，叶片增厚，叶色变绿，增强光合作用；在作物生殖生长期使用，可控制营养生长，促进生殖生长，提高结实率。吡啶醇还有一定的防病增产能力。

【注意事项】 ①施用时浓度要配准，切勿多用和滥用。②施药田块要加强水肥管理，防止缺水干旱和缺肥而影响植物的正常生长。③配药液和操作时应避免摇曳溅入眼睛内或溅到皮肤上。

三、常用植物生长调节剂的使用方法

（一）常用生长调节剂药剂的配制方法

植物生长调节剂使用前要弄清楚剂型和有效成分。常见的剂型有水剂、粉剂、可湿性粉剂、乳油等。有效成分是指原药的含量，多以百分率（％）表示，如 15％多效唑可湿性粉剂，即该剂中含有多效唑原药为 15％，其余为填充料和湿润剂。由于不同的植物生长调节剂的理化性质不同，配制方法差异较大，根据生长调节剂施用的方法和部位不同，可事先配制成水剂、粉剂、乳剂和油剂后施用。

1. 配制水剂 大多数植物生长调节剂都需要配制成水溶液后施用。对于可溶于水的粉剂、可湿性粉剂、水剂或乳油等，应根据所需浓度，取一定量的原药，用水稀释定容即可。使用浓度过去常用 ppm 表示，即百万分之一，目前该单位已被毫克/升或微升/升所替代。

(1)用原粉配制 1 000 毫克/升(0.1%)溶液 称取 1 克原粉,先用少量水溶解,再定容至 1 000 毫升即可。

(2)用 40%的水剂或乳油配制成 2 000 毫克/升溶液 可根据下列公式来计算。

原液浓度×原液体积=使用浓度×使用体积

已知原液浓度为 40%(400 000 毫克/升),使用浓度为 2 000 毫克/升,如使用体积为 1 000 毫升,设原液体积为 V,即配制时需要取的药液量。代入公式,得出:400 000×V=2 000×1 000,则 V=(2 000×1 000)/400 000=5 毫升。即取 5 毫升 40%的原液,即可配制成浓度为 2 000毫克/升的药液 1 000 毫升。

(3)按标明使用浓度来配制 如 500 倍液用量为 2 000 毫升时,取 4 毫升原液用少量水溶解,再定容至 2 000 毫升即可。

(4)难溶于水的药剂配制 人工合成的生长调节剂,如赤霉素、萘乙酸等都不易溶于水,所以这种形式的生长调节剂产品直接应用于生产很不方便。为了使用方便,目前很多常用植物生长调节剂在出厂时即已制成盐类,这样就可直接用水稀释成一定浓度而使用,如萘乙酸的钠盐、钾盐等。对许多非盐形态、难溶于水而易溶于有机溶剂的调节剂,如萘乙酸、赤霉素、B9、TIBA 等先可用少量的 95%乙醇溶解,一般配制成 20%的乙醇溶液(即 1 克原药,用 5 毫升水溶解)。然后将乙醇溶液缓缓倒入一定量的水中,同时不断搅拌,最后定容。切忌将水倒入乙醇溶液中,这样将会重新出现结晶。

(5)易溶于酸或碱性溶液的药剂配制 如激动素、6-BA 则先可用少量盐酸或碱溶解,再用水稀释成一定浓度的水溶液使用。

(6)配制成乙醇溶液直接使用 称取一定量的植物生长调节剂,溶于一定量的 50%乙醇溶液中,即可使用。乙醇浓度不宜过高,以免伤害植物组织。

2.粉剂 将药剂放入 95%的乙醇中溶解后,搅拌成浆糊状,然后按需要的比例,加入滑石粉、黏土粉或木炭灰等混匀,待乙醇全部挥发,载体干燥成粉末,使用时可用喷粉器喷撒或直接浸蘸。

3.乳剂 可将脂溶性的生长调节剂与一定量的水或乙醇、吐温(一种乳化剂)等先混合,使之加工成乳剂,然后再用水稀释成水剂。由于乳剂有隔绝两种液体表面的倾向,使两种液体表面之间不直接接触,减少了相互间发生化学反应的机会,故在稀释时不易受水质的影响,也很少产生沉淀。

4.油剂 先将羊毛脂加热溶解,把已按一定比例配制成的植物生长调节粉末溶入羊毛脂中,冷却后呈浆糊状,可密封备用,使用时一般直接涂抹于处理的部位。羊毛脂不会与植物生长调节剂发生化学反应,使用时不易流失,药剂可以从羊毛脂中渗透进入所处理的植物局部。用量少,药效长,效果显著。

(二)常用植物生长调节剂的使用方法

1.喷雾法 先按需要配制成相应浓度对所处理部位进行喷雾处理,要求液滴细小、均匀,以喷洒部位湿润为度。为了使药剂易于黏附在植株表面,促进植物的吸收,提高其应用效果,可在药剂中加入少许展着剂,如中性洗衣粉(0.1%)、吐温(0.1%~0.2%)、乙二醇、甘油等。它们的作用是使喷洒液在植物叶面均匀分布,延长液滴干燥时间,增强黏附力,使生长调节剂的液滴能更多地黏附于植物叶片或果实的表面,促进药液的渗入和吸收等。

使用时间最好选择在傍晚,气温不宜过高,则药剂中的水分不致很快蒸发。否则过量未被吸收的药剂沉积在植物表面,对组织有伤害。傍晚喷施后,次日早晨的露水有助于药剂的充分吸收。如处理后6小时下雨,叶面的药剂易被冲刷掉,降低药效,需要重新喷洒。喷洒时,要尽量喷在作用部位上,以减少药液飘移。

2.浸蘸法 主要用于处理插条、种子、花序、果穗及果实等。由于浸蘸法只处理局部,与整株喷洒相比,不仅可以节省药液,还可减少某些药剂对叶、芽、嫩枝产生的抑制效应。

(1)种子处理 目的是打破种子休眠、提高发芽和出苗率等。

浸种的用水量要正好没过种子,使种子充分吸收药剂。浸泡时间6～24小时。如果室温较高,药剂容易被种子吸收,浸泡时间可以缩短到6小时左右;温度低时,浸泡时间可适当延长,但一般不超过24小时。

(2)插条处理 目的是促进插条尽早生根,提高扦插成活率。通常将插条基部长2.5厘米左右浸泡在植物生长调节剂溶液中。浸泡时间长短与药液浓度有关。当药液浓度较高时(2 000毫克/升以上),可将成捆的插条基部浸入药液中5～10秒即可;当药液浓度较低(20～200毫克/升)时,则需浸泡10～24小时(温度高时间短,温度低时间长)。此外,也可将插条用清水浸湿,然后在粉剂中浸蘸处理。

浸蘸后可将插条直接插入苗床中,四周保持透气,并有适宜的温度与湿度。

(3)保花保果 广泛应用于茄果类蔬菜反季节生产,目的是防止落花,提高坐果率。通常将药液盛在小碟中,将适龄花序蘸湿即可,应用时药液中应加入颜料标记,以防重复处理。同时,为防止灰霉病的传播,还可在药液中加入适量杀菌剂。

(4)果实催熟 即将成熟的果实采摘下来后,浸泡在事先配制好的乙烯利溶液中,浸泡10分钟左右,取出晾干后,放在透气的筐内。果实吸收乙烯利后,需要有充分的氧气才能释放出乙烯气体并诱导生成内源乙烯,达到催熟的目的。

3.涂抹法 涂抹法是用毛笔、毛刷或其他工具将药剂直接涂抹在处理部位。如为了防止瓜类化瓜并促进果实迅速膨大,可用防落素涂抹雌花的花柄或柱头。番茄催熟时,也可戴上蘸了乙烯利的手套涂抹白熟期的果实。

4.拌种法和种衣法 主要用于种子处理。用杀菌剂、杀虫剂、微肥等处理种子时,可适当添加植物生长调节剂。拌种法是将药剂与种子混合拌匀,使种子外表沾上药剂,例如用喷壶将药剂洒在种子上,边洒边拌,搅拌均匀后播种。种衣法是用专用剂型种衣剂,将其包裹在种子外面,形成有一定厚度的薄膜,除可促进种子萌发外,还可达到防治病虫害、增加矿质营养、调节植株生长的目的。

5. 熏蒸法 适用于挥发性的药物,如萘乙酸甲酯用于抑制窖藏马铃薯、洋葱萌芽等。可将萘乙酸甲酯与细土等填充剂混匀,再掺到采后2个月的薯堆里。或将萘乙酸甲酯溶解后喷在纸屑上,再与薯块混匀。两种处理方法处理后均应贮藏在密闭库中,以利于萘乙酸甲酯挥发后作用于芽,干扰细胞分裂,进而抑制萌发。

6. 土壤浇灌法 土壤浇灌法是将配制好的生长调节剂稀释液直接浇灌到植株周围的土壤中。多用于促进蔬菜新根的生长和增加根系活力。例如,蔬菜移栽后或因低温、干旱等造成根系损伤后,可结合浇水浇灌生长调节剂来促进根系恢复生长。

7. 配合使用 生长调节剂一般可以复合混用,起到互补的作用,其效果常常优于单一使用。例如,在促进插条生根的处理中,往往用吲哚丁酸(或吲哚乙酸)和萘乙酸混用,效果优于单一生长素的处理。

四、化控技术在蔬菜生产中的应用

化控技术在蔬菜生产中应用范围较广,主要包括控制器官的休眠、控制根茎叶的生长、控制花的性别、控制器官脱落、促进成熟等几个主要方面。

(一)打破休眠,促进发芽

蔬菜作物的一些器官,如种子、鳞茎、块茎等,在季节的变化过程中有一个或长或短的休眠期。休眠分主动休眠和被动休眠。主动休眠是植物在长期系统发育过程中形成的一种习性,它是由于植株体的内在因素,如等待后熟、体内贮藏的养分尚没有转化以及发芽抑制素的存在等,所引起的生长停止现象,因此也叫做生理休眠。处于生理休眠状态的器官,即使在环境条件适宜的情况下,它也不会恢复生长或生长极为缓慢,甚至中途停滞。如深休眠的韭菜在没有经受-7℃~-5℃的低温之前,大蒜、马铃薯在收获后的一个较长时期,芹菜、茄子等蔬菜的种子在采收后一段时间,即使给予适宜的环境条件,上述营养器官或种子也难以萌芽生长。由于植物的生长是从萌芽开始的,处于生理休眠状态的植物器官,只有在这种休眠结束、环境条件适应之后才能萌发。因此,应用植物生长调节剂或化学物质,来打破这种生理休眠,就是蔬菜生产上经常遇到的一个问题。

当环境条件恶劣如低温、干旱时,植物采取一种停止生长的适宜状态,属于这种休眠的则不必采用激素处理,只要给予适宜的条件即可生长和发芽。

在蔬菜生产中,有时为了提前播种,需要打破种子或某些营养器官的生理休眠,促使其提前萌发。

1. 芹菜、莴笋　喜冷凉的芹菜、莴笋种子需要在高温季节播种时,用 100 毫克/升的 6-苄基腺嘌呤浸种 3 分钟,可提高发芽率 67%,播后 2 天就可整齐地出苗。如用 100 毫克/升的赤霉素溶液浸种 2~4 小时,发芽率可以提高到 70%。

2. 黑籽南瓜　新采的黑籽南瓜种子有休眠期,发芽率低,发芽不整齐。为提高发芽率可先用温水浸种 1~2 小时,搓洗掉种皮上的黏膜及杂物,再用 100~150 毫克/升的赤霉素溶液浸种 2~3 小时,捞出洗净后用清水浸种 3~4 小时再进行催芽即可。

3. 野生茄子　常用茄子嫁接砧木托鲁巴姆种子较小,具有较强的休眠性,发芽困难,可用 100~200 毫克/升的赤霉素在20℃~30℃条件下浸泡 24 小时。注意赤霉素的浓度不要过高,否则出芽后易徒长;如果温度低,则处理效果较差。处理后必须用清水洗净,在变温条件下催芽,20℃下催芽 16 小时,30℃下催芽 8 小时,8~10 天基本出芽。

4. 马铃薯　当年采收的马铃薯作为秋播的种薯时,有一个休眠期,种芽难以萌发。如将薯块或整薯在一定浓度的赤霉素溶液中浸泡 10～20 分钟,可以有效地打破休眠,提早发芽,从而延长秋薯的生长期,可以增加薯块的产量。薯块的浸种浓度为 0.3～0.5 毫克/升,整薯的浸种浓度为 10 毫克/升。

5. 番茄、茄子 用 6 000 倍的复硝酚钠溶液浸种 4～10 小时后晾干,播种后可提早发芽、生根。

(二)促进生长,消除药害

在蔬菜上使用一些生长促进剂,可促进细胞分裂、伸长和增粗,从而达到促进茎、叶生长和果实膨大,增加产量的目的。

1. 芹菜、芫荽 用 10～20 毫克/升的赤霉素液喷洒植株,一般可增产 20% 以上。

2. 韭菜 收获前 10～15 天,用 20 毫克/升赤霉素液喷洒,能促进叶片生长,增加产量 20%～40%。抽薹期用 70 毫克/升赤霉素液喷洒,则出薹整齐,薹细嫩。

3. 莴笋 长有 10～15 片叶子时,用 10～40 毫克/升赤霉素喷洒植株,可以早收 10 天左右,产量增加 12%～44.8%。

4. 叶菜类 叶菜的生长期用 1.4% 复硝酚钠水剂 6 000～8 000 倍液喷洒叶面 2～3 次,每 667 平方米喷药液 40～50 升,可明显改善植株营养生长,增加叶绿素含量,使叶片数增多,叶面积增大,提高抗病力和增产作用明显。叶菜类用 0.04% 芸薹素内酯水剂 0.01 毫克/升溶液在苗期及莲座期喷施,可增加产量。

5. 花椰菜 6～8 片叶、茎粗度达 0.5～1 厘米时,用 100 毫克/升的赤霉素溶液喷洒植株,可提前收 10～25 天,特别是晚熟品种,效果更为明显。

6. 黄瓜 黄瓜开花期叶面喷施 0.04% 芸薹素内酯水剂 10 000 倍液(0.01%),黄瓜表现为叶色深绿,叶发病率降低 20%,增产率约 54.6%。

7. 茄果类 苗期、花期用 0.01% 芸薹素内酯液喷施,可使植株健壮,结果早,抗病、增产。

8. 消除药害 生产上经常可以看到,由于使用农药的浓度、药液量过大,或者时间不当,会对植株造成药害。例如由于喷用乙烯利药量过大,对植株产生抑制作用,此时往往需要用 20～30 毫克/升的赤霉素来解除药害影响。

需要注意的是,某些生长调节剂在使用浓度偏大时,极易造成叶片扭曲变形等生长异常。遇到这种情况,如果需要较早解除药害,可以立即喷用 100 倍液的白糖水,一般 1～2 天就可以解除。

(三)诱导新根,复壮老根

某些植物生长调节剂可以诱发植物根系的生长。蔬菜生产中用扦插繁殖的情况不多,一般多应用于优良品种的种苗扩繁上。如甘蓝和大白菜用腋芽扦插,或对国外引进的优良番茄、茄子、青椒为了节省开支需要进行嫩枝扦插繁殖时,都需要进行催根处理。蔬菜反季节生产中根系衰老或受到损伤,用生长调节剂灌根,即可恢复生长。

1. 嫩枝扦插 番茄茎段用 50 毫克/升的萘乙酸溶液浸泡基部 10 分钟、青椒和茄子的茎段用 2 000 毫克/升的萘乙酸溶液快速浸蘸一下基部,扦插成活率分别可达到 100％、90％和 70％。此法也可用于佛手瓜幼苗的扩繁。

2. 腋芽扦插 切取白菜、甘蓝等的叶片基部的中肋(带一个腋芽),用稀释 500～1 000 倍的萘乙酸溶液快速浸蘸茎切口底面,注意不要蘸到芽,在温度 20℃～25℃,相对湿度 85％～95％的条件下扦插,生根成活率为 85％～95％,可保持优良品种的纯度。

3. 移植缓苗 如温室蔬菜移植后,用 1.8％复硝酚钠水剂 6 000倍液进行浇灌,对防止根系老化,促进新根形成效果显著。

4. 根系恢复生长 凡是日光温室越冬一大茬栽培的黄瓜、西葫芦、番茄、茄子、辣椒等,在其经历了 1 个月的低温之后,普遍存在根系损伤的问题,或是寒根,或是沤根。因此,在低温即将过去的时候,择机灌用 5 毫克/升的萘乙酸液,可以加快新根的发生。当然这种长期栽培的作物生长结果到一定时间,比如越冬一大茬黄瓜到 3 月的中后旬,根系又会自然衰老,此时及早灌用 5 毫克/升的萘乙酸液,就可以加速根系的复壮,从而避免在 3 月下旬出现花打顶和对产量带来的不利影响。

(四)防止徒长,增强抗性

在蔬菜的育苗过程中,往往由于秧苗拥挤,单株营养面积不够,或由于夜间温度过高,导致秧苗徒长。其中黄瓜、番茄和甘蓝最容易出现徒长的情况。徒长的植株不仅容易患病,而且定苗后缓苗慢,收获晚,产量低。采用化控技术,可以抑制蔬菜植株徒长,有利于培育壮苗,提高植株的抗逆性。

1. 番茄 日光温室秋冬茬番茄或塑料大棚秋延后番茄育苗时,正值高温季节,幼苗徒长严重。用 250～500 毫克/升的矮壮素,或 1 000 毫克/升的比久,或 100～200 毫克/升的缩节胺,或 150 毫克/升的多效唑溶液喷布苗床,可有效地抑制徒长。如番茄苗定植后发生徒长,可喷施 75 毫克/升的多效唑溶液予以抑制。

2. 瓜类 用 1 000 毫克/升浓度的比久溶液喷洒幼苗,可以有效地控制徒长,保持植株健壮。

3. 西葫芦 棚室西葫芦栽培中,植株极易发生徒长。在苗期或定植缓苗后用 1 500～2 000 毫克/升的比久溶液喷布植株,不仅能有效地抑制植株徒长,而且可以增加雌花数。

4. 西瓜 在西瓜营养生长期、幼果膨大期,用 50 毫克/升的多效唑溶液浸湿结果蔓和营养蔓前端 30 厘米,可有效地控制瓜苗疯长,控制结瓜部位,争取大瓜。

5. 马铃薯 马铃薯初花期,用 250～500 毫克/升的多效唑溶液喷洒植株,可抑制茎叶生长,增产 10% 左右。开花前用 5% 矮壮素水剂 2 000～3 000 倍液喷洒叶片,可提高植株的抗旱、抗寒、抗盐碱能力。

6. 百合 当百合苗长到 20 厘米高时,用 200 毫克/升的多效唑溶液喷施 1 次,百合便长得茎秆粗壮,不易被风伤害。同时还能促进地下部分鳞茎的形成和生长,有利于百合高产。

7. 黄瓜 在黄瓜初花期喷施 100～200 毫克/升的缩节胺液,或 50～100 毫克/升的矮壮素液,能抑制植株徒长,使株型紧凑,植株健壮,提高抗病能力。

8. 毛豆 毛豆初花期至盛花期,用 100～200 毫克/升多效唑液喷洒植株,可矮化植株,增产 20%左右。

在对已经徒长的植株喷布生长延缓剂时,同时掺加磷酸二氢钾 300～500 倍液,可以促进植株茎秆充实,效果更好。

(五)防落保花,增加产量

保护地栽培茄果类蔬菜和豆类蔬菜时,往往由于环境条件不适而导致花器发育异常,或授粉受精不良,最终造成落花落果。蔬菜反季节栽培中,利用生长调节剂进行防落保花,同时促进果实膨大、形成无籽果实的技术措施应用极为普遍。

1. 茄果类 反季节栽培的番茄、茄子、辣椒,用 20～40 毫克/升的防落素溶液或 15～20 毫克/升浓度的赤霉素溶液喷花 1 次,可提高坐果率,增加产量和诱导无籽果实的发育,提早上市。在花蕾期用 6 000 倍的复硝酚钠溶液喷洒植株,也可达到同样效果。

2. 黄瓜 为解决低温阴雨天的"化瓜"问题,可在开花当天或前 1 天用 0.1%吡效隆溶液 50 毫升,对水 1 升,涂抹瓜柄,可提高坐果率和产量。

3. 西瓜 花期用 1 毫克/升天然芸薹素溶液喷洒植株,可提高结果率。

4. 菜豆 菜豆开花结荚期,用 5～25 毫克/升的萘乙酸溶液喷花,可有效地减少落花落荚。或用有效浓度 2 毫克/升的防落素溶液喷洒已开的花序,隔 10 天左右再喷 1 次,具有减少落花落荚、增加豆荚数和荚重的作用。

5. 辣椒 辣椒开花期,用浓度为 50 毫克/升的萘乙酸溶液喷花,每隔 7~10 天 1 次,共 4~5 次,能明显提高坐果率,促进果实生长,增加果数和果重。用浓度 0.17 毫克/升的芸薹素内酯溶液喷洒全株 1 次,坐果率达 80% 以上。

6. 西葫芦 棚室栽培西葫芦开花期无昆虫传粉,极易发生"化瓜"现象,可用 60~80 毫克/千克的防落素涂抹在花柱基部与花瓣基部之间,也可涂抹在幼瓜上。如加入 0.1% 速克灵溶液,还可防止灰霉病的发生。

(六)控制性型,诱导雌(雄)花

瓜类蔬菜多为单性花,花的性型分化受外界条件的影响和植株内源激素的调控。反季节栽培时,花芽分化期(苗期)往往由于环境的影响而造成低节位雄花多,雌花少甚至没有雌花,严重影响产量。为此,在瓜类蔬菜的花芽分化期对其进行化学调控,可以有效地降低雌花节位,增加雌花数量,从而达到增产增收的目的。同时,对于父母本都是雌性系的黄瓜进行杂交制种时,要求父本必须出现大量的雄花以提供花粉,这也需要通过化控技术来解决。

1. 诱导瓜类蔬菜雌花

(1)黄瓜、西葫芦 在高温期培育黄瓜苗、西葫芦或番茄苗时,在 1~3 叶期(瓜类)或 3~5 叶期,喷用 100 毫克/升的乙烯利溶液,可以促进雌花的发生,兼有控制徒长的作用。但使用浓度不可过高,尽量在温度低的时候喷用,否则易发生药害。

(2)瓠瓜 瓠瓜以侧蔓结果为主,主蔓上雌花出现的节位较高。为增加早期产量,可于幼苗具 4~6 片真叶时,在幼苗的生长点用 150 毫克/升乙烯利溶液喷雾 1 次,1 周后喷第二次,可明显增加主蔓上的雌花数,并降低雌花节位。但处理时需留出 25% 的幼苗不处理,以便定植后有足够的雄花提供花粉,完成授粉受精。

(3)甜瓜 用 5 000 毫克/升的比久溶液浸种 24 小时,或在苗期进行处理,可有效地增加雌花数。或在幼苗 1~3 叶期喷 200~

500毫克/升的乙烯利溶液,可使1～20节连续发生雌花。

(4)南瓜 南瓜在幼苗1片真叶时,用5000毫克/升浓度的比久溶液喷洒,可推迟雄花的出现期,增加雌花比例。

2.诱导瓜类蔬菜雄花 利用黄瓜雌性系进行杂交制种时,为保证父本有足够的雄花提供花粉,必须于幼苗具2～3片真叶时进行诱雄处理。通常采用1000毫克/升的赤霉素溶液喷洒叶片2～3次,即可获得满意的诱雄效果。

(七)膨大催熟,改善品质

1.促进膨大

(1)番茄 幼果生长到鸡蛋大小时,用10毫克/升的萘乙酸溶液全株喷洒1次,连喷2次,可促进果实膨大,提高番茄品质,使果肉增厚,含糖量增加。

(2)黄瓜 在初花期用1.2%复硝酚铵水剂5 000～6 000倍液喷雾1次,结果初期喷第二次,以后每隔7天喷1次,共喷施6～8次。每667平方米喷液量50升左右。可提高坐果率,改善品质和口感。

(3)西瓜 开花当天或前1天,用30毫克/升的吡效隆溶液涂抹花柄或喷洒已授粉雌花的子房,可提高坐果率、产量和含糖量,降低瓜皮厚度。

2.催 熟

(1)番茄 果实进入白果期用2 000毫克/升的乙烯利溶液涂抹植株上的果实,4天后可以大量变红。也可将果实摘下来,在40%乙烯利水剂200倍液中浸泡1～2分钟,放到25℃左右的环境下,4～6天可以全部变红。也有的在最后一批果实成熟前,用2 000～4 000毫克/升乙烯利溶液向植株上喷洒,可提前4～6天采收。

(2)甜瓜 坐果30天后,摘下浸泡在1 000～2 000毫克/升乙烯利溶液中10分钟,6天内果实能达到充分成熟,即可食用。

(3)西瓜 为使提前上市,选择已长成的,预期10天后上市的西瓜,用 100～300 毫克/升乙烯利溶液喷洒瓜秧和整个瓜,有明显的催熟作用,可使西瓜提前 5 天上市,品质与自然成熟的一样。

(八)抑制发芽,贮藏保鲜

在蔬菜贮藏保鲜上,为了延长某些蔬菜的窖藏时间,也可以采用化控技术来抑制发芽,提高贮藏质量。

1. 洋葱、大蒜 采收前 15 天左右,用 2 500 毫克/升的青鲜素(需要在其中加入 0.2％～0.3％的洗衣粉作展着剂)在田间喷洒,每 667 平方米用药液 60～70 升,喷到药液从叶鞘上滴落为度。经过处理的洋葱、大蒜,在贮藏到 8 个月时,很少有发芽的。

2. 马铃薯 用 500～1 000 毫克/升的青鲜素,在马铃薯刨收前 2～3 周喷洒植株,贮藏期间就不会发芽。

3. 大白菜、结球甘蓝 收获前 4 天喷洒浓度为 2 500 毫克/升的青鲜素溶液,可防止贮藏期间抽薹。大白菜收获前 3～7 天喷洒有效浓度 50 毫克/升的防落素溶液,最好在晴天下午沿植株基部自下而上喷雾,至喷湿不滴水为度。可延长大白菜贮藏期,防止外层叶片脱帮,减少损失的效果明显。

4. 萝卜、胡萝卜 收获前 2 周左右用浓度为 1 000～2 000 毫克/升的青鲜素溶液喷洒叶面,可减少贮藏期间水分和养分的消耗,抑制抽薹和延迟空心现象,延长贮藏期和供应期 3 个月。

5. 芹菜 收获后 2～3 小时,将叶柄于 5～10 毫克/升的 6-BA 液中浸片刻,在 10℃条件下可保持 6 周新鲜。

五、应用化控技术应注意的问题

(一)选择适当的植物生长调节剂

植物生长调节剂的种类繁多,特性各异,使用后所起的主要作用也不完全一样。因此,了解不同植物生长调节剂的性能和生产上需要解决的问题,根据调控目标,选择有效的调节剂产品,对症下药,不可滥用。

目前我国植物生长调节剂的生产和使用管理上归入"农药"类,用于调节植物生长的产品须按"农药"登记。植物生长调节剂的合法生产,必须具有农业部核发的"农药登记证"、国务院工业品许可部门颁发的生产许可证或生产批准文件以及省级化工厅和技术监督局审查备案的"产品企业标准",有产品质量标准并经质检附具质量控制合格证。因此,在购买植物生长调节剂时必须检查药品的标签或说明书。标签上面应注明植物生长调节剂名称、企业名称、产品批号、调节剂登记证号(或临时登记证号)、调节剂生产许可证号或生产批准文件号、调节剂有效成分、含量、重量、产品性能、毒性、用途、使用技术、使用方法、生产日期、有效期和使用中注意事项。分装品还应注明分装单位。不具备标签或标签上内容不全的植物生长调节剂不宜购买。

(二)选择适当的施用剂量、时期和方法

植物生长调节剂的使用中,一定要注意剂量的问题。剂量的问题涉及植物生长调节剂使用的效果、成本和农产品及环境的安全。同一种植物生长调节剂在不同的浓度时,会产生完全相反的效果。如萘乙酸在浓度5毫克/升时,起到的是促进生长的作用;浓度高了反而要抑制生长。使用植物生长调节剂时,要严格控制浓度和药量,在能达到调控目的的前提下,尽可能减少剂量,做到降低成本、减少残留。通常情况下,植物生长调节剂在关键时期施用一次,就会有明显的效果。但是,在使用植物生长延缓剂时,低浓度多次施用要比高浓度一次施用效果好。因为低浓度多次施用不仅可以保持连续的抑制效果,而且还能避免对植株产生毒副作用。

另外,施用植物生长调节剂还需考虑蔬菜的生长情况和小气候环境条件。一般而言,植株长势好的浓度可稍高,长势一般的用

常规浓度,长势弱的浓度要稍低甚至不用。温度高低对调节剂影响也很大。温度高时反应快,宜用低浓度;温度低时反应慢,宜用稍高浓度。在干旱气候条件下,药液浓度应降低;反之,雨水充足时使用,应适当加大浓度。

蔬菜的不同生育时期,对生长调节剂的反应有很大的差别。只有在最适当的时期内使用生长调节剂,才能充分发挥其作用,否则,将无效或产生相反效果。如萘乙酸在幼果期使用起疏果作用,而在采果前使用可防采前落果。在果实催熟时应用生长调节剂,应在果实大小基本定型的转色期处理,可起到提早成熟和提高品质的作用。若处理过早,会抑制果实的膨大,影响产量和品质;若处理过迟,则起不到催熟和促提前采摘的作用。因此,一定要选择适宜时期施用,同时注意使用的时间。一般在晴朗无风天的上午10时前施用较好,雨天不要使用,施药后4小时内遇雨要补施。

前面分别介绍了生长调节剂的多种剂型和施用方法,在应用中可根据不同的处理目的和对象,选择适宜的剂型和施用方法。总而言之,就是要尽可能地保证药剂用到起作用的部位,并产生较显著的效应。如利用水剂叶面喷洒时,通常加一定量的表面活性剂(如中性洗衣粉等),使药液容易附着在叶表面。可湿性粉剂配成的悬浮液比水剂的均匀性差,在喷雾时要注意摇动防止沉淀。另外,可根据植物生长调节剂的性质选择施用方法。如矮壮素可采用土壤浇施法浇到番茄苗床土壤中,以防止徒长;而比久则宜采用叶面喷施法,不宜采用土壤浇施法,因为比久在土壤中不易移动,浇施后会停留在土壤的上层,使用效果不好。

(三)盛装植物生长调节剂的器具必须洗净

植物生长调节剂的使用浓度一般比较低,为了防止药效损失,通常用来盛装生长调节剂的容器和工具使用前要经过清洗,防止由于酸碱作用降低药效。另外,在使用植物生长抑制剂和延缓剂时,使用浓度一般比较大,如果用后不经清洗,待用来喷用植物生长促进剂时,效果就要受到影响,有的甚至出现损伤性的后果。

(四)使用前做好小规模试验

因受气候、生长调节剂质量、剂型等各种因素影响,在使用时不能按统一的标准。作物种类不同、品种不同,即使同一作物、同一品种也会因气候、土壤的不同而有差异。此外,许多生长调节剂往往都具有同一个效果,如生长延缓剂中就有矮壮素、缩节胺、比久、多效唑等。不同的作物对不同的药剂反应不同,有的适用,有的可能还有副作用。如在黄瓜上使用多效唑虽然可以明显地起到延缓生长的作用,但同时也抑制了瓜条的伸长,会长出短而粗的黄瓜,因此在黄瓜上就不宜选用多效唑,而应使用缩节胺(助壮素)。因此,在没有可靠的使用经验之前,需要参考一定的资料进行小规模的试验,取得经验之后再大面积使用或推广。在没有做试验的条件时,应向有经验的人请教,以确定适宜的调节剂种类、浓度、剂型,达到科学合理使用,千万不可贸然行事。

(五)采用相应的管理措施

植物生长调节剂不是万能灵丹妙药,不能代替良种、肥料、农药和其他栽培措施。它仅在植物生长发育的某个环节起作用,而蔬菜植株是一个有机体,各个器官之间都有着密切的相互促进或相互抑制的关系,如地上茎叶和地下根系生长之间,茎叶生长和果实发育之间,营养生长和生殖生长之间,以及产品器官的形成等,都有同化物质运转与分配的关系。因此,蔬菜化学控制要想获得理想效果,一定要配合相应的栽培管理措施。例如通过植株调整的整枝、摘心、摘叶、疏花疏果等,来调节根、茎、叶、花、果的协调生长,有利于产品器官的形成和品质改善。但是,蔬菜的生长与分化,细胞的分裂,器官的形成,休眠与萌发,向性与感性,以及成熟、脱落和衰老等,都直接或间接地受到植物激素的调节与控制。当然,植物激素的这些作用,与营养因素和环境因素一样,只有通过正常的代谢过程,才能起到调节和控制作用。因此,蔬菜反季节栽培最根本的还是尽量创造有利于蔬菜生长发育的环境条件,切实加强管理,以此为基础,再巧妙地使用植物生长调节剂。不注重环境调控,不去提高管理水平,单纯地依赖于植物生长调节剂的作用,是很难收到良好效果的。

例如,当用赤霉素来促进叶菜类生长时,就必须加大肥、水用量才能达到高产的目的。又如,当用萘乙酸和复硝酚钠来帮助受到低温冷害的黄瓜恢复根系和茎叶生长时,首先要疏掉植株上大部分或全部瓜纽,封闭温室尽量提高温度,同时努力保持较高的夜间温度。只有在这众多的技术措施共同的作用和保证下,萘乙酸和复硝酚钠的促根效果才能最快最好地表现出来。再如,用萘乙酸处理插条促进生根,就必须保持苗床内一定湿度和温度,否则生根是难以有保证的。植物生长调节剂是生物体内的调节物质,使用植物生长调节剂不能代替肥、水,即便是促进型的调节剂,也必须有充足的肥、水条件才能发挥作用。

(六)多种生长调节剂配合使用

不同植物生长物质之间的关系和作用是比较复杂的,有的之间可能有互补作用,当它们混合使用时,可能起到取长补短的作用,达到提高效果、扩大应用范围的效果。如在灌用萘乙酸促根时,如果同时使用复硝酚钠,其效果就要比单一使用的好得多。属于这样情况的,就可以混用。在使用植物生长激素时,同时配合其他的农药,可以收到事半功倍的效果。如在用防落素蘸花或喷花防止落花落果时,在防落素中加入 20～30 毫克/升赤霉素和0.1%的 50%农利灵可湿性粉剂,不仅可以增加保花保果的效果,而且可以促进果实生长发育,预防灰霉病。将植物生长调节剂与微肥、杀菌剂、除草剂混用,可以起到提高效果、减轻药害等作用。如将内吸性除草剂与赤霉素混用,可以大大提高除草效果。

但也有的可能有拮抗作用或起到降低药效的作用,如生长促进剂与抑制剂两大类植物生长调节剂不能混合使用,使用间隔时间也不能太近。如将青鲜素与细胞分裂素混用,其效果就会相互抵消。此外,植物生长调节剂与农药的混合使用也要十分注意。一般植物生长调节剂都不能与石灰等碱性物质混合使用,乙烯利不能与波尔多液等铜制剂混合使用,萘乙酸、三十烷醇不得与酸性农药混配。

(七)应用激素需考虑对产品品质的影响

根据蔬菜无公害生产的要求,在选用植物生长调节剂对蔬菜进行化学控制时,首先应该考虑到对产品质量的影响。常用的植物生长调节剂毒性低,使用后经雨水冲淋和降解作用,在蔬菜产品中的残留量极少,一般是安全的。但是,部分生长调节剂使用后会影响产品的品质。例如,用 2,4-D 给厚皮甜瓜涂抹保花保果时,就会严重影响到厚皮甜瓜的风味和甜度。因此,厚皮甜瓜就不能用 2,4-D 来保花保果,只能用人工授粉的方法。又如,过去人们主要是使用 2,4-D 蘸花来防止番茄落花落果。但是用 2,4-D 处理的番茄,往往畸形果多,品质也稍差。因此,《无公害食品 番茄生产技术规程》(NY/T5005-2001)明确规定,无公害番茄保花保果不允许使用 2,4-D,可以使用防落素或沈阳农业大学生产的番茄丰收剂 2 号。另外,用乙烯利催熟的番茄,颜色不正,风味也差,与自然成熟果实的品质相差甚远,也不受消费者的欢迎,应尽量少用或不用。

第二篇　栽　培　篇

第四章　瓜类蔬菜

瓜类蔬菜包括黄瓜、西葫芦、冬瓜、西瓜、甜瓜、苦瓜、丝瓜和佛手瓜等。

一、瓜类蔬菜栽培的生物学基础

（一）形态特征

1. 黄瓜的形态特征

(1) 根　黄瓜原产于热带森林地区,土壤富含有机质,通透性好,潮湿多雨,所以其根系对氧气要求高,要求土壤水分充足。黄瓜的根分为主根、侧根和不定根。主根是种子的胚根发育的,垂直向下生长,在适宜的条件下自然伸长可达 1 米以上,侧根在主根上发生,在侧根上还发生一级侧根,自然伸展可达 2 米左右。不定根从根颈部和茎的基部发生。保护地栽培经过育苗移栽,主根已断,栽培密度较大,根群主要分布在深 20 厘米左右、30 厘米半径范围内,尤以表土 5 厘米最为密集。经过嫁接换根,不再发生不定根。黄瓜的根木栓化早,损伤后恢复比较困难,育苗需要容器,第一片真叶出现前移植于装营养土的容器中。黄瓜的根系一般不能忍受土壤中空气少于 2% 的低氧条件,以含氧量 5%～20% 为宜,栽培上要求土壤疏松,增施有机肥,及时供给水分。

(2) 茎　黄瓜属于攀缘性茎,中空,五棱,生有刚毛。5～6 节后开始伸长,不能直立生长,需立支架或用塑料绳吊蔓。从第三片真叶展开后每节都发生不分枝的卷须。

(3)叶　黄瓜的子叶两片对生,呈长圆形或椭圆形,真叶呈五角形,叶缘有缺刻,叶片和叶柄上有刺毛。叶面积一般 400 平方厘米左右。

(4)花　黄瓜属雌雄同株异花,但偶尔也出现两性花。雌花出现的早晚和雌雄花的比例,因品种而异,受环境条件的影响较大。黄瓜大部分花芽在幼苗期分化,刚分化时具有雌蕊和雄蕊两面性原基,当环境条件适合雌蕊原基发育,雄蕊原基退化,发育成雌花,反之则发育成雄花。偶然的条件雌蕊原基、雄蕊原基都得到发育,就形成完全花。

(5)果实　黄瓜果实为假果,表皮部分为花托的外表皮,皮层由花托皮层子房壁组成。开花时瓜条的细胞数已确定,开花后主要是细胞的增大。黄瓜有单性结实的特性,在没有昆虫授粉的情况下能正常结果,这一特性对保护地反季节栽培是有利的。

2. 西葫芦的形态特征

(1)根　西葫芦根系强大,吸收能力强,对土壤要求不严格,但再生能力较弱,育苗移植时需加强根系保护。

(2)茎　西葫芦的茎有明显的棱和较硬的刺毛,分为长蔓和短蔓两种类型。长蔓西葫芦主蔓长达数米,分枝力也较强;短蔓品种分枝力较弱,节间很短,习惯称矮生西葫芦。作为商品生产普遍选用矮生西葫芦。

(3)叶　西葫芦叶掌状深裂,叶面粗糙多刺,叶柄中空,无托叶。叶片形状随品种不同而有所差异,主要表现在裂刻的深浅和有无银色斑块。

(4)花　雌雄同株异花。雌花着生节位高低与品种有关,雌雄花的形成类似黄瓜,具有很强的可塑性,受环境条件的影响极为明显。

(5)果实　子房下位,3～5室,以3室居多。果实形状、颜色因品种而不同,形状有长筒形、长棒形、圆形,颜色有白色、黑色、浅绿色。消费者多数喜欢长筒形、浅绿色带花纹的品种。

3. 冬瓜的形态特征

(1)根 冬瓜属深根性作物,直播主根入土可达1~1.5米深。育苗移植,侧根、须根大量分布于15~25厘米耕层,根展开可达1~1.2米。根系有趋肥、趋水、趋氧的特性,在土壤疏松、有机质含量多而潮湿的近地表层,根系密集。

(2)茎 蔓性无限生长,攀缘性强,抽蔓后每个叶腋都有腋芽萌发的侧蔓。从叶腋发生卷须起攀缘作用。

(3)叶 叶为掌状,暗绿色,表面密生刺毛,叶片与黄瓜叶片相似,但叶片较小。

(4)花 雌雄同株异花,单性花靠昆虫授粉,有的品种出现两性花。

(5)果实 冬瓜果实为瓠果。果实大小因品种有较大的差异,大果型品种,单果重10~20千克;小果型品种,单果重1~2千克。果实有长筒形、圆形。成熟后果面布满蜡粉。

(6)种子 冬瓜种子的种皮较厚,由厚壁细胞和海绵柔软细胞组成,透过水分和氧气的能力很差,所以催芽难度大。发芽年限为4~5年,但第三年发芽率只有30%~40%,生产上需选用1~2年的种子。

4. 西瓜的形态特征

(1)根 西瓜根系发达,直播主根深达1.5米,侧根多为近水平方向伸展,半径可达1.5米,密集分布的深度、宽度范围为30~50厘米。根系伸展范围受土壤物理性状影响。西瓜根系再生能力弱,不耐移植。

(2)茎 西瓜茎蔓生,有棱,中空,粗0.5~1厘米,5~6片叶时开始伸长,不能直立生长,匍匐地面。各叶腋都能发生蔓,并发生卷须,节上容易发生不定根,与湿土紧密接触可以补充根系吸收的功能。蔓长可达3~5米,保护地栽培适于立支架以利用空间,加大密度。

（3）叶 西瓜叶片呈羽状深裂，叶面多茸毛，具有减少水分蒸腾的作用，表现出适应干旱条件的特征。

（4）花 西瓜3～5片叶以后开始开花，雄花先开，后开雌花，前期各叶腋都能着生一至数朵雄花，中期着生雌花的节位也可同时着生雄花。雌花每隔3～7节着生。第一雌花结果较小，生产上取第二或第三雌花坐果，产量较高。西瓜是异花授粉作物，靠昆虫传粉，天然杂交率高。

（5）果实 果实的形状、大小及皮色差异很大。果实有圆形、高圆形、椭圆形；果皮有黑色、白色、绿色网纹、绿色黑道、深绿条带；瓤色有红色、粉红色、黄色，也有白色。含糖量差异也很大，一般为7%～9%，高的可达12%～13%。

（6）种子 西瓜品种较多，不但果实差异较大，种子的形状、颜色、大小也不相同。最大粒种子千粒重250克，最小粒种子千粒重只有10克。目前普遍栽培的优良品种，种子千粒重为50克左右。种子在一般贮藏条件下，寿命为2～3年。

5. 甜瓜的形态特征 甜瓜分为薄皮甜瓜和厚皮甜瓜。两种甜瓜在对环境条件的要求方面有较大的差异，但在形态特征上有很多相似之处。

（1）根 厚皮甜瓜根系发达，在瓜类中仅次于南瓜和西瓜，吸收能力强，比较耐旱。根系生长快，木栓化早，再生能力弱，育苗移栽需要利用容器保护根系。

（2）茎 中空有棱，每节都能发生侧枝，栽培上需要整枝。

（3）叶 单叶互生，圆形或肾形，全缘或5裂。厚皮甜瓜叶色浅而平展。

（4）花 多数品种为雄花与完全花同株。雄花簇生或单生；完全花单生，自花授粉、异花授粉均能结实。虫媒花，天然杂交率因品种而异。极早成熟品种，主蔓出现雌花，多数品种雌花着生于子蔓和孙蔓。甜瓜的花开放时间受温度影响，早晨气温20℃左右开放，3～4小时内授粉最好。

(5)果实 甜瓜为瓠果,3～5 心室,由子房和花托共同发育成瓜。果实的形状、大小、颜色、质地和含糖量、风味,因品种而多种多样,各具特色。

(6)种子 厚皮甜瓜种子千粒重 27～80 克,薄皮甜瓜种子千粒重 9～20 克。甜瓜种子寿命较长,平常条件下寿命 4～5 年。

6. 苦瓜的形态特征

(1)根 苦瓜根系发达,侧根多,根群分布 1.3 米以上,深 0.3米以上,呼吸能力强,再生能力弱,育苗移栽需要进行护根。

(2)茎 苦瓜茎蔓细,五棱,深绿色,有茸毛,茎蔓分枝能力强,各个叶腋都能萌发侧蔓。主蔓细长,可达 3 米以上。各个叶腋均能发生卷须,攀缘能力强。

(3)叶 苦瓜的叶片为掌状浅裂或深裂,叶面光滑无毛,绿色或浅绿色,叶柄长,叶脉明显。叶长 16～18 厘米,宽 18～24 厘米。

(4)花 苦瓜花单生,雌雄异花同株。第一雌花着生节位因品种而异。主蔓 8～18 节发生,侧蔓 1～2 节发生,每隔 3～7 节继续发生,雌花每节只发生 1 朵。雄花发生早,数量多。

(5)果实 苦瓜果实为浆果,形状有纺锤形、长圆锥形、长棒形。果面上有突起,嫩果绿色、浅绿色、白色。苦瓜以嫩果供食用,含有丰富的营养物质,并含有一种糖苷,具有特殊的苦味,具有清热利水、增进食欲、助消化、医治糖尿病等作用。

(6)种子 苦瓜种子盾形,种皮厚,有花纹,千粒重 150～180克。每条瓜有种子 30 粒左右。

7. 丝瓜的形态特征

(1)根 丝瓜根系发达,深可达 1 米以上,侧根多,再生能力较强,根群多分布于 0.3 米范围内的土层中。

(2)茎 蔓性,呈五棱,分枝多,节节有卷须。主蔓长达 5～10米,分枝力极强,但一般只分生一级侧枝,很少有二级侧枝。

(3)叶 叶为掌状深裂或心脏形叶,互生,深绿色。叶脉明显,叶片宽大光滑,很少发生病害和虫害。

(4)花 丝瓜花黄色单生,主蔓10～20节出现第一雌花,侧蔓一般5～6节出现雌花,以后每节也都出现雌花。

丝瓜雌雄异花同株,靠昆虫传粉,保护地栽培,在没有昆虫活动时,需要进行人工授粉。

(5)果实 丝瓜的果实有短圆筒形、棍棒形,嫩果有茸毛。果面分为有棱和无棱两种,有细皱纹,果皮绿色、果肉绿白色,以嫩果供食用。

(6)种子 棱丝瓜种子椭圆形,黑色或白色,扁平,也有盾形,千粒重120～180克;普通丝瓜种子表面光滑,有翅状边缘,千粒重100～120克。丝瓜种子寿命为2年。

8.佛手瓜的形态特征 佛手瓜又名拳头瓜、合掌瓜、瓦瓜、万年瓜、菜肴梨。佛手瓜是营养丰富的绿色食品,含维生素 B_1、维生素 B_2 及胡萝卜素,并含有钙、磷、锌、钾等矿物质,具有热量低、钾含量高的特点,有利尿排钠、扩张血管、降低血压的作用,是极好的保健蔬菜。

(1)根 佛手瓜的根为弦状须根,初生为白色,随着植株的生长,逐渐加粗,形成半木质化的范围极广,吸收能力特别强。2年以后就能形成几个块根。

(2)茎 蔓生,横切面圆形,有纵沟,近节处有茸毛,蔓生10米以上,节节有分枝,分枝上又继续发生分枝2～5级。茎节上有较大的卷须与叶对生,植株非常庞大。

(3)叶 互生呈掌状五角形,中央一角特别尖长,绿色至深绿色,叶面较粗糙,略有光泽,叶背的叶脉上被有茸毛。

(4)花 雌雄异花同株,雄花总状花序,花序轴长8～10厘米,雄花10朵左右,雌花单生,也有2～3朵的。雄花多着生于子蔓上,雌花多着生在孙蔓上。主蔓也能结瓜,但较迟。花淡黄色,花瓣、萼片均分裂。虫媒花,异花授粉。

(5)果实 倒卵形,有5条明显纵沟,顶端有一条缝合线,形成双手半屈掌的合掌状。表面光滑,有的品种表面有肉瘤或硬刺。

瓜表皮绿色或白色,瓜肉白色,纤维少,单瓜重 300~350 克。瓜极耐贮藏。

(6)种子 每个瓜只有 1 粒种子,种子成熟时几乎占满了子房腔,种皮与果肉不易分离。种子没有休眠期,成熟后若不及时采收,极易萌发。

种子始终要在果肉保护下,如果脱离了果肉,就会干瘪失掉发芽能力。所以佛手瓜以整瓜为繁殖材料。

(二)生育周期

1. 一般瓜类蔬菜的生育周期 黄瓜、西葫芦、冬瓜、西瓜、甜瓜、苦瓜、丝瓜的生育周期基本一致,从播种到拉秧,都要经过发芽期、幼苗期、抽蔓期和结果期。

(1)发芽期 从种子萌发到第一片真叶出现为发芽期。种子在得到充足的水分、适宜的温度和氧气,内部便开始了一系列生理活动,首先是胚根露出种皮开始伸长,继而两片子叶展开。生产上在播种前满足胚根露出种皮所需条件,叫做浸种催芽,出芽后播种。播种后在水分、氧气、温度条件适宜的情况下,胚根伸长为主根,在主根上发生侧根。胚轴伸长,把子叶伸出地面。到第一片真叶出现前,主要靠种子贮藏的养分,为异养阶级,第一片真叶出现标志着发芽期结束,进入自养阶段。

(2)幼苗期 从两片子叶展开到 5~6 片叶,茎蔓开始伸长,不能直立生长,称为幼苗期。瓜类蔬菜在幼苗期已经分化了大量花芽,所以雌花形成的早晚、雌雄花的比例,与幼苗期的环境条件有密切关系。幼苗期是产量形成的基础,因而育苗是重要技术环节。

(3)抽蔓期 瓜类蔬菜除矮生西葫芦外,5~6 片叶茎蔓开始伸长,不能直立生长,不立支架或吊蔓就要匍匐生长。保护地栽培,或插架或吊蔓,充分利用空间,改善通风透光条件,加大栽培密度,获得优质高产。

(4)结果期 从第一条瓜坐住到拉秧,为结果期。结果期的长短,根据不同的瓜类、不同的茬口而有差异,多数瓜类蔬菜是连续结果,陆续采收,其中只有西瓜、甜瓜采收成熟度与生理成熟度一致,采收期比较集中。分期上市选不同的保护地设施和安排茬口来实现。

2.佛手瓜的生育周期 佛手瓜在热带地区作为多年生蔬菜栽培,在温带地区进行一年生种植。北方进行日光温室栽培可跨年度进行。第一年完成一个生育周期,需经过发芽期、幼苗期、根系迅速生长期、植株旺盛生长期和开花结果期。

(1)发芽期 从催芽播种,到长出第一片真叶为发芽期。

(2)幼苗期 第一片真叶出现到种瓜腐烂为幼苗期。

(3)根系迅速生长期 种瓜腐烂后,地上部分生长比较缓慢,但根系生长迅速,所以称为根系迅速生长期。

(4)地上部旺盛生长期 由于根系已打好基础,佛手瓜又是典型的短日照作物,所以入秋以前植株旺盛生长,枝叶极为繁茂。

(5)开花结果期 佛手瓜在热带可年年结果,第三年进入大量结果期,可连续结果 10 年以上,在北方日光温室栽培,也能成为多年生。

(三)对环境条件的要求

1.温度 瓜类蔬菜共同的特性是喜温怕冷忌霜。其中西葫芦对温度要求偏低,生育期间的适温为 20℃～25℃;黄瓜为25℃～30℃;苦瓜、冬瓜、丝瓜,适温范围 25℃～30℃,但是 35 ℃也能有较强的同化功能;西瓜、甜瓜对温度要求较高,适温为 20℃～30℃,结瓜期 15℃～25℃,高于 25℃或低于 15℃都不适应。

瓜类蔬菜生育期都要求 10℃～15℃的昼夜温差,特别是西瓜和甜瓜,必须有较大的昼夜温差,才能提高含糖量。

2.光照 瓜类蔬菜中除了黄瓜比较耐弱光外,其余瓜类都要求有较强的光照,尤其是西瓜对光照要求最严格。

多数瓜类蔬菜,在光照充足时,植株生长良好,果实发育快,而且品质好;光照不足,强度弱,时数少,植株发育不良,表现为叶色淡、叶柄长、叶片薄,还容易引起化瓜,结瓜数减少。

瓜类蔬菜基本上都属于短日照植物,在短日照条件下雌花节位低,雌花数也多,但多数对短日照要求不严格,惟有黄瓜和西葫芦对短日照要求比较严格。

佛手瓜为典型的短日照作物,必须到秋后才能开花结果。

3. 水分　瓜类蔬菜多数叶片较大,蒸腾水分多,因而要求水分充足和适宜的空气湿度。但是不同的瓜类蔬菜,由于原产地气候条件的差异,在系统发育过程中形成了不同的特性。黄瓜原产于森林潮湿地带,对土壤水分、空气湿度要求都比较高,土壤含水量达到田间最大持水量70%～80%,空气相对湿度达到85%～95%时生育正常;冬瓜、丝瓜、苦瓜虽然吸收能力较强,但因枝叶繁茂,果实发育快,也需要较高的土壤水分和空气湿度,只略低于黄瓜;西葫芦有较强的吸水和抗旱能力,茎叶容易徒长,除结瓜期外,土壤水分不宜过多,西葫芦要求比较干燥的空气条件,以空气相对湿度45%～50%为适宜;西瓜不但根系吸收能力强,叶片也具有减少水分蒸腾的特征,所以具有抗旱和要求空气湿度较低的特性,适宜的相对湿度为50%～60%,但是要想获得较大的果实,必须有较大的茎叶,所以伸蔓期和果实膨大期需供应充足的水分;甜瓜对土壤水分和空气湿度的要求和西瓜接近,西瓜和甜瓜都是以提高品质,增加含糖为主,所以当果实体积达到一定限度时,需要控制土壤水分,惟有利用保护地栽培,才能按需要调节水分;佛手瓜喜欢较高的空气湿度,空气干燥时生长势弱,所以在沿海地区栽培生长比内陆干燥地区表现好。对土壤水分要求较高,必须经常保证土壤水分充足。

4. 土壤营养　瓜类蔬菜对氧气要求比较严格,要求土壤通透性好,有机质含量高,土质疏松肥沃,才能生长良好。保护地生产普遍进行育苗移栽,根系集中分布于浅土层中,需要施足基肥。

在瓜类蔬菜中,黄瓜吸收能力较差,对土壤要求比较严格,其他瓜类则不太严格。多数瓜类适宜土壤 pH 为 5.5～6.8,其中黄瓜为 5.5～7.2。

二、茬口安排

（一）茬口安排的原则

利用日光温室,塑料大、中、小棚,地膜覆盖,进行多种瓜类蔬菜栽培,最大限度地延长瓜类蔬菜的上市期,以达到多种蔬菜的周年均衡供应。

保护地生产属于反季节和提早延晚栽培,生产目的是提高社会效益和经济效益,必须最大限度地降低生产成本,提高产值。

实现瓜类蔬菜的周年供应,以各种保护地设施与露地配套生产为主,也不排除外地调运,因为蔬菜供销已经形成大流通的格局。此外,广大消费者的消费习惯、销量的多少,都是需要考虑的条件。譬如在北方冬季生产西瓜,因为温度和光照条件很难满足,如果人工加温补光就要提高生产成本,而春节期间西瓜价位虽然较高,但是销量很少,靠海南调运即可满足。4月份以后上市的西瓜,在日光温室栽培,既可获得优质高产,销售量又比较大,没有必要进行冬季生产。

各种保护地瓜类栽培,在安排茬口时,应尽量避开产量高峰的集中,才能发挥设施的优势,最大限度地获得经济效益。

（二）日光温室的茬口安排

1. 冬春茬栽培 秋末冬初(10月下旬至11月初)播种育苗,春节前开始采收,6月末结束,黄瓜、西葫芦、冬瓜、丝瓜、苦瓜均适于冬春茬栽培。

日光温室瓜类冬春茬栽培,在北纬 41°以南地区,采光设计科学,保温措施得力,冬季地温可以保持12℃以上,最低气温不低于

5℃才能进行。随着技术的进步,必要的补助加温和人工补充光照将是发展方向。

冬春茬栽培,有较长的一段时期,正处在温度、光照条件对瓜类蔬菜生长发育最不利的条件,所以技术性较强。冬春茬栽培生育周期长,产量较高,又是反季节生产,经济效益和社会效益都比较明显,又是在不加温条件下进行,在节省能源方面,成为设施园艺领域的重大突破。

2. 早春茬栽培　多在 12 月份中下旬在日光温室内利用温床育苗,春节前后定植,这是各种瓜类蔬菜都适合的茬口。

早春茬瓜类蔬菜栽培,育苗期间处在短日照条件下,对雌花分化有利,定植后已经是早春,温度光照条件开始好转,对瓜类蔬菜生育适宜,但是生育期短。为了在较短时间内获得较高的产量,需要培育长龄大苗,争取定植后很快进入采收期,加强肥、水管理,提高采收频率。

早春茬瓜类一般进入 7 月份就拉秧,经过一段休闲,再生主秋冬茬果菜类蔬菜。早春茬是日光温室果菜类反季节栽培最普遍的茬口。

3. 秋冬茬栽培　日光温室秋冬茬栽培,一般在 8 月中下旬播种育苗,9 月中旬定植,10 月中旬开始采收,采收期延至翌年 1 月下旬,是与早春茬衔接的一茬。很多瓜类蔬菜适合秋冬茬栽培。

(三)大、中棚茬口安排

塑料大、中棚温光性能比较接近,只是中棚空间小,热容量少,保温效果不如大棚,春季栽培定植稍晚,秋季生产结束较早。但是中棚便于覆盖草苫防寒,进行外保温,可明显取得提早延晚效果。

1. 春季栽培　棚内 10 厘米地温通过 10℃以上,最低气温 3℃以上时,一般瓜类即可定植。在定植前 50 天左右温床育苗,定植前要严格进行低温炼苗,提高秧苗的抗逆性。定植后高温高湿促进缓苗。缓苗后在适温范围内偏高温管理,并加强肥、水管理,促进提早采收，提高采收效率，在有限生育期内获得高产。

2.秋季栽培 播种期比露地秋季栽培延迟 2～3 周，以避免与露地瓜类秋季栽培的产量高峰相遇。大、中棚瓜类蔬菜秋季栽培，生育后期加强保温，尽量延迟采收期，在出现霜冻前一次采收结束。

（四）小拱棚短期覆盖栽培

小拱棚瓜类蔬菜栽培在春季进行，定植期可比露地提早 20 天左右。根据当地气候条件推算，在定植前 50～60 天进行阳畦育苗或温床育苗，培育长龄大苗，定植后逐渐通风，适应外界条件，当外界条件适合生育需要时，撤下小拱棚变为露地生产。

小拱棚短期覆盖栽培，设备简单，生产成本低，早熟效果明显，全国各地普遍应用。早春小拱棚先覆盖耐寒速生蔬菜，再转到瓜类短期覆盖上，以提高小拱棚利用率。

三、品种选择

（一）黄瓜品种

1.华北型黄瓜品种

(1)津春 5 号(89-10) 天津市黄瓜研究所育成。该品种生长势强，主侧蔓同时结瓜。表现早熟，春露地栽培第一雌花节位 5 节左右，秋季栽培第一雌花节位 7 节左右。兼抗霜霉病、白粉病、枯萎病，尤其在多年茬地表现出明显的抗病优势。瓜条深绿色，刺瘤中等，心小肉厚，瓜条顺直长 33 厘米、横径 3 厘米，口感脆嫩，商品性状好，是加工与鲜食兼用的优良品种。

(2)津绿 3 号 天津市黄瓜研究所育成。该品种株型紧凑，长势强，叶色深绿，主蔓结瓜为主，第一雌花着生在 4～6 节，雌花节率 50%，回头瓜多。瓜条顺直，瓜长 30 厘米左右，单瓜重 200 克左右,皮色深绿有光泽,瘤显著,密生白刺;瓜把短,心腔较小;果肉浅绿色,质脆,品质优,商品性好。从播种至采收约65天,采收期120~150天。耐低温弱光能力强,高抗枯萎病,中抗霜霉病和白粉病。

(3)津优2号 天津市黄瓜研究所育成。植株生长势强,茎粗壮,叶片肥大,叶色深绿,以主蔓结瓜为主,分枝性弱,瓜码密,平均第一雌花节位4.2节,回头瓜多,在良好栽培条件下,可上下反复多次结瓜。腰瓜长32厘米,单瓜重200克。瓜条棒状,深绿色,有光泽,瘤显著,密生白刺,瓜把短,果肉厚,外观佳,品质优。该品种早熟,从播种至采收约70天,采收期90~120天,抗枯萎病、霜霉病、白粉病能力强,全生育期可少施或不施农药,是一个较理想的无公害蔬菜品种。该品种耐低温、弱光性强,适于日光温室冬春茬栽培。

(4)津优3号 天津市黄瓜研究所育成。植株生长势强,叶深绿色。主蔓结瓜为主,第一雌花着生在4节左右,雌花节率30%左右。果实棒状,长约28厘米,单瓜重约130克。商品性好,瓜把短,瓜色深绿,有光泽,瘤显著,密生白刺。品质优,果肉绿白色,质脆。该品种早熟,早春大棚从播种到至采收60~70天,采收期80~90天。耐低温弱光性优良,对枯萎病、霜霉病、白粉病的抗性强,均达抗病级。

(5)津优5号 天津市黄瓜研究所育成。植株生长势强,茎粗壮,叶片中等大小,叶色深绿,分枝性中等,以主蔓结瓜为主,瓜码密,回头瓜多。瓜条棒状,深绿色,有光泽,棱瘤明显,白刺,把短,品质佳,腰瓜长35厘米,单瓜重200克左右。早春种植第一雌花节位4.1节,从播种至采收65~70天。单性结实能力强,瓜条生长速度快,从开花至采收比长春密刺早3~4天。抗霜霉病、白粉病、枯萎病能力强。耐低温弱光,并具有一定的耐热性能。

(6)中农13号 中国农业科学院蔬菜花卉研究所育成的雌型三交种。该品种植株生长势强,株高2.5米以上,叶色深绿,叶片中等大小,幼苗子叶肥大,生长速度快,主蔓结瓜为主,侧枝短。雌株率50%～80%,雌株第一雌花始于主蔓2～3节,以后节节有雌花。普通株第一雌花始于主蔓3～4节。该品种腰瓜长30～35厘米,瓜色深绿、均匀、富有光泽,果面无黄色条纹,瘤小,刺密,白刺,无棱,瓜把短,心腔小,肉厚,质脆、味甜、清香。耐低温弱光性强。该品种早熟,坐瓜节位低、集中,一般3～6节同时坐瓜2～3条,因而前期产量高。该品种高抗黑星病,抗枯萎病、疫病和细菌性角斑病,耐霜霉病。适于日光温室栽培。

(7)中农1101 中国农业科学院蔬菜花卉研究所育成。中晚熟。植株长势较强,主蔓结瓜为主,侧枝2～3条。第一雌花着生在主蔓第5节,以后节节有瓜。瓜色深绿,瓜长35厘米左右,单瓜重200克,刺瘤适中,刺浅黄色,肉质脆甜。抗霜霉病、白粉病、炭疽病,耐疫病。适合日光温室秋冬茬和大棚秋延后栽培。

(8)中农203 中国农业科学院蔬菜花卉研究所育成的强雌性早熟春季保护地专用品种。植株无限生长型。生长势强,生长速度快,主蔓结瓜为主,1～2节位有雄花,3～4节位起出现雌花,以后几乎每节都有雌花。熟性早,从播种至第一次采收60天左右,早期产量和总产量均高。瓜长棒形,把短,条直。瓜皮深绿色、有光泽,瓜表面无棱,瓜顶无黄色条纹,白刺,瘤刺小且较密。瓜长30厘米左右,横径3.5厘米。肉厚,腔小,品质脆嫩,味微甜,无苦味,商品性和食用品质好。植株抗黑星病、角斑病、霜霉病、白粉病和枯萎病等。

2.华南型黄瓜品种

(1)龙杂黄7号 黑龙江省农业科学院园艺研究所育成的一代杂种。植株长势强,分枝中等。叶片肥厚,绿色。以主蔓结瓜为主。第一雌花着生在主蔓2～4节,单株结瓜6～7条。瓜条棒形,长20～23厘米、横径4厘米,单瓜重180～200克。瓜皮淡绿色,刺浅褐色、较稀。肉厚、种腔小。口感脆嫩,微甜,有香味。抗枯萎病、霜霉病和炭疽病。从播种至始收需46天左右。适于露地及保护地栽培。

(2)白绿节性 荷兰先正达种子有限公司推出。无分枝,第一雌花在 4～5 节,瓜长 18 ～20 厘米、瓜径 2.5～3.5 厘米,平均单瓜重 200 克,瓜条白绿色,黑刺,低温生长力强。

(3)绿隆星 辽宁省葫芦岛绿隆种苗有限公司推出的华南型早熟一代杂种。植株生长势强,增产潜力大,结果期长。雌性系,第一雌花着生在 3～4 节,侧枝发生率高,为主侧蔓结果兼用型,耐低温能力突出。高抗霜霉病、枯萎病和白粉病。果实长棒状,浅绿色,刺黑色、稀少。果长 22 厘米左右,单瓜重 100～200 克。适于保护地越冬或冬、春生产。

(4)唐秋 1 号 河北省唐山市农业科学研究所选育。植株长势强,叶色深绿,主蔓结瓜,第一雌花在 3～5 节(春播时其节位稍高于秋播)。瓜短棒形,皮翠绿色,刺瘤稀小,质脆,味甜,品质好,籽少肉厚。瓜长 25～30 厘米,横径 5～6 厘米。中熟。抗细菌性角斑病和炭疽病,较抗霜霉病。

3. 无刺少刺型黄瓜品种

(1)京研迷你 2 号 国家蔬菜工程技术研究中心育成的光滑无刺型短黄瓜杂交一代。适宜全国范围内周年保护地种植,全雌性,每节 1～2 瓜,瓜长 12 厘米,心室小,色泽亮绿,浅棱,味脆甜,适宜鲜食。抗白粉、霜霉等真菌性病害,耐细菌性角斑病及枯萎病。生产中注意严防蚜虫及白粉虱,采用纱网封严温室或大棚通风口等方法,以免感染病毒病。

(2)京研迷你 1 号 国家蔬菜工程技术研究中心育成的光滑无刺型短黄瓜杂交一代。适宜全国范围的周年保护地种植,全雌性,每节 1～2 瓜,瓜长 10 厘米,心室小,色泽亮绿,浅棱,味脆甜,适宜鲜食。抗白粉、霜霉等真菌性病害,耐细菌性角斑病及枯萎病。生产中注意严防蚜虫及白粉虱,采用纱网封严温室或大棚通风口等方法,以免感染病毒病。

(3)春光 2 号 中国农业大学园艺系育成的水果型黄瓜新品

种,强雌性,优质抗病。属保护地专用品种,综合性状良好。植株生长势强,以主蔓结瓜为主,根瓜出现在 4～5 节,雌花节率高,单性结实,持续结瓜能力强,可多个瓜同时生长,且在规范管理条件下,几乎节节有瓜。瓜长约 20 厘米、横径约 3 厘米,单瓜重 120 克左右,瓜条顺直,果肉厚,果面光滑无刺或略有隐刺(其在温度过低、瓜条发育速度慢的情况下,隐刺较为明显),皮色亮绿,质地脆嫩,口感香甜,适于鲜食。耐低温、耐弱光照能力强,在特殊寒冬条件下(温室夜间温度在 10℃左右),比其他品种日生长量大,生育正常,不易出现"花打顶"现象,是日光温室冬茬栽培的理想品种。高抗枯萎病,较耐霜霉病等病害。

(4)中农 9 号　中国农业科学院蔬菜花卉研究所育成的早中熟少刺型杂种一代。植株生长势强,第一雌花始于主蔓 3～5 节,每隔 2～4 节出现一雌花,前期主蔓结瓜,中后期以侧枝结瓜为主,雌花节多为双瓜。瓜短筒形,瓜色深绿一致,有光泽,无花纹,瓜把短,刺瘤稀,白刺,无棱。瓜长 15～20 厘米,单瓜重 100 克左右。抗枯萎病、黑星病、细菌性角斑病等。具有较强的耐低温弱光能力。

(5)津优 6 号　天津市黄瓜研究所育成。该品种植株生长势强,主蔓结瓜为主,春季栽培第一雌花着生于第四节左右,雌花节率 50％左右。瓜条顺直,刺稀少、无瘤,利于清洗并减少农药的残留。商品性好,瓜条长 30 厘米,单瓜重 150 克,果肉淡绿色,口感好,果实货架期长,因光滑少刺,非常适合鲜食和包装。早熟性好,高产,对枯萎病、霜霉病、白粉病的抗性强,适合于华北地区春、秋露地栽培以及春、秋大棚栽培。

(6)绿衣天使　山东省农业科学院蔬菜研究所育成。果实外形美观,皮色翠绿均匀,刺白色、稀少,无刺瘤,瓜把短,果长 20 厘米左右,瓜条顺直,粗细均匀,整齐性好,适合超市销售;品质优,种子腔小,质地脆嫩,口味甘甜,清香浓郁,适合生食;抗逆性好,耐低温弱光,不易花打顶,春季恢复生长速度快,较抗霜霉病、白粉病、枯萎病；产量高，主蔓结瓜，侧蔓结瓜能力强，主蔓 10 节以上便可连续出现雌花，有一节多瓜现象。

(7) 萨瑞格 (HA-454) 以色列海泽拉公司推出的无刺黄瓜品种。该品种全雌性，单性结实，植株生长旺盛，产量极高，果期较集中，低温下坐果能力极佳，适宜保护地栽培。果实长 14～16 厘米，暗绿色，表面光滑无刺，早熟、果期较集中，抗白粉病，产量高。

(8) 戴多星 荷兰瑞克斯旺公司推出的无刺黄瓜品种。该品种生长势中等，适合于早秋和早春日光温室和大棚种植，生产期较长，开展度大。孤雌生殖，单花性，每节 1～2 个果。果实淡绿色，微有棱，采收长度 12～16 厘米，品质好，味道好。抗黄瓜花叶病毒病，耐霜霉病、叶脉黄纹病毒病和白粉病。

（二）西葫芦品种

1. 早青一代 山西省农业科学院蔬菜研究所育成的杂种一代。属矮生型。茎蔓短，蔓长 33 厘米左右，适于密植。叶片小，叶柄短，开展度小。主蔓第五节开始着生第一朵雌花，可同时结 3～4 个瓜。瓜长筒形，嫩瓜皮浅绿色，老瓜黄绿色。该品种结瓜性好，雌花多，有雌花先开的习性，瓜码密，早熟，品质好。抗病毒病能力中等。目前在日光温室冬春茬、早春茬栽培面积最大。

2. 阿太一代 山西省农业科学院蔬菜研究所育成的杂种一代。属矮生类型，蔓长 33～50 厘米，节间密，不发生侧蔓。叶色深绿，叶面有稀疏的白斑，叶掌状 5 裂，主蔓 5～7 节着生 第一朵雌花，以后几乎节节有瓜。瓜长筒形，嫩瓜深绿色、有光泽，单瓜重 2～2.5 千克，老熟瓜黑绿色。该品种单株结瓜个数较多，产量较高。早熟。较抗病毒病。

3. 黑美丽西葫芦 中国农业科学院蔬菜花卉研究所由国外引进的早熟品种。对低温弱光照环境的适应性较强，植株生长势旺盛，开展度 70～80 厘米，主蔓 5～7 节开始结瓜，以后基本每节有瓜，坐瓜后生长迅速，宜采收嫩瓜，瓜皮墨绿色，长棒形，品质好，丰产性强,在日光温室中种植,每株可收 200 克左右的嫩瓜 10 余个。

4. 绿宝石 中国农业科学院蔬菜花卉研究所选育的早熟、优质西葫芦杂种一代。早熟、矮秧类型。植株生长较旺,抗逆性强,在低温下坐果能力强。主蔓结瓜能力强,侧枝稀少,节间短。第一雌花坐果节位 6～8 节,单株结瓜数平均为 8.5 个,单瓜重 200～500 克。果实长柱形,皮色深绿、光亮,口感脆嫩,瓤小,果肉较厚。营养丰富,嫩瓜可食,可作为特菜供应市场。适于各地保护地及早春露地栽培。

5. 中葫 1 号 中国农业科学院蔬菜花卉研究所育成的早熟一代杂交种。植株矮生,主蔓结瓜为主。瓜形棒状,瓜皮浅绿色。以嫩瓜食用为主,品质好。一般以 150～200 克为采收标准。抗逆性较强,早熟性好,坐瓜多,节成性强,前期产量高。适于我国各地日光温室和大、中、小棚及露地早熟栽培。

6. 中葫 2 号 又叫水果型西葫芦或称黄香蕉葫芦。生长势较强,主蔓结瓜,侧枝稀少。瓜皮金黄色,瓜形长棒状略弯,香蕉状。以采收嫩瓜为主,可以生食(凉拌或做色拉),主要作为特菜供应市场。适于各类保护地及露地早熟栽培。

7. 中葫 3 号 早熟。生长势较强,主蔓结瓜,节成性强,抗逆性好,前期产量高。瓜形长柱状,有棱,瓜皮白亮。品质脆嫩,口感好,耐贮存。适于各类保护地及露地早熟栽培。

8. 东葫一号 山西省农业科学院棉花研究所西葫芦育种室育成的新品种。植株长势旺盛,中早熟。瓜条生长迅速,从开花至采瓜需 3～4 天的时间,在冬季最寒冷季节需要 10 天左右,比早青一代提早 3～5 天采收。果实粗细均匀,颜色翠绿亮丽,商品性好。可以周年生长,前期耐热抗病毒,深冬长势强劲,后期不早衰,6 月末可正常生长。植株不分枝,平均单株叶片可达 80 片。吊蔓管理平均单株连续坐果达 20～25 个,瓜秧长度达 4 米,是日光温室越冬栽培的专用品种。

9. 晋西葫芦一号 山西省农业科学院棉花研究所园艺室新选

育的一代西葫芦杂种。该品种生长势强，植株矮生，节间短，叶片深绿色，结瓜密，一株可同时坐瓜3～4个。早熟。播种后40天即可收获250克的嫩瓜。嫩瓜长棒形，皮绿色，有细密白色斑点，光泽度好，粗细均匀，瓜皮薄，肉厚，籽少，可食部分多，商品性好，能做特菜供应市场。成熟瓜长28～30厘米，横径7～7.5厘米。该品种广泛适用于日光温室、大中小塑料棚、春季露地覆盖及秋延后种植。

（三）冬瓜品种

1.小型早熟冬瓜品种

（1）一串铃冬瓜　北京农家品种。植株长势中等。叶片掌状，深绿色，生有白刺毛。因从植株主蔓4～6节开始每隔1～2节结1瓜，瓜码密，故名一串铃。该品种瓜小，呈短筒形，高18～20厘米，横径18～24厘米，单瓜重1～2千克。瓜皮颜色青绿并有白粉。瓜肉白色，厚3～4厘米，纤维少，水分多，品质佳，常以嫩瓜供食。该品种早熟，耐贮存，较耐寒，耐热性中等。抗病虫害能力强。

（2）一串铃冬瓜3号　中国农业科学院蔬菜花卉研究所由一串铃系统选育而成的品种。早熟。生长势中等，生长期短；雌花出现早，节成性强。第一雌花出现节位为6～9节，每隔3～5片叶结瓜。侧枝结瓜性也较强，并可连续出雌花。瓜型较小，扁圆形，瓜面有浅棱，被有白粉，瓜肉白色，种子腔较少。单瓜重1～2千克。适宜于保护地及露地早熟栽培。

（3）一串铃4号　中国农业科学院蔬菜花卉研究所选育。属小型早熟冬瓜新品种。高桩型，单瓜重1.5～2.5千克。第一雌花一般出现在6～9节，每隔2～4片叶出现一朵雌花。苗龄35～40天，从定植至开始收嫩瓜需40～55天。适于各类保护地及露地早熟栽培。春露地3月上中旬育苗，4月下旬露地定植。每667平方米栽2 000～3 000株，爬地栽培每667平方米栽苗1 700～2 200株。

(4)春早一号　江苏省农业科学院蔬菜研究所培育。属极早熟一代杂交小型冬瓜品种。耐寒、抗病、肉质佳，皮青绿色，略有浅色梅花状斑点。第一雌花在主蔓的 6～10 节。瓜圆柱形，一般长 20～30 厘米，直径 10～15 厘米，单瓜重 1.5～2.5 千克。每 667 平方米产量 5 000 千克以上。适合于全国种植，是春季早熟栽培以及日光温室反季节栽培的最佳品种。

(5)穗小 1 号　广州市白云区蔬菜研究所选育。属小型冬瓜品种。生长势强，抗病性、抗逆性强。早熟。第一雌花出现在 7～9 节。结果力强，瓜皮墨绿色略带白花点，瓜短圆柱形，头尾均匀，外观好。瓜长 28.6 厘米，横径 17.5 厘米。肉厚 4 厘米。单瓜重 2.5～4 千克，质感粉、甜。栽培技术同一般冬瓜品种，但应特别注意它的主、侧蔓整理及留瓜技术。

(6)绿春 8 号　天津市蔬菜研究所育成。植株生长势强，主蔓 4～6 节着生第一雌花，以后每隔 3～5 节产生 1 个雌花或连续产生雌花。瓜短圆筒形，商品瓜绿色，具白色茸毛，有绿白色斑点。老熟瓜无蜡粉或少具蜡粉。肉质致密、较耐寒、抗病性强，一般商品瓜重 1.5～2.5 千克。用于保护地、春露地及秋季栽培，适宜全国各地栽培。

2. 大型冬瓜品种

(1)早青冬瓜　湖南省衡阳市蔬菜所育成。早熟。果实炮弹状，长 60 厘米左右、横径 18 厘米左右，单瓜重 10 千克。瓜皮青绿色，具茸毛，有光泽。肉厚致密，心室小。耐贮运，抗病性强。

(2)黑将军　重庆市种子公司从地方品种中提纯而成。早中熟，生长势强。第一雌花着生于主蔓第十六节。瓜长圆柱形，长 50～80 厘米，肉厚 8 厘米左右，单瓜重 10～20 千克。瓜皮墨绿色，肉厚致密，味甜，品质好，耐贮运。"人"字形架栽培，适当密植，春、秋季均可播种。

(3)蓉抗一号　四川省成都市第一农业科学研究所育成。植株蔓生，主蔓长 4.5 米以上，生长性及分枝性强，叶片掌状五角形、浅裂、深绿色,叶长 27 厘米、宽约 30 厘米。第一雌花位于主蔓 16～17 节,每隔 5～6 节再生雌花;第一雄花位于主蔓 8～9 节。果实长圆柱形,纵长 50 厘米,横径 23～24 厘米。果皮绿色,两端略下凹,老熟瓜蜡粉多。单瓜重 10～15 千克。果内腔小,内在品质好,具有良好的烹饪性,回味甜脆。贮藏时间长,达 3 个月以上。该品种对枯萎病具有较强的抗性,经苗期接种鉴定和田间抗病鉴定,其枯萎病发病率均较低,一般低于 10%。

(4)粉杂 1 号 湖南省长沙市蔬菜研究所育成的一代杂种。植株蔓生,生长势强,主蔓 18～20 节出现第一雌花,两雌花间隔 7～9 节。瓜呈长圆柱形。单瓜重 18～23 千克,最大达 35 千克。嫩瓜皮深绿色,密被蜡粉和茸毛,肉厚、质地致密,味甜而面,品质佳。中熟。较耐日灼,耐瘠薄,耐运输,适应性广,抗性强。

(5)大青皮冬瓜 广东省广州市地方品种。植株蔓生,生长势强,叶掌状。第一雌花着生于主蔓 18～22 节,此后每隔 4～5 叶节着生 1 雌花或连续着生 2 雌花。瓜长圆筒形,顶部钝圆,瓜型较大,长约 45 厘米,横径 28 厘米左右;外皮青绿色。肉厚约 6 厘米,白色,组织充实,含水分较多,味清淡,质软滑。单瓜重 15～20 千克。

(6)青杂 1 号冬瓜 湖南省长沙市蔬菜研究所育成的一代杂种。植株蔓生,生长势强,第一雌瓜着生在主蔓 20～22 节,两雌花间隔 6～7 节。瓜呈圆柱形,单瓜重 15～20 千克,最大达 30 千克。嫩瓜皮深绿色,表皮光滑,被茸毛。肉厚,质地致密,空腔小,商品性好,品质佳。晚熟。每 667 平方米产量 4 000～6 000 千克,最高达 12 000 千克,比青皮冬瓜增产 40%～60%。种子千粒重 57～60 克。耐贮运、耐压,抗震,适应性广,抗病。

(7)青杂 2 号 湖南省长沙市蔬菜研究所配制的一代杂种。植株蔓生,节间长 14 厘米左右,主蔓 8～10 节着生第一雌花,雌花间隔 1～6 节,坐瓜率高。若采收嫩瓜,单株可坐瓜 2 个。第一瓜瓜龄控制在 25～28 天,此时果实长 30～40 厘米。若采收老熟瓜,宜选择主蔓第二或第三雌花结瓜,瓜龄35~45天采收。老熟果实长圆筒形,深绿色。瓜长40~50厘米、横径17~20厘米,单瓜重13千克以上。果肉致密,品质佳。早熟。出苗至第一雌花开放约80天。该品种适宜长江流域各地保护地早熟栽培。

(8)巨丰1号 四川省剑阁县蔬菜研究所通过对本地大冬瓜优良单株进行多代选择而成。植株生长势强,茎长而粗。第一雌花着生在主蔓10~15节,以后每隔5~7节形成一雌花。果实长圆柱形,长100~127厘米、横径30~45厘米,肉厚6~7厘米。单瓜重35~45千克,最大可达75千克。瓜皮有白色蜡粉。果肉白色,肉质致密粉甜,水分多,品质优良。较早熟,播种后50天左右开始结瓜。抗病、耐热、耐湿,适应性强。

(四)西瓜品种

1.京欣1号 北京市农林科学院蔬菜研究中心与日本西瓜专家森田欣一先生合作选育的西瓜一代杂种。属早熟品种。全生育期90~95天,果实发育期28~30天。第一雌花节位6~7节,雌花间隔5~6节,抗枯萎病、炭疽病较强,在低温弱光条件下容易坐果。果实圆形,瓜皮绿色,上有薄薄的白色蜡粉,有明显绿色条带15~17条,瓜皮厚度1厘米,肉色桃红,纤维极少,含糖量11%~12%。皮薄易裂果,不耐长距离运输。单瓜重4~5千克。

2.京欣2号 国家蔬菜工程技术研究中心的早熟优质丰产西瓜一代杂种。2003年获得全国第一个西瓜新品种权保护。全生育期88~90天,雌花开放至果实成熟28天左右。生长势中等,比京欣1号生长势稍强。果实外形似京欣1号,圆瓜,绿底条纹,条稍窄,有蜡粉。瓜瓤红色,保留了京欣1号瓜肉脆嫩、口感好、甜度高的优点,果实中心可溶性固形物含量为12%以上。皮薄,耐裂性能比京欣1号有较大提高。抗枯萎病,耐炭疽病,单瓜重6~8千克,适合全国保护地和露地早熟栽培。与京欣1号相比其突出优点为:在早春保护地低温弱光生产条件下坐瓜性好,整齐,膨瓜快,早上市 2～3 天,单瓜重大,增产 10% 左右,果实耐裂性有所提高。

3. 京欣 3 号 最新培育的早熟优质西瓜新组合。果实发育期 26～28 天,全生育期 86～88 天。植株生长势中上,出瓜早,易坐瓜。圆瓜,亮绿底覆盖规则绿色窄条纹,外形美观。单瓜重 6～8 千克,红瓤,中心可溶性固形物含量 12%。肉质脆嫩,口感好,风味佳。与京欣 1 号相比,果实条纹更漂亮,提早成熟 2～3 天,皮薄,口感更佳。适于保护地与露地早熟嫁接栽培。

4. 京欣 4 号 最新培育的早熟优质丰产耐裂西瓜新组合。果实发育期 28 天,全生育期 90 天左右。植株生长势强,易坐瓜。圆瓜,绿底覆盖墨绿色条纹。单瓜重 7～8 千克,剖面均匀红肉,中心可溶性固形物含量 12%。肉质脆嫩,风味佳。适合保护地和露地早熟栽培。与京欣 1 号相比,耐裂性有较大提高,单瓜重大。适于远距离运输。

5. 早佳 8424 新疆农业科学院园艺所育成的杂交一代中果型花皮西瓜品种。极早熟,开花至成熟 28 天。果实圆球形,果皮绿色,上有狭长墨绿色条斑。单果重 3～4 千克。肉色桃红,肉质甜脆爽口,中心糖度可达 12% 以上。皮薄易裂瓜,不耐运输,耐低温,易坐果,一般每 667 平方米产量可达 3 000 千克。适宜作保护地早熟栽培。

6. 早春红玉 由日本引进的极早熟礼品瓜。果实椭圆形,绿色底覆深绿色条纹,外形美观,在低温弱光条件下坐瓜率极高。单瓜重 2 千克左右,坐瓜后 20～22 天成熟。瓜肉红色,肉质细腻,糖度 15%。皮薄而坚韧,不裂果,耐贮运,商品性极佳。在低温弱光条件下,雌花的形成及着果性好,特别适合温室等保护地栽培。

7. 京秀 国家蔬菜工程技术研究中心育成。早春红玉类型的小型西瓜一代杂种。早熟。果实发育期 26～28 天,全生育期 85～90 天。植株生长势强。果实椭圆形,绿色底,锯齿形窄条带,果实周正美观。平均单果重 1.5～2 千克。果实剖面均一,无空心、白筋等;果肉红色,肉质脆嫩,口感好,风味佳,籽少;中心可溶性固形物含量13%以上,糖度梯度小。

8.金福 湖南省瓜类研究所选育的小瓜型极早熟品种。果实球形,单瓜重2千克左右,瓜皮黄色,上有细深黄色的条纹。瓜肉为桃红色,折光糖含量12%以上。果皮厚度0.3厘米,裂果少,是商品性好的独特全新类型品种。

9.小兰 台湾农友公司育成的杂交一代小瓜型黄肉西瓜。极早熟。果实发育期20~22天。果实圆球形,瓜皮淡绿色,上有青色狭条斑,条纹清晰。单瓜重1.5~2千克,瓜形整齐,果皮极薄,不耐运输。瓜肉黄色晶亮,肉质甜脆细腻,种子小而少,折光糖含量13%,中边梯度小,品质佳。

10.黑美人 台湾农友种苗公司育成的杂交一代种。生长健壮,抗病、耐湿,夏秋栽培表现突出。极早熟,主蔓6~7节出现第一雌花,雌花开花至果实成熟一般需28天左右。果实长椭圆形,果面光滑,瓜皮黑绿色间有黑色或深绿色条纹,果皮坚韧极耐贮运。单瓜重2~3千克。瓜皮薄而韧,耐贮运。瓜肉鲜红色,肉质硬。中心可溶性固形物含量13%左右,中边梯度小。

(五)甜瓜品种

1.厚皮甜瓜品种

(1)蜜世界 台湾农友种苗公司培育的一代杂种。白皮品种,为世界最著名的蜜露型厚皮甜瓜。中熟种,子蔓结瓜为主。果实长球形,果皮淡白绿色,果面光滑或偶发生稀少网纹。果重1.4~2千克。肉色淡绿,肉质柔软,细嫩多汁,无渣滓,折光糖含量为14%~16%,品质优良,风味鲜美。低温结瓜力甚强,开花至果实成熟需要45~55天。瓜肉不易发酵,瓜蒂不易脱落,耐贮运,产量高,适于外销。本品种刚采收时肉质较硬,需经数天后熟,待瓜肉软化后食用,品质最佳。

(2)状元 台湾农友种苗公司育成的一代杂种。早熟品种。

易结果,开花后 40 天左右可采收。子蔓结瓜为主。成熟时果面呈金黄色,采收期容易判断。果实橄榄形、脐小,瓜重 1 500 克左右,大瓜可达 3 000 克。肉白色,含糖量 14%～16%,肉质细嫩,品质优良。果皮坚硬不易裂果,耐贮运。本品种株型小,适于密植。状元品种在有些地区容易早衰,所以要加强植株管理。另外,新开发的地区一定要先少量试种。

(3)银岭 台湾农友种苗公司培育的一代杂种。白皮品种,早生,抗枯萎病。瓜重 1 500 克。子蔓结瓜为主。果肉淡绿色,含糖量为 14%～16%,品质细嫩,香气浓郁,产量高。本品种在成熟时会脱蒂,应把握采收时期,在未脱蒂前采收。

(4)处留香 台湾农友种苗公司培育的一代杂种。黄皮白肉品种。生长势强,栽培容易。子蔓结瓜为主。果实未成熟时淡绿色,成熟时转为黄色,瓜面光滑或偶有稀少网纹发生,通常为球形,但结果位低的果实有时稍呈扁球形,瓜重 1 500 克左右。瓜肉白色、甚厚,含糖量通常为 13%～16%。适期采收的果实经后熟软化后食用,肉质细软无渣,汁水多,入口即化,香甜可口。果实在开花后高温期约 35 天、冷凉期 40～45 天成熟,冷凉期成熟时转色慢或瓜面不转色,因此收获期应配合计算成熟日数。

(5)伊丽莎白 从日本引进的特早熟品种。子蔓结瓜为主。生育期 70 天左右,果实发育期 30 天。果实圆球形,瓜皮黄艳光滑,单瓜重 500 克左右。瓜形整齐,坐瓜一致,瓜肉白色,肉质细软多汁,含糖量 13%～15%。单株结瓜 2～3 个。本品种耐湿,但对白粉病抗性较差。

(6)黄河蜜瓜 为甘肃农业大学瓜类研究所从白兰瓜变异系中选育而成。生育期比白兰瓜缩短 10 天左右。子蔓结瓜为主。果实圆形,单瓜重 2 000 克左右。瓜皮金黄色,光滑美丽。瓜肉绿色或黄白色,肉质较紧,汁液中等,糖度高,折光糖含量 14.5%。适于宁夏、甘肃、内蒙古等地种植。

(7)天蜜 台湾农友种苗公司培育的一代杂种。子蔓结瓜为主。低温条件下生长良好,果实高球形至短椭圆形,网纹细美。单瓜重1 200克左右。开花后40~50天成熟,含糖量为14%~16%。瓜肉纯白色,肉厚,肉质柔软细嫩,汁水多,为现有厚皮甜瓜中最高级的品种。

(8)银翠 台湾农友种苗公司培育的一代杂种。绿网纹绿肉。春季栽培果实膨大性好。单瓜重1 400~2 500克。早春栽培不易裂瓜,含糖量为14%~16%,品质优良。生长势强,产量高,开花后40~50天成熟。

(9)翠蜜 台湾农友种苗公司培育的一代杂种。生长强健,栽培容易。子蔓结瓜为主。瓜实高球形至微长球形,果皮灰绿色,含糖量14%~17%。肉质细嫩柔软,品质优良,开花后约50天成熟,不易脱蒂,瓜硬耐贮运。本品种在冷凉期成熟时果皮不转色,宜计算开花后成熟日数,刚采收时肉质稍硬,经2~3天后成熟,瓜肉即柔软。

(10)天绿 日本米可多公司培育的一代杂种。是抗病性、糖度、耐贮性俱优的绿网纹甜瓜。单瓜重1 500克左右,适于温室、大棚及春季露地栽培。子蔓结瓜为主。果肉绿色,肉厚,含糖量15%以上,多汁,口味极佳。外形美观,市场畅销。生长旺盛,坐果性优,易栽培,抗白粉病和枯萎病。

(11)天女 早熟种,子蔓结瓜为主。果实长球形,单瓜重1 000克左右,成熟时瓜皮乳白色、光滑、无网纹。瓜肉淡橙色,含糖量14%~16%,气味芳香,肉质细腻爽口。瓜硬,耐贮运,在东南亚市场获得极高的评价。较适合小拱棚栽培。

(12)西博洛托 从日本引进的早熟甜瓜品种。果实发育期40天。植株长势前弱后强,子蔓结瓜为主,结2~3次瓜的能力强,抗病力强。果实圆形、外皮光滑,外形美观,白皮白肉,具香味,折光糖含量16%~18%,单瓜重1 000克左右。在山东、上海等地推广,种植面积较大。

(13)玉金香 甘肃省河西瓜菜研究所选育。早熟种。全生育育期 85～95 天,果实发育期 40 天。子蔓结瓜为主。果实圆形或扁圆形,瓜皮乳黄白色、偶有网纹。单瓜重 1 000 克。果肉白色,汁多,纤维少,质细,味甜,香气浓,折光糖含量 16%～18%。抗白粉病,耐霜霉病。在西北、华北、东北等地广泛种植。

(14)兰蜜 兰州市农科所育成。中熟种。哈密瓜型甜瓜,适应性强。植株生长势强,果实发育期 40 天左右。果实椭圆形,未成熟时瓜皮绿色,充分成熟后瓜皮黄色,肉质松脆细腻。折光糖含量 13%。瓜皮柔韧,耐贮性良好。易坐果,子蔓、孙蔓均可坐瓜。

2. 薄皮甜瓜品种

(1)齐甜－号 黑龙江省齐齐哈尔市蔬菜研究所选育。为极早熟品种,从播种至采收 60～65 天。生长势中等,子蔓结瓜为主。瓜椭圆形,幼瓜绿色,成熟时瓜皮转为绿白色或黄白色,瓜面有浅沟,瓜柄不脱落。瓜肉绿白色,瓜瓤浅粉色,肉厚 1.9 厘米,品质甜脆,香气浓郁,平均含糖量 12%～15%,品质上等。单瓜重 300 克左右。

(2)龙甜 1 号 黑龙江省园艺所选育。生育期 70～80 天。果实近圆形,成熟时黄白色,瓜面光滑有光泽,具明显的 10 条纵沟,平均单瓜重 600 克,瓜肉黄白色,肉厚 2～2.5 厘米,肉质细脆,风味正,平均含糖量 12%。植株生长势强,抗病。子蔓结瓜为主。耐运输,较抗蔓割病和白粉病。

(3)龙甜 2 号 中晚熟品种。全生育期 85～90 天。瓜长筒形,表面绿色带条块,有浅黄色宽条带,阳面黄,瓜面光滑无棱沟。瓜肉白色,肉厚 2.5 厘米,肉质沙面清香,有甜味,口感好,平均含糖量 10%～12%,品质佳。单株结瓜 2～3 个,子蔓结瓜为主,平均单瓜重 750～1 000 克。瓜皮较韧,耐贮运。

(4)龙甜 4 号 中早熟品种。生育期 73 天左右,子蔓结瓜为主,连续结瓜能力强,植株生长势强健,根系发达,高抗枯萎病。果实长卵圆形,成熟时黄白色,外观洁净美观,果实大小整齐,纵径 15.5 厘米、横径 10.2 厘米,平均单瓜重 520 克。瓜肉纯白色,肉质沙脆，成熟时略面而不软，具有诱人的口味，平均含糖量 13%～15%。果实耐贮、耐湿、耐烂，常温下可存放 7 天左右。坐瓜能力强，平均单株结瓜 4 个。

(5)红城脆 内蒙古北方瓜类蔬菜研究所选育。早熟品种。全生育期 70 天左右。瓜圆形，瓜面光滑，成熟时有黄色条纹，阴面黄色。瓜肉杏黄色，质脆味甜，香气浓郁。子蔓、孙蔓均可结瓜，以子蔓结瓜为主。平均含糖量 14%，单瓜重 500 克。

(6)红城五 红城五是在齐甜一号基础上研制出的极早熟品种。成熟时果面白色，并布有浅黄色泽，色泽明显优于齐甜一号，不倒瓤，不裂瓜。子蔓结瓜为主，不疯秧。果实膨大快。整枝早，68～70 天即上市，比齐甜一号早 5～7 天，下茬可种秋菜，经济效益大。质脆香甜，平均含糖量 14%～16%。同齐甜一号相比，产量高。单瓜重 500 克左右。前期产量高，上市集中，是大、小拱棚和地膜覆盖栽培的最佳选择品种。

(7)红城六 果实近圆形。果色乳白，有光泽，色泽美。以子蔓结瓜为主，坐果性良好。平均含糖量 12%～14%，味道甜美，商品性好。单株结瓜 4 个左右，单瓜重 500 克左右，质脆香甜，香味浓。生育期 65 天，生长势中，不易疯秧，适宜大、小拱棚和地膜覆盖栽培，是抢早上市的最理想甜瓜品种。

(8)红城七 生育期 75 天左右，从开花至果实成熟 28 天。极易坐瓜，以孙蔓结瓜为主。果实阔梨形，单瓜重 400 克，高者 1 000 克。果实黄白绿色。瓜肉厚，平均含糖量 14%～16%。果实甜脆，清香飘溢，品质极佳。较耐贮运。植株生长旺盛，极抗枯萎病、白粉病等。是露地和保护地栽培的理想品种。

(9)日本甜宝 进口品种。植株长势较强，叶色深绿，开花 35 天后成熟，耐湿抗病性强。单瓜重 400～500 克，果实为圆球形。幼瓜皮为绿色，成熟时皮色银白而略带黄色。瓜肉白绿色，肉质酥松爽口，平均含糖量 13%～14%，香甜可口，品质极优，为上等礼品高级甜瓜。

(10)美浓 台湾农友种苗公司育成的早熟绿肉型薄皮甜瓜新品种。该品种植株、叶片小,主蔓粗壮,节间短,侧蔓着花性好,坐果率极高;果实梨形,单瓜重约 500 克,大小整齐,成熟时果皮呈银白色稍带黄色;瓜肉淡白绿色,平均含糖量 15%～18%,质地细嫩甜美,耐贮藏;早熟,春作 80～90 天,夏秋作 65～75 天,开花至采收 28～32 天;抗枯萎病,耐病毒病,生长强健,适应性强,栽培容易。

(11)富尔六号 齐齐哈尔市富尔农艺有限公司推出的极早熟品种。较齐甜一号早熟 10～15 天。坐瓜节位低,坐瓜率高,一般健壮的植株子蔓第一节位即开始坐瓜,每株可结瓜 4～5 个;采收集中,采收期短,始收期每株可采 2～3 个瓜,一般全生育期采收 2 次即可罢园。果实整齐度好,膨大速度快,外观商品性好,果实成熟时黄白色,阔梨形,外表洁净。标准单瓜重 300～400 克。含糖量高,口感好,果实香味浓,品质脆,适口性强,有典型的薄皮甜瓜风味。耐运性好,果皮光滑坚韧,适于长途运输。产量稳定,较抗白粉病、炭疽病、霜霉病。

(12)富尔九号 齐齐哈尔市富尔农艺有限公司推出。该品种植株生长势强健,从出苗至采收商品瓜约 70 天。子蔓、孙蔓均可结瓜,以子蔓结瓜为主。果实卵圆形、银白色,充分成熟时果面泛有黄晕,果肉厚,腔小。耐运输,久放不易变质,不倒瓤。是薄皮甜瓜中惟一打入超市且货架期长的品种。果肉白色,含糖高,口感好,风味佳。产量突出高,抗各种病害。

(13)金满地 从韩国引进的香瓜新品种。植株长势中等,中熟,子蔓、孙蔓均可结瓜。瓜皮金黄色,有明显且深的银白色槽,瓜脐极小,瓜肉致密且脆,平均含糖量 13%～14%,香甜可口。瓜长12～15 厘米,瓜径 8～9 厘米,平均单瓜重 600 克,产量高,抗病性强,耐寒性中等,耐贮运,商品性高。

(六)苦瓜品种

1.夏蕾 华南农业大学园艺系育成的苦瓜常规优良品种。在山东省寿光市,菜农们多称其为"短绿"苦瓜。该品种植株攀缘生长性强,主、侧蔓均能结瓜,分枝性强,侧蔓多,单株结瓜数多。瓜长筒形,长16~20厘米、横径4.2~5.4厘米。单瓜重150~250克,最大的可达250克以上。瓜面翠绿,有光泽,具有密而大的瘤状条纹。瓜肉厚,品质中等,苦味适中。较耐贮运。中熟。耐热、耐涝。对枯萎病有较强的抗性。既适应于夏、秋季栽培,又适于棚室保护地反季秋冬茬和越冬茬栽培;而且持续结瓜期长,不早衰,产量较高。

2.穗新2号 由广州市蔬菜科学研究所育成的苦瓜常规优良新品种。植株蔓长约450厘米,叶片长、宽均为19厘米,叶色黄绿。主蔓19节着生第一雌花。瓜圆筒形,皮淡绿色,有光泽,瓜面瘤状突起连成粗条状。瓜长18厘米、瓜肩宽6.2厘米,单瓜重约300克。中晚熟,播种至开始采收商品嫩瓜约需150天。

3.中农大白苦瓜 中国农业科学院蔬菜花卉研究所育成。植株攀缘生长势强,分枝多,结瓜多。瓜长棒形,长50~60厘米、横径4.7~5.2厘米,单瓜重350~550克。外皮淡绿白色,有不规则的棱和瘤状突起。果肉厚0.8~1.2厘米,肉质脆嫩,味微苦,品质佳。耐热、抗病、耐肥,适应性强,适应范围广。宜于南方地区春、夏露地栽培,也宜于北方地区春季栽培和冬暖塑料大棚保护地反季节栽培,是一个高产优质品种。

4.绿宝石 广东省农业科学院蔬菜研究所育成。单瓜重300克左右,瓜长25厘米、横径6厘米,棍棒形。瓜皮浅绿色,瓜面光泽,有粗直的瘤条,瓜肉较厚,品质优良。该品种耐热、抗病力强,结瓜多,早熟。适应范围较广。

5.湘研大白苦瓜 由湖南省农业科学院园艺研究所从株洲白苦瓜品种中分离出来的变异系,经系统选育而成。蔓长3米左右,生长势强,叶绿色。瓜长条形,长 60~70 厘米,瓜皮白色,肉厚,籽少,品质优良。为中熟品种。耐热性强,丰产。

6.蓝山大白苦瓜 湖南省蓝山县长期定向选择而成的苦瓜优良品种。该品种根系发达,主蔓分枝性强,主、侧蔓都能结瓜。主蔓 12~16 节开始着生雌花,以后连续或隔节出现雌花。瓜条长圆筒形,长 50~70 厘米,最长的可达 90 厘米,横径 7~8 厘米。单瓜重 750~1 750 克,最大的 2 500 克。瓜面有棱及不规则瘤状突起。商品瓜乳白色,有光泽,肉质脆嫩,苦味适中。抗枯萎病能力强,耐热而不耐寒。

7.挨城苦瓜 是广东省从新加坡引进的优良品种。植株蔓生,生长势强,分枝多。主蔓 10 节左右开始着生第一雌花,以后每隔 3~5 节着生雌花。果实 30 厘米×8 厘米大小,瓜面有明显棱及瘤状突起。瓜皮绿色有油亮光泽,老熟时为黄色。瓜质地细实,微苦。植株抗逆性强,耐热。适应性也较强。

8.碧绿苦瓜 由广东省农业科学院蔬菜研究所育成。单瓜重 300 克左右,瓜长 20~30 厘米、横径 6 厘米,皮色浅绿有光泽,瘤条粗直,肉厚,品质好,坐果力强。

9.广西 1 号大肉苦瓜 广西农业科学院蔬菜研究中心育成。早中熟,耐湿、耐热,抗病性强,长势旺盛,分枝力强,主、侧蔓均结果。果实长纺锤形,顶端较钝。果皮浅绿色,条纹粗直。果肉厚实,苦味适中。长 28~35 厘米、横径 10~12 厘米,单瓜重 500~1 000 克。利用冬暖棚室反季节保护栽培,可延长持续结瓜期。

10.广西 2 号大肉苦瓜 广西壮族自治区农业科学院蔬菜研究中心育成。全生育期长势强盛,抗病性强,耐湿热,结瓜节位低,主、侧蔓均结果。果实纺锤形,瓜皮淡绿色,条纹粗直,肉色好。瓜肉厚,肉质嫩滑,苦味中等。瓜长 25~30 厘米、横径 9~13 厘米,单瓜重 450~800 克。露地栽培与冬暖大棚保护地栽培的产量水平,均与广西 1 号大肉苦瓜相近。但该品种熟性早,品质好于广西 1 号大肉苦瓜。

11. 翠绿 2 号　广东省农业科学院蔬菜研究所由江门大顶苦瓜通过 12 代自交选育而成。植株生长势强，主蔓结瓜为主，雌性强。坐瓜率高，可以连续坐瓜 4～6 条。畸形瓜少，整个收获期瓜形较一致，中后期瓜不变长，商品瓜率高，产量集中；瓜短圆锥形，圆、条瘤相间，以条瘤为主，条瘤粗直，深绿色有光泽，瓜形美观，肩平大，商品性好；平均瓜长 15.3 厘米、横径 7.1 厘米，单瓜重 260克，肉厚 1.2 厘米，味中苦；早熟，第一雌花着生节位平均为 12.8节。

12. 赣优 1 号　江西省农业科学院蔬菜花卉研究所育成的一代杂种。具有特早熟、优质、丰产、抗病、抗逆性强等优良性状，是春季早熟栽培的理想品种。植株生长旺盛，分枝力强。主蔓第一雌花节位于 7～9 节，雌花节率高，主、侧蔓均能结瓜，且具有 2～3节连续着生雌花和连续坐果的特性。果实绿白色，棒形，有光泽。瓜长 35 厘米、横径 6 厘米，肉厚 1 厘米，单瓜重 400 克，瓜面条瘤与细瘤相间排列，肉质脆嫩，苦味适中，品质优良。

（七）丝瓜品种

1. 长棍棒形或长圆筒形丝瓜品种

(1)江蔬－号　江苏省农业科学院蔬菜研究所选育的长棒形丝瓜一代杂种。该品种以主蔓结瓜为主，连续结瓜能力强，肥、水充足可同时坐果 3～4 条。早春气温较低一般花后 10 天左右采收，盛果期花后 6～7 天采收。商品瓜长棍棒形，上下粗细匀称；瓜皮绿色，较光滑；瓜面有绿色条纹，色泽好；瓜长 40 厘米左右，直径在 4 厘米，单瓜重 200～400 克。瓜品质好，清香略甜，瓜肉绿白色，肉质细嫩，耐老化，耐贮运。抗病毒病和霜霉病。

(2)南京长丝瓜　又名蛇形丝瓜。瓜长 120～150 厘米，最长可达 220 厘米，上端直径 2～2.5 厘米，下端直径 4.5 厘米。瓜皮绿色，瓜肉柔嫩、纤维少。7～8 节开始着生雌花，以后节节有雌花。蔓长可达 13～15 米。

(3)春丝 1 号　由绍兴市农科所选育的丝瓜新品种。该品种具有早熟、商品性好、品质优、丰产等特点。从播种至始收 60 天左右,主蔓 6～7 节开始着生雌花,主、侧蔓均结果,雌花着生率高,每节着生雌花。瓜条长 40～45 厘米,瓜条直径 3.6 厘米左右。瓜色淡绿,瓜皮光滑,瓜条上下粗细均匀,瓜条不易掉花,表面有明显的白霜。肉质致密,味糯,果实的可溶性固形物在 4% 左右,最高达 4.3%。春季全生育期为 160 天左右,秋季全生育期为 90 天左右。产量较高。

2. 短棒形丝瓜品种

(1)五叶香丝瓜　江苏省姜堰地区农家品种。该品种早熟,坐果节位低,一般从第五节起坐瓜。瓜长 26～30 厘米,圆柱形,肉厚,有弹性,果实有香味,耐运输,商品性好。抗病毒病。适宜保护地早熟栽培,也适宜露地栽培。

(2)上海香丝瓜　为早熟种。瓜长 25～30 厘米,圆柱形。肉厚有弹性。瓜皮淡绿色,并有黑色斑点。果实有香味,品质佳。

3. 肉丝瓜品种(长沙肉丝瓜类型)

(1)早杂一号肉丝瓜　湖北省咸宁市蔬菜科技中心选育的杂交一代肉丝瓜新品种。第一雌花着生于主蔓第六节,以主蔓结瓜为主,雌花节率 78%。果实长圆柱形,长 30 厘米、粗 6 厘米,瓜皮绿色,瓜面密生纵向深绿色线状突起和横向皱纹,皮薄肉嫩,单瓜重 450 克。该品种早熟,从播种至采收仅需 60 天。适宜全国各地种植。该品种主蔓结瓜,侧枝少,可像黄瓜一样搭"人"字形架栽培。

(2)长沙肉丝瓜　湖南省长沙市郊区栽培较多,分枝力强。20 节左右着生第一朵雌花。果实圆筒形,两端略粗,长 30～35 厘米、直径 6～10 厘米,花痕大而凸出,单瓜重 250～500 克;肉质细嫩,纤维少,耐老化,品质好。产量高,晚熟。

(3)湘潭肉丝瓜　果实呈长圆筒形,上下直径基本相等,长约 32 厘米、直径 7～9 厘米,瓜皮绿色,单瓜重 500 克以上;肉厚质嫩,纤维少,不易老化;种子扁圆、黑色、有光泽,单瓜有籽 40 粒左右;抗寒、耐肥、耐热、耐湿,较抗霜霉病和病毒病。

(4)种都牌特早肉丝瓜 四川省广汉市蔬菜研究所育成的特早熟品种。从播种至始收 70 天左右,采收期长达 150 天左右。主蔓 5～7 节开始出现雌花。瓜条粗圆筒形,长 30～40 厘米、粗 8～12 厘米,单瓜重 700 克,瓜皮绿色,瓜面较粗糙,肉柔软多汁,味甘甜。适应性广,抗病性强。

4.有棱丝瓜新品种

(1)绿旺 广州市蔬菜科学研究所育成。早中熟品种,该品种生长势强,蔓长 4～6 米;叶片长 24 厘米、宽 28 厘米,绿色。春植主蔓 7.8 节,秋植 30.1 节着生第一雌花。果实长 60 厘米、横径 4.5 厘米,绿色,具 10 棱,棱墨绿色。纤维少,味甜,品质优良。单瓜重 300～500 克。耐贮运。

(2)白沙夏优 2 号棱丝瓜 汕头市白沙蔬菜原种研究所育成。早中熟品种,长势旺盛,主蔓长 5 米左右,侧蔓 4～5 条,叶为掌状形、五裂、绿色,第一雌花着生于主蔓 12～23 节,坐果率高。瓜棍棒形,瓜长 42 厘米、横径 5.3 厘米,单瓜重 330 千克,色绿白,多花点,肉厚,口感脆甜,品质好。耐热,耐霜霉病、白粉病,适应性广。

(3)美绿二号丝瓜 广东省农业科学院良种苗木繁育中心最近推出的又一个杂交丝瓜新品种。表现为早熟,抗病力强,长势旺,耐热,结瓜力强。单瓜重 500～600 克,瓜长 60～65 厘米、横径 5～5.5 厘米,头尾匀称,皮色绿色,棱墨绿色,品质好。

(4)绿胜 1 号 是广州市蔬菜科学研究所育成。早熟品种。春植第一雌花节位 8.6 节。商品瓜长 49.5 厘米、横径 4.4 厘米,单瓜重 330 克。皮色深绿,棱角色墨绿,瓜条匀称,棱沟浅,商品性状好。侧枝少,主蔓结瓜为主,连续结果能力强。播种至初收40～45 天,采收期 50～60 天。

（八）佛手瓜品种

我国目前栽培的佛手瓜从瓜皮颜色上区别有绿皮和白皮两大类。绿皮的品质差，被称为"饭性"品种；白皮的品质好，称为"糯性"品种。

1.绿皮佛手瓜 "饭性"品种。生长势强，蔓粗壮而长，分枝多，结果多，高产，并能产生块根。瓜形较长而大，上有硬刺，皮色深绿色或绿色，品质稍次，单瓜重约 500 克左右。

2.古岭合掌瓜 福建地方品种。植株生长势强，分枝性强，攀缘生长，叶掌状五角形，主、侧蔓各节都生雌花。瓜梨形，外皮绿色有光泽，无内刺，肉质致密，品质佳，中熟，抗病性强，单瓜重 300～500 克。种子无休眠期，易发生"胎萌"现象。植株结果多，产量高，并能产生块根。近年来利用冬暖大棚保护地栽培的佛手瓜比较常用该品种。

3.台州白皮佛手瓜 该品种的长势基本上与绿皮佛手瓜相似。与绿皮佛手瓜不同的是茎叶颜色淡绿，叶柄浅白色，叶脉黄白，瓜皮白色，上有不规则的细刺。瓜肉白而脆、品质好，为"糯性"品种。卷须分权 5～7 条，始花期较晚，比绿皮佛手瓜晚 10 天左右，棚架上的瓜无"胎萌"现象。

4.云台白佛手瓜 云南农业大学选育。瓜无刺，瓜蔓颜色、生长势同绿皮品种，产量、品质、耐贮性、风味同台州白皮品种。

5.白×绿一代杂交种(94-1) 有较强的杂交优势。在环境条件不很适宜佛手瓜生产的年份，该品种表现良好，比其他品种产量高，抗性强。该品种茎叶、瓜皮、瓜肉和风味都介于绿、白两品种之间。瓜形有较大变化，瓜的横径小于白皮而大于绿皮品种，瓜的前头保留着 5～8 条台州白皮品种的刚刺，瓜的 5 条纵沟变浅，短纵沟不明显。该品种比绿皮、白皮两个品种更能适应北方气候，是值得推广的新品种。

四、育　苗

(一)播　种　量

计算瓜类蔬菜播种量,首先按种子的千粒重计算出每克种子的粒数,根据种子用价、有效出苗率,加上安全系数,以 667 平方米的面积进行计算。

以黄瓜为例,每 667 平方米栽苗 4 000 株,安全系数 1.2,种子用价 90%,有效出苗率 90%。计算方法如下:667 平方米用种量$=4000×1.2÷(40×90\%×90\%)=4800÷32.4=148.15$(克)。

除了佛手瓜以外,其他瓜类蔬菜均可按此公式计算播种量。

由于种子千粒重的差异,每 667 平方米西葫芦需 600～700克,冬瓜 500 克左右,西瓜 160～200 克,苦瓜 250 克左右,甜瓜 70～100 克,丝瓜 100～150 克。

(二)种　子　处　理

瓜类种子播种前需进行浸种催芽。有些瓜类蔬菜种子可能携带病菌,需进行种子消毒。

1.种子消毒　常用的方法有温汤浸种和药剂消毒。

(1)温汤浸种　可杀死潜伏在种子表面和内部病原菌,方法简单易行,可与浸种相结合。

温汤浸种的效果取决于浸种的水温和时间。为了提高杀菌效果,可在烫种前用 20℃ 左右的水把种子浸泡一下,使病原菌活化起来,然后再给予对病原菌有害的温度,使其致死。黄瓜需50℃～55℃,苦瓜 55℃～60℃,黑籽南瓜 50℃,西瓜 70℃,甜瓜、丝瓜、西葫芦 50℃～55℃。

温汤浸种的水量为种子体积的 5 倍,放入种后,用木棍向一个方向搅拌,直到水温降到 30℃ 以下。

(2)药剂消毒 用50%多菌灵可湿性粉剂,加上等量的0.1%平平加,在常温下浸种30分钟,洗净后继续浸种。

2.浸种催芽 种子发芽时需要水分、温度和氧气。在播种前浸种催芽可满足种子发芽所需的条件,胚根露出种皮再播种,可使出苗整齐、迅速。

浸种时间长短,根据吸水快慢,一般浸泡4~6个小时以切开种子无干心,表明水分已经吸足。在催芽过程中,除了继续保持适当水分外,还要保证透气,所以最好用湿纱布包起刚浸完的种子,放在25℃~30℃处催芽。每天用清水投洗2次。

(三)播种和移植

1.播种 瓜类蔬菜播种,最好利用沙床。由河中取细沙,过筛后,在育苗床铺8~10厘米厚,浇透水,把刚出芽的种子撒播后,覆盖2厘米厚细沙。白天保持25℃~30℃,夜间保持15℃~20℃,3~4片叶展开,即可移栽。

用沙床播种,水分和氧气最有保证,水多了细沙存不住,水分不足立即表现出来,当床面细沙干到1厘米,可及时浇水。细沙通透性好,可保证根系对氧的需要。不论利用什么样的苗床,只要保持适宜的温度和光照,就能出苗整齐一致,不容易徒长。

2.移植 用10厘米×10厘米的塑料钵,或用旧塑料薄膜自制苗筒,装入营养土。营养土用疏松的大田土和优质有机肥,过筛后各50%掺和均匀,装入容器后,上口留3厘米空隙,先浇水,把籽苗栽入1株,再浇水,覆少量营养土,摆入苗床。

(四)苗期管理

瓜类蔬菜种类、茬口较多,苗期管理各有特点。但是除了佛手瓜以外,其余瓜类基本规律是一致的。

1.日光温室冬春茬瓜类苗期管理 育苗开始于深秋或初冬,苗龄3叶期,35天左右为宜,在日光温室内地面做育苗畦即可进行。温室的温度、光照条件对瓜类蔬菜幼苗期的生育是适宜的，但是定植后至结果期，要经过较长一段日照时间短、光照弱、温度较低的时期，有时还会出现灾害性天气。而瓜类蔬菜幼苗期抗逆性较弱，进入结果期适应能力较低，所以要进行大温差育苗，提高秧苗的抗逆性，以利于适应定植后的环境条件。

(1) 温度 西葫芦白天 20℃～25℃，夜间 10℃～13℃；其他瓜类白天 25℃～30℃，夜间 13℃～15℃。定植前 5～7 天，降低夜间温度进行炼苗，保持 10℃ 以下，最低保持 5℃ 以上。

(2) 光照 尽量延长光照时间，增加光照强度，每天揭开草苫后清扫前屋面薄膜，提高透光率。

(3) 水分 保持适宜的水分，浇水用喷壶浇水和个别浇水相结合，对较小的幼苗单独多浇些水。容器内的营养土保持见干见湿。

2. 早春茬和春茬瓜类苗期管理 日光温室早春茬，大、中棚春茬瓜类蔬菜栽培，幼苗期正处在日照时间最短、光照最弱、温度最低的季节，定植后温光条件逐渐转好，育苗需要在温床进行，苗龄以 5～6 片叶，50～60 天育成的长龄大苗，才能达到提早上市的目的。

日光温室早春茬瓜类蔬菜栽培，定植后温光条件逐渐转好，秧苗缓苗、发棵正常。但是大、中棚春茬瓜类，定植后难免遇到寒流，所以对秧苗要求严格，必须加强秧苗锻炼，定植前 5～7 天控水降温，夜间降到 5℃ 的低温需经历 2～3 次，以提高抗寒性。

3. 小拱棚和地膜覆盖瓜类苗期管理 育苗多在冷床进行，在定植前不仅要进行低温炼苗，还要通过大通风，提高抗风能力。并且要尽量培育长龄大苗，以达到早熟目的。

4. 秋冬茬、秋茬苗期管理 日光温室秋冬茬，大、中棚秋茬瓜类蔬菜，苗期正处于高温强光，昼夜温差小的季节，秧苗容易徒长，需要就近设置小拱棚，覆盖遮阳网，降低光照强度，防止高温徒长。在水分管理上以见干见湿为原则。黄瓜和西葫芦幼苗，在 2 叶 1

心时,用 160～200 微升/升乙烯利喷叶面,增加雌花数,降低雌花着生节位。

（五）嫁接育苗

棚室栽培反季节瓜类蔬菜,轮作倒茬困难,连作很难避免,黄瓜、西瓜、甜瓜等,枯萎病发生严重。近年普遍采用嫁接育苗,选用对枯萎病免疫的黑籽南瓜、葫芦、瓠瓜作砧木,进行嫁接换根,不但有效防止病害发生,还因为根系发达,吸收能力强,使植株生长旺盛,并增强耐低温能力,可提高产量和品质。

1. 黄瓜嫁接

（1）砧木准备 云南黑籽南瓜种子后熟期长,新种子发芽率很低(不超过 40%),只宜用前一年采收的种子。如果用新种子,可用 0.3%过氧化氢溶液浸泡 8 个小时,在 12℃～14℃条件下晾晒 18 小时,发芽率可达 80%以上。

云南黑籽南瓜种子每 500 克有种子 2 000 粒左右,发芽率按80%计算,去掉损耗,每 667 平方米黄瓜栽培面积,需播种 1.5 千克。

黑籽南瓜播种方法与黄瓜相同,利用沙床播种,刚出现真叶时为嫁接适期。

（2）靠接 黄瓜比黑籽南瓜早播 3～4 天,播种后适当多浇水,提高夜间温度,使砧木和接穗下胚轴适当伸长,砧木下胚轴 6～7厘米,接穗下胚轴 7～8 厘米,以免定植后接口接触而感病。

沙床浇水后,把砧木接穗苗同时起出,先拿起砧木挖去生长点,用刀片在叶子下 0.5～1 厘米的下胚轴上,自上而下按 30°～40°角斜切一刀,深度为下胚轴粗的 1/2,再取接穗,在子叶下1.2～1.5 厘米处的下胚轴自上而下斜切一刀,深度为下胚轴的3/5,角度为 30°,把砧木和接穗的切口互相嵌入,用嫁接夹固定。接后立即栽入装营养土的容器里,浇足水摆入苗床。

靠接比较费工,其优点是嫁接后仍保留一部分接穗的根,容易成活，特别是在环境条件较差的情况下成活率较高。

（3）插接 接穗需晚播3～4天。嫁接时把接穗和砧木同时起出，先把砧木生长点挖掉，用与接穗下胚轴粗细相同的竹签，从右向左侧子叶主脉斜插5～7毫米深，不插破下胚轴表皮，拿起接穗，在子叶下8～10厘米处斜切2/3，切口长5厘米左右，再从另一侧下刀，把下轴胚切成楔形，拔出竹签插入接穗，栽入容器，摆入苗床。

插接操作简便，嫁接速度快，接穗与砧木接触面大，发育好，但是成活过程中对环境要求严格，嫁接后苗床的环境条件必须符合要求，才能成活。

2. 西葫芦嫁接 西葫芦对枯萎病是免疫的，从防病角度讲，没有必要进行嫁接，但是日光温室冬春茬西葫芦，利用黑籽南瓜作砧木进行嫁接，表现为植株生长健壮，生育期延长，采收频率提高，自根苗采收期一般100天左右，嫁接后采收期高达200天，产量成倍增加。

西葫芦幼苗比较粗壮，嫁接操作更容易，亲和力强，成活率也更高。嫁接方法与黄瓜相同。

3. 西瓜嫁接

（1）砧木选择 用葫芦和瓠瓜作砧木，不但防枯萎病，长势旺盛，提高抗逆性，还能增进品质。用日本由瓠瓜中选育的专用砧木"相生"，20世纪80年代大连市农科所由瓠瓜选育的瓠砧1号，沈阳市农科所选育的西砧1号，嫁接表现得都比较好。近年随着西瓜栽培面积的扩大，普遍应用瓠瓜作砧木。

（2）嫁接方法 西瓜嫁接方法与黄瓜嫁接方法相同，可靠接也可插接。

4. 甜瓜嫁接

（1）砧木选择 甜瓜嫁接起步较晚，尚无专用品种，目前多用云南黑籽南瓜作砧木。

（2）嫁接方法 与黄瓜、西瓜嫁接方法相同，可靠接也可插接。

瓜类嫁接见图 4-1,图 4-2。

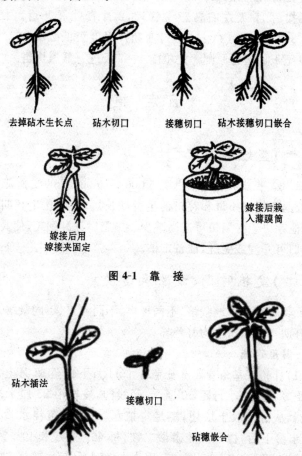

去掉砧木生长点　砧木切口　　接穗切口　砧木接穗切口嵌合

嫁接后用
嫁接夹固定

嫁接后栽
入薄膜筒

图 4-1　靠　接

砧木插法

接穗切口

砧穗嵌合

图 4-2　插　接

5. 嫁接苗管理　嫁接后接入容器,摆入苗床,扣上小拱棚。白天保持 25℃～30℃,夜间 15℃～17℃,棚内空气相对湿度 95％以上,上午 10 时至午后 4 时遮光。3～5 天后逐渐增加见光时间,相对湿度降至 70％～80％,白天温度控制在 22℃～25℃,夜间 15℃左右。8 天左右撤下小拱棚,转正常管理,靠接苗 10 天左右撤掉嫁接夹,断掉接穗的根。

嫁接后15天左右转正常管理,2片真叶展开后,白天温度25℃～30℃,夜间13℃～15℃,西葫芦温度可低2℃～3℃。水分管理以见干见湿为原则。定植前5～7天进行低温炼苗。

五、定 植

(一)整地施基肥

每667平方米撒施有机肥5 000～10 000千克。施肥量多少主要依据有机肥质量和茬口的生育期长短,冬春茬生育期长应多施,其他茬口生育期短可适当减少。施肥后深翻细耙,使粪土掺和均匀,即可开沟或做畦,准备定植。

(二)定植时期、方法及密度

瓜类蔬菜保护地栽培,不同种类、不同茬口、不同栽培方式,定植的时期、方法、密度均有差异。

1. 黄瓜定植

(1)日光温室冬春茬黄瓜定植 11月下旬至12月上旬定植。大行距80厘米,小行距50厘米,开浅沟,按株距25厘米摆苗,脱下容器,从行间取土培垠,浇足定植水(每株秧苗浇水量1.5～2升),水渗下后,株间点施磷酸二铵,每667平方米40～50千克,然后培垄,垄高13～15厘米。用小木板刮光垄台、垄帮,在小行距两垄上覆盖地膜,开纵口把秧苗引出膜外,用湿土封严膜口。每667平方米栽苗3 700～3 800株。

(2)日光温室早春茬黄瓜定植 立春前后定植。做成1.2米宽的硬埂畦,在畦面上开2条浅沟,按2.5厘米左右株距摆苗,方法与冬春茬相同。每667平方米栽苗3 900～4 000株。

(3)大、中棚春茬黄瓜定植 提前覆盖大、中棚薄膜烤地,争取提早化冻土壤。当棚内土壤融化 10 厘米深时,即可做成 1 米宽的畦,隔畦直播小白菜、茼蒿、茴香、水萝卜,或栽生菜、油菜等耐寒蔬菜。空畦准备定植黄瓜。黄瓜定植需要棚内 10 厘米地温稳定通过 10℃以上,最低气温不低于 3℃时进行。

定植时在空畦内按 50 厘米行距开 2 条沟,按株距 17~19 厘米摆苗,脱下容器,培少量土,浇水。过几天表土见干时细致松土。每 667 平方米栽植 4 000 株左右。

(4)小拱棚短期覆盖定植 在终霜前 20 天左右定植。做成 1 米宽畦,长 6~8 米,畦面撒施农家肥深翻细耙,按 45 厘米行距开 2 条定植沟,按 33 厘米株距栽苗,每 667 平方米栽苗 4 000 株左右。

(5)地膜覆盖黄瓜定植 普通地膜覆盖栽培与陆地黄瓜定植时期相同,做成 1.2 米宽畦,畦内开 2 条沟栽苗,浇水封耳后做成 2 条垄,覆盖地膜。栽培方法、密度基本与露地栽培相同。改良地膜覆盖,可在终霜前 10 天左右定植。

(6)秋冬茬、秋茬黄瓜定植 日光温室秋冬茬黄瓜,大、中棚秋茬黄瓜,除了定植期有差别外,定植方法完全相同。

大、中棚秋黄瓜,比露地秋黄瓜晚栽 20~30 天,日光温室秋冬茬黄瓜比大、中棚晚 20~30 天,以免产量高峰相遇。

2.西葫芦定植

(1)日光温室冬春茬西葫芦定植 按大行距 80 厘米,小行距 50 厘米开定植沟,株距 45 厘米栽苗,方法同冬春茬黄瓜,每 667 平方米栽苗 2 000 株左右。在小行距的两垄上覆盖地膜。

(2)早春茬、春茬西葫芦定植 日光温室早春茬西葫芦,塑料大、中棚春茬西葫芦定植方法相同,定植时期有差别。日光温室早春茬西葫芦在立春前后定植,大、中棚春茬西葫芦定植与黄瓜一致。定植方法与冬春茬相同,日光温室每 667 平方米栽苗 2 000 株左右,大、中棚每 667 平方米可栽 2 000 株左右,一般不覆盖地膜。

(3)小拱棚短期覆盖西葫芦定植　按1.2米宽做畦,开2条浅沟,按50厘米株距栽苗,浇足定植水,覆盖小拱棚。定植时期在终霜前20天左右。每667平方米栽苗2200株左右。

(4)秋冬茬、秋茬西葫芦定植　日光温室秋冬茬西葫芦,大、中棚秋茬西葫芦,定植期与黄瓜一致,定植方法与春茬相同,只是不需要覆盖地膜,定植水要浇足。每667平方米栽苗2000~2200株。

3.冬瓜定植　冬瓜对温度、光照要求严格,反季节栽培必须在采光科学、保温性能优越的日光温室才能进行。近几年日光温室冬春茬冬瓜、早春茬冬瓜栽培刚刚起步,因为冬瓜极耐贮藏,所以其他形式的保护地栽培尚很少进行。

冬春茬冬瓜在日光温室内的极端最低气温8℃以上才能进行,定植期在11月末至12月上旬;早春茬冬瓜在立春前后定植。从定植期向前推算45天育苗。

定植方法与冬春茬黄瓜相同。大行距80厘米,小行距50厘米,株距38~40厘米,每667平方米栽苗2400~2500株,在小行距的两垄上覆盖地膜。

4.西瓜定植

(1)日光温室早春茬西瓜定植　2月上中旬定植按行距1米(做成1米宽畦,畦内做1条垄)、株距50厘米栽苗,每667平方米的日光温室,去掉靠后墙通路,实际栽培面积只剩610平方米,一般西瓜品种栽苗1200株左右,极早熟的小型西瓜品种可栽苗2000株左右。栽完苗垄台上覆盖地膜。

(2)大中棚西瓜定植　大中棚西瓜普遍采用匍匐栽培,行距1.8米,株距40~50厘米,每667平方米栽苗700~800株,覆盖地膜。

(3)双膜覆盖西瓜定植　经过秋天翻耙的土地,按60厘米开沟施有机肥于沟中,合垄后镇压保墒,从一侧开始留出2条垄,第三、第四垄准备栽西瓜,以后隔4条垄留2垄栽西瓜,不栽西瓜的垄提早播水萝卜或油菜、生菜等速生蔬菜。

终霜前 7~10 天定植西瓜于垄台上,株距 45~50 厘米,浇足定植水,封埯后两垄上覆盖地膜,上面扣小拱棚,垄长 8~10 米设水道。每 667 平方米栽苗 700~800 株。

5. 甜瓜定植　甜瓜与西瓜定植方法基本相同,分为支架或吊蔓栽培和匍匐栽培。

(1) 支架或吊蔓栽培定植　大行距 80 厘米,小行距 60 厘米,株距 40 厘米左右。日光温室每 667 平方米栽苗 2 350 株左右,大、中棚栽苗 2 500 株左右。定植时期:日光温室 1 月下旬;大、中棚 10 厘米地温稳定通过 13℃ 以上,极端最低气温不低于 5℃;双膜覆盖栽培,终霜前 20 天左右。

(2) 匍匐栽培定植　大行距 70 厘米,小行距 50 厘米,株距 40~45 厘米。日光温室每 667 平方米栽苗 2 250~2 500 株;大、中棚和双膜覆盖,每 667 平方米栽苗 2 500~2 700 株。定植时间与支架或吊蔓栽培相同。

6. 苦瓜定植　苦瓜枝叶繁茂,需要适当增大行距,减少栽苗数。只宜立支架不能匍匐栽培。按大行距 1 米,小行距 60 厘米做垄,在垄台上按 38 厘米株距定植。日光温室每 667 平方米栽苗 2 000 株左右,大、中棚栽苗 2 200 株左右。定植后在小行距的两垄上覆盖地膜,开纵口把秧苗引出膜外,用湿土封严膜口。

7. 丝瓜定植　丝瓜也属于枝叶繁茂的瓜类蔬菜,日光温室每 667 平方米栽苗 2 000 株左右,大、中棚栽苗 2 200 株为宜。栽苗方法可与苦瓜相同。

各种瓜类的定植见图 4-3,图 4-4,图 4-5。

六、定植后的管理

瓜类蔬菜定植后的管理,主要介绍各茬口的温度、光照及水肥管理,植株调整、病虫害防治另外叙述。

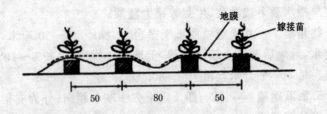

图 4-3 黄瓜定植示意图 （单位:厘米）

图 4-4 大棚西瓜定植示意图 （单位:厘米）

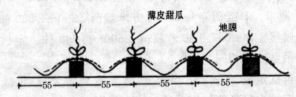

图 4-5 薄皮甜瓜定植示意图 （单位:厘米）

(一) 日光温室冬春茬管理

1. 缓苗期管理 定植后需要在高温高湿环境条件下缓苗。密闭保温,白天不超过 32℃不需要通风,定植要浇足水,缓苗期间不浇水。

2. 初花期管理 缓苗后幼苗期尚未结束,仍按幼苗期管理(参看幼苗部分)。5～6 片叶后展开茎蔓开始伸长,不能直立生长,到第一条瓜坐住,即进入了初花期。

(1) 温度管理 黄瓜白天保持 25℃～28℃,午后将至 15℃时放下草苫,前半夜保持 15℃以上,后半夜 11℃～13℃;西葫芦低于黄瓜 3℃左右;冬瓜、苦瓜、丝瓜高于黄瓜 3℃左右。

(2)光照调节 冬春茬瓜类蔬菜栽培,初花期正处在日照时间短、光照弱的季节,应尽量早揭晚放草苫,争取延长见光时间,每天揭开草苫要清洁前屋面薄膜,提高透光率。最好在后墙部位张挂反光幕,增加后部光照强度。

(3)水、肥管理 冬春茬瓜类蔬菜,定植后处在光照不断减弱、日照时间不断缩短、温度下降的环境条件下,对瓜类生育不利时间,长达 1.5 个月之久。为了提高植株的抗逆性,为结果期打好基础,必须控制水分,促进根系发育,控制地上部生长,只要土壤不干旱,不会影响正常生长,就不要浇水。如果发现水分不足,生长受到抑制时,可选晴天上午,揭开垄端地膜,从暗沟中少量浇水,有滴灌设备的,可适量滴灌。

3. 结果期管理 第一条瓜坐住就进入了结果期。冬春茬瓜类蔬菜的结果期最长,经历的环境条件变化也较大,管理的关键是调节营养生长和生殖生长的平衡,既要防止徒长,又要避免早衰。

(1)温度管理 进入结果期以后,日照时数增加,光照增加,外界温度升高,温、光条件已经完全满足需要,不会出现低温危害,但是仍然要保持10℃以上的昼夜温差。

黄瓜白天 25℃～30℃,夜间 15℃～20℃,后半夜不应超过15℃;冬瓜、苦瓜、丝瓜,温度可高 2℃～8℃;西葫芦应比黄瓜低2℃～3℃。

(2)水、肥管理 第一条瓜接近采收时,开始追肥浇水,每 667平方米追施尿素 10～15 千克,溶于水中,随水灌入暗沟中。前期10～20 天浇 1 次水,隔 1 次追肥;进入结瓜盛期 5～10 天浇 1 次水,追肥仍隔 1 次进行。明沟在浇水后,表土见干时应进行浅锄保墒,结合除草。

(二)日光温室早春茬管理

日光温室早春茬瓜类蔬菜栽培,生育期比冬春茬瓜类缩短 60天左右,采收期更短。所以,在栽培技术上,采取培育长龄大苗,在管理上,采用促进早缓苗、快发棵;偏高温、大水、大肥,促进早采收,提高采收频率,在有限时间内获得高产。

1.温度管理 定植后密闭保温,促进缓苗,缓苗期西葫芦超过28℃,黄瓜超过32℃,西瓜、甜瓜、苦瓜、丝瓜超过35℃通风。

缓苗后7～10天的促根控秧,适当降低温度,然后逐渐提高到适宜温度:黄瓜白天25℃～30℃,夜间15℃～13℃;西葫芦白天21℃～23℃,夜间13℃～11℃;其他瓜类白天25℃～32℃,夜间18℃～15℃。进入结果盛期后,进行偏高温管理,尽量控制在适宜温度范围的上限,促进生长发育迅速,提高采收频率。

2.水、肥管理 第一条瓜坐住,开始膨大时追肥,每667平方米追施硫酸铵15～20千克,溶于水中,随水浇入膜下的暗沟中。黄瓜根系浅,生长快,采收频率高,浇水宜勤;西葫芦根系强大,吸收能力强,容易徒长,浇水次数、浇水量应比黄瓜少;冬瓜吸收能力比黄瓜强,应介于黄瓜和西葫芦之间;西瓜一般只浇催苗水,催蔓水,催瓜水;甜瓜需水量近似西瓜,苦瓜和丝瓜需水量与冬瓜接近。

进入结果期以后,黄瓜和冬瓜5～7天浇1次水,隔1次水追1次肥,大、小行交替进行,每次浇水量要充足,追肥不宜单追氮肥,追三元复合肥每次每667平方米20～30千克。

西瓜水、肥管理与其他瓜类不同,从定植至采收需浇3次水、追2次肥。定植缓苗后浇一次催苗水,然后蹲苗;抽蔓后追肥浇水催蔓,然后蹲瓜;瓜坐住开始膨大时追肥浇水催瓜。

甜瓜的水肥管理与西瓜近似,氮肥和水分过多会降低品质。

西葫芦根系强大,吸水吸肥能力强,植株容易徒长,需肥水比黄瓜、冬瓜少,比西瓜、甜瓜多;苦瓜、丝瓜对肥、水要求与西葫芦接近,但因枝叶繁茂,盛果期对水、肥需要量大,可参照冬瓜进行。

(三)大、中棚春茬管理

大、中棚瓜类蔬菜,定植期比日光温室早春茬晚60多天,而拉秧期接近,因为定植缓苗后,很快进入温、光条件对瓜类生育最佳时期,只要掌握好温、湿度和肥、水条件,就会生育迅速,获得较高产量。

1. 温度管理 定植后密闭不通风,促进缓苗。因大、中棚覆盖普通薄膜,内表面布满水滴,晴天温度很高,也不会灼伤叶片,缓苗期间可不通风。如果遇到寒流降温,可在畦面扣小拱棚保温。

缓苗后,黄瓜超过30℃通风,西葫芦超过25℃通风,西瓜、甜瓜、冬瓜、苦瓜和丝瓜超过35℃通风,并且尽量延长高温时间。因为大、中棚昼夜温差大,白天温度偏高也不会徒长。当外界最低气温达到12℃时,西葫芦夜间不再闭风,其他瓜类外界最低气温达15℃时昼夜通风。但是棚膜始终不能撤掉,降雨时要关闭风口,防止雨水浇灌。

2. 水肥管理 定植水要浇足,缓苗期不浇水,缓苗后进行一段促根控秧。第一条瓜坐住时开始浇水追肥。前期保持土壤见干见湿,进入结果盛期后,浇水追肥要勤,始终保持土壤湿润。浇水在晴天上午进行,浇水后加强通风。追肥可参照日光温室早春茬瓜类,一般浇2次水追1次肥。西瓜、甜瓜的水肥管理可参照日光温室早春茬。

(四)秋冬茬、秋茬管理

日光温室秋冬茬,大、中棚秋茬瓜类,定植时处在高温强光照季节,昼夜温差小,对黄瓜、西葫芦生育不利,其他瓜类尚能适应。随着时间的推移,进入了温光条件适宜时,时间不很长,又出现了外界温度逐渐下降,日照时间不断缩短,光照也开始减弱。瓜类蔬菜生育过程所经历的环境条件,与冬春茬、早春茬正相反,所以管理技术也不相同。

1. 温度管理 从定植时开始,日光温室和大、中棚昼夜通风。棚膜经过春夏,透光率已下降,光照强度明显低于露地,气温和地温也比露地低,对瓜类生育相对不利。

当外界气温降到15℃以下时,除西葫芦外的瓜类蔬菜夜间闭风,只在白天通风;西葫芦在外温降到12℃以下时闭风。

随着外界温度的下降,逐渐缩小通风量,减少通风时间,最后密闭不再通风。日光温室夜间气温不能保持10℃以上时,开始覆盖草苫。

2.水肥管理 定植后由于温度高,通风量大,土壤水分蒸发快,应勤浇水,保持见干见湿。缓苗后进行松土保墒,短时间蹲苗。根瓜坐住后结合浇水追肥。

(五)小拱棚短期覆盖管理

1.温度管理 定植后立即扣上小拱棚,浇足定植水后密闭不通风。缓苗后,接近中午棚内温度升高,揭开小拱棚两端薄膜通风,随着外界温度升高,从背风的一侧支开几处薄膜通侧风,过几天再从逆风的一侧通风,再过几天由两侧支开几处薄膜通对流风。通对流风后,定植1个月左右,外界气温已经完全符合瓜类生育要求,可在早晨、傍晚或阴雨天气,撤掉小拱棚转为露地生产。

2.水肥管理 在大通风前只浇水,不进行其他管理。定植初期,一旦遇到寒流,小拱棚内在通风量不断加大的情况下,水分蒸发快,应保持水分充足。撤掉小拱棚后再进行追肥,转入露地正常管理。

七、植株调整及人工授粉

瓜类蔬菜种类、茬口较多,又分为支架或吊蔓栽培、匍匐栽培。各种瓜类的整枝也不相同。

(一)黄瓜植株调整

1.吊蔓和缠蔓 黄瓜5~6片叶展开后,不能直立生长,需立支架调蔓。20世纪80年代以来,由于架材的价位较高,遮光多,已改为用塑料绳吊蔓。钢架温室,塑料绳上端拴在拱杆上,下端拴在黄瓜秧基部;竹木结构温室,需要在前屋面顶端南北拉一道细铁丝,塑料绳上端拴在细铁丝上。

随着黄瓜蔓的伸长,不断缠绕在塑料绳上,缠蔓时要调节高度,使龙头排在南低北高的一条斜线上,同时把雄花和卷须摘除。嫁接苗发生的也要及时摘除。

2. 打老叶和落蔓 黄瓜的叶片有幼龄叶、壮龄叶(功能叶)和老龄叶。老龄叶的叶绿体不完善,光合作用效率低,还要靠壮龄叶供给养分,壮龄叶担负着供给生长点、雌花、雄花、卷须、瓜条、分枝的养分。由幼龄叶发展到壮龄叶,养分有剩余,很快变成依靠壮龄叶提供养分。老龄叶还容易发病,传播病害,所以应在光合产物无剩余时就打掉。

日光温室冬春茬黄瓜生育期长,不宜摘心,茎蔓可达 70 节以上,温室的空间有限,即使曲形缠蔓也长不开,需要落蔓 2 次。落蔓的方法是在吊蔓时,塑料绳上端留出足够的长度,落蔓时只要松开顶部即可下落。落下的茎蔓是打掉老叶的基部老蔓,盘放于植株基部。

其他茬口的黄瓜,可在 25 片叶时摘心,促进结回头瓜。

萌发侧枝的黄瓜品种,10 节以下的侧枝摘除,上部可保留 2～3 个侧枝,在瓜条前留 1～2 片叶前摘心,以主蔓结瓜为主,以利通风透光。

(二)西葫芦植株调整

1. 吊蔓和缠蔓 采取与黄瓜相同的吊蔓,有利于通风透光,增加栽培密度,提高光合作用的强度。

2. 摘老叶打杈 生育期及时摘除光合作用不强的老叶片,打掉萌发的侧枝,嫁接苗要摘除砧木上发出的萌蘖,减少遮光,有利于通风,集中养分于果实膨大上,延长采收期,增加产量。

(三)冬瓜植株调整

1. 插架绑蔓　每株冬瓜,用细竹竿在植株两侧各插一根,顶端绑在一起呈"人"字形,再用一根细竹竿把架连成一体。随着茎蔓的伸长,绕着架杆绑住,龙头排列在南高北低一条斜线上。

2. 整枝、留瓜　每株冬瓜只留主蔓结瓜。各叶腋发生的侧枝及时摘除。

小型冬瓜品种雌花出现早,有的品种隔节或节节有雌花,应在坐瓜后按植株长势,间隔4～5节选留1个瓜形标准的瓜,集中养分,促其迅速膨大。瓜重500克左右时,用草圈托住底部,把草圈用塑料绳吊在架上。

(四)西瓜植株调整

1. 上架西瓜植株调整　每株西瓜留1条主蔓和1条侧蔓(子蔓),其余各叶腋发生的侧蔓及时摘除,两条蔓分别曲形绑在架杆上,插架方法同冬瓜。

两条蔓上各选留第二雌花坐的瓜。当瓜膨大到碗口大小时,选留一个瓜,另一个瓜摘除。留瓜的蔓作为结果蔓,在瓜前留5～6片叶摘心,另一条蔓作为营养蔓不摘心。

西瓜超过500克时用草圈吊瓜,方法同冬瓜。

2. 匍匐栽培西瓜整枝　大、中棚和双膜覆盖西瓜均不立支架,匍匐生长。每株西瓜留两条蔓,向同一方向延伸。调整好茎蔓的距离,选留瓜的方法与上架瓜的方法相同。大、中棚西瓜不用压蔓;双膜覆盖西瓜,为防被风吹翻茎蔓,需用湿土压蔓。西瓜膨大后需用草把底部垫上。

(五)甜瓜植株调整

1. 上架甜瓜植株调整　用细竹竿插架,单蔓整枝用一根细竹竿,双蔓整枝插两根细竹竿,架顶纵横用细竹竿连成整体增加稳固性。

5～6 片叶时开始绑蔓,单蔓整枝主蔓不摘心,中部 12～15 节叶腋发出的子蔓作为结果蔓,坐瓜后选留其中两条蔓,每蔓上结一个瓜,瓜前留 2 片叶摘心。其余子蔓全部摘除,主蔓长到 25～30 片叶时摘心,最上留两条子蔓,留 3～4 片摘心。

双蔓整枝,在幼苗 3～4 叶展开时摘心,选留两条子蔓引到架上,在子蔓的中部第 11～12 节处选留结果蔓,坐瓜后在瓜前留 1～2 片叶摘心,每个子蔓留 1 个瓜,25～30 片叶摘心。双蔓整枝的结瓜略显少,但是单瓜较大,产量并不低。

2. 匍匐栽培甜瓜整枝 主蔓 5 片叶时摘心,选留 3～4 条子蔓,子蔓 5～6 片叶摘心,在子蔓上结瓜,孙蔓在花前留 2～3 片叶摘心,生长繁茂可适当疏掉不结瓜的孙蔓,每株保留 50～60 个叶片。

大型品种每株留 1～2 个瓜,小型品种留 3～4 个瓜。坐瓜后一般不再摘心,以增加叶面积,促进果实发育。

(六)苦瓜植株调整

1. 支架 苦瓜侧蔓多,应插篱笆架,使茎蔓比较充分地分布在架上。有条件的最好用尼龙线织成网架,既可减少遮光,茎蔓又能分布均匀。

2. 整枝 苦瓜以主蔓结瓜为主。由于主蔓结瓜很快,分枝能力强,如任其生长过多的侧枝,过多的结果,不但果实发育慢,大小不整齐,采收延迟,品质也较差,所以必须进行整枝。

距地面 50 厘米以下的侧蔓及时摘除,主蔓长到架顶时摘心,留 3～5 条强壮的侧蔓结瓜,侧蔓结两条瓜再摘心。在绑蔓时应摘除卷须和雄花,使侧蔓分布均匀,及时摘除细弱或过密及衰老的枝蔓,减少遮光。

另一种整枝方法是在主蔓长到 1 米左右时摘心,留两条健壮的侧蔓代替主蔓,发生的二级侧蔓适当保留。以上两种方法可根据实际情况采用。

（七）丝瓜植株调整

丝瓜可采用与苦瓜相同的篱笆架。因蔓较长，可在基部采取盘条压蔓的方法。绑蔓采取曲形（"之"字形），以免很快爬满架。

除主蔓外选留2～3条健壮侧蔓，保证主、侧蔓都结瓜。其余的侧枝和卷须及时摘除，集中养分促进果实发育。

（八）人工授粉

瓜类蔬菜是雌雄同株，虫媒花。在日光温室和大、中棚栽培，开花时没有昆虫活动，除了黄瓜单性结实外，其余瓜类都必须进行人工授粉。授粉的最佳时机是上午开花后4小时内，即6时至10时。

早晨采收刚刚开放的雄花，连同花柄摘下，摘掉花冠，露出雄蕊，往雌花柱头上轻轻摩擦几下，使柱头均匀着粉，即完成了授粉过程；另一种方法是将即将开放的雄花，于前一天的下午5～6时采下，放入纸盒中保存，如果花朵太湿，可用60瓦的白炽灯泡烘干，促进开花散粉，把花粉抖落并收集好，翌日早晨应用。授粉时，用毛笔蘸取花粉，轻轻抹到雌花柱头上，即完成授粉工作。

西瓜和甜瓜每天授粉1次，授粉后要用不同颜色的纸牌挂在花柄上作为标记。

八、采　收

（一）黄瓜采收

黄瓜是连续采收的瓜类蔬菜，关键是掌握好采收成熟度，提高采收频率。根瓜尽量早采收，以防影响上部瓜条发育。每次采收都要严格掌握标准。瓜条膨大的速度受温度、光照和肥、水条件的影响,采收初期 3～4 天采收 1 次到 2～3 天采收 1 次,进入盛果期每天早晨采收 1 次。采收后装纸箱或筐上市。

(二)西葫芦采收

根瓜 250 克即可采收,进入盛果期不宜超过 500 克,及时采收嫩瓜,不但品质好,还不会影响上部果实发育。

西葫芦应在每天早晨采收,每个嫩瓜用纸包起来装筐,以保持鲜嫩。冬季、早春应在筐内衬上牛皮纸,包严,以防运输过程中遭受挤压和受冻。

(三)冬瓜采收

冬瓜生长较慢,雌花开放后 20 天左右生长较快,以后趋于较慢。当靠近瓜柄处出现白粉时,表明达到了采收成熟度,商品性状较好,可以采收。

冬瓜皮厚又有蜡粉,较耐贮藏,不需要包装,装筐后即可运输,只要在运输过程中不受挤压碰撞,就不会受损失。

(四)西瓜采收

西瓜作为果蔬鲜食,其商品价值完全取决于品质。品质与成熟度关系密切。西瓜的采收成熟度是一致的,种子已经成熟,瓜肉酥脆,含糖量达到最高值时风味最佳,水分也最多。如果不及时采收,瓜肉养分向种子转移,含糖量下降,果肉松软,品质变劣;采收过早,含糖量低,风味不佳,甚至不堪食用,所以掌握最佳采收时期非常重要。

1. 西瓜成熟度鉴别 鉴别西瓜成熟度,可采取以下三种方法。

(1)看外观听声音 果柄着生部位附近的卷须枯干,果柄上茸毛脱落,果蒂部凹陷,果皮发亮,花纹清晰,手摸瓜皮有光滑感。一手托瓜,另一手轻拍有颤动感觉,用手弹瓜皮,发出“嘭嘭”的浊音,是成熟的表现。

(2)用比重法测定 把西瓜放入盛水的大盆中,飘起1/4~1/5是成熟的表现。

(3)按授粉时间推算 不同西瓜品种,从开花至果实成熟大体30天左右,从授粉的标牌观察,再结合以上两种鉴别方法,可确定其成熟度。

2.采收方法 当地销售的西瓜,应在傍晚采收,用剪刀将一小段茎蔓带两片叶剪下。

运往外地销售的西瓜,应提前2~3天采收,运输途中经过后熟作用,到销地市场已经达到了成熟度。

(五)甜瓜采收

1.厚皮甜瓜采收 厚皮甜瓜从开花至成熟,早熟品种30~35天,中熟品种40~50天。由于栽培方法、栽培季节不同,气候条件的影响,采收期有一定的变化幅度。

果实表皮有光泽,网纹甜瓜花纹清晰,脐部表现出品种特征,并有香气,根据授粉的标牌推算,已达到成熟期,可采收1~2个瓜检测,达到生理成熟度即可采收。

采收后,每个瓜上贴上标签,套上网套上市。运往外地应提前3~4天采收。

2.薄皮甜瓜采收 薄皮甜瓜对品质的要求更为严格,只有成熟度适中时,含糖量最高,香味最浓;未充分成熟,或稍过熟品质都差,甚至不堪食用,所以鉴别成熟度是一项重要技术。

早熟品种在雌花开放后20~25天成熟,中熟品种25~30天成熟。当果实表面呈现出本品种固有的颜色,瓜顶部发黄,香味较浓,瓜皮有光泽,手摸有滑腻感,用手指弹发出浊音,摘下后,果柄断处有深黄色汁液,表现为成熟。

就地销售,成熟时采收;销往外地视运程远近,于八九分成熟时采收。采收应在傍晚进行。

(六)苦瓜采收

苦瓜是连续采收的瓜类蔬菜,果实发育快,一般在开花后10～12天达到商品成熟度。

苦瓜是以嫩瓜供食,掌握采收标准极为重要。采收晚了瓜肉松软,品质降低,还影响上部果实发育;采收过早,瓜条小,影响产量,并且瓜肉硬,苦味浓。

青皮苦瓜品种,果实已长成,果肉上的瘤状突起明显而有光泽,果顶部花冠干枯脱落为采收适期;白皮苦瓜除上述特征外,果实前半部明显由绿转白,表皮有光泽为采收适期。

苦瓜茎蔓较细,采摘时要轻轻摘下,防止扯断茎蔓。

(七)丝瓜采收

丝瓜要在瓜长到一定的大小,种子尚未发育,果皮未硬时,削皮后炒食或做汤食用。采收过早影响产量,稍晚品质下降,过晚就不能食用。一般开花后10～14天,果实充分长大,果肉脆嫩,削皮后果肉中不见种子时,为采收最佳时期。

丝瓜采收应在早晨进行,用剪刀从瓜柄处剪下,即可上市。

九、生理障害及病虫害防治

(一)生理障害防治

瓜类蔬菜生长发育过程中,有时因环境条件的影响,使正常的新陈代谢受到破坏,导致植株生长不正常,造成减产,严重时植株死亡。这种非病原菌侵染的病害,属于生理障害。

瓜类蔬菜的生理障害是多方面原因引起的,其中包括营养元素缺乏,光照不足或过强,温度过低或过高,通风过大或过小,土壤盐类积聚和有害气体等。

1. 营养元素缺乏症

(1)缺氮 氮是叶绿素的主要成分,光合作用与叶绿素的多少有关,氮素多则叶绿素形成多,光合作用旺盛,缺氮叶绿素减少,叶色变浅,严重时失去绿色,不能进行光合作用,导致叶片干枯脱落。瓜类蔬菜缺氮时,先从基部叶片失绿、枯黄,最后干枯脱落。

土壤中氮素不足,浇水过量更容易造成缺氮。一旦发现缺氮,应立即追施尿素等氮肥。

(2)缺磷 磷的作用是促进幼苗生长和花芽分化。瓜类蔬菜生育前期缺磷表现茎叶细小,叶色深绿无光泽,叶柄呈现紫色,根系发育不良,生长慢,植株矮小,生育延缓。

缺磷原因:在酸性土壤中,磷容易被铁、镁固定而失效,造成缺磷。地温过低,偏施氮肥量大,也能导致缺磷。

防治方法:增施磷酸二铵、过磷酸钙或叶面喷施磷酸二氢钾。

(3)缺钾 钾对细胞分裂、碳水化合物转化有重要作用。缺钾最明显的表现是叶缘出现灼伤状,而老叶更明显。并且可使叶片变小,生长缓慢,叶缘黄绿,最后失绿坏死。

缺钾原因:钾肥的施用量过少。另外,因光照不足、地温低、土壤过湿阻碍了对钾的吸收,或因施氮肥过多,产生对钾吸收的拮抗作用,虽然土壤中不缺钾,因阻碍了吸收,植株也会表现出缺钾症状。

防治方法:增施含钾有机肥如草木灰,也可叶面喷1%磷酸二氢钾,或追施硫酸钾。

(4)缺钙 钙对蛋白质的合成、碳水化合物的输送、作物体内有机酸的形成都起着重要作用。缺钙幼龄叶的叶缘失绿,叶片扭曲,严重时生长点死亡,根尖受影响。

缺钙原因:土壤过酸容易缺钙,氮、磷、钾施用过多,土壤干燥,土壤溶液浓度高阻碍钙的吸收。空气湿度小,水分供给不足,都会影响钙的吸收,表现出缺钙症状。

防治方法:增施有机肥,在酸性重的土壤中,可在施基肥时加入 10％的石膏。生育期间发现缺钙,可用 0.3％的氯化钙溶液喷布叶面,1 周喷 2 次,效果明显。

(5)缺镁 镁是构成叶绿素的重要元素,缺镁叶片黄化,严重时仅叶脉的两侧残留绿色,叶脉间出现坏死现象。

缺镁原因:一般沙土、砂壤土、酸性或碱性土壤容易缺镁。另外,施钾过多也会抑制镁的吸收,而呈现缺镁症状。

防治方法:增施有机肥。发现缺镁现象,可用 1％～2％的硫酸镁水溶液喷叶面,隔 1 周喷 2～3 次。

(6)缺硼 硼除了增强光合作用,促进碳水化合物的形成,还可调节瓜类作物内有机酸的形成和运转,使其不在体内积累。

缺硼会使根系不发达,生长点死亡,花器发育不全,果实畸形。

防治方法:增施有机肥,提高土壤肥力。补钾和补钙时,要及时浇水,防止土壤干燥造成缺硼。一旦发现了缺硼症状,应急的措施是用 0.12％～0.25％的硼砂,或硼酸水溶液,喷布叶面。

2. 盐类积聚的障碍 日光温室和塑料大棚,一次建成,连续生产,施肥量大,很少受到雨水淋溶,土壤盐类积聚是不可避免的。土壤的盐渍化,会造成一些瓜类蔬菜伤根,影响根系对养分的吸收,使植株矮小,叶色浓绿,根毛少,严重时根系变锈色而枯死;能使茎的生长点萎缩,心叶褪绿,叶柄未展开就向内弯曲,中上部叶片镶金边,容易发生病害,植株早衰。

防治方法:夏季进行一段休闲,大灌水洗盐,用水冲洗土壤,再排出棚室外,使溶于水中的盐类流出棚室,反复进行 2～3 次,可把大量的积盐冲走。增施有机肥,以肥压盐,最好利用玉米秸沤制的堆肥。在追肥时应多用复合肥,少用单一化肥,施磷、钾肥不宜过晚,氮、磷、钾肥应交替施用。

3. 光照条件不适宜的障碍

(1)光照不足 日光温室和大、中棚冬春季栽培,由于光照时间短、光照弱,特别是遇到连阴天,光照不足,容易造成落花,降低坐瓜率和引起化瓜。特别是日光温室冬春茬栽培,由于光照不足引起的生理障害最为严重。解决的办法是覆盖无滴膜,每天揭草苫后清洁前屋面薄膜,在后墙部位增挂反光幕。

(2)光照过强 北方春末夏初季节,由于光照充足,大、中棚通风不及时,气温会上升到 40℃左右,不但影响光合作用的正常进行,还容易引起化瓜,出现畸形瓜。

秋茬黄瓜、西葫芦,幼苗期间由于光照强,温度高,空气干燥,容易引起病毒病。最好覆盖遮阳网,减弱光照强度。

4.温度条件不适宜的危害

(1)低温障害 低温冷害是冬春茬、早春茬、春茬瓜类蔬菜容易发生的现象。瓜类蔬菜幼苗期,遭受轻微冻害,叶片边缘失绿,出现镶金边现象,但真叶能正常生长。定植后遇到短期低温,叶片边缘受冻,开始呈现暗绿色,逐渐干枯;地温低时老根发黄,不生新根,逐渐死亡。

降低低温冷害的对策是定植前进行低温炼苗,选坏天气刚过、好天气开始时定植。遇到寒流强降温天气,在棚室内扣小拱棚增温,日光温室可临时补助加温。

(2)高温障害 日光温室和塑料大、中棚,在晴天光照充足时,气温上升快,当气温上升到作物呼吸强度高于光合作用时,光合贮备物质被大量消耗掉,尤其是夜温高会使瓜类作物徒长,茎蔓细,节间长,叶片薄,叶色淡,影响花芽分化,容易落花落果,出现畸形瓜。

所以棚室栽培,调节温度非常重要。特别是黄瓜和西葫芦,必须严格掌握温度,防止高温危害。

(二)病害防治

瓜类蔬菜的病害有土传病害、气传病害和病毒病。

土传病害有枯萎病和疫病。黄瓜、西瓜、甜瓜、冬瓜均有发生,尤以黄瓜、西瓜、甜瓜发病普遍,西葫芦不发病,苦瓜、丝瓜也很少发生。

气传病害中的霜霉病、白粉病、炭疽病,除黄瓜外,西葫芦、冬瓜、苦瓜、甜瓜都有发生,而黄瓜的气传病害最多。除上述病害外,还有细菌性角斑病、黑星病、菌核病。

病毒病,在多数瓜类上都能发生,其中以西葫芦、黄瓜、西瓜、甜瓜发病较多,西葫芦最容易发病。

1. 霜霉病　各地均有发生,是瓜类蔬菜常见的病害,苗期、成株期均能发病。苗期发病在子叶上出现褪绿斑点,扩展很快,1～2天因受叶脉限制而呈多角形水渍状病斑。尤以早晨水渍状角斑明显,中午稍减退,反复2天后水渍状病斑变黄褐色,湿度大时病斑背面出现灰色霉层。严重时叶片布满病斑,病斑连片使叶片卷缩干枯,最后叶片枯黄而死。

【病原菌】　霜霉病的病原菌属鞭毛菌亚门真菌。霜霉病的发生与温、湿度关系极为密切。病菌喜温、湿条件,萌发和侵入需叶面有水滴存在。气温低于15℃、高于28℃不利于发病,发病适宜温度15℃～22℃。叶面存有水膜(滴)时,孢子囊1.5小时就能萌发,2小时左右就能完成侵入而引起发病。病斑形成后,相对湿度达85%以上时,4小时病斑上就可以产生孢子囊。条件适宜时病菌由气孔侵入到发病,潜育期只有3～5天,因此一个生长季节病菌可侵入多次。

日光温室和塑料大、中棚,温、湿度调节不当,空气湿度大,结露时间长,容易发病。

【防治措施】　选用抗病品种,培育适龄壮苗,定植后控制好棚室空气湿度,减少结露时间。

发现霜霉病中心病株,及时摘除病叶,喷药防止病害发展。药剂可选用25%甲霜灵可湿性粉剂1 000倍液,或80%大生可湿性粉剂800倍液,或72%克露可湿性粉剂600～800倍液,或47%加瑞农可湿性粉剂600～800倍液,或72.2%普力克水剂800～1 000倍液,或50%的烯酰吗啉可湿性粉剂600～800倍液;也可喷施5%百菌清粉尘剂,或防霉灵粉尘剂,每667平方米用量为1000

克;也可用沈阳农业大学研制的烟剂 1 号,每 667 平方米用 350 克熏烟。

2. 炭疽病 除黄瓜外,还危害西瓜、甜瓜和苦瓜,已成为保护地重要病害。苗期、成株期均可发病。苗期发病多在子叶边缘产生半圆形、子叶中央产生圆形淡褐色稍凹陷病斑,病斑上生有橘红色黏质物。有时幼茎接近地面处发病,产生淡褐色病斑,后病部缢缩,幼苗倒折死亡。成株期发病,最主要的症状是叶片受害。叶片上病斑呈圆形或近圆形,直径 10~15 毫米,也有稍小的和稍大的。病斑红褐色,边缘常有红色晕圈,湿度大时病斑上溢出少许橘红色黏质物,干燥时病斑中部有时出现星形破裂。近年,茎叶发病增多,茎蔓上病斑椭圆形或长圆形,黄褐色,稍凹陷,有琥珀色胶质物溢出。严重时病斑连接或包围主茎,致使病部以上茎枯死。

果实上发病,以老熟的种瓜为主,病斑圆形,初为绿色,后暗褐色,凹陷,有时开裂,湿度大时病斑中央溢出大量橘红色黏质物。

【病原菌】 炭疽病的病原菌为葫芦科刺盘孢菌,属半知菌亚门真菌。病菌可侵染多种瓜类。

病菌以菌丝体或拟菌核随病残体在土壤中越冬,也可潜伏在种子内部,或分生孢子黏附在种子表面越冬。在适宜条件下产生分生孢子,进行初侵染发病。发病后病部产生大量分生孢子,借气流、水溅、农事操作、昆虫等传播。分生孢子萌发产生芽管,从伤口或直接穿透表皮侵入,潜育期 3~5 天。再侵染频繁,病势发展较快。

病菌在 8℃~30℃ 范围内均可生长发育,适宜温度为 24℃~25℃,相对湿度 95% 以上对发病最有利。排水不良,通风排湿条件差,植株衰弱,均容易发病。

【防治措施】 进行种子消毒,实行轮作,采用高垄、高畦覆盖地膜栽培。发现中心病株及时摘除病叶病瓜,及时用药剂防治。药剂可选用 50% 多菌灵可湿性粉剂 500 倍液,或 80% 大生可湿性粉剂 500~800 倍液,或 50% 利得可湿性粉剂 800 倍液,或 40% 利得可湿性粉剂 400 倍液,或 2%武夷霉素水剂 200 倍液,或 80%炭疽福美可湿性粉剂 800 倍液,或 2.5%施保克乳油 3 000～4 000 倍液喷布。

3. 白粉病　除黄瓜外,西葫芦、苦瓜都能发生。白粉病从苗期到采收期均可发生。主要危害叶片,也能危害叶柄和茎蔓。叶片发病先在叶背面出现白色小粉点,逐渐扩展成大小不等的白色圆形粉斑,后向四周扩展成边缘不明显的连片白粉,严重时整个叶片布满白粉。白粉初期鲜白,逐渐变为灰白色,后期粉层下产生散生或成对的小黑点。发病严重时叶片早枯。

【病原菌】　白粉病的病原菌为瓜单丝壳菌,属子囊菌亚门真菌。病菌有不同专化型及生理小种,除危害瓜类外,还危害豌豆、花卉等。

瓜单丝壳菌为专性寄生菌,冬季主要在保护地瓜类植株上以菌丝体越冬,越冬后产生分生孢子,侵染寄主发病。病部产生大量分生孢子,借气流、水溅传播。分生孢子产生芽管,从叶片表皮侵入,菌丝体附生于叶片表面,以吸器伸入细胞内吸取养分。病菌入侵后几天内在侵染处形成白色菌丝状粉斑,并形成分生孢子,飞散传播进行再侵染。潜育期 5 天左右。

病菌喜温、湿,也耐干燥,10℃～30℃病菌均可活动。在温度20℃～25℃、相对湿度 25%～85%条件下,分生孢子均可发芽。在高湿条件下发病较重。

【防治措施】　选用抗病品种,实行轮作,加强通风透光,降低棚室温度,防止瓜秧徒长和脱肥早衰。常发病的温室,定植前可用硫黄熏蒸消毒,100 立方米空间用硫黄 250 克,锯末 500 克点燃熏1 夜。发病初期可喷药防治。药剂可选用 2%武夷霉素水剂 200倍液,或 25%粉锈宁可湿性粉剂 2 000 倍液,或 20%粉锈宁乳油1 500 倍液,或 30%来福灵可湿性粉剂 1 500 倍液,或 47%加瑞农可湿性粉剂 600～800 倍液,或 20%三唑酮胶悬剂 400 倍液,或25%敌力脱乳油 3 000 倍液,或 12.5%速保利可湿性粉剂 3 000 倍液,或 50％嗪胺灵乳油 500 倍液喷布。也可用 10％多百粉剂,每667 平方米 1 000 克喷撒;或用沈阳农业大学研制的烟剂 6 号,每667 平方米用 350 克熏烟。

4. 疫病　苗期、成株期均可发病。苗期发病,子叶、胚茎呈暗绿色水渍状,很快腐烂而死。成株期发病多在茎基部或节部、分枝处发生,开始出现褐色或暗绿色水渍状斑点,迅速扩展成大型褐色、紫褐色斑点,表面长有稀疏白色霉层。后病部缢缩,皮层软化腐烂,患部以上茎叶萎蔫、枯死。叶片发病,多在叶缘或叶柄连接处产生不规则、水渍状、暗绿色大型病斑。湿度大时,病斑扩展很快,常使叶片腐烂;干燥时,病部呈青白色,易破裂。病斑扩展到叶柄时,叶片下垂萎蔫。瓜上发病以下部接近地表为多,从瓜蒂部先发病,迅速扩展到全瓜。病部暗绿色,水渍状、软化凹陷,湿度大时病部表面长出稀疏白色霉层,最后腐烂。

【病原菌】　病原菌为甜瓜疫霉病,属鞭毛菌亚门真菌,可侵染多种瓜类作物。主要以卵孢子和厚垣孢子随病残体在土壤中越冬,在 25℃～30℃条件下,24 小时即可发病。有水的条件下,发病部位 4～5 小时就可以产生大量孢子囊,借浇水传播。条件适宜时病害极易暴发流行。

疫病的发生与温、湿度关系极为密切,在 9℃～37℃范围内均能发病,以 23℃～32℃最容易发病。相对湿度需达 95％。疫病的发生与栽培技术措施有关,重茬发病早,病情重。浇水多,水量大,发病重且蔓延快。平畦比高垄高畦发病重,偏施氮肥发病重。

【防治措施】　培育适龄壮秧,采用高垄或高畦定植,覆盖地膜,增施有机肥。

发现病害及时喷药,药剂可选用 25％甲霜灵可湿性粉剂 800倍液,或 64％杀毒矾可湿性粉剂 500 倍液,或 75％百菌清可湿性粉剂 500 倍液,或 43％瑞毒铜可湿性粉剂 500 倍液,或 68％瑞毒铝铜可湿性粉剂 400 倍液,或 72.2％普力克水剂 600 倍液,或72％克露可湿性粉剂 500 倍液,或 80％大生可湿性粉剂 800 倍液,或 77％可杀得可湿性粉剂 500 倍液,或 68％倍得利可湿性粉剂 800 倍液喷布。

此外,黄瓜、西瓜、甜瓜嫁接育苗,对疫病也有很好的防效。

5. 枯萎病 俗称死秧子。主要危害黄瓜、西瓜、冬瓜和甜瓜。多在成株期开花结果后陆续发病。开始中午可见植株中下部叶片呈缺水状萎蔫,萎蔫叶片不断增多,逐渐遍及全株。开始早、晚叶片尚能恢复正常,翌日中午再次萎蔫,反复 2～3 天后不能再恢复。茎基部临近地面处变褐色,水渍状,随之病部表面生出白色和略带粉红色的霉状物,有时病部溢出少许琥珀色胶质物。几天后病部开始干缩,最后病部表皮纵裂如麻,整个植株蔫死。剖视病株茎蔓可见维管束呈褐色,这是区别枯萎病与其他病害造成死秧的依据。

【**病原菌**】 枯萎病的病原菌属半知菌亚门真菌,可侵染多种植物。

病菌主要以菌丝体、厚垣孢子、拟菌核在土壤或病残体及未经充分腐熟的带菌粪肥中越冬。病菌在土壤中可存活 5～6 年之久。

病菌主要由根部的伤口侵入,也能直接从侧根分杈处或根尖端细胞间隙侵入。侵入后,病菌逐渐穿透薄壁细胞最后进入维管束,在导管内定居、发育,堵塞导管或病菌分泌的毒素使导管细胞中毒,影响导管的输水功能,致使瓜秧萎蔫枯死。近年来,发现病菌有潜伏侵染现象,即幼苗时可被侵染但不表现症状,待定植后遇适宜条件时才表现症状而发病。

土壤温、湿度对发病影响较大,8℃～34℃范围内均可发病,适温为 24℃～25℃,相对湿度 95％以上最容易发病。土温 15℃～20℃,含水量忽高忽低,不利于根系生长和伤口愈合,而有利于病菌侵入,发病严重。

【**防治措施**】 选抗病品种,进行种子消毒,培育适龄壮苗,进行轮作。在发病前或发病初,及时用药剂防治,控制病情发展。药剂可用 50％多菌灵可湿性粉剂 500 倍液,或 70％甲基托布津可湿性粉剂 700 倍液,或 40％双效灵可湿性粉剂 800 倍液,或 60％百菌通可湿性粉剂 350 倍液,或 5％菌毒清水剂 300 倍液,或 10％高效杀菌宝水剂 200～300 倍液,或 20％甲基立枯磷乳油 1 000 倍液灌根,每株灌药液 300～500 毫升。

另外,日光温室和塑料大、中棚黄瓜、西瓜、甜瓜,嫁接栽培已普遍采用,是防治枯萎病最有效的措施。

6. 蔓枯病　在保护地黄瓜、甜瓜、冬瓜、丝瓜上均有发生,多为成株期发病,主要危害茎蔓和叶片。茎蔓发病,多在节部出现梭形或椭圆形病斑,逐渐扩展可达几厘米长。病部灰白色,伴有大量琥珀色胶质物溢出,后病部变成黄褐色干缩,其上散生小黑点,最后病部纵裂呈乱麻状,但维管束不变色,引起蔓枯。叶片发病,多在叶缘产生半圆形病斑,或在叶缘内呈"V"字形扩展。病斑较大,直径达 20～30 毫米,偶有达到半个叶片。病斑淡褐色或黄褐色,隐约可见不明显轮纹,其上散生许多小黑点,后期病斑容易破裂。果实也能发病,多在幼果花器感染,呈轮纹心腐状。

【病原菌】　为西瓜壳二孢菌,属半知菌亚门真菌。病菌以分生孢子器或子囊壳随病残体在土中越冬,或以分生孢子器附着在种子表面,或黏附在架材和棚室骨架上,翌年借风雨及灌水传播。病菌喜温、湿条件,在 20℃～25℃,相对湿度 85％以上,定植密度大、通风不良条件下,容易发病。

【防治措施】　选用无病种子,进行种子消毒,实行轮作,采取高垄高畦覆盖地膜栽培。

发病初期及时拔除病株,喷布 70％甲基托布津可湿性粉剂 800～1 000 倍液,或 75％百菌清可湿性粉剂 600 倍液,或 50％多菌灵可湿性粉剂 500 倍液,或 70％代森锰锌可湿性粉剂 500 倍液,或 80％大生可湿性粉剂 800 倍液。也可用 5％百菌清粉尘,每 667 平方米 1 000 克喷撒,或用沈阳农业大学研制的烟剂 1 号,每 667 平方米 350 克熏烟。

7. 黄瓜黑星病　20 世纪 80 年代以来发现保护地黄瓜黑星病迅速扩展蔓延,有些地区已成为重要病害。

黑星病,幼苗、成株均可发病。幼苗发病,子叶上产生黄白色圆形小斑点,扩展后子叶烂掉,幼苗死亡。稍大幼苗刚露出的真叶烂掉,成株期茎蔓各部位都能发病,但以瓜条最易发病。子叶发病后产生近圆形褪绿小斑点,扩展后呈直径2～3毫米黄白色圆形病斑,后期病斑内边缘部产生裂纹,形成穿孔。病斑穿孔边缘呈星芒状并留有黄白色圈。病斑接近叶脉部和叶脉受害变黑,停止生长,造成叶片皱缩畸形。龙头发病,生长点萎蔫,变褐腐烂,2～3天便可变成秃顶。茎蔓发病,最初产生污绿色水质状斑点,扩展后呈褐色、圆形或不规则形凹陷斑点,严重时病部龟裂,多数有胶质物溢出,湿度大时病斑密生烟黑色霉层。幼瓜或成瓜均可发病,以嫩瓜最易发病。最初瓜条上产生近圆形褪绿小斑点,病部溢出的透明胶状物似一小水珠。以后小黑点逐渐扩大呈污褐色圆形或不规则形凹陷的病斑。病斑处溢出胶状物增多,不久变为琥珀色,俗称"冒油"。湿度大时,病斑部密生烟黑色霉层。接近采收时,瓜条上病斑有时呈疮痂状,空气干燥时龟裂。瓜条一般不腐烂。幼瓜受害,常因病斑影响瓜条生长不均匀,使瓜条弯曲、畸型。

【病原菌】 为瓜疮痂枝孢霉,属半知菌亚门真菌。除侵染黄瓜外,还能侵染冬瓜、西葫芦、西瓜等。

病菌以菌丝体或菌丝块随病残体在土壤中越冬,也可以分生孢子附着在种子表面或菌丝潜伏在种皮内越冬。播种后病菌可直接侵染幼苗。土壤中病残体上的病菌,翌年产生分生孢子,侵染定植的秧苗。田间植株发病后,条件适宜时病部产生大量分生孢子,借气流、雨水和农事操作传播。温、湿度条件适宜时,分生孢子很快萌发,从伤口、气孔或直接从表皮侵入。潜育期4～7天,生长季节可反复侵染。

病菌在9℃～36℃范围内均可发育,最适温度为20℃～22℃。相对湿度93%以上才能产生分生孢子,而分生孢子萌发必须有水膜(滴)存在。病菌喜弱光,所以在冬、春棚室温度低、湿度大、透光差的情况下发病较重。黄瓜品种间抗黑星病存在着一定的差异。

【防治措施】 选用无病种子,进行种子消毒,实行轮作,培育适龄壮苗,定植时施足有机肥,定植后调节好温、湿度。发现病害立即用药剂防治。药剂可选用 50％多菌灵可湿性粉剂 1000 倍液,或 2％武夷霉素(BO-10)水剂 150 倍液,或用 6％乐必耕可湿性粉剂 500 倍液,或 40％福星乳油 6 000～8 000 倍液,或用 80％甲基托布津可湿性粉剂 800 倍液喷布。也可用 10％多百粉尘剂,每 667 平方米 500 克喷撒,或用沈阳农业大学研制的烟剂 3 号,或用黑星净烟剂,每 667 平方米 350 克熏烟。

8. 黄瓜细菌性角斑病 主要发生在叶片上,最初出现油渍状小斑点,以后扩大,因受叶脉限制形成多角形黄褐色病斑。潮湿时叶背病斑处有乳白色菌脓,最后病斑容易开裂或穿孔。果实及茎上病斑初期呈水渍状,表面有白色菌脓。果实上病斑可向内扩展,沿维管束的果肉逐渐变色,并可蔓延到种子。幼苗期发病,子叶上初生油渍状圆斑,稍凹陷,后变褐色干枯。病部向幼茎蔓延,可引起幼苗软化死亡。黄瓜细菌性角斑病的症状和霜霉病很相似,往往容易误诊,错误用药,影响防效。

细菌性角斑病初期呈油渍状褪绿斑点,边缘有油渍晕环。霜霉病初期呈水渍状浅绿色斑点,后期病斑多呈三角形,黄褐色至褐色,不穿孔。细菌性角斑病后期也呈多角形淡黄色至黄褐色,形状稍小,容易穿孔。潮湿时细菌性角斑病叶背病斑处有滴状乳白色菌浓。霜霉病叶背病斑处满生紫灰色至紫黑色霉层。

【病原菌】 细菌性角斑病的病原是细菌。病菌在种子内或随病残体遗留在土壤中越冬。种子上的病菌能存活 2 年以上。病菌越冬后,当环境条件适宜时,病菌被雨水溅至茎、叶上引起初侵染。近地面的叶片和果实容易发病。潮湿时病斑上产生乳白色菌脓,通过雨水、昆虫和农事操作等途径传播,进行再侵染。细菌从气孔、水孔及伤口侵入细胞和维管束中。侵入果实的细菌可沿导管进入种子,播种出苗后侵染子叶,引起幼苗发病。

空气湿度大有利于发病,温度 25℃～27℃条件下细菌繁殖快,发病严重,重茬也容易发病。

【防治措施】 选用无病种子,进行种子消毒,实行轮作。发现病害可用农用链霉素 200 毫克/升,或新植霉素 150～200 毫克/升或 47% 加瑞农可湿性粉剂 600 倍液,或 10% 高效杀菌宝水剂300～400 倍液,或者 7% 可杀得可湿性粉剂 400 倍液喷雾。此外,可用沈阳农业大学研制的烟剂 5 号,每 667 平方米 350 克熏烟。

9. 瓜类病毒病 又叫花叶病,分布普遍,到处都有发生,以西葫芦发病最重,甜瓜次之,其他瓜类发病较少。

瓜类病毒病由多种病毒侵染引起,主要有黄瓜花叶病毒和甜瓜花叶病毒。

黄瓜花叶病毒(CMV)在西葫芦上引起黄斑花叶皱缩,甜瓜上引起黄斑花叶,黄瓜上引起系统花叶,不侵染西瓜。

甜瓜花叶病毒(MMV)只侵染葫芦科植物,在甜瓜上引起系统花叶,在西葫芦的叶片上呈斑驳、畸形(鸡爪叶),对西瓜很容易侵染,表现为花叶畸形(小叶皱缩)。

病毒的致死温度为 60℃～62℃,体外存活 5～9 天,主要由桃蚜、菜蚜传播,汁液接触亦传毒。

高温、干旱、光照强,病害发生严重,因为有利于病毒的繁殖和蚜虫的迁飞,又降低了植株的抗性。

【防治措施】 选择抗病品种,加强管理,消灭蚜虫。日光温室挂反光幕有较好的避蚜作用。

(三)害虫防治

为害瓜类蔬菜的害虫,主要有蚜虫、温室白粉虱、潜叶蝇和叶螨。

1. 蚜虫 为害瓜类蔬菜的蚜虫叫瓜蚜。属同翅目蚜虫科,俗名蜜虫。

【为害特点】 瓜蚜是多食性害虫,以成蚜和若蚜在瓜类叶背面和嫩茎上吸取汁液为害。叶片被害后,细胞受到破坏,生长不平衡,叶片向背面卷曲皱缩,严重时瓜苗生长停止,甚至植株萎蔫死亡。老叶被害后,虽不卷叶,但提前干枯,使结瓜期缩短,严重影响产量。瓜蚜还在为害时排出大量蜜露,落在下面的叶片上,引起煤污病的发生,阻碍叶片的正常的生理功能,减少干物质的积累。

瓜蚜在北方1年发生10余代,20世纪80年代随着保护地设施的发展,周年均可发生。

【防治方法】 日光温室张挂反光幕可有效避蚜。发现瓜蚜及时用药防治,药剂可选用20%氰戊菊酯乳油3 000倍液,或20%灭扫利乳油2 000倍液,或2.5%功夫乳油4 000倍液,或2.5%天王星乳油3 000倍液,或10%氯氰菊酯乳油2 000~3 000倍液,或21%灭杀毙乳油6 000倍液,或40%乐果乳油加醋和水按1∶1∶2 000喷雾。也可用沈阳农业大学研制的烟剂4号,每667平方米400克熏烟。

2. 温室白粉虱 俗称小蛾子。是保护地瓜类、茄果类、豆类等蔬菜的重要的害虫。此外,对花卉为害也很严重。以成虫及若虫在叶背面吸取汁液,造成叶片褪色、变黄、萎蔫,严重时甚至枯死。在为害时还分泌大量蜜露,污染叶片和果实,发生煤污病,影响植株的光合作用和呼吸作用。

【为害特点】 温室白粉虱是同翅目害虫。成虫体长1毫米左右,淡黄色,翅覆盖白色蜡粉,若虫扁椭圆形,淡黄色或淡绿色,2龄以后足消失固定在叶背面不动。体表有长短不齐的蜡丝。若虫共4龄,4龄若虫不再取食,固定在叶片上称伪蛹。伪蛹椭圆形,扁平,中央隆起,淡黄绿色,体背有11对蜡丝。

北方温室条件下一年发生10余代,冬季在室外不能越冬,在温室内可以继续繁殖,翌年随菜苗移栽或成虫迁飞,不断扩散蔓延,秋凉后又迁移到温室。

成虫有趋黄性,对白色有忌避性。各虫态在植株上分布有一定的规律,一般上部叶片成虫和新产的卵多,中部叶片快孵化的卵和小若虫多,下部老叶片上老若虫和伪蛹多。成虫、若虫均分泌蜜露。成虫活动发育适温为 25℃～30℃,40.5℃成虫活动力明显下降,若虫抗寒力弱。

【防治方法】 根据温室白粉虱寄主范围广、繁殖快、传播途径多、抗药性强、世代重叠等特点,在防治上应着重抓好冬、春季防治。首先做好越冬场所的防治,消灭虫源,彻底处理白粉虱为害作物的残枝落叶,用橙黄色板涂 10 号机油诱杀成虫。温室白粉虱初发期及时用药剂防治,药剂可选用 25%扑虱净可湿性粉剂 1 000倍液,或 2.5%天王星乳油 3 000 倍液,或 20%灭扫利乳油 2 000倍液,或 2.5%功夫乳油 3 000 倍液,或 50%乐果乳油 1 000 倍液喷雾。此外,用沈阳农业大学研制的烟剂 4 号,每 667 平方米 400克熏烟。

3.瓜绢螟 属鳞翅目螟蛾科。别名瓜野螟、瓜螟。主要为害黄瓜、苦瓜、丝瓜等瓜类蔬菜,还为害茄子。

【为害特点】 成虫体长 12 毫米,翅展 25 毫米左右,头部黑色。前后翅白色略透明并有闪光。前翅前缘和外缘、后翅外缘均为黑色,腹部白色,尾节黑色,末端具有黄色毛丛,足白色。卵扁圆形,淡黄色,表面有网状纹。成长的幼虫体长 26 毫米,头部、前胸背板淡褐色,胸腹部草绿色,亚背线粗、白色,气门黑色,各节上有瘤状突起,上生短毛。

成虫白天潜伏在寄主叶丛或其他隐蔽地方,夜间活动,趋光性弱。卵产于叶背,散产或数粒在一起。孵化幼虫为害嫩叶,咬食叶肉,被害部呈灰白色斑块。3 龄后吐丝将叶缀合,潜藏其中为害,严重时可将叶肉吃光只剩叶脉。也能蛀入花和幼果中为害。老熟幼虫在被害卷叶内做白色薄茧化蛹,或在根际表土中化蛹。

【防治方法】 幼虫期把卷叶摘除,集中处理消灭部分幼虫,收获后清洁田园,幼虫卷叶前喷药防治,药剂可用 90%晶体敌百虫1 000倍液,或 50%敌敌畏乳油 1 000～1 500 倍液喷雾。

十、佛手瓜栽培技术

（一）育　苗

佛手瓜在北方栽培必须育苗移栽，因为种瓜发芽率只有60%～80%，为了保全苗不宜直播，还要先催出芽再进行播种。

育苗分为种瓜育苗、光胚育苗和扦插育苗三种方法。

1. 种瓜育苗　佛手瓜是名副其实的"种瓜得瓜"蔬菜。种瓜育苗就是栽入一个种瓜。选择瓜大无伤的种瓜，用刀从首端的合缝处开口，装入25厘米×15厘米的塑料袋里，码入筐中，在15℃～20℃处催芽，经15天左右，种瓜由首端合缝处长出根系，子叶长开后即可播种。

也可把种瓜用河沙下铺上盖4～6厘米的土，放在温室中育苗。

在育苗过程中严格控制水分，以防烂瓜。只要叶片不萎蔫就不要浇水。

2. 光胚育苗　利用充分后熟的种瓜，经过催芽，待胚随着子叶伸出瓜外脱离胎座时，把种瓜割开将胚取出育苗，叫光胚育苗。这和花生仁去皮，谷子去皮仍能正常发芽是一样的。

光胚育苗成苗率高，取出胚种，瓜仍能食用。胚轴上已长出少量细根时，是取胚的最佳时机。取胚时一手拿种瓜，一手拿刀，顺着合缝线从上向下割，用拿瓜的手，将拇指插入刀口处，向两面慢慢撑开1.5～2厘米，用嫁接刀的另一端轻轻地拨动子叶，使其完全脱离瓜体后取出完整的胚，立即育苗。

用直径12厘米、高20厘米的薄膜筒，装营养土3～4层，将光胚芽朝上栽入筒中，再填营养土至子叶上3厘米左右，摆入温室中育苗。

出苗前温度控制在15℃～20℃，土壤水分控制在相对湿度

70%～80%,光照要充足。

3.扦插育苗 提早在温室中进行种瓜或光胚育苗,在苗高5～6厘米时加大肥、水,促进生长,培养成多个侧枝的健壮苗,在3月上中旬将秧蔓剪下,2～3节切段,最上段保留新梢,摘除下端叶片,用500毫克/升的萘乙酸溶液浸蘸5～10分钟,插于床土或容器中浇足水。长出新叶后,说明根系已经开始生长。成活率一般在75%～80%,但是扦插苗较弱,需要进行根外追肥,每隔10天喷1次尿素和磷酸二氢钾0.2%的混合液。

(二)定 植

1.整地施基肥 在日光温室的前底脚部,按7米左右的距离挖坑,坑长、宽、深各1米,每坑施有机肥500～1 000千克,三元复合肥5千克,分层施入,与土混匀,浇水沉实。

2.定植时期、方法、密度 在日光温室早春茬蔬菜定植后再定植佛手瓜。在坑中央挖定植穴,栽入1株佛手瓜苗,浇足定植水,水渗后封埯。每667平方米日光温室栽苗11～15株。

(三)定植后的管理

佛手瓜在日光温室栽培,是为了防止霜冻,提早定植,到秋后短日照条件下开花结果时,长成强壮的植株,多结瓜,获得高产,延长采收期。在早春茬作物收获后,撤下温室薄膜,在露地条件下生长,秋凉后重新覆盖新薄膜,又在保护地条件下结瓜。

1.植株调整 当植株高40厘米左右时摘心,促进侧枝发生。佛手瓜节节都能发生侧蔓,由主蔓发生的称子蔓,选留2～3条健壮的子蔓,子蔓长到1米时再摘心,每个子蔓选留3条孙蔓,其余的萌芽及时摘除。在主栽作物前不搭架,把主蔓、子蔓和孙蔓引到温室前面拱杆上,用塑料绳绑住。

主栽作物收获后,撤下薄膜搭棚架,顺前屋面弧度搭成,每株佛手瓜要保持50平方米以上的架面。瓜蔓上架后及时调整位置,均匀分布在架面上,以利于通风透光,及时摘掉卷须,发现下垂的枝蔓及时引到架上。

2. 浇水 在与主栽作物共生阶段,不需浇水,以促进根系深扎。前作物结束后,佛手瓜转为露地生长,已进入高温季节,生长迅速,需水量大,必须勤浇水,最好在根际覆盖10~20厘米稻草或麦秸,可减少浇水次数。

入秋后植株生长明显加快,但仍以营养生长为主。进入开花结果期,特别是开花授粉后10天左右,果实生长速度快,需水量大,更应勤浇水,经常保持土壤湿润。

佛手瓜忌地面积水,所以夏季大雨后的排水也很重要。

3. 追肥 因基肥充足,6月份以前不需要追肥,分别在6月上旬、7月下旬、8月上旬进行3次追肥。第一次每株追施人粪尿5~7千克,过磷酸钙500克或复合肥500克,在植株周围30~40厘米处开环形沟,追肥后浇完水再覆土;第二次和第三次追肥在距植株60~65厘米处进行,追肥量增加1倍左右。

(四)开花结果期管理

1. 温度管理 进入开花结果期以后,通过通风控制日光温室温度。白天保持20℃~25℃,超过25℃通风;夜间保持10℃~15℃,尽量减少超过20℃的时间。在外界气温下降到10℃时,改为白天通风,夜间闭风。在夜间气温不能保持10℃时开始覆盖草苫。

2. 人工授粉 在日光温室内开花结果期,昆虫活动已经减少,人工授粉是重要技术环节。在花盛开时采集雄花,剥掉花冠,一朵雌花用一朵雄花授粉,在早晨8~9时进行。

3. 浇水 日光温室覆盖薄膜以后,初期大通风,土壤水分蒸发量大,5~7天浇1次水,以后温度下降,再延长间隔时间,从10~20天1次,再继续延长。

4. 根外追肥 佛手瓜进入开花期,可进行叶面追肥,每隔10

天左右喷 1 次磷酸二氢钾加尿素 1％溶液。

(五)采收与贮藏

佛手瓜开花后 15～20 天就可以食用,作为种瓜和商品瓜,应在开花后 25～30 天,瓜皮颜色由深变浅时采收。

佛手瓜除了陆续采收上市外,还可以贮藏到春天。贮藏的佛手瓜要轻拿轻放,经过挑选,在衬塑料薄膜的纸箱或筐里,在8℃～10℃环境下贮藏,一般可贮藏 5～6 个月。

在贮藏过程中,如果发现有长出胚根的,掐去后可以继续贮藏。

(六)温室地面利用和采收后处理

1.温室地面利用　日光温室栽培佛手瓜,主要是占一个春夏季和一个秋冬季。春夏期间以地面蔬菜为主,佛手瓜为开花结果打基础,基本不影响地面生产蔬菜;秋冬以佛手瓜为主栽作物,虽然占领了全部空间,但是地面是空闲的,利用耐弱光的耐寒叶菜类蔬菜,在地面栽培,如生菜、油菜、香菜、茼蒿、茴香等,可以正常生长,获得比较可观的产量和品质,增加日光温室的效益。

2.佛手瓜采收后的处理　日光温室栽培佛手瓜,一个周期完成后,可以作为多年生栽培。采收结束后,把秧蔓留 3 米左右短截,放在温室前底脚处,拆除棚架,进行早春茬生产。早春茬蔬菜生产结束时,再重新搭棚架,进行佛手瓜生产。

佛手瓜不论在南方露地栽培,或引到北方进行日光温室栽培,从未发生过病害。可见属于名符其实的绿色食品。

近年来在日光温室生产过程中,有时遭受温室白粉虱和红蜘蛛为害,可参照其他瓜类害虫防治方法解决。

第五章　茄果类蔬菜

一、茄果类蔬菜栽培的生物学基础

茄果类蔬菜包括番茄、辣椒和茄子,都属于茄科蔬菜,其形态特征和生物学特性有相同和相似之处,也有差异。了解茄果类蔬菜的特征特性,对利用各种保护地设施进行反季节栽培,从安排茬口到确定育苗期、定植期、栽培密度就有了依据,也便于进行温、湿度调节,水肥管理和植株调整。

(一)形态特征

1.根　茄果类蔬菜都有主根和侧根。番茄和茄子根系发达,分布范围广而深;辣椒根系不发达,侧根只从两侧发生,分布范围小而浅。经过育苗移栽,主根遭受破坏,侧根比较发达。

番茄根系再生能力强,茎基部容易发生不定根,不但移栽缓苗快,掰下较大的侧根扦插,也容易成活和发根生长。

茄子根系再生能力差,木栓化较早,不容易产生不定根,移栽后缓苗慢。辣椒不但根量少,再生能力更差,所以茄子、辣椒只宜在2~3片叶时进行移植,并且需要利用容器装营养土移苗,进行根系保护。

2.茎　茄果类蔬菜茎的差别较大。番茄的茎为半直立,幼苗期植株矮小可以直立生长,随着植株长大,特别是结果以后,茎支持不住上部的重量,需立支架或吊绳以防倒伏。茎上每个叶腋均能发生侧枝,侧枝生长快,可开花结果,生产上需进行整枝,以调节营养生长和生殖生长平衡。番茄属于合轴分枝,当主茎长到一定叶片数后,顶端形成花芽,花芽下的一个侧芽代替主茎生长,其生长势较强,长出 2~3 片叶后,其顶端又形成花芽,如此继续生长,不断分化花芽,交替进行,主茎不断伸长,称为无限生长类型。另一种主茎着生 2~3 个花序后不再伸长,称为有限生长类型,也叫自封顶番茄。

茄子的茎圆形,直立,较粗壮,紫色或绿色,因品种而异。成株茎木质化,株高 60~100 厘米,假双杈分枝。主茎分化 5~12 个叶原基后,顶芽分化花芽,花芽下的 2 个侧枝发育生长成"Y"形,形成一级侧枝;一级侧枝分化 1~3 个叶原基后,顶芽又分化花芽,花芽下的 2 个侧枝发育形成二级侧枝,接着形成三级、四级侧枝。

一级侧枝结 1 个茄子称门茄,二级侧枝结 2 个茄子称对茄,三级侧枝结 4 个茄子称四面斗,四级侧枝结 8 个茄子称八面风。八面风向上再结的茄子称满天星。

辣椒直立生长,腋芽萌发力弱,株丛小,适于密植。当主茎长到一定叶片数后,顶端形成花芽,在花芽下方形成双杈分枝或三杈分枝继续生长。在昼夜温差较大、幼苗营养状况良好时三杈分枝较多。前期分枝基础在于苗期环境条件,后期分枝在于管理技术。

辣椒的分枝习性为有限型和无限型。有限型植株矮小,主茎长到一定叶数后,顶部发生花簇封顶,形成多数果实,花簇下面的腋芽抽生分枝,分枝的腋芽又分生副侧枝,侧枝、副侧枝的顶端都形成花簇封顶,以后不再分枝,各种簇生椒都属于此类型。无限分枝型植株高大,生长势强,主茎生长到 7~11 片叶时,顶部现蕾,形成单生花芽,在花芽下方形成双杈分枝,依次向上生长,绝大多数品种属于此类型。

辣椒分枝习性与茄子相近,但不像茄子那样有规律,整枝方式也不相同。

3. 叶　番茄的叶分为花叶形、薯叶型和皱叶型等 3 种类型。花叶型又叫普通叶型,是生产上应用最普遍,品种也最多的类型。其特征是奇数羽状叶,叶片缺刻很深,形成多数裂片呈羽状,每片叶有小裂片 5~9 对,先端一个大裂片;薯叶型番茄叶片无明显缺刻,形成马铃薯叶,在番茄分类上称薯叶番茄或大叶番茄;皱叶型番茄叶片宽而短,叶缘翻卷,叶面皱缩,叶片淡绿色。

不论哪种叶型的番茄,叶片的大小,既有品种的差异,也有受环境条件的影响。

叶片小、节间长的番茄品种,群体受光条件较好,适于保护地栽培;叶片大、节间短的品种,一般较晚熟,生长势强,适于露地栽培。

相同的品种,在夜温较高、昼夜温差较小、光照不足、水分多的情况下叶片薄而大,节间较长。

茄子叶为单叶互生,长椭圆形或圆形,叶缘波浪形有缺刻。叶形与果实有相关性,一般长茄品种叶片狭长,圆茄品种叶片短宽。紫茄品种茎、叶脉均为紫色,叶片绿紫色或绿色;绿茄品种和白茄品种,叶片、叶脉均为绿色。

辣椒叶为单叶互生,卵圆形或长圆形。氮肥充足时叶形长,钾肥充足时叶幅宽。氮肥多、夜温高则叶柄长,叶片出现凹凸不平;夜温低则叶柄短。土壤干燥叶梢弯曲,叶身下垂,土壤湿度过大整个叶片下垂。

4.花 茄果类蔬菜都是完全花,自花授粉率高。番茄、茄子、辣椒的花有较大差异。

番茄每个花序的花数 5～7 朵或 10 余朵,因品种或环境条件而异。一般为总状花序,也有复总状花序。花序在茎尖形成后,接着在下方生长点分化第二朵花、第三朵花,直到一个花序上完全分化。一般幼苗 3 厘米高子叶展开,播种 25 天左右,花芽开始分化,从花芽开始分化至开花约 30 天。可见一般番茄品种在环境条件适宜的情况下,从播种到开花只需 55 天左右。

有限生长型番茄,主茎长到 6～7 片叶开始着生第一花序;第一花序着生后,每隔 1～2 片叶着生 1 花序,当主茎着生 3～5 个花序后封顶。无限生长型番茄多在 8～10 片叶着生第一花序,晚熟品种 11～13 片叶才着生第一花序,不断抽生枝条和结果。

番茄每朵小花由花柄、花萼、花冠、雄蕊、雌蕊组成。花柄着生在花序的分枝上。花柄基部有一个突起的节,该处的细胞在果实成熟时,因为细胞的果胶物质发生变化而使果实容易脱落,即所谓的离层。离层不单是成熟果实产生,在开花期或幼果期,如果受精不正常,或养分、水分供给失调,也会产生离层而脱落。

萼片和花瓣的数目正常情况下每朵花为5～7片,雄蕊由花丝和花药组成。正常花的花丝短而花药长,花药包围着雌蕊成为一个筒。开花时花药内纵向开裂一条缝,从中散出花粉,完成自花授粉。雌蕊分为柱头、花柱和子房三部分。子房由心皮(子室)组成,每个子室内都有很多胚珠着生在子室中心胎座上,胚珠受精后发育成种子。

茄子花一般单生,花瓣5～6片,基部合成筒状,形成钟形花冠。3～4片叶开始花芽分化,早熟品种5～6片叶现蕾。花紫色或白色,因品种而异,开花时花丝顶孔开裂散出花粉,花萼宿存。花柱长短不同,分为长柱花、中柱花和短柱花。长柱花的柱头高出花药,花大色浓,为健全花;短柱花柱头低于花药,花小梗细,为不健全花;中柱花的柱头与花药平齐。长柱花与中柱花有结实能力,短柱花不能结实。

辣椒花有单生也有丛生,丛生2～5朵。花冠绿白色,花冠基部合抱,先端分开五裂,基部有蜜腺,可以吸引昆虫,花萼基部连成筒,呈钟形,有雌蕊1枚,雄蕊5～6枚,雄蕊基部连合,花药长圆形,纵向开裂,子房2～4室。3叶时开始花芽分化,营养状况良好时形成长柱花多,较差时形成中柱花,环境条件不良时形成短柱花多,不能结果。

5. 果实 茄果类都是浆果,由子房发育而成,但是果实有较大的区别。

番茄的果实为多汁浆果。形状有圆球形、扁圆形、高圆形、长圆形、梨形、桃形、樱桃形。果实的颜色有红色、粉红色、黄色、橙黄色。果实的颜色是由果肉和表皮的颜色相衬而成的。果肉、表皮都是红色就成为红果；果肉红色，表皮无色则成为粉红果；果肉黄色，果皮无色成为黄果；果肉、表皮均为黄色就成为橙黄果；果肉红色，表皮黄色就成为橙红果。

番茄果实大小差异也极显著，大者数百克，小者几克，一般分为大、中、小3个类型。果实单果重不满70克为小型果，70～200克为中型果，200克以上为大型果。

番茄果实商品成熟度与生理成熟度是一致的。

茄子果实有5～8个子房，形状有圆形、卵圆形、长棒形，颜色有紫色、绿色、白色，老熟后成黄色。圆茄果肉致密发脆，长茄果肉疏松、柔嫩，果肉多为白色。

茄子果实体积接近最大限度、种子尚未发育时是品质最佳时期，过熟则不堪食用，过早采收不但品质达不到最佳，还会影响产量。

辣椒果皮与胎座组织分离，形成较大的空腔。细长形果多为2室，灯笼形果多为3～4室。青熟果为浅绿色至深绿色，成熟果为红色或黄色。

辣椒的果实食用范围较广，从青熟果到生理成熟，直到红干椒均有食用价值。保护地栽培以采收青熟果为目的，南方有些地区大棚栽培的尖辣椒采收红果上市。

6. 种子 茄果类蔬菜种子，不但形状、颜色不同，成熟过程也有差异。

番茄种子扁平、肾形，呈灰褐色或黄褐色，表面密生银灰色茸毛。种子千粒重3～4克，寿命5～6年，生产使用年限2～3年，新种子发芽率高。

番茄种子成熟较早，开花授粉后35天左右，种子就有发芽能力，在授粉40天左右完成胚的发育，40～50天完全具备正常的发芽能力。

茄子的种子扁平，圆茄品种种子多为圆形，脐部凹口较深，长茄品种种子多为卵圆形，脐部凹口较浅。茄子种子表皮坚硬光滑，吸水较慢,千粒重4~5克,寿命4~5年,使用年限2~3年。

茄子种子成熟较晚,一般在果实将近成熟时才迅速发育和成熟。种子发育早晚及多少因品种而异。从栽培上,种子发育晚、种子数少的品种最为有利。

辣椒种子的形状扁平,有长卵形、短卵形或圆形,种子的大小、重量、比重因品种而异。普遍栽培的辣椒品种,种子千粒重5克左右。新鲜种子有光泽,陈种子失去光泽呈黄褐色。

(二)生育周期

番茄、茄子和辣椒的生育周期基本是一致的,都包括发芽期、幼苗期、开花期和结果期。

1. 发芽期 从种子萌动至第一片真叶出至为发芽期。在催芽阶段,只要满足水分、温度、氧气条件胚根就能长出,播种于苗床后仍需相同条件,两片子叶展开后,需要充足的光照。发芽期为异养阶段,主要靠种子贮藏的养分生长。

2. 幼苗期 第一片真叶出现至现大蕾为幼苗期。幼苗期是茄果类蔬菜打基础的时期,相当一部分花芽已在幼苗分化,必须尽量满足温、光、水、肥、气等条件,促使花芽分化和发育,防止秧苗老化,培育适龄壮苗,才能打好基础。

3. 开花期 从第一花序或第一朵花开花至坐果为开花期,是茄果类蔬菜从营养生长长至生殖生长的转折期。这个转折期间营养生长至生殖生长的矛盾容易激化,所以要特别注意调节营养生和生殖生长的关系,既要防止徒长而延迟果实发育,影响成熟期,也要防止营养生长受抑制,植株矮小,生长势弱而影响产量。

开花期虽然时间短暂,但是在整个生育周期间显得很重要。

4. 结果期 从第一花序或第一朵花坐果,一直到采收结束为结果期。结果期始终存在着营养生长与生殖生长的矛盾,利用栽培技术措施,维持茎叶生长与果实发育的平衡,缓和营养生长与生殖生长的矛盾,既要防止徒长,甚至疯秧,也要避免长势过弱,果实赘秧。

茄果类蔬菜都是陆续开花结果的作物,结果期大量碳水化合物往果实里运输,果实之间对养分的争夺比较明显。下位叶片的养分除供给上层果实外,还大量供给顶端生长的需要。中位叶片的养分主要运输到果实中。由于营养物质分配的关系,有时因下位果实消耗过多的养分而使茎轴顶端瘦弱,上位花的发育不良。所以结果期必须加强水肥管理和植株调整,调节营养生长和生殖生长的平衡,才能获得高产稳产。

(三)对环境条件的要求

番茄、茄子、辣椒对环境条件的要求有很多相同相似之处,也有差异。

1. 温度　茄果类蔬菜都属于喜温作物,怕冷忌霜,低于 15℃不能受精,超过 30℃对生育也不利。

番茄种子发芽的适温范围为 20℃～30℃,以 25℃恒温催芽,不但出芽快,发芽也比较整齐,4 天即可出芽。生育期间对低温的反应是在 8℃左右生长发育迟缓,降到 5℃时茎叶的伸长几乎停止,-1℃～-2℃时植株冻死,但经过充分的低温炼苗,可忍耐短期-3℃的低温,并可长期耐受 6℃～7℃的低温。

茄子对温度的要求比番茄严格,耐热性强于番茄,对低温的适应能力不如番茄,低于 20℃植株生长缓慢,10℃ 以下停止生长,0℃植株受冻害。

辣椒既不耐高温,又不耐寒,尤其是幼苗对温度要求严格,成株耐低温能力增强。种子发芽的适温 25℃～30℃。幼苗期白天25℃～30℃,夜间 18℃～20℃。开花期低于 15℃大量落花落果,降到 10℃以下不能开花。温度升高到 35℃以上时,花粉变态不孕,不能受精而落花。

茄果类蔬菜生育期间温度低于 15℃时,就不能坐果,但是日光温室和大、中棚冬季早春栽培,后半夜到凌晨,气温低于 10℃的情况经常发生,然而很少落花落果。原因是气温低于 15℃ 正在发芽的花粉停止发芽,正在伸长的花粉管停止伸长,当温度回升到 15℃ 以上时还能继续发芽和伸长,在 4 天内都可以恢复。当气温超过 35℃ 以上时,花粉发芽和花粉管伸长也停止,气温降下来以后,已经不能恢复,所以短时间低温不影响授粉,高温却造成落花落果。

2. 光照　番茄光饱和点 7 万勒,补偿点 2 000 勒;茄子光饱和点 4 万勒,补偿点 2 000 勒;辣椒光饱和点 3 万勒,补偿点 1500 勒。

番茄不同生长发育时期对光照要求不同。种子发芽时对光照的要求属于好暗性,但好暗性随温度变化而变化,25℃ 好暗性不明显,20℃ 和 30℃ 好暗性增强,所以番茄催芽控制在 25℃。幼苗对光照要求严格,光照不足延迟花芽分化,着花节位上升,花数减少,花的素质也下降。开花坐果期光照不足容易落花落果,原因是弱光使花粉发芽率和花粉管伸长能力降低,造成受精不良。

结果期在强光下不仅坐果多,单果重也增加;弱光下坐果率低,单果小,还容易出现空洞果和筋腐果。

番茄对日照时数要求不严格,在自然光时数下,一般都能开花结果,但以 14～16 小时的日照时数下生育最好。

日光温室冬春茬栽培,室内光照度需达到 3 万～3.5 万勒才能正常生育。

茄子对光照时间和光照强度要求较高,日照延长,生长旺盛。光照减弱,日照时间缩短,光合作用能力降低,植株长势弱,产量下降,且色素形成不好,紫色品种果实着色不良。幼苗光照不足,花芽分化及开花期延晚,长柱花减少,中、短柱花增多。

日光温室冬春茬茄子栽培,必须采光设计科学,光照充足,并且改变整枝方法,改善受光条件,才能获得较高产量。

辣椒对光照要求不太严格,有较强的适应性,在长、短日照条件下都能开花结果,但日照时间越长着花越多,果实膨大得越快。不同的生育时期对光照的要求不同。种子在黑暗条件下容易出芽,幼苗期需要良好的光照条件。生育期间与其他果菜类相比,辣椒属于耐弱光作物,光照过强,超过3万勒光饱和点,反而会因加强光呼吸而消耗更多的养分,所以北方夏季露地栽培辣椒,容易遭受强光高温危害。

3. 水分 茄果类蔬菜对土壤水分和空气湿度要求比较严格,土壤水分不足或过多,空气湿度过高或过低,对各个生育阶段都不利。一般土壤相对湿度65%～85%,空气相对湿度50%～65%,最高不超过80%为宜。

茄果类蔬菜不同生育阶段对水分的需要也不相同,发芽期需水最多,幼苗期土壤相对湿度65%～70%,定植后至开花期仍需保持幼苗期水平,进入结果期后可保持75%以上。

番茄叶片缺刻多,根系发达,蒸腾水分量较少,吸水能力强,具有半耐旱的特性,不需要经常浇水。茄子叶片肥大,消耗水分多,生育过程中不宜缺水,特别是从门茄采收后,整个盛果期需水量最多,如水分不足,不但果实发育慢,而且果面粗糙,品质降低。但若空气湿度过高,长期超过85%,很快就会引起病害发生。

辣椒根系少,入土浅,分布范围小,吸水能力很差,必须经常保持适宜的水分,才能保持正常生长发育。在生育周期的各个时期,土壤水分不足均影响生长和发育。土壤水分过多,容易发生沤根。空气湿度过低会影响性器官的生理功能,导致生育不良,落花、落果,在高温干燥的条件下,还容易发生病毒病,空气相对湿度以60%～80%为宜。

4. 土壤营养 栽培茄果类蔬菜以土壤肥沃,富含有机质,土层深厚,持水保肥,排水良好,土质疏松为适宜。保护地可增施有机肥,改良土壤。

茄子对土壤要求不严格,北方有些地区日光温室冬季栽培茄子,实行稻菜轮作,不但产量可观,还解决了防治黄萎病的问题。茄子前期以氮、磷肥为主,后期以氮、钾为主;番茄除氮、磷、钾外,钙、镁及微量元素要求也比较迫切,供应不足对生育有不良影响。

辣椒在茄果类蔬菜中,比番茄和茄子对土壤要求严格,必须土壤通透性好,根系才能正常发育,还应勤施肥,每次施肥量要少。

茄果类蔬菜都适于微酸性到中性土壤,pH值6～7.2比较适宜,其中茄子比较耐微碱性土壤,pH值超过7.5也能正常生育。

二、茬口安排

(一)日光温室茬口安排

日光温室茄果类蔬菜反季节栽培,以供应冬季、早春市场为主,根据地区和温室的性能,可分为冬春茬、早春茬和秋冬茬。

1. 冬春茬 秋天播种育苗,初冬定植,春节前开始采收,6月下旬至7月上旬结束。历时300余天,经过秋、冬、春、夏的不同气候条件,不但技术性强,对日光温室的温光性能也有较高的要求。要在北纬41°以南地区,日光温室采光设计科学,保温措施有力,凌晨极端最低气温不低于5℃,室内温度达到30℃,才能进行。

冬春茬番茄和辣椒栽培起步较早,栽培面积较大,冬春茬茄子近年发展也较快,栽培技术也比较成熟。

2. 秋冬茬 夏季播种育苗,秋季定植,深秋至初冬采收,春节前倒地定植早春茬果菜,是衔接冬春茬茄果类蔬菜的茬口。这一茬在北方广大地区秋冬茬番茄栽培面积最大,辣椒和茄子面积较小。

秋冬茬栽培前期(育苗期)处在高温、长日照、强光和昼夜温差小的季节,需要进行遮荫育苗。定植初期温、光条件比较适宜,进入结果期以后,温度下降,光照不断减弱,日照时间不断缩短。茄果类蔬菜生长过程中,由于环境条件从不适宜到适宜,接着又进入不适宜阶段,所以技术性也较强。必须针对各个生育时期的环境条件进行调节,才能生长发育正常,获得较高的产量和品质。

3. 早春茬 日光温室进行茄果类蔬菜栽培,最初就是早春茬。冬季生产耐寒叶菜类蔬菜,春节前倒地,下茬定植番茄,露地番茄开始上市时采收结束,下茬仍然生产耐寒叶菜类蔬菜,形成一年两大茬的栽培制度。20世纪80年代中期,北纬40°地区冬春茬茄果类蔬菜栽培成功以来,北纬40°～41°地区,日光温室采光、保温达不到标准的,仍然进行一年两大茬生产,早春茬栽培面积比较大。

茄果类早春茬栽培,育苗期处在光照弱、日照时间短、温度低的冬季,需要在日光温室内设置温床进行。定植时温光条件已开始好转,缓苗后就在适宜的环境条件下生长发育。早春茬茄果类蔬菜生产时间短,为了在有限时间内获得较高产量,需要培育长龄大苗,定植后促进早缓苗快发棵,利用光照条件适宜的优势,在适宜温度范围内采取偏高温,加强水肥管理,争取早上市,提高采收频率。

(二)大、中棚茬口安排

大、中棚茄果类蔬菜栽培,分为春、秋两大茬,主要与各种瓜类蔬菜进行轮作倒茬。

1. 大、中棚春茬　以早熟为目的,育苗需要在温床进行,培育长龄大苗。我国地域辽阔,利用大、中棚进行茄果类蔬菜早熟栽培的范围甚广,各地气候条件差异较大,定植期的确定主要根据大、中棚的小气候,当棚内10厘米地温稳定通过10℃以上,露地最低气温稳定通过-3℃以上,棚内气温不低于3℃即可定植。茄子耐低温能力差,10厘米地温稳定通过12℃,气温不低于5℃定植。

大、中棚茄子、番茄一般7月末采收结束,倒地生产秋茬蔬菜;辣椒多数连续采收至出现霜冻时,成为一大茬栽培。

2. 大、中棚秋茬　大、中棚秋茬茄果类蔬菜栽培,夏季在遮荫苗床育苗,定植初期仍需进行一段时间遮荫。北纬40°及其以北地区大、中棚秋茬番茄栽培面积较大,茄子和辣椒很少栽培;北纬39°以南地区番茄、茄子、辣椒栽培都很普遍,南方大、中棚辣椒、茄子栽培面积最大。

大、中棚秋茬茄果类蔬菜栽培,纬度越高的地区,适合生长发育的时间越短,必须充分利用有限的温、光条件适宜的时期,加强水肥管理,提高采收频率,才能获得可观的产量。

(三)小拱棚短期覆盖栽培

小拱棚短期覆盖栽培,是在露地早熟栽培的基础上发展起来的。由于覆盖了小拱棚可在终霜前 20 天左右定植,加上在小拱棚内缓苗快、发棵早,可获得明显的早熟效果。

小拱棚短期覆盖栽培,定植前 60～80 天在温床培育长龄大苗,定植前严格进行低温炼苗。定植后经过不同程度的通风锻炼,当外界温度符合茄果类生育要求时,撤掉小拱棚,转为露地生产。

(四)地膜覆盖栽培

1. 普通地膜覆盖栽培 基本属于露地栽培。普遍实行垄作,在两条垄台上覆盖一幅地膜,可先盖地膜后栽苗,也可先栽苗后盖膜。覆盖地膜虽有增温保墒作用,但是不能防霜冻,所以定植期与露地栽培完全相同。由于定植后缓苗快,对根系发育有利,发棵早,可比露地早熟高产。

2. 改良地膜覆盖栽培 不论采用哪种改良地膜覆盖栽培方式,都可在终霜前 7～10 天定植。缓苗后逐渐扎孔通风,进行锻炼,终霜后把秧苗引出膜外。改良地膜覆盖比普通地膜覆盖可提早采收 1 周左右。

三、品种选择

(一)番茄品种

1. 普通番茄

(1)**中杂 9 号** 中国农业科学院蔬菜花卉研究所选配的番茄一代杂种。植株无限生长型,生长势强,叶量中等,8～9 节着生第一花序,中熟。果实高圆形,青果有绿色果肩,成熟果粉红色,果面光滑,果脐小,单果重180～200克。坐果率高,每花序坐果4～6个,上下层果大小均匀整齐,商品性好。品质优,风味好,可溶性固形物含量5.4%左右,糖3.25%,每100克鲜重含维生素C17.2～21.8毫克。高抗烟草花叶病毒病,中抗黄瓜花叶病毒病,抗番茄叶霉病及枯萎病。适于保护地及露地栽培。

(2)中杂8号 中国农业科学院蔬菜花卉研究所选配的番茄一代杂种。植株无限生长型,生长势较强,中熟偏早。果实近圆形,坐果率高,每花序坐果4～7个,品质佳,酸甜适中,含可溶性固形物5.3%左右,糖2.97%,酸0.5%,每100克鲜重含维生素C20.6毫克。畸形果率1.9%,裂果率1.5%。高抗烟草花叶病毒病,中抗黄瓜花叶病毒病,兼抗叶霉病。适于保护地及露地栽培,适合于全国各地喜食红果区栽培。

(3)佳粉17号 北京市蔬菜研究中心新近选配的一代杂种。植株无限生长型,叶片稀疏不易徒长,100%的植株上被有茸毛。主茎6～8节着生第一花序,中早熟。果实稍扁圆形和圆形。青果有绿色果肩,成熟果粉红色,单果重180～200克。品质优良,高抗病毒病和叶霉病。对蚜虫及白粉虱具有一定驱避性。适于保护地及露地栽培。

(4)佳粉15号 北京市农林科学院蔬菜研究中心育成的适合保护地栽培的杂交种。植株无限生长型,生长势强。叶量中等,主茎8～9节着生第一花序,花序间隔3片叶,着果力强,幼果有绿果肩,成熟果粉红色,圆形或稍扁圆形,单果重200克,大者500克以上。每100克鲜重含可溶性固形物5.76%,维生素C22.22毫克,糖酸比4.74。早熟,丰产,抗病毒病、叶霉病。

(5)辽园多丽 辽宁省农业科学院园艺研究所选育成的番茄一代杂交种,也是L-402番茄的替代品种。该品种耐低温弱光能力强,耐高温又耐高湿。生育期115天左右,收获集中,一般每667平方米产7000千克左右。果实扁圆形,粉红色,色泽艳丽,稍有绿果肩,果面光滑,果个均匀一致,果脐小,8～10个心室,果肉厚,果实硬度高,耐贮运。商品性好,优质率占 90％以上。风味酸甜适口,可溶性固形物 6％左右。高抗叶霉病,对叶霉病一些生理小种表现免疫。抗病毒病,植株体内带有 Tm-1 和 Tm-2a 基因。对灰霉病、疫病、青枯病也具有一定抵抗能力。无限生长型,植株生长势中等,至 3 穗果处株高 80～100 厘米,普通叶,叶色深绿,茎粗壮,不易徒长,第八节位着生第一花序,一般每花序间隔 3 片叶,每序 5～6 朵花。平均单果重 250 克左右。

(6)辽粉杂 1 号 辽宁省农业科学院园艺研究所配制的一代杂种。植株无限生长类型,生长势较强。普通花叶,叶色深绿。第一花序着生在 8～9 叶节。果实圆形,粉红色,果顶光滑,果脐小,有绿色果肩,心室 5～7 个,单果重 150～250 克。果肉厚,风味好,耐贮运。高抗病毒病(TMV)和叶霉病。中早熟,生育期 115 天。适宜露地和春大棚栽培。

(7)利生 8 号 辽宁省种子公司育成的杂交种。植株无限生长型,长势旺盛,7～8 节着生第一花序。果实圆形、红色、有绿果肩,果柄有节,表面光滑,4～5 心室,果高 6.9 厘米、横径 5.8 厘米,平均单果重 180 克,大小均匀、整齐,自然坐果率 70.14％。果肉厚,耐贮运。较抗病毒病(TMV 和 CMV),对晚疫病和叶霉病的抗性较强。中早熟,生育期 119 天。适宜喜食红果番茄的各地区露地或保护地栽培,秋延后栽培效果更好。

(8)合作 903 该品种属有限生长型,植株长势旺盛,第一花序着生于 6～7 节,3 序花左右自封顶。大果型,平均果重 350 克以上,最大单果重可达 1 000 克。成熟果大红艳丽,高球形,大而整齐,无青果肩。果肉厚,果皮坚韧、光滑,不易裂果,耐贮藏、耐运输,口感品味好,商品性极强。该品种生育期 105 天左右,适应性强,耐高温、干旱,抗病毒病、叶霉病、早疫病和晚疫病,春、秋两季均可栽培。

(9)合作 905 该品种属无限生长型,长势中等。普通叶型,叶片肥大,茎粗壮。7～8 片叶着生第一花序,花序间隔 3 片叶,生育期 115 天左右。抗病毒病、早疫病和晚疫病,中抗叶霉病。耐低温性能好。果实近圆形,无青果肩,单果重 300 克左右,最大可达 700 克。果实硬度高,耐贮运,风味佳,商品性好。

(10) 合作 908 中早熟品种。植株无限生长类型,生长势中等。普通叶形,8～9 片叶着生第一花序。生育期 115～120 天。抗病毒病、叶霉病和早疫病,耐高温干旱。果实鲜艳,深粉红色,高桩近圆形,无青果肩,平均单果重 350 克左右。肉厚果坚,质沙味美,商品性极佳,耐贮运。我国番茄产区均可种植。春、秋保护地和露地均可栽培。

(11) 津粉 1 号 天津市种子管理站配制的杂交种。植株有限生长类型,生长势强。一般 3 花序自封顶,两序果可以同时膨大,成熟期集中。主茎 6～7 叶节现花。花序间隔 1～2 叶,叶量较大。果实粉红色扁圆形,果肩绿色,果实光整,果面光滑,果肉多汁、酸甜适中,可溶性固形物含量 3.64%,品质及商品性好。抗病毒病(TMV),对灰霉病有一定躲避作用。坐果率高,平均单果重 150～200 克。早熟,从播种到始收 120～125 天。适宜华北各地露地或保护地早熟栽培。

(12) 东农 704 东北农学院园艺系配制的一代杂种。植株有限生长类型,株高 60～65 厘米,生长势强。2～3 花序自行封顶,中早熟种。果实圆形,果色粉红。平均单果重 125～160 克,大小均匀,果脐小,畸形果较少,裂果轻,品质好,可溶性固形物含量 4.5% 左右。风味好。高抗病毒病(TMV)0,1 株系,中抗黄瓜花叶病毒病,较抗斑枯病。适应保护地及露地栽培。

(13) 吉粉 2 号 吉林省农业科学院蔬菜花卉研究所育成。植株无限生长型,8～9 节着生第一花序。果实高圆形,粉红色,有绿果肩,单果重 200 克左右。果皮厚,耐贮运。耐低温,低温下无裂果,抗病毒病。中熟。适宜吉林省各地作早春日光温室和塑料大棚栽培。

(14) 吉粉 3 号 吉林省蔬菜花卉研究所育成。植株无限生长型,第九节始花。果实近圆形,粉红色,有绿果肩,单果重220克左右。低温下无裂果,抗病毒病和灰霉病。中晚熟。适宜早春塑料大棚栽培和保护地秋延后栽培。

(15)毛粉802 陕西省西安市蔬菜研究所育成。植株为无限生长型,该品种具有茸毛基因的表现,其杂种群体中茸毛株和普通株各占一半,其中茸毛株因表面密生白色茸毛,具有显著的避蚜虫效果,高抗烟草花叶病毒。单果重约200克,粉红色,幼果有青果肩,果实光滑、美观、脐小、肉厚,不易裂果,品质佳。坐果力强,产量高。

(16)毛粉808 陕西省西安市园艺研究所育成的早熟一代杂交种。植株为有限生长型,生长势强,结果集中。果实大小一致,外形美观,粉红色,脐小肉厚,不易裂果,耐贮运,品质极佳,单果重180克左右。其中50%的植株上长有长而密的白色茸毛,对蚜虫、白粉虱、潜叶蝇有防避作用。耐高温、低温,耐弱光,抗病毒病(TMV及CTV),抗叶霉病及早疫病。适宜全国各地栽培。

(17)西粉3号 陕西省西安市蔬菜研究所选配的番茄一代杂种。植株有限生长型,生长势较强,株高60厘米左右,主茎6~7节出现第一花序,3~4序花自行封顶。果实圆形,果色粉红,幼果有绿果肩,单果重115~130克,早熟种。高抗烟草花叶病毒病,中抗黄瓜花叶病毒病及早疫病。适宜保护地栽培。

(18)西粉5号 陕西省西安市蔬菜研究所育成的一代杂种。株矮自封顶,株高60~65厘米。生长势中等,主茎7节上着生第一花序,主茎一般2~3穗果封顶。果实中等偏大,平均单果重150克左右,大果重300~400克,果面光滑圆整,商品性好,粉红色,品质佳。较耐寒,防止落花使用防落素浓度要轻一点,果实膨大着色快,成熟集中,前期产量高,为极早熟品种。抗烟草花叶病毒病。适宜春季塑料大棚栽培。

(19)霞粉 江苏省农业科学院蔬菜研究所配制的杂交种,植株为有限生长形。早熟,株高70~80厘米,生长势强,初花节位

6～7节,主茎2～3花序封顶。果实圆型,粉红色,单果重150～180克,畸形果少,坐果率81%,可溶性固形物5%～5.1%,风味好。抗烟草花叶病毒病。适宜保护地早熟栽培及露地秋季栽培。

(20)浙 粉 202 浙江省农业科学院园艺研究所育成的无限生长型粉红果杂交一代番茄品种。其父本是从西欧和美国引进的品种和材料中选育而成。该品种兼具欧洲品种耐低温、耐弱光特性,适合温室、大棚栽培,又具美国品种抗性强、果皮厚、耐贮运的特点。中熟,第9节着生第一花序,长势中等;茎秆稍细,叶子稀疏,叶片较小,有利密植;果实近圆形,果皮厚而坚韧,果肉厚,裂果和畸形果极少;青果无绿果肩,成熟果粉红色,着色一致;特大果型,单果重300克左右,大果可达450克以上。该品种抗性强,高抗烟草花叶病毒,耐黄瓜花叶病毒、叶霉病和枯萎病;产量极高,耐低温和弱光性好;特别适合冬、春季南方大棚和北方温室栽培。

(21)鲁番茄7号 山东省烟台市农科所配制的一代杂种。植株为有限生长型,2～3花序自封顶,自然株高50～55厘米。果实粉红色,平均单果重150克,品质较好。高抗病毒病(TMV)、较耐疫病。较早熟,适宜保护地栽培。

(22)豫番茄5号 又名洛番2号。河南省洛阳市农业科学研究所配制的一代杂种。植株无限生长型,生长势强,普通花叶。第一花序着生在7～9叶节,花序间隔2～3叶。果实近圆形,果形整齐,果面光洁,皮较硬,不易裂果,果肩小,粉红色,平均单果重200克。果皮厚,耐贮运。高抗病毒病和晚疫病,抗叶霉病,抗热、耐寒。中晚熟,适合日光温室越冬栽培。

(23)晋番茄1号 原名8601F1。山西省农业科学院棉花研究所配制的一代杂种。植株无限生长型,生长势强,第一花序着生在7～8节,花序间隔3叶片,每花序着果3～4个。果实扁圆形,大红色,无绿果肩,整齐均匀,单果重200克左右。果皮厚,耐贮运,甜酸适口,风味佳。中早熟,成熟期集中。对早疫病、晚疫病、病毒病抗性较强。适宜作露地及保护地春早熟栽培。

(24) 华番 1 号　华中农业大学园艺系育成。无限生长型,株高 80～90 厘米,叶色深绿,生长旺盛。果实圆形,果面光滑,无果肩、无棱沟,成熟果大红色。可作春、秋两季栽培,单株结果18～25个。春季栽培单果重 120 克,秋季栽培单果重 100～150 克。耐贮性好,室温条件下可贮 40～45 天,好果率达 70%～85%,早熟。适宜湖北省各地露地或设施栽培。

(25) 湘番茄 3 号　原名早抗 1 号。湖南省农业科学院蔬菜研究所和省蔬菜技术服务站配制的一代杂种。株高 75 厘米左右,单果重 110～120 克,果实扁圆形,大红色。田间表现抗寒、耐阴雨寡照、高抗青枯病。早熟,从定植至采收 50 天左右。适宜长江中下游及其以南青枯病多发地区种植。

(26) 皖粉 1 号　安徽省农业科学院园艺研究所育成的一代杂种。植株有限生长类型,生长势强,叶片肥大,叶色深绿。株高 60～65 厘米。5～6 节着生第一花序,2～4 花序封顶。果实粉红色,无绿果肩,果脐小,使用防落素等处理花序后不出现裂果或畸形果。抗病毒病,耐叶霉病、早疫病等。早熟。春栽单果重180～250 克,秋栽单果重 200～260 克。适宜长江中下游及淮河流域各地作春、秋露地和保护地栽培。

(27) 秀丽 (Shirley)　山东省种子总公司从以色列泽文公司引进。为目前大棚番茄的主栽品种。该品种属无限生长型,早熟。植株长势旺,耐低温、弱光性强,果实圆略扁,大红色,口感佳,适合鲜食。果实无青肩,色泽鲜艳而均匀,果肉厚且硬度大,极耐贮运,常温下贮藏 20 天左右不变软,果实大小一致,整齐度高,单果重170～190 克,商品性极佳。抗枯萎病、烟草花叶病毒病、叶霉病等病害。适合越冬大棚秋冬茬、冬春茬以及早春茬和秋延迟等形式栽培。

(28) 加茜亚 (Graziella)　山东省种子总公司从以色列泽文公司引进。该品种突出的特点是植株生长旺盛,果实大,单果重180～200 克。植株为无限生长型。在大棚栽培中,表现抗病性强,抗枯萎病、烟草花叶病毒病、叶霉病等病害。耐低温、弱光性强。果实圆略扁,一级果率高,大小均匀,畸形果少。果实成熟后为大红色,色泽艳丽而均匀,无锈果(铁皮果)现象发生,果肉厚而硬实,极耐贮运,常温下存放 20 天左右而不变软。特别适合越冬茬、冬春茬和早春茬栽培,是外贸出口番茄的首选品种。

(29)多菲亚(R-1123) 山东省种子总公司从以色列泽文公司引进。该品种为无限生长型,植株长势旺盛。果实圆形,成熟后鲜红色,大小均匀且光滑,单果重 190~210 克。坐果率高,无青皮或青肩。极耐贮运,完全成熟后可在常温下存放 20 天而不变软,口感好,品质佳。抗病性强,尤其抗线虫病。适于越冬日光温室栽培。

(30)卓越(Beatrice) 从以色列泽文公司引进,为加茜亚的改进品种。该品种除具有加茜亚的特点外,还具有以下突出的特点:节间更短,在加茜亚相对短的节位基础上,进一步缩小了果穗之间的距离,果穗更加集中;植株长势更强,在植株生长后期,果实仍然较大且大小均匀;高抗根线虫病,尤其适于土壤线虫病高发的大棚栽培;果实重平均比加茜亚增大 10~20 克,并且果实颜色更鲜艳,口感更佳。适合越冬茬、冬春茬和早春茬栽培。

(31)百利一号(Beril RZ F1) 荷兰瑞克斯旺公司推出。植株无限生长型,早熟。生长势强,坐果率高,丰产性好。耐寒性强,适于早春、早秋大棚和温室栽培。果实大红色,圆形,中型果,单果重 180~200 克,色泽鲜艳,口味佳,无裂纹、无青皮现象。质地硬,耐贮运,适于出口和外运。抗烟草花叶病毒病、霜霉病、枯萎病。

(32)百利二号(Katerina RZ F1) 荷兰瑞克斯旺公司推出。植株无限生长型,特早熟,丰产。长势中等,耐寒性好,适于早春、早秋大棚和温室栽培。果实大红色,圆形,中型果,单果重 180~200 克,无青皮,无裂纹,口味好。质地硬,耐贮运,适于出口和长途运输。抗烟草花叶病毒病、线虫病、霜霉病和枯萎病。

2. 小型番茄品种

(1)美味樱桃番茄 中国农业科学院蔬菜花卉研究所育成的

新品种。无限生长型,生长势强,抗病毒病,极早熟。果实圆形,红色,着色均匀,色泽艳丽。坐果能力强,每穗可结 30～60 粒果实,单果重 12～15 克,大小整齐均匀,糖度 8％～10％,甜酸可口,风味浓郁,深受消费者喜爱。产品价值高,种植收益大。适于温室、塑料大棚及露地栽培。

(2)京丹 1 号 北京市农林科学院蔬菜研究中心选配的樱桃番茄杂交种。植株无限生长型,叶色深绿,生长势强,主茎 7～9 节着生第一花序,每穗花可结果 15 个以上,最多可结果 60 个以上。中早熟,高温和低温下坐果性均好。果实高圆形,成熟果色泽透红亮丽,惹人喜爱。平均单果重 10 克,糖度 8％～10％,果味酸甜浓郁,唇齿留香。高抗病毒病,对晚疫病有较强的耐性。适宜保护地高架栽培,尤以温室长季节栽培最佳。

(3)京丹 2 号 北京市农林科学院蔬菜研究中心选配的樱桃番茄杂交种。植株有限生长型,极早熟,第一花序着生在 5～6 节,2～4 穗封顶。春季定植后 40～45 天开始采收,秋季从播种至开始收获约 85 天。每穗结果 10 个以上。下部果高圆形,上部果高圆带尖。成熟果亮红美观,单果重 10～15 克,甜酸适口。高抗病毒病,结果习性好,耐热性强,为填补夏、秋淡季之首选品种。

(4)京丹 3 号 北京市农林科学院蔬菜研究中心最新培育的长椭圆形樱桃番茄一代杂交种。该品种为中熟品种,植株属无限生长型,节间稍长,有利于通风透光。抗逆性强,在高、低温条件下结果习性好。果形长椭圆形或枣形,成熟后亮红美观。口味甜酸浓郁,品质极佳,抗裂果性强。连续生长能力强,适宜保护地,尤以温室和日光温室长季节栽培最佳。

(5)京丹 5 号 北京市农林科学院蔬菜研究中心最新选育的椭圆形抗裂果型樱桃番茄一代杂交种。植株属无限生长型,中熟品种。坐果习性良好,长椭圆形或枣形果,成熟后亮丽艳红,视感佳。糖度高,风味浓,抗裂果。连续生长能力强,适宜保护地栽培,尤以长季节栽培最佳。

(6)京丹红香蕉1号 北京市农林科学院蔬菜研究中心最近选育定型的特色番茄一代杂交种。植株为无限生长型,坐果率高,果长、形似香蕉,成熟果光亮透红,惹人喜爱,抗裂果,耐贮运。

(7)京丹彩蕉1号 北京市农林科学院蔬菜研究中心最新选育定型的特色番茄一代杂交种。植株为有限生长型,坐果率高,果长、形似香蕉,成熟果有红黄相间彩纹,抗裂果,耐贮运。

(8)京丹绿宝石1号 北京市农林科学院蔬菜研究中心最新选育定型的特色番茄一代杂交种。无限生长型,生长势强,中熟。果圆形,幼果有绿色果肩,成熟果绿色透亮似绿宝石。单果重20克左右,果味酸甜浓郁,口感好。适合保护地作特菜栽培。

(9)一串红 江苏省农业科学院蔬菜研究所选育。植株属无限生长类型,植株长势旺盛,茎粗。单株花序6~15个,每花序结果20~40个,单株坐果300个左右。果实小,单果重12克左右。果实为圆球形,果面光滑圆整、有光泽,果大、红色。坐果率高,果穗上果实成串,排列整齐,可溶性固形物含量8%~10%,味甜,口感好,生食后口中不留残皮。该品种抗病性强,高抗烟草花叶病毒病,较抗早疫病、叶霉病等。

(10)圣女 农友种苗(中国)有限公司经销的小型番茄品种。植株无限生长型,叶片较疏,抗病毒病(TMV),耐叶斑病、晚疫病。耐热,早生,复花序,一个花穗最高可结60个果左右。双秆整枝时1株可结500果以上。果实呈长椭圆形,果色鲜红,果重14克左右,糖度可达9.8度,风味优美,果肉多、脆嫩,种子少,不易裂果,耐贮运。

(11)安琪儿 农友种苗(中国)有限公司经销的小型番茄品种。植株无限生长型,生长势强,耐枯萎病、病毒病(ToMV-1),早生,复花序,每花穗果实60个左右,双秆整枝时每株可达500果以上。果实呈长椭圆形,果色红而亮丽,果重13克左右,糖度9.8度左右。风味优美,果肉多,种子少,肉质脆嫩,果实硬,不易裂果,耐贮运。

(12)千禧　农友种苗(中国)有限公司经销的小型番茄品种。"圣女"类型,早生,无限生长型,生育性及抗病性强。果桃红色,椭圆形,重约 20 克。糖度高达 9.6 度,风味佳,不易裂果。每穗结 14～31 个果,高产。耐凋萎病,耐贮运,生育期 75 天。

(13)金珠　农友种苗(中国)有限公司经销的小型番茄品种。植株无限生长型,叶微卷,叶色深绿,早生,播种后 75 天左右即可采收。结果力非常强,一花穗可结 16～70 个果,双秆整枝时一株可结 500 个果以上。果实呈圆形至高球形,果色橙黄亮丽,果重 16 克左右,糖度可达 10 度,风味甜美,果实稍硬,裂果少。本品种适于春季和秋季栽培。

(14)龙女　农友种苗(中国)有限公司经销的小型番茄品种。"圣女"类型,早生,无限生长型,抗病,生育性强,丰产耐热。红色枣形果,果形优美,重约 13 克。肉厚硬、脆爽多汁,风味优美,糖度高,营养丰富,不易裂果。产量高。

(15)碧娇　农友种苗(中国)有限公司经销的小型番茄品种。"圣女"类型,植株为有限生长型,株高 170～250 厘米,生长势强,抗病性强。每穗果数 15～30 个,果重 15～18 克,果实长椭圆形,桃红色果。肉质脆甜,糖度高,皮薄。该品种为早熟品种,秋播至采收约 80 天,产量高。

(16)大明珠　农友种苗(中国)有限公司经销的小型番茄品种。植株生长健壮,早熟丰产,耐热性好,结果力强,单果重 130 克左右。果实为长球形,未熟果微绿肩,着色均匀,为硬果肉品种。该品种不易裂果,耐贮运,抗线虫病。

(17)朱蜜　农友种苗(中国)有限公司经销的小型番茄品种。植株无限生长型,生长强健,耐青枯病、叶斑病、晚疫病、病毒病。果穗上小果梗间距离短,果实排列密集,穗形美。1 花穗可结 13～35 个果,坐果良好,双秆整枝时,1 株可结 400 个果左右。果重 13 克左右,果实球形,果色深红艳丽。糖度可达 11 度,不酸,肉质软,皮薄,风味甜美。

(18)金珍 农友种苗(中国)有限公司经销的小型番茄品种。植株无限生长型,叶片淡绿带黄色,生长强盛,结果力特强,双秆整枝时,一株可结200果以上。果实球形,果重8~10克,小巧可爱,果色橙黄,肉质爽脆,糖度可达8.5度,有灯笼果的特殊风味,耐运输。观赏、食用一举两得。

(19)黄洋梨、红洋梨 由日本引进的小型番茄品种。无限生长型。叶片较小,普通叶形,叶色深绿。总状花序。第一花序出现在7~9节,以后每隔3节出现一花序。第一花序可坐果15个以上。果实似洋梨,果型小,成熟后黄洋梨果黄色,红洋梨果红色,单果重15~20克。中早熟,定植后50~60天可收获。其生长势及适应性较强,酸甜适中,品质佳,较耐热、抗病。

(20)日本金豆番茄 黄色樱桃形品种。无限生长类型,生长势强。熟性早,7片叶着第一花序。叶色深绿,叶片较大,普通叶形。果柄有节,果穗较长,平均单果重10~20克,风味、品质极佳。高抗烟草花叶病毒病和叶霉病,兼抗早、晚疫病。

(21)樱桃红 由荷兰引进的小型番茄品种,无限生长类型,植株生长势强,叶绿色。第一花序着生在7~9节,花序间隔3节,每一花序可坐果20个以上。果实小而圆,成熟果为红色,果色鲜艳,风味好,稍甜。单果一般重10~15克。中早熟,定植后50~60天开始收获。较耐热、抗病。

(22)绝色维娜(BR-139) 由以色列引进的一代杂交种,为无限生长型樱桃番茄。植株长势中等,抗逆性强,熟期中等。果实为红色,长椭圆形,单果重15~20克,坚实度好,保鲜期极长。具有果色鲜艳、个小肉厚饱满、口味鲜美等特点。可单个采摘或成串采摘。抗TMV、枯萎病第一小种、黄萎病第一小种。适合温室、大棚栽培。

(23)麦美格诺利亚(FA-818) 由以色列引进的一代杂交种。植株无限生长型樱桃番茄。该品种为早熟品种,生长势中等。果实为红色、长椭圆形,单果重7~12克,果实坚实度好,保鲜期极长,口味佳,丰产性好,抗病毒病(MTV),适合于温室长季节栽培。

(24)麦美利亚(FA-819) 由以色列引进的一代杂种。植株无限生长型樱桃番茄。该品种为早熟品种,生长势旺盛。果实为红色、长椭圆形,单果重 15～20 克,果实坚实度好,保鲜期极长,口味佳,可单个采摘或成串采摘。抗病毒病(MTV)、枯萎病第一小种、黄萎病第一小种,适合于温室长季节栽培。

3. 罐藏加工品种

(1)红杂 14 中国农业科学院蔬菜花卉研究所配制的罐藏番茄专用品种。自封顶生长类型,主茎一般着生 3～4 花序自行封顶,生长势较强。第一花序着生在 6～7 叶节,坐果率达 95% 以上。果实长圆形,幼果无绿色果肩,成熟果实红色,着色均匀一致,果面光滑,果形美观,单果重 60～65 克,果脐极小,果肉厚 0.8～0.9 厘米。果肉质地紧实,抗裂、耐压、耐贮运。高抗 TMV、中抗CTV,早熟,适宜北京、河北、新疆、甘肃、宁夏、广西和云南等地种植。

(2)红杂 16 中国农业科学院蔬菜花卉研究所选育的罐藏番茄一代杂种。植株属有限生长类型,生长势较强,株高 32～40 厘米,5～6 节着第一花序,花序间隔 1～2 片叶,坐果率高并且集中。果实卵圆形,果脐小,果面光滑美观,成熟果红色,着色均匀,单果重 50～60 克。果肉厚 0.7～0.8 厘米,果坚实,抗裂。可溶性固形物含量 4.8%～5.2%,每 100 克含番茄红素 9.7 毫克,糖2.35%～2.87%,酸 0.49%～0.62%。早熟种,前期产量占总产量的 80% 以上,从播种至果实红熟 109～110 天。高抗番茄花叶病毒病。

(3)红杂 25 中国农业科学院蔬菜花卉研究所选配的罐藏番茄专用一代杂种。植株无限生长类型,生长势强,中熟种。主茎8～9 节着生第一序花序,以后每隔 3 节着生 1 花序。果实卵圆形,青果有浅绿色果肩,成熟果实红色,着色较匀,单果重 62～76克。果面光滑美观,果脐较小,果肉厚 0.9～1 厘米,果实坚实,抗裂,耐压、耐贮运,可溶性固形物含量 5.3%～6%,每 100 克含番茄红素 10.2 ～10.5 毫克。抗病性强,高抗烟草花叶病毒病,中抗黄瓜花叶病毒病。

(4)新番 4 号 新疆农业科学院园艺所配制成的加工番茄一代杂种。植株有限生长类型,生长势强,叶色深绿,第一花序着生在 6～7 节,花序间隔 1～2 片叶,2～4 穗果自行封顶;果实红色,青果无绿色果肩,果形长圆,心室 2～3 个,果肉厚,硬度好,不易裂果,平均单果重 71.38 克,可溶性固形物含量 5.65%,每 100 克鲜果含番茄红素 12.63 毫克,果肉厚 0.98 厘米,有机酸含量 0.43%,总糖含量 3.2%,后期结果性能好。

(5)红玛瑙 140 中国农业科学院蔬菜花卉研究所育成的罐藏新加工专用品种。植株有限生长类型,生长势较强,主茎 4～5 叶节花序后自封顶,第一花序着生在 6～7 节,果穗较长,每花序着生 6～8 朵花,坐果率高。果实方圆形,单果重 60～70 克,幼果有浅绿色果肩,成熟果红色,着色均匀。果肉厚 0.9 厘米,果肉、胎座及种子外围胶状物均为深粉红色。果皮厚,果实紧实,种子腔小,抗裂、耐贮运。宜生产番茄酱,色泽鲜红,早熟,适宜北方各地及湖北、湖南等地种植。

(二)茄子品种

1. 紫茄品种

(1)辽茄 7 号 辽宁省农业科学院园艺所育成。该品种是设施专用的紫长茄杂交种。植株直立,叶片上冲,适于密植栽培,且在低温弱光下果实着色良好,适于越冬栽培和早春早熟栽培。早熟栽培,用营养钵育苗,从播种至始收 100～105 天。果实长型,长 20 厘米、粗 5 厘米,单果重 120～150 克。果皮紫黑色,有光泽,商品性好,品质佳。果实肉质紧密,口感好,耐运输。

(2)杭茄 1 号 杭州市蔬菜研究所选育的一代杂种。该品种生长势和耐寒性强,苗期生长快,低温时期坐果性好。株高 70 厘米左右,开展度 75 厘米左右。第一雌花出现在第 10 节,坐果多,每株结果约 30 个。果实细长且粗细均匀。平均果长 35 厘米、横径 2.1 厘米,单果重 48 克左右。果皮紫红色光亮,皮薄,肉白色,品质嫩,不易老化,商品性佳。抗病性较强。

(3)辽茄 4 号 辽宁省农业科学院园艺研究所育成。早熟品种,生育期 107 天,从开花至商品果成熟 15～20 天。株高 51 厘米,分枝次数多,再生能力强。叶较小而狭长,紫色,花及萼片均为紫色。果实长 25～30 厘米,果皮黑紫色,光亮皮薄,肉质松软,富含氨基酸,平均单果重 200 克,前期产量高,抗黄萎病和绵疫病,适宜密植,适合冬季栽培或保护地栽培。

(4)9318 长茄 中国农业科学院蔬菜花卉研究所育成的中早熟紫长茄新品种。株型直立,生长势强,单株结果数多。果实长棒形,果长 30～35 厘米、横径 5～6 厘米,单果重 250～300 克。果色黑亮,肉质细嫩,籽少。果实耐老,耐贮运。

(5)布利塔(Brigitte) 荷兰瑞克斯旺公司推出。该品种植株开展度大,花萼小,叶片中等大小,无刺,早熟,丰产性好,生长速度快,采收期长。果实长形,果长 25～35 厘米、直径 6～8 厘米,单果重 400～450 克。果实紫黑色,质地光滑油亮,绿柄、绿萼,比重大,味道鲜美。货架寿命长,商品价值高。适于冬季温室和早春保护地种植。

(6)尼罗(Nilo) 荷兰瑞克斯旺公司推出。该品种植株开展度大,株型直立,门茄着生在 8～9 节。花萼小,叶片小,无刺,无限生长型,生长势中等,坐果率极高,连续结果能力极强。早熟,丰产性好,采收期长。在低温高湿条件下生长良好,正常结果,几乎没有畸形果,抗病性强,适应范围广。果实长形,平均果长 28～35 厘米、直径 5～7 厘米,单果重 250～300 克。果实紫黑色,在弱光条件下着色良好。质地光滑油亮,绿柄,绿萼,比重大,味道鲜美,货架期长,商品价值高。适于冬季温室和早春保护地种植,亦适合割茬换头再生栽培。

（7）**乌金6号**　辽宁省葫芦岛市绿隆种苗有限公司推出。属中早熟一代杂交种。植株长势强，株高1～1.5米，半直立型，叶片中等大小，茎秆粗壮，门茄着生在8节左右。果实长形，果色黑紫色，果柄和萼片绿色略紫，商品性极佳，果长30～35厘米，单果重250～300克，果内种子少，品质好，果内种子发育速度慢，货架期长。果皮较厚，耐贮运，抗病力强，不易早衰，可连续坐果。耐弱光能力强，在保护地内栽培可正常着色，适于保护地和露地栽培。

（8）**圆杂2号**　中国农业科学院蔬菜花卉研究所育成的中早熟圆茄一代杂种。该品种植株生长势强，连续结果性好，单株结果数多。果实圆球形，纵径9～11厘米、横径11～13厘米，单果重400～750克。果紫黑色、有光泽，肉质致密、细嫩，商品性好。

（9）**丰研二号**　北京市丰台区农业技术推广中心育成的早熟茄子一代杂交种。植株直立，叶稀，适宜密植。主茎第6节开始着果，果实扁圆形，黑紫色，有光泽，横径10厘米左右，单果重约500克。此品种坐果率高，商品性好，口感细腻、微甜，品质好。适宜春季保护地及露地栽培。

（10）**天津快圆茄**　天津地方品种。株高50～60厘米，开展度较小，茎绿紫色，叶绿色，叶柄及叶脉浅绿色。门茄多着生于6～7节。果实圆球形稍扁，果皮深紫色、有光泽，定植至始收期35～45天，果实生长快，前期产量高。耐寒，果肉细而紧，品质和外观均佳。适合于露地早熟及保护地栽培。

2. 绿茄品种

（1）**棒绿茄**　辽宁省农业科学院园艺研究所育成。该品种植株生长势较强，茎叶繁茂，株高75厘米，开展度76厘米。茎秆和叶脉均为绿色，叶片肥大，叶缘波状。花紫色。果实长棒形，纵径20厘米、横径5.5厘米。果皮油绿色、富有光泽，果顶略尖。果肉白色，松软细嫩，味甜质优。单果重250克。对黄萎病和绵疫病等病害均有较强的抗病能力。从播种至商品果始收期为112天左右，属于中早熟品种。

（2）平茄－号 河南省平顶山市农科所育成。该品种具有早熟、抗性强、品质优、产量高、耐低温弱光等优点。该品种植株生长势强，株型半直立，株高 80 厘米，开展度 75 厘米，叶片绿色，长椭圆形，叶缘波浪形。早熟，门茄着生节位为 7～8 节，果实长卵圆形，果长 20 厘米、横径 10.5 厘米，平均单果重 350～400 克。果皮绿色，果肉浅绿色，皮薄、有光泽，口感好，品质佳。低温弱光条件下，生长势强，一般没有畸形果，商品性极佳，抗病力强，对低温高湿条件下发生的各种病害有较强的抗性。适宜大棚、拱棚、日光温室、露地早熟等多种形式栽培。

（3）辽茄 1 号 辽宁省农业科学院园艺研究所育成的高产、优质、抗病的绿长茄新品种。该品种叶片肥大，株高 66.2 厘米、直立，开展度 71.5 厘米，花冠浅紫色，果实生长速度快，从播种至商品果始收约 110 天。果实长椭圆形，果皮油绿色，果肉白色、细嫩、味甜，平均单果重 250 克。前期产量和总产量都高，抗病性较强，黄萎病、褐纹病和绵疫病的发病率较低，适应性较强。

（4）辽茄 5 号 辽宁省农业科学院蔬菜研究所育成的优质、高产、抗病、早熟绿茄新品种。该品种丰产稳产性好，生长势强，植株健壮，株高 70 厘米左右，株幅 60 厘米左右。果实整齐，长椭圆形，纵径 18 厘米左右、横径 6.5 厘米左右，单果重 300 克左右。果皮绿色，果面平滑而富光泽。果肉白色，软硬适中，细腻甜嫩，口感较好。含粗蛋白质 1.23%，可溶性固形物 5.9%，可溶性总糖 3.58%，维生素 C 5.09 毫克/100 克鲜重，营养丰富，品质优良。抗黄萎病和绵疫病。在辽沈地区从播种至商品茄始收期 110 天左右。

（5）西安绿茄 陕西省西安市地方品种。中早熟，7～9 片叶现蕾，植株生长势强，产量高，商品性一般，不抗绵疫病。株高 100 厘米左右，开展度 70 厘米，果实灯泡形，皮色油绿，果肉白色，肉质紧密、脆嫩，平均单果重 480 克，从播种至始收约 103 天，适于保护地栽培。

(6)新乡糙青茄 河南省新乡地区地方品种。株高 90 厘米,生长势强,门茄着生于第七节。果实灯泡形,皮青绿色,肉质细嫩,品质极佳。单果重 450 克左右。抗病、耐热、适应性强,适宜全国各地,特别是华北、东北地区露地或保护地早熟栽培。

(三)辣椒品种

1. 大果型品种

(1)中椒 5 号 中国农业科学院育成的中早熟甜椒一代杂种。获国家科技进步等奖。连续结果性强,果实为灯笼形,果色绿,单果重 80～100 克,味甜,对病毒病抗性强。适于露地早熟栽培和保护地栽培。

(2)中椒 7 号 中国农业科学院育成的早熟甜椒一代杂种。植株生长势强,结果率高。果实为灯笼形,果色绿,果实大,果肉厚 0.4 厘米,单果重 100 克左右,味甜质脆。耐病毒病和疫病。适于露地或保护地早熟栽培。

(3)中椒 11 号 中国农业科学院育成的中早熟甜椒。植株生长势强,连续结果性强。果实长灯笼形,果色绿,果长 11 厘米、粗 6 厘米,果肉厚 0.5 厘米。采收期果实整齐度好,品质佳,商品性突出,抗病毒病。主要适于露地早熟栽培或保护地栽培。

(4)中椒 12 号 中国农业科学院育成的中早熟甜椒。果实方灯笼形,果面光滑,果色绿,果肉厚 0.46 厘米,3～4 心室。高抗病毒病,中抗疫病,单果重 100 克左右。适于露地和保护地栽培。

(5)辽椒 4 号 辽宁省农业科学院园艺研究所育成的一代杂种。株高 50～60 厘米,开展度 60 厘米左右,生长势较强。第一果着生于主茎 8～9 节,果方灯笼形、深绿色,果面不平整,果基部凹,心室 3～4 个,果肉较厚。味微辣,脆嫩,单果重 200 克左右。中早熟,生育期 110 天左右。抗病性较强,适于露地或保护地栽培。

(6)辽椒 13 号 辽宁省农业科学院园艺所育成。属中晚熟品种,第一花着生节位 13～14 节,株高 55～60 厘米、幅宽 50～55 厘米。植株生长旺盛。果实纵径 10 厘米、横径 8 厘米,果肉厚 0.4 厘米。平均单果重 140 克,果肉脆嫩,果面光亮,商品成熟果绿色,生物学成熟果红色。结果能力强,坐果率高。适宜保护地栽培。

(7)**津椒 2 号** 天津市蔬菜研究所选配。植株生长势较强,株高 67 厘米,开展度 62 厘米。第一花着生在主茎 8~9 节上,坐果率高,连续结果性能好。果实方灯笼形,纵径 9.5 厘米、横径 7.1 厘米,果面微皱、绿色,单果重 83 克左右,最大果重 139 克。果肉厚 0.33 厘米,3~4 心室。味甜,质脆。抗病毒病。早熟种,从定植至始收约 40 天。适宜春季温室、大棚及露地栽培。

(8)**津椒 3 号** 天津市蔬菜研究所育成的一代杂种,具有高产、优质、抗病的特性。耐低温、极早熟、微辣型,口感脆嫩,风味极佳。果实灯笼形,果面微皱。连续结果性强,抗病毒病(TMV 和 CMV),适合温室及塑料大棚等保护地栽培,也可作露地早熟栽培。

(9)**甜杂 6 号** 北京市蔬菜研究中心选配的早熟甜椒一代杂种。植株生长势较强,株高 73.3 厘米。多为三杈分枝,叶片绿色。第一花着生在主茎第 11 节上。果实灯笼形、绿色,果柄下弯。单果重 80 克,最大果重 110 克以上。果肉厚 0.4 厘米,味甜,质脆,果皮蜡质层薄,商品性好,每 100 克鲜重含维生素 C 73.4 毫克。坐果率高,连续结果性好。抗 TMV 和 CMV。适应性较强,耐低温,适宜保护地及露地早熟栽培。定植至采收 35 天。

(10)**甜杂 7 号** 北京市蔬菜研究中心选配的一代杂种。植株长势强,叶片绿色。第一果着生在主茎第 12 节左右,花冠白色。果实灯笼形,果柄下弯,果面光滑,商品果绿色,老熟果红色,单果重 100~150 克。果肉厚 0.45 厘米,味甜,质脆,品质优良。耐病毒病。中熟种。适宜保护地及露地栽培。

(11)**农大 8 号** 早熟一代杂种。具有早熟、抗病、丰产等优良特性。该品种坐果率高,连续结果性能好。果实灯笼形,果肉厚,单果重 100 克以上,果实绿色,果面光滑而有光泽,果肉脆甜,品质优良，商品性状好。适于温室和塑料棚栽培，也可作露地早熟栽培。

(12)**农大 40 号** 中晚熟品种。该品种生长势强，茎秆粗壮，株型紧凑。具有明显的抗病性和丰产性。果实灯笼形，果色深绿、果大肉厚，单果重可达 150 克以上，果面光滑，品质优良。该品种适应性强，耐贮运。

(13)**农发** 中国农业大学园艺系育成的中熟甜椒品种。该品种植株高大，生长势强，叶片肥厚，果实发育速度快。具有抗病、丰产、稳产、品质好等特点。比农大 40 可提早采收 7～10 天。果实为长灯笼形，果大肉厚，单果重可达 150～200 克，果实绿色、果面光滑而有光泽，味道甜脆，品质极佳，商品性状好。适于保护地和露地栽培。由于该品种长势强，在塑料棚种植时要严防植株徒长。

(14)**农乐** 中国农业大学园艺系育成的早熟甜椒一代杂种。该品种对病毒病抗性强，每 667 平方米产量可达 3 500～4 000 千克。果实为长灯笼形，果肉较厚，单果重达 100 克左右，果实绿色，果面光滑而有光泽，商品性状好。适于露地早熟栽培和塑料棚栽培。

(15)**太空甜椒 T100** 河南省郑州市太空种苗开发部育成。属中早熟品种，植株健壮，生长势强，株高 65～110 厘米、株幅45～75 厘米，叶色深绿，叶面肥大。从定植至采收 50～55 天，始花节位 10～14 节，连续结果能力强，果实膨大速度快。单株结果25～55 个，果长 13 厘米、横径 10 厘米，果肉厚 0.6 厘米，果肉率90％，果实 3～4 心室。单果重 200～250 克，最大可达 350 克。单株产量可达 4 000 克以上。红、绿兼用品种，商品果绿色光亮，红色果味甜质脆，耐贮耐运，维生素 C 及可溶糖的含量高，产量高。

(16)**冀研 5 号** 河北省农林科学院蔬菜花卉研究所育成的早熟杂交种。植株生长势强，分枝能力较强，植株较开展，叶片中等大小，株高 65 厘米、株幅 60 厘米，第 10 节左右着生第一花。果实灯笼形，果色绿，果肉中厚(0.4 厘米)，平均单果重 95 克，最大单果重 200 克，果实味甜品质好。该品种抗逆性较强，既耐低温弱光,耐热性又好,连续坐果能力强,且上下层果实大小均匀。对病毒病抗性好,较抗炭疽病、疫病。该品种适应性广,在不同类型保护地及露地栽培,都能达到高产稳产。

(17)冀研 6 号 河北省农林科学院蔬菜花卉研究所育成的中早熟杂交种。植株生长势强,较开展,第十一节左右着生第一花。结果率高,果实灯笼形,果色绿,果面光滑而有光泽,果形美观,果大肉厚(0.5 厘米),耐贮运,单果重 100 克左右,最大单果重达 250克,味甜质脆,商品性好,抗病毒病。适宜早春保护地栽培和露地地膜覆盖栽培,喜欢果大肉厚地区均可种植。

(18)海丰 1 号 北京市海淀区植物组培选配的早熟甜椒一代杂种。株高 80 厘米左右,生长势中等。第一花着生在主茎 8～10节上。果实长灯笼形,果面光滑、绿色,单果重 75 克。果肉厚0.35 厘米,3～4 个心室。味甜,质佳,风味好。耐病。适宜春大棚栽培。

(19)豫椒 3 号(新乡土 88-10) 河南省新乡市农业科学研究所育成的新品种。株高 55 厘米左右,8～9 片叶现蕾,从开花至嫩果采收 25 天,果实绿色、灯笼形,单果重 100 克左右。具有极早熟、抗病、耐低温、耐弱光的特点。适合早春日光温室、塑料大棚栽培。

(20)苏椒 5 号 江苏省农业科学院蔬菜研究所育成。株型较矮,节间短,较紧凑。始花节位在第 10 节左右,果实长灯笼形。平均单果重 40 克以上,最大果重 75 克。果长 10 厘米、横径 4～4.5厘米,每 100 克鲜重含维生素 C 72.4 毫克,肉较薄,商品性好。较耐烟草花叶病毒和黄瓜花叶病毒,早熟。适于江苏、安徽、湖北、四川等地春季保护地早熟栽培。

(21)白公主 由荷兰引进的方形彩色甜椒早熟杂交种。生长势较弱,要求地力较高。极早熟,易坐果,果实蜡白色、方果形。表面光滑,长 9.5 厘米、直径 9 厘米,平均单果重 170 克。过熟时颜色从蜡白色转为亮黄色。抗寒性中等,可在露地或温室内种植。

(22)紫贵人 由荷兰引进的方形彩色甜椒晚熟杂交种。长势中等,坐果能力强,极早熟。果实方形,长9厘米、直径8厘米,单果重150克。坐果始期半绿半紫,中期即为紫色,后变为深黑灰色,可根据需要随时采摘。果肉厚,品优、味好,是制作色拉的好蔬菜。栽培上要注意一次性多留果。适宜保护地和露地栽培。

(23)红英达 由荷兰引进的方形彩色甜椒晚熟杂交种。成熟时颜色由深绿色转为深红色。植株生长势较强,坐果容易。适于露地和温室栽培。果实方形,果实高11厘米、宽9厘米,平均单果重170克。果肉厚,果皮光滑,成熟时颜色由绿色转红色。收获时间集中。抗病性强,适合保护地周年栽培。

(24)橘西亚 由荷兰引进的彩色甜椒杂交种。植株生长旺盛,坐果能力强,果形方正。果实为4心室、方果,成熟时由绿色转为鲜艳的橘黄色。果型较大,果实长10厘米、直径10厘米。平均单果重200克,最大的达600克。植株高大抗病、抗虫、抗毒能力强,适于露地和温室种植。

(25)黄欧宝 由荷兰引进的方形彩色甜椒中熟杂交种。植株高大,开展度也大,生长旺盛。果实大,在正常温度下,果长可达10~12厘米、直径可达9~10厘米。平均单果重150~200克,最大可以达到300克以上。成熟时颜色由绿转黄,果实皮薄肉厚,风味独特,无辛辣味,可以果菜兼用。耐低温、耐阴,在冷凉条件下坐果较好。具有多种抗性,适合于在日光温室和早春大棚里种植。

(26)HA-831 甜椒 由以色列海泽拉公司引进的彩色甜椒品种。该品种为无限生长型,属中熟品种。植株高大、直立,生长势强,株高1.8~2米,生育期长达10个月以上,支架栽培。果实大,果长15~18厘米、果横径8厘米,果实铃形,果色由绿色转金黄色,果肉特厚、肉质脆,果面平滑光亮,外形美观,商品性好。平均单果重200克,最大可达500克以上。耐贮运,货架期长,产量高。从播种至商品果成熟为110天左右。抗病毒能力强,尤其适于保护地栽培。

(27)考曼奇(HA-1134) 由以色列海泽拉公司引进的彩色甜椒品种。该品种植株高大,中熟,果型大而长,果长 17 厘米、果横径 8 厘米,单果均重 300 克,3 心室,果肉厚,果色由绿色转金黄色。抗烟草花叶病毒和马铃薯病毒。

(28)麦卡比(HA-1005) 由以色列海泽拉公司引进的彩色甜椒品种。该品种植株中等,扩展株型,中熟,果型大而长,果长 16 厘米、果横径 8 厘米,单果均重 240 克,3 心室,果肉厚,果色由绿色转红色。抗烟草花叶病毒。

2. 小果型品种

(1)辣优 4 号 广州市蔬菜科学研究所育成的早中熟品种。株型较平展,株高 52 厘米,开展度 76～80 厘米。果为牛角形,果长 15 厘米、果肩宽 3.3 厘米,果皮光滑绿色,肉厚 0.3 厘米。熟果红色,着色均匀。单果重 35～40 克。播种至初收春植 110～120 天,秋植 90～100 天。抗青枯病、疫病、病毒病和炭疽病。味辣。适于嗜辣地区作早熟栽培。

(2)中椒 10 号 中国农业科学院蔬菜花卉研究所育成的早熟微辣型一代杂种。植株生长势强,单株结果率高。果实羊角形,果色深绿,果面光滑,单果重 20.5 克,纵径 11.7 厘米、横径 2.6 厘米,肉厚 0.26 厘米。味微辣、脆嫩,风味好。抗病毒病,耐疫病。可在各种类型保护地进行早熟栽培。

(3)931 辣椒 中国科学院新近育成的微辣型一代杂种。特征特性:早熟、丰产。植株生长势强,单株结果 40 个以上。果实羊角形,浅绿色,果面光滑,单果重约 36 克,果长约 23 厘米、横径约 2.7 厘米,肉厚 0.25 厘米。品质好,味辣,宜鲜食。适应性广,耐病毒病,较耐寒。适于早春日光温室、塑料大棚等保护地栽培。

(4)渝椒 5 号 重庆市农业科学研究所、重庆市蔬菜研究中心选育的中熟、长牛角形辣椒品种。株型紧凑,生长势强。株高 50～55 厘米,开展度 50～60 厘米;第一始花节位为 10～12 节。商品性好,耐贮运,果实长牛角形,果长 20～25 厘米、横径 3.5～4 厘米。单果重 40～60 克。嫩果浅绿色,老熟果深红色,转色快、均匀。味微辣带甜,脆嫩,口味好。抗逆性强,中抗疫病和炭疽病,耐低温,耐热力强。坐果率高,结果期长,作大棚春栽及秋延后栽培。

(5)湘研 19 号 湖南省蔬菜研究所选育的湘研 9 号的替代种。植株较矮,株高 48 厘米、开展度 58 厘米,分枝多,节间密,叶色深绿。第一花着生节位为 10～12 节。果实长牛角形,纵径 16.8 厘米、横径 3.2 米,肉厚 0.29 厘米,2～3 心室,果肩微凸,果顶钝尖;果长、光滑无皱,果直,商品成熟果深绿色,生物学成熟果鲜红色,平均单果重 33 克,果皮中等厚,空腔小,适于贮运,肉软质脆,味辣;风味好,品质佳,早熟,从定植至采收 48 天左右。坐果率高,果实生长快,早期产量高且稳定,较耐寒。

(6)皖椒 1 号 安徽省农业科学院园艺研究所育成的杂交种。株高 70 厘米左右,开展度 40～45 厘米,株型中等大小,分枝力强,生长势较强。果牛角形、浅绿色,果面浅皱。果长 15～20 厘米,最长达 25 厘米。味微辣,品质好,单果重 25～30 克。早熟。连续结果性能好,抗逆性强,早春低温条件下不易落花落果,高温干旱条件下不会发生日灼现象,7～8 月份仍能正常生长,结果率高,抗病毒病、炭疽病能力强。适宜早熟保护地栽培,也可作越夏恋秋栽培。

(7)汴椒 1 号 开封市红绿辣椒研究所育成的一代杂交种。该品系株高 50 厘米,株幅 55 厘米,始花节位为 8～11 节,叶片深绿色。中早熟。果实为粗牛角形,长 14～16 厘米,粗 4～5 厘米,单果重 80 克左右,肉厚品质好。易坐果,结果集中,青熟果深绿色,老熟果鲜红色,辣味适中。高抗病毒病,果实商品性好,耐贮藏运输。

(8)丰椒 6 号 极早熟品种。生长势中等。叶绿色,7～9 叶开始分枝,分枝能力较强。果实呈长灯笼形,果实皱缩,单果重 60 克左右。在弱光、低温不利条件下,挂果及果实膨大良好。低节位挂果集中,果实浅绿色,果肉较薄,辣味中等,口感较好,品质极佳。是早熟保护地栽培的理想品种。

(9)洛椒 4 号 河南省洛阳市郊区辣椒研究所育成。株高 50
～60 厘米，开展度 60 厘米，生长势强。第一果着生于主茎第 10
节。果牛角形、青绿色，果长 16～18 厘米、果粗 4～5 厘米。味微
辣，风味好。单果重 60～80 克，最大果重 120 克。极早熟。前期
结果集中，果实生长速度快，开花后 25 天左右即可采收。高抗病
毒病。适于保护地早熟栽培和春、夏季露地栽培。

(10)苏椒 6 号 江苏省农业科学院蔬菜研究所育成的一代杂
种。株高 50～55 厘米，开展度 50 厘米左右，分枝性强，结果较集
中。第一果着生于主茎 8～9 节，果长灯笼形、深绿色、有光泽，果
长 8～9 厘米、果肩宽 3.9～4.5 厘米。平均单果重 35 克，大果重
可达 60 克。味较辣。早熟。耐热性、抗病性强，适于保护地或露
地栽培，早期产量高。

四、育　苗

茄果类蔬菜的育苗技术措施基本相同，特殊之处只有茄子日
光温室栽培，因为轮作倒茬困难，需要进行嫁接育苗。

（一）种子处理

1.种子消毒 茄果类蔬菜种子难免有附着在种子表面及潜
伏在种子内部的病原菌。在播种前消灭这些病原菌，是防止种子
传病的有效方法。

(1)温汤浸种 先用少量凉水将种子浸没，再倒入热水，用棒
状温度计测温度，使水温达到 55℃，向一个方向搅拌，当水温降到
30℃停止搅拌。茄子种子浸泡 8～12 小时，番茄种子浸泡 6～8 小
时，辣椒种子浸泡 8～10 小时。

浸泡完毕，茄子、辣椒种子用细沙搓掉种皮上的黏液，用清水
把种子分离出来，再淘洗干净即可催芽。番茄种子有茸毛，出水后
需要把水攥出，摊开晾一下再催芽。

(2) 药剂浸种 茄果类蔬菜种子浸泡到一定浓度的药液中,经过一定的时间用清水洗净药液,再进行浸种催芽。药液的用量为种子的 2 倍。番茄早疫病、病毒病,用 40%甲醛 100 倍液和 10%磷酸三钠溶液,先用清水预浸 3～4 小时,然后再将湿种子放入药液中浸泡 15～20 分钟,取出后用湿布包裹放入盆钵内密封 2～3小时,然后再用清水洗净,即可进行催芽。福尔马林消毒可防治番茄早疫病,磷酸三钠防治病毒病。

茄子种子用 1%高锰酸钾溶液浸泡 30 分钟,捞出反复淘洗后再进行温汤浸种,可消除种子表面附着的病原菌。用有效成分0.1%的多菌灵加 0.1%平平加溶液浸泡 1 小时,洗净后再进行浸种催芽,对防治黄萎病有较好的效果。

辣椒种子用 10%硫酸铜溶液浸种,有防治炭疽病和细菌性叶斑病效果。方法是先用清水浸 4～5 小时,再用药水浸种 5 分钟,洗净后催芽。

2. 浸种催芽

(1) 浸种 在催芽前用 20℃～30℃的清水浸泡种子,使种子吸足水分,加快出芽速度。浸种时间长短因种子成熟度和水温而有差异。越是充分成熟的种子,浸种的时间越长,水温低需时间也较长。一般番茄种子 5～6 小时,辣椒种子 6～8 小时,茄子种子10～12 小时。

(2) 催芽 茄果类蔬菜种子发芽需要满足所需温度、水分和氧气,对光照属于好暗性。在水分适宜,透气性良好,25℃～30℃不见光的条件下发芽最快。

把浸完的种子用湿纱布或湿毛巾包起来,放在大碗或小盆中,每天用 25℃～30℃水投洗 1～2 遍。番茄种子最好掺入种子体积3 倍的细沙,放入小盆中,每天翻动 1～2 次,细沙干时补充水分。茄子种子需要变温,每天 30℃8 小时,20℃16 小时交替进行,出芽整齐。一般情况下,番茄 2～3 天、茄子和辣椒 5～6 天即可出芽。

(二)播　种

1. 播种量　按 667 平方米栽培面积计算,茄子需种子 40～50 克,番茄需种子 25～30 克,辣椒需种子 120～150 克。

2. 播种方法　日光温室冬春茬栽培,播种期间温光条件较好,可在室内做育苗畦播种;日光温室早春茬和大、中棚春茬可在日光温室内设置温床播种;小拱棚短期覆盖和地膜覆盖栽培,可在日光温室内设置温床,也可在露地设置温床播种。所需播种床面积,每平方米播种量为番茄 12～15 克,茄子 15～20 克,辣椒 20～30 克。

播种床需要铺营养土。营养土的配制,各地采用的方法不同,原则是就地取材。常用的配方有疏松的大田土 4～5 份,优质有机肥 5～6 份,过筛后掺和均匀;或腐熟的马粪 4 份,疏松的大田土 4 份,陈炉灰 2 份;腐熟草炭 5 份,大粪干 1 份,疏松大田土 2 份,腐熟马粪 2 份。

传统的方法是播种床铺 10 厘米厚营养土,这种方法不但需材料多,移植时因幼苗根系已布满 10 厘米范围,起苗只能达到 3 厘米深,大部分根系留在播种床,伤根较重,移植后缓苗慢。最科学的方法是只铺 3 厘米厚的营养土,温床先铺 7 厘米厚的黏重土,踩实搂平,再铺 3 厘米厚的营养土。日光温室内做播种畦,搂平畦面踩实后再铺营养土。播种要选在晴天上午进行,浇水达 10 厘米深,水渗下后,薄薄撒一层营养土,再均匀撒播种子,然后覆营养土 1 厘米厚。

温床播种盖土后床面铺地膜,70%～80% 出苗后撤下地膜。

为了防止苗期猝倒病,可用 50% 多菌灵可湿性粉剂与营养土混合掺匀,覆土后撒在床面上薄薄一层,用药量为每平方米 8 克。

(三)苗期管理

1. 播种后至移植前管理　两片子叶在真叶未出时最容易徒长,表现为下胚轴伸长,子叶薄而色淡。在夜间温度高,光照不足,水分充足情况下徒长严重。苗刚出齐时一般不浇水,夜间10℃～15℃,尽量给予充足的光照。日光温室冬季育苗,在苗床北侧张挂反光幕效果更好。

冬季育苗,日光温室不加温,遇到寒流强降温天气,床面扣小拱棚,每天揭开草苫后,揭开小拱棚见光,午后盖草苫前先覆盖小拱棚薄膜。

2. 移植及成苗期管理　幼苗2叶1心时,即可移植。目前普遍采用塑料钵或自制薄膜筒移植。塑料钵直径8厘米、高10厘米,装营养土要比钵口低2厘米,以便于浇水。用旧薄膜做成同样规格的筒,装营养土时底部先装3厘米厚的黏重土,捣实后再装营养土。番茄、茄子移一株苗,辣椒移双株苗,最好用5厘米直径的塑料钵或薄膜筒移单株苗。移栽前一天浇水,移植时用平锹贴黏土起苗,带宿土栽入容器中,浇足水,摆入苗床。番茄也可用移植床移苗,在日光温室或阳畦移苗时,搂平床面,铺3厘米厚优质有机肥,翻10厘米厚,用四齿耙划碎土块,使粪土掺和均匀,按10厘米行距开沟,按10厘米株距栽苗。沟内先浇水,水未渗下时摆苗,平沟后栽下一行,栽满一床为止。

移植后到定植前的管理包括调节温度、光照、水肥管理和秧苗锻炼。

(1)温度调节　移植后给予较高温度促进缓苗,白天25℃～30℃,夜间15℃～30℃,地温18℃以上。缓苗后适当降低温度,防止徒长,白天20℃～25℃,夜间15℃左右。

定植前7天左右进行炼苗,主要是降低夜间和凌晨的气温,开始凌晨的气温降到10℃左右,定植前2～3天降到5℃～8℃,以提高秧苗耐寒性。

(2)光照调节　每天揭草苫后,清洁薄膜表面,争取多透入太阳光。秧苗长到5～6叶,将育苗容器拉大距离,使秧苗全部见光。在拉大距离时进行挑选,把同等大小的秧苗摆放到一起,把较小的秧苗摆放到最佳位置。

(3)水肥管理　移植水浇足后,经常保持见干见湿,苗床移植的番茄苗,缓苗后可在行间用时 8# 铁丝做成的钩松土保墒。

浇水用喷壶普遍喷水和个别浇水相结合,对较小的秧苗格外多浇些水,以加速其生长,达到秧苗整齐。苗期一般不追肥,但是早春茬和春茬的长龄大苗,有时可能表现出肥力不足,叶片色淡,可用 50 克尿素,对 15 升清水进行追肥,选晴天上午进行。

(四)茄子嫁接育苗

随着茄子保护地栽培面积不断的扩大,连作是难以避免的,黄萎病、枯萎病、茎基腐病的发生日趋严重,药剂防治效果不明显,嫁接换根是防止这些土传病害的最佳途径。而且嫁接以后植株抗逆性增强,生长旺盛,品质增进,产量提高。近年来日光温室冬春茬茄子已普遍进行嫁接育苗,日光温室早春茬和大、中棚春茬茄子,嫁接育苗也在发展。

1.砧木的选择　茄子嫁接的砧木有日本赤茄、CRP、托鲁巴姆,从生产实践发现日本赤茄只抗黄萎病,不抗枯萎病,以托鲁巴姆表现最好,其次是 CRP。

(1)托鲁巴姆　种子极小,千粒重约 1 克,发芽比较困难。高抗黄萎病、枯萎病、青枯病、根结线虫病。根系发达,生长势强,茎叶上刺较少,嫁接时操作方便。幼苗出土后,初期生长缓慢,3～4片叶后生长加快。

(2)CRP　种子黑色,千粒重 2 克,容易发芽。抗枯萎病,抗黄萎病中等。根系发达,茎粗壮,茎叶上刺多,嫁接操作不便。

2.砧木培育　托鲁巴姆用清水浸泡 7～8 小时,使种子吸足水分,再用 100 毫克/升赤霉素浸泡 24～48 小时,投洗后装入纱布袋中,进行变温催芽,白天 25℃～30℃,夜间 15℃～20℃,每天用清水投洗 1 次,7～8 天可出芽。

CRP 种子用清水浸泡 24～48 小时,每天换 1～2 次水,10 天后可全部出芽。也可浸泡后直播。

砧木的播种方法和茄子育苗相同。因出苗较慢,要经常保持床土湿润,温度调节与茄子育苗相同。

3. 接穗育苗 需要在砧木 2 片子叶出土时播种,用托鲁巴姆作砧木时,接穗播种要晚 25 天左右,CRP 作砧木可晚播 7～8 天。

4. 嫁接方法 当砧木长到 6～7 片叶,茎粗 4～5 毫米,已达到半木质化时即可嫁接。嫁接方法有靠接和劈接。

（1）**靠接** 把砧木和接穗同时起出后,用刀片在第三至第四叶片间斜切,砧木向下切,接穗向上切,切口深 1～1.5 厘米、长为茎的 1/2,角度 30°～40°,砧木切口上留 2 片叶切除上部叶片,以减少水分蒸腾,然后把砧木和接穗切口嵌合,用嫁接夹固定(图 5-1)。

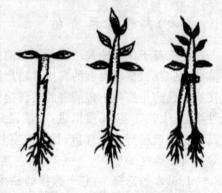

图 5-1 茄子靠接示意图

（2）**劈接** 砧木苗留 2～3 片叶平切,然后在切口处中间向下垂直切 1 厘米深的口,把接穗苗留 2～3 片叶,切掉下部,削成楔形,楔形大小与砧木切口相当(1 厘米长),削完立即插入砧木切口中对齐后,用嫁接夹固定(图 5-2)。

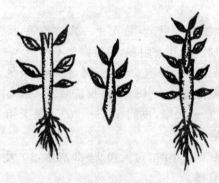

图 5-2 茄子劈接示意图

5. 嫁接后的管理 嫁接后栽到容器里,摆入苗床,床面扣小拱棚,白天保持 25℃～28℃,夜间 20℃～22℃,空气相对湿度要保持 95％以上。前 3 天遮光,第四天早晚见光,以后逐渐延长光照时间。6～7 天内不通风,密封期过后,选择温度、空气湿度较高的清晨或傍晚通风。随着伤口的愈合,逐渐撤掉覆盖物,增加通风,每天中午喷雾 1～2 次,嫁接后 10～12 天,伤口愈合后进入正常管理,靠接穗苗断掉接穗根,撤掉嫁接夹。

嫁接苗一般在嫁接后 30～40 天即可达到定植标准。

(五)遮荫床育苗

日光温室秋冬茬和大、中棚秋茬茄果类蔬菜栽培,育苗期正处在高温强光昼夜温差小的季节,需要用遮荫床育苗,由于秧苗生长快,不需移植,也可用容器育苗。

1. 遮荫床设置　在靠近温室或大、中棚的通风良好地块,做成 1.2～1.5 米宽、6～8 米长的硬埂畦,搂平畦面,铺 3 厘米厚优质农家肥,翻 10 厘米深,划碎土块,将粪土掺匀,畦面上插 1.5～2 米宽、1 米高的骨架,覆盖遮阳网。

2. 播种　因温度较高,不需要浸种催芽,浇足播种水,均匀撒播干种子。番茄、茄子种子距离 3～4 厘米,辣椒种子距离 2～3 厘米,覆盖营养土 1 厘米厚。

3. 苗期管理　播干种子可在覆土后铺地膜保墒,促进迅速出苗,在出苗前不用浇水,以防表土板结。出苗后撤下地膜,用喷壶浇水,以后保持床面见干见湿。

育苗期不但温度高,昼夜温差也小,秧苗生长快,番茄容易徒长,可在 2 片真叶时喷 1 000 毫克/升的矮壮素。番茄、茄子 4～5 片叶即可定植,苗期 25～30 天。苗期保持见干见湿,浇水在早晨和傍晚进行。

五、定　植

(一)整地施基肥

茄果类蔬菜保护地栽培,虽然设施类型和茬口不同,整地和施基肥基本一致。整平土地后,每 667 平方米撒施农家肥 5 000～

10 000千克,深翻细耙。基肥量施用多少,根据茬口决定,生育期长的茬口要多施农家肥。翻耙后按 60 厘米大行距、50 厘米小行距开定植沟。在定植前修好水道,日光温室水道设在靠后墙处,塑料大棚水道设在棚中部,中棚内不设水道,根据垄向,把水道设在棚的一侧或一端。小拱棚或地膜覆盖与露地相同。

(二)定植时期、方法及密度

1. 番茄定植 容器育苗的番茄苗,按株距 30 厘米,把秧苗摆到定植沟内,埋入少量土。苗床育成苗的番茄,定植前 1～2 天灌大水,定植时边割坨边摆苗,培少量土。栽完苗逐渐灌水,水渗下后,在株间点施磷酸二铵,每 667 平方米 30～40 千克,然后封沟。

每 667 平方米的大棚、中棚、小拱棚和地膜覆盖栽苗 4 000 株,日光温室栽苗 3 700 株。

2. 茄子定植 按 38～40 厘米株距栽苗,每 667 平方米日光温室栽苗 2 700～2 900 株;大、中棚栽苗 3 000～3 100 株;小拱棚短期覆盖栽培,除了采取与露地栽培相同的定植方法和株数外,还可采用高度密植栽培,大行距 60 厘米,小行距 40 厘米,株距 25 厘米,栽苗 5 300 株。

3. 辣椒定植 尖椒按株距 30 厘米栽双株,667 平方米日光温室栽苗 3 700 穴,7 400 株,大、中、小拱棚,地膜覆盖 4 000 穴,8 000 株;灯笼椒按株中距 35 厘米栽双株,日光温室栽苗 6 000 株左右,大、中棚栽苗 6 900 株左右。小拱棚和地膜覆盖,尖辣椒栽苗 1 000 株左右,灯笼椒栽苗 8 000 株左右。

六、定植后的管理

(一)番茄定植后管理

1. 覆盖地膜 定植 1～2 天后培垄,用小木板刮光垄台,在小行距两垄上覆盖一幅地膜。覆盖的方法是把地膜从两行苗中间拉向两边,在每株苗处剪口,把地膜拉到垄帮上,用湿土把剪口封严。日光温室冬春茬和早春茬番茄普遍覆盖地膜,大、中棚和小拱棚一般不覆盖地膜。日光温室秋冬茬和大、中棚秋茬不盖地膜。

2.温度调节 定植后温室内保持较高的温度,在高温高湿条件下促进缓苗,白天不超过30℃不通风。秋茬和秋冬茬定植后需昼夜通风,防止徒长。

缓苗后白天25℃左右,夜间15℃左右,早晨短时间10℃左右,地温18℃～20℃对生育最有利。日本的温室番茄栽培采取三段变温管理,在结果期8～17时25℃,17～22时13℃,22时至翌日8时7℃。我们的棚室番茄栽培,往往由于夜间温度偏高,容易引起徒长和早衰。

日光温室冬春耕茬,大、中棚春茬,日光温室早春茬番茄,当外界气温不低于12℃时应通风,最低外温降到10℃以下时白天通风,夜间闭风。秋茬和秋冬茬番茄,后期随着外温下降,加强保温,尽量延长采收期。

3.光照调节 日光温室冬春茬栽培,需要覆盖无滴膜,每天揭开草苫后清洁膜面,争取多透入太阳光。后部光照弱,最好在后墙处增挂反光幕,增加光照强度。

秋茬番茄定植初期覆盖遮阳网,防止强光,创造番茄生育的适宜环境条件。

4.植株调整 番茄植株不能直立生长,需要立支架。设施栽培宜采用露地番茄常用的锥形架,应采用直立架,每株番茄内侧插一根竹竿,每排竹竿用3道竹竿连成一体,在前后2根架杆顶部用竹竿横向连成整体,可避免倾斜和倒伏。

设施番茄普遍采用单干整枝,即只留主干,各叶腋发生的侧枝全部摘除。由于设施栽培的茬口不同,生育期长短差别很大。日光温室早春茬,大、中棚秋茬留4穗果,如果生育期短也可留3穗果。在最上一层果坐住后,留2片叶摘心,叶腋萌发的侧枝不再摘除。

日光温室冬春茬番茄,生育期长可留 10 穗果。此外还可以在主蔓第十三花序开花后仍留 2 片叶摘心,选留 1 个健壮的侧枝开花结果;第三花序开花后再摘心,全株共留 9 穗果。

5. 防止落花落果 冬季、早春温度偏低,盛夏、初秋温度过高,容易落花落果,需要用植物生长调节剂处理,使花果基部不产生离层。常用的植物生长调节剂有 2,4-D、番茄灵(防落素)、番茄丰产剂 2 号。2,4-D 浓度为 10~20 毫克/升,温度低时用高浓度,用毛笔蘸溶液抹在花朵盛开的离层部位。为避免重复处理,可在溶液中加入红色颜料作标记。番茄灵常用浓度为 25~30 毫克/升,用微型喷雾器喷花。番茄丰产剂 2 号,剂型为 10 毫升瓶装,对水 50~70 倍喷花。

不论用哪种激素处理,都能防落花落果。其原因是在环境条件适宜时,正常授粉受精后,在果实发育过程中产生了内源激素,又能促进果实发育,但是未受精果实没有种子,所以品质不如自然坐果的果实好。可见为了提高番茄果实的品质,最好创造适合授粉受精的条件,不用植物生长调节剂处理。

6. 水肥管理 浇水、追肥是调节营养生长和生殖生长平衡的手段,必须根据植株的长势进行。定植水浇足后,缓苗期不需浇水,缓苗后植株生长正常不需浇水。在第一穗果坐住开始膨大时进行第一次追肥,每 667 平方米追施硫酸铵 15 千克或尿素 10 千克,随水施用。以后每穗果膨大时追一次肥,磷酸二铵、硫酸钾、尿素等交替使用,每次每 667 平方米追肥量 15~20 千克。水分管理以见干见湿为原则。

浇水还要根据光照强弱,温度高低,通风量大小,土壤水分蒸发快慢来确定浇水时间和浇水量。

7. 疏花疏果 疏花疏果是保证优质高产、提高商品性的措施。大果型品种,每穗留果 4~5 个。疏花疏果分 2~3 次进行。当每一花序的花大部分开放时,把畸形花和开放较晚的花疏掉。

(二)茄子定植后管理

1.温度调节 茄子对温度要求比番茄高,不论白天和夜间,温度都要比番茄高2℃～3℃。冬春茬茄子定植后缓苗期间不超过32℃不通风。缓苗后白天25℃～30℃,午后降到18℃以下覆盖草苫,凌晨10℃以上,最低不低于8℃。遇到灾害性天气,短时间降到5℃不致受害,但是应尽量延长高温时间,缩短低温时间。

秋冬茬和秋茬茄子,定植初期虽然温度较高,由于茄子适应高温能力较强,在大通风情况下,温度不超过30℃可正常发育。

2.光照调节 茄子光饱和点虽然不像番茄那么高,但是光照不足容易徒长,果实发育缓慢,容易落花。日光温室冬春茬栽培,也要向番茄一样进行光照调节。另外栽培紫茄品种,覆盖聚氯乙烯无滴膜果实不着色,必须覆盖聚乙烯无滴膜,最好覆盖紫光膜。

3.整枝 日光温室茄子整枝方法与露地不同,针对光照较弱,栽培密度大的特点,需要进行双干整枝。在门茄以下保留2片叶,其余叶片及分枝全部摘除,门茄以上留2个枝条,直至四面斗出现始终保留2个枝条。四面斗以上由于进入夏季,光照充足又在大通风条件下,通风透光好,可留4个枝条(图5-3)。

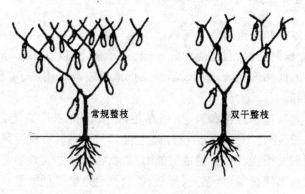

常规整枝　　双干整枝

图5-3 茄子整枝示意图

大、中棚茄子整枝也采用双干整枝。小拱棚整枝方法与日光温室和大、中棚、露地都不同,只留门茄和对茄,在门茄开花,2个枝条上各留2片叶摘心。在露地门茄刚进入采收期,就采收结束,倒地定植或播种其他蔬菜。5 300株茄子,除了少数门茄脱落或其他损失外,按5 000株计算,尚可采收15 000条茄子,每667平方米产量可达4 500～5 000千克。

4.水肥管理 茄子定植水浇足,缓苗后开花前不旱不宜浇水,进行促根控秧。水分多容易徒长,延迟坐果。门茄瞪眼时是开始浇水的适期。各茬茄子生育期间的光照、温度条件不同,通风时间和通风量也有区别,浇水时间、次数和浇水量除了以上条件外,还要根据植株长势进行。

茄子是需水多的作物,适宜灌溉点为PF2.2～2.3,即相当于0.0098兆帕至0.02兆帕的压强,也就是在土壤含水量相当于田间持水量的70%左右就应浇水。浇水不及时,产量就会受到不同程度的影响。

门茄瞪眼时是追肥的临界期,结合浇水施尿素10千克,以后隔15天左右追1次肥,每次追尿素或磷酸二铵10～15千克。

(三)辣椒定植后管理

1.温度和光照调节 辣椒幼苗期抗逆性弱,耐低温能力不如番茄,成株耐低温、弱光能力比番茄、茄子强,所以日照百分率低、阴天多的低纬度地区,冬季、早春保护地设施栽培比茄子、番茄表现都较好。

日光温室冬春茬和大、中棚春茬,白天保持25℃以上的时间尽量延长,夜间10℃以上,当外温达到15℃左右时昼夜通风。

辣椒对强光和高温的适应能力差,秋茬和秋冬茬栽培,生育前期利用遮阳网覆盖,防强光、高温,覆盖黑色地膜降低地温,可保证正常生长发育,防止生理障碍。

2.水肥管理 辣椒根系浅,根量少,在土壤中分布范围小,栽培密度大,从单株来看需水量不是很大,但是必须小水勤浇,经常保持适宜的土壤水分,才能生育正常。定植水浇足,覆盖地膜坐果前一般不需要浇水,不覆盖地膜的缓苗后就要小水勤浇,保持见干见湿,浇1次水在表土见干时进行1次中耕,促进根系发育,地上部加速生长。

门椒坐住,开始膨大是追肥的临界期,每667平方米追施硫酸铵20千克,地膜覆盖的辣椒地,将追肥撒在垄沟立即灌水。一般浇2~3次水追一次肥,覆盖地膜的明暗沟交替进行。进入盛果期不覆盖地膜的辣椒培成高垄,不再进行中耕,浇水要在晴天上午进行,并加强通风。

3. 植株调整　辣椒栽培密度大,进入盛果期枝叶繁茂,影响通风透光,有些副枝生长纤弱,结的果小,商品质量低,应当摘除。在主要侧枝上的一级侧枝所结的幼果直径达1厘米时,留4~6片叶摘心。中后期长出的徒长枝也应摘除,使营养集中到果实的生长发育上。

4. 光呼吸抑制剂的应用　辣椒的光呼吸过程消耗当日光合产物的10%~20%,控制光呼吸可抑制养分消耗使净同化率得到提高,从而达到增产的目的。亚硫酸氢钠是一种廉价又容易买到的间接性光呼吸抑制剂,每667平方米每次用4~8克对水稀释到120~240毫克/升后喷洒,增产效果为10%~30%。在门椒结果后开始喷洒,每隔5~7天1次,共喷4次,开始用120毫克/升,后期增加到240~300毫克/升。光呼吸抑制剂的应用,需要与肥、水管理相配合才有效果。

七、采收与保鲜

(一)番茄采收保鲜

番茄是以成熟果实为产品的蔬菜,果实在成熟过程中,淀粉和有机酸的含量逐渐减少,糖分含量不断增加。不溶性果胶转化为可溶性果胶,风味品质随成熟度的增加而提高。叶绿素逐渐减少,番茄红素、胡萝卜素、叶黄素逐渐增加,达到果实完全着色时风味最佳。番茄果实成熟大体分为 4 个时期。

1.绿熟期 果实已充分长大,颜色已由绿变白,种子发育基本完成,经过一段时间后熟,果实即可着色。过去长途运输,因需要时间很长,在绿熟期采收,经过后熟可着色,但品质风味很差。近年因交通运输发达,已基本不在绿熟期采收。

2.转色期 果实顶部开始着色,面积占 1/4,采收后 1～2 天可全部着色。销往外地多要此期采收。

3.成熟期 果实已呈现特有的色泽、风味,营养价值最高,适于作为水果生食,不耐贮藏运输,只能就地销售,或小包装近距离运销。

4.完熟期 已经充分成熟,含糖量最高,果肉已经变软,只可加工番茄酱或采种。

为了提早上市,要在绿熟期和转色期之间,用乙烯利催熟是常用的方法。将 40%的乙烯利稀释 400～800 倍水溶液,用软毛刷涂在果实上,或用小型喷雾器喷布。采收下来的果实用 40%乙烯利 200 倍液浸蘸 1 分钟,放在 25℃～27℃处堆放 4～5 层,4～6 天可着色。

乙烯利催熟虽然能够提早上市,但品质不如自然成熟的好。当前广大消费者的消费水平不断提高,乙烯利催熟的番茄不受欢迎,不应提倡。

当前保护地设施反季节栽培的番茄,多数是外向型生产,选择果皮厚、耐贮耐运的品种。采收宜在早晨进行,采收后用容量 5 千克或 10 千克的纸箱包装。运输过程中防止碰撞和挤压。

（二）茄子采收保鲜

茄子以嫩果为食,当果实已长到较大限度,种子尚未发育时,品质最好。采收晚了果肉变软,种子发硬,风味变劣;采收过早,不但影响产量,还容易萎蔫,不耐运输。

判断茄子成熟度,要观察萼片与果实连接处的白色或浅绿色的环状条带,这条环状条带已趋于不明显或正在消失,是采收适期。

茄子嫩果果皮薄而柔嫩,最怕磨擦,所以冬季、早春,每条茄子都用纸包起来再装纸箱。

夏季采收的茄子装筐运输,因为温度高,呼吸作用强,蒸腾水分多,需要在装筐后浇冷水降温,远距离运输,在筐内装冰块,最好用聚乙烯塑料瓶装清水冻成冰后再装入筐中。

(三)辣椒采收保鲜

辣椒从青熟到老熟的红果都可食用,所以采收期的幅度比较大。

保护地设施反季节栽培,以青熟果供应市场,应在品质最佳时采收。采收的标准是果实的体积已长到最大限度,果肉加厚,种子开始发育,重量增加,种子开始变硬,果皮有光泽。这时,不但品质最佳,单果重量也达到最大。此时,呼吸强度蒸腾作用也最低,有利于运输和短期贮藏。但是果实期争夺养分,特别是种子的发育要消耗大量的养分,下部的果实往往影响上部果实的发育,前期不适当提早采收,会造成果实坠秧,使营养生长和生殖生长不平衡。所以前期要适当提早采收,进入盛果期以后,可在果肉加厚时再采收,植株生长势弱的提早采收,长势旺的适当延迟采收。

秋冬茬和秋茬,在结果期提高采收频率,后期尽量延迟采收。

辣椒的保鲜比较容易,在较低的温度(10℃左右)和空气相对湿度80%～90%的条件下,贮藏10～20天仍可保持鲜嫩。

八、不同环境条件下的形态表现

(一)番茄的形态表现

1.幼苗期的表现 从真叶展开至定植,应随时观察形态表现，以便有针对性地调节环境条件，培育适龄壮苗。

3～4片叶开始花芽分化，第一片真叶与子叶距离过大，是高温、昼夜温差小造成的。第一、第二片真叶很小，是幼苗出土温度低、水分不足、长势弱的表现，将会导致第一花序分化延迟，花数减少。叶色深绿、叶片小、茎细、节间短，多因水分不足、地温偏低，或移植时伤根所致。但是这种情况下花序节位低，花数增加，多形成复式花序。

育苗期间环境条件适宜，秧苗生育正常，叶片大小适中，先端尖，叶脉粗，叶片有光泽。床土质量差，水分过多，空气湿度大，光照不良或密度过大，温度不适宜，导致叶片薄，叶脉细，叶身平，叶尖钝。

定植时已经现大蕾的秧苗，植株呈长方形，节间较短而均匀，叶片的小裂片较大，叶柄短粗，属于壮苗。叶柄又长又粗，叶片的小裂片较小，茎从下而上逐渐加粗，节间较长，是育苗中后期夜温高、光照不足、氮肥多、水分过多造成的徒长。秧苗叶色深绿，叶片呈掌状，植株呈正方形，是夜温低、水分不足或浓度过大、盐类障害、生长受到抑制形成老化苗。

2. 生育期的表现　无限生长型番茄，生育期间从植株顶部向下看，植株呈等腰三角形，开花的节位距离顶端20厘米左右，开花的花序上还有刚现蕾的花序，叶身大，叶脉清晰，叶片先端尖，花梗粗，花色鲜黄，花梗突起，是生育正常的表现。茎粗，节间长，开花节位低，是氮肥多、水分过多、光照不良、夜温高造成的徒长。这种情况果实生长慢，还容易出现畸形果。植株顶端弯曲，下部叶片也弯曲，幼龄叶中肋突出，叶片呈覆舟状，叶片长，是氮肥多、水分过多、光照条件差造成的徒长。开花节位上移，距顶端近，茎细，植株顶端呈水平状，表明顶端生长已受抑制，其原因是由于夜温低、土壤干燥、缺肥，或结果过多造成的。有时出现植株顶端黄化、坏死，是缺硼、缺钙引起的生理障害。

3. 果实不正常的表现

(1)畸形果　低温氮肥多的条件下，水分和光照不足，养分过多集中输送到正在分化的花芽,花芽细胞分裂过旺,心皮数增多,开花后心皮发育不平衡,就形成扁圆的多心室果,形状似菊花瓣,也叫菊花果。

植物生长调节剂处理浓度过大,或重复处理,就形成尖顶果。

(2)空洞果 花芽分化和花器发育过程中,由于高温、光照不足,受精不完全,导致种子少。因种子发育过程中产生果胶,正常发育的果实充满了果胶,不但果实形状整齐,风味也好。种子少果胶就少,成为空腔,形成空洞果。

(3)裂果 果实膨大期发生横裂、顶裂,是由于开花时日照不良,白天温度过高,即使钙能吸收,对花器的分配也常有不足,如果再伴有低夜温,土壤水分不足,更影响钙的吸收,裂果发生得就更多。

4.酸浆果和粒形果 开花时温度、光照均不适宜,不能正常授粉受精,本来要脱落的花,因为用植物生长调节剂进行处理,抑制了离层的产生,勉强坐果,但是缺乏营养不能膨大就形成了像酸浆果样和豆粒状的小果。

5.突指形果 在形成花芽时,由于受低温影响,引起心皮不能正常结合造成的,在果实的侧面生出一个手指形的分杈。

6.脐腐果 果实顶部花朵脱落部位,出现油渍状,颜色进一步变褐凹陷,属于生理障碍。果实的肩部提前着色。多在开花后15天左右发生,随着果实的膨大,症状逐渐明显。发生的原因是缺钙。

原来,番茄光呼吸作用产生有机酸,其中草酸能引起中毒,草酸被钙中和变成草酸钙,草酸钙能解毒,所以不缺钙就不会出现脐腐果。在钙的吸收受阻时,草酸形成得多就容易发生脐腐果。

钙被番茄植株吸收以后,由于蒸腾作用而移动。首先集中于老叶中,再向壮龄叶、幼龄叶和顶芽移动,最后进入果实。从钙的分配顺序来看,本来进入果实的就少,而果实之间对钙又进行争夺,所以部分果实因缺钙而发生脐腐。

防止脐腐果关键是加强管理,促进根部发育,提高吸收能力,合理施肥灌水,克服对钙吸收的不利条件。发现缺钙可叶面喷布氯化钙溶液,浓度为 0.5%～1%。

7. 筋腐病 又叫条腐病。分为褐变型和白化型。白化型果壁硬化发白,褐变型果实内维管束及其周围组织呈褐色硬化。

筋腐病是果实着色期容易出现的生理病害。发生原因多是铵态氮多,钾不足,多湿,夜温高,光照不足,植株顶端弯曲,下部叶片也弯曲,叶片中肋突出呈覆舟状。叶柄长的植株容易发生筋腐病。

(二)茄子的形态表现

1. 幼苗期的表现 幼苗出土后,真叶展开不久就形成花青素,氮肥和水分适宜,光照充足,温度适宜并且有一定的昼夜温差,叶片颜色较深,大小适中。如果氮肥不足,夜温偏高,光照不足则叶片色淡。氮肥多,温度低,顶芽弯曲,是吸收障碍造成的。

秧苗顶叶皱缩,叶片背面呈茶褐色而有光泽,是受黄螨的为害。叶片出现白斑或部分坏死,是有害气体的危害。

2. 坐果前的表现 定植缓苗后,植株生长旺盛,茎枝粗壮,叶片肥大,花蕾较小,迟迟不开花,是缓苗后过早浇水,温光条件适宜,促进了营养生长抑制了生殖生长,必须要延长结果采收期。

有时植株矮小,茎枝细弱,果实坐住后并开始膨大,虽然采收提前,但果实小,植株也迟迟长不起来,必将影响产量,还容易造成植株早衰。原因是缓苗后蹲苗过重,生殖生长超过营养生长,导致果实坠秧。

3. 结果期表现 茄子进入结果期,在环境条件适宜时,营养生长与生殖生长相平衡,叶片大小适中,叶脉明显,叶色深,茎枝粗壮,节间长 5 厘米左右。节间过短是温度低,水分不足,植株生长受抑制造成的;节间过长属于徒长,是昼夜温差小,水分和氮肥过量所致。

生长旺盛,发育正常的植株,花大色深;植株长势弱,花小色淡。开花的节位上有展开的叶片 4～5 个,枝条伸长和发育均属正常,如果开花节位上展开的叶片太少,就属于营养生长不良。在土壤缺水,肥料不足,地温低,或土壤溶液浓度过大时,容易出现营养不良。采收不及时,果实坠秧也表现这种症状。

有时叶脉特别是主叶脉附近变黄,是缺镁的表现。土壤溶液浓度过高,钾、钙、氮素过多,会影响植株对镁的吸收,而导致缺镁。

在环境条件适宜的情况下,果实生长快,形状具有本品种特征,表皮有光泽。高温干旱条件下,果实表皮失去光泽。徒长的植株叶片大,影响通风透光,果实着色不良,尤以紫茄子表现更明显。

(三)辣椒的形态表现

1. 幼苗期的表现 在 2 片子叶已展开,真叶尚未出现前,温度适宜,有一定的昼夜温差,光照充足,水分合适,则子叶肥厚,颜色深绿,下胚轴距地面 3 厘米左右。如夜温偏高,昼夜温差小,或光照过强,水分较多,则子叶小,下胚轴很短。若温度偏低,床土通透性不良,水分不足,也表现生长受抑制。

幼苗第三片真叶展开后即开始花芽分化,同时开始分化侧枝。辣椒一般分为双杈分枝,在夜温较低,昼夜温差大时容易出现三杈分枝,原因是在较低温度条件下,植株营养状况良好。如果没有较大的昼夜温差,就不会出现三杈分枝。

已育成的辣椒苗,株高 18～25 厘米,定植时两片子叶完好,真叶厚实而有光泽,带大花蕾,根系颜色鲜白,容器移苗的秧苗不出现盘根现象,为适龄壮苗。

如果植株矮小,子叶早脱落,真叶没有光泽,根少而色发黄,容器移的苗会发生盘根现象,是营养面积过小造成的。

2. 定植至坐果前的表现 辣椒在现蕾后定植,定植后很快缓苗,随着花蕾生长,花蕾下的分枝抽生,在开花时,侧枝上已长出 2～3 片叶,顶芽又形成花芽。叶片色深绿而有光泽,尖端呈三角形,表明环境条件适宜,秧苗根系发育好。有时定植后迟迟不缓苗,第一朵花脱落较多,发生的侧枝生长很慢,是老化苗的表现。徒长苗和定植时伤根的苗,不但缓苗慢,下部叶片还容易脱落。

3. 结果期的表现 进入结果期以后,生育正常的植株,坐果部位距顶端 25 厘米左右,开花处距顶端 10 厘米左右,其间有 1～2 个大的花蕾,开花部位与坐果部位之间有 3 片展开的叶,节间长 5 厘米左右。如果节间较长,植株直立,开花节位距离顶端超过 15 厘米,次级分枝粗,属于徒长现象;开的花小质量差,是因为夜温偏高,氮肥多,水足,光照弱或栽培密度过大造成的。

日光温室和大、中棚栽培辣椒,环境条件比较优越,一般情况下生育正常,但是也有出现生育迟缓,节间短、枝条弯曲,次级分枝小而短,开花节位距顶端近的现象,是因为地温低、夜温低或土壤水分不足,也可能是土壤板结、透气性不良、缺氧,限制了根系发育所致。此外,结果过多坠秧也会出现这种现象。

有时植株上部的幼龄叶凹凸不平,叶片皱缩,是因为氮肥过多造成的。遇到这种现象应注意观察,因为遭受红蜘蛛的为害,叶片也皱缩,不要延误了对红蜘蛛的防治。

中部叶片中肋突出,状如覆舟,下部叶片扭曲,叶片都比较大,叶柄也长,是氮肥多的表现。

氮、磷肥效良好时,叶片尖端较长,呈三角形,钾肥充足时叶片宽而呈圆形。温度高时叶柄长,温度低时叶柄短,叶片下垂。土壤水分多时叶柄撑开,整个叶片下垂。

辣椒果实大小、形状、种子多少,都与环境条件有关,植株营养状况良好,形成长柱花,能很好地授粉受精,果实发育快,能长成肥大的果实,种子也多。在夜温低时,日照不良,土壤干燥,或栽培密度过大的情况下,就形成小果,种子很少,有时还会结出没有种子的僵果。

干燥或土壤溶液浓度高,影响了根系的吸收,养分不足会使果实变短。夜温低容易使大型果(灯笼椒)变成尖顶果。高温干旱条件下,果实表面失掉光泽。

九、病虫害防治

(一)病害防治

1. 病毒病　茄果类蔬菜病毒病,在番茄和辣椒上发生较多。

(1)番茄病毒病　番茄病毒病常见的4种类型。

①花叶型　主要有2种。一种是叶片上出现轻微的花叶或微显斑驳,植株不矮化,叶子不变形,对产量影响不大;另一种有明显花叶,叶片变狭窄细长,扭曲畸形,植株矮小,大量落花落蕾,果实小,多呈花脸,品质低劣,严重影响产量。

②条斑型　叶脉坏死或散布黑色油渍坏死斑,然后顺叶柄蔓延至茎上,初生暗绿色凹陷的短条纹,后变为深褐色坏死条斑。果实上产生不同形状的褐色斑块,但变色部分只表现在表层组织上。

③蕨叶型　叶片呈黄色,直立上卷,叶背面的叶脉出现浅紫色,由于叶肉组织退化而形成线状叶片,植株丛生,矮化细小。

④混合型　症状与条斑型相似,果实上的症状有区别,混合型病斑小而不凹陷,后期变为枯斑。

(2)辣椒病毒病　辣椒病毒病主要有两种类型。

①花叶坏死型　病叶上产生深绿相间的花叶,有的品种出现褐色坏死斑,引起落叶、落花、落果,甚至枯死。

②畸形型　开始叶脉褪绿,出现斑驳花叶,后期叶片增厚,植株矮小,节间缩短畸形。

病毒病主要由烟草花叶病毒、黄瓜花叶病毒引起。其发生、发展与气温关系密切,高温干旱容易发生。蚜虫传播、接触传播都是发生原因。

防治方法:选用抗病品种,早期防治蚜虫,加强控制,控制好防治条件,促进植株健壮生长,可在一定程度上减少病害发生。发现中心病株及时拔除,防止蔓延。

番茄幼苗 1～2 片真叶时,应用弱毒 N_{14} 接种,1 000 株用 0.3～0.5 克汁液,加 2% 金刚砂,以 490 千帕(5 千克/平方厘米)的压力,距幼苗 5～15 厘米进行高压喷枪接种。日本用 1 000 倍脱脂奶粉在幼苗期喷雾,隔 7～10 天喷 1 次,基本能预防病毒病发生。其原因是在茎叶上形成一层很薄的蛋白膜,使病毒钝化而防止侵入。辣椒可用弱毒疫苗 M_{14} 接种,防烟草花叶病毒;用卫星病毒 S_{52} 接种可防黄瓜花叶病毒。

2. 番茄灰霉病　近年来保护地设施栽培的番茄,灰霉病发生较普遍,防治不及时危害严重。番茄从幼苗至成株,花和果实均能发病。幼苗受害,开始叶片和叶柄上产生水质状腐烂,后干枯,表面生灰霉,严重时扩展到幼茎上产生黑色斑点,腐烂长霉,常自病部折断,造成大量死苗;成株受害,叶片上产生水渍状的大型灰褐色的病斑,潮湿时长灰霉,干燥时病斑灰白色,隐约可见轮纹。花和果实受害时,病部呈灰白色,水质状发软,最后腐烂,表面长出灰色霉层,一般果实不脱落,果实间能传染。

【病原菌】　番茄灰霉病的病原菌为葡萄孢菌,属半知菌亚门真菌。除危害番茄外可危害茄子、辣椒和黄瓜。病菌以菌核遗留在土壤中越冬,也可以菌丝体和分生孢子在病残体上越冬,遇适宜条件菌核可萌发产生菌丝体和分生孢子,借气流、露滴传播。花期是病害侵染的高峰期,在果实膨大时期浇水后病果剧增。

病菌在 2℃～31℃ 范围内均可发育,但适温为 20℃ 左右,要求 90% 以上的相对湿度,喜弱光。所以冬季、早春保护地栽培,番茄灰霉病容易流行。

【防治方法】　培育适龄壮苗,定植后加强管理,控制好温、湿度,减少发病机会。一旦发现病害,趁病部尚未长出灰霉之前及时摘除病果、病叶,并喷药防治。药剂可用 50% 多菌灵可湿性粉剂 500 倍液,或 60% 防霉宝微粒粉剂 600 倍液,或 50% 速克灵可湿性粉剂 1 500 倍液,或 50% 扑海因可湿性粉剂 1 500 倍液,或 50% 农利灵可湿性粉剂 1 000 倍液,或 40% 多硫悬浮剂 500 倍液,或

50%利得可湿性粉剂 800 倍液,或 68%倍得利可湿性粉剂 800 倍液,或 65%甲霉灵可湿性粉剂 1000 倍液,或 50%多霉灵可湿性粉剂 1000 倍液喷布。也可用 10%灭克粉尘剂,每 667 平方米 1000克,或用沈阳农业大学烟剂 2 号每 667 平方米 350 克熏烟。各种药剂交替使用。在病害发生时,还可采用高温闷棚法,密闭棚室,把气温控制在 38℃～40℃2 个小时,可控制病情发展。

3. 番茄晚疫病　各地普遍发生,是番茄的重要病害,有的棚室晚疫病已成为毁灭性病害。

番茄苗期即可发病,但主要在成株期发病较多,危害叶片和果实。叶片发病,多从叶尖和叶缘出现不规则形暗绿色水渍状病斑,后变褐色。阴雨或湿度大时,病势发展快,迅速扩展半叶或全叶,并在病斑边缘病健交界处长出一圈白色霉层,称为"霉轮",病叶很快腐烂。干燥时病势停止发展,病部失水干枯呈青白色,皱缩,已破碎。果实发病,果面上产生大型边缘不整齐的褐色云纹状病斑,湿度大时病斑边缘长出稀疏白霉。病果初期硬,不腐烂。后期果实腐烂。有时茎上也能发病,病斑黑褐色,稍凹陷,边缘不清晰,湿度大时长出少许白霉,最后表皮腐烂,植株易从病部腐烂处弯折。

【病原菌】　为致病疫霉菌,属鞭毛菌亚门真菌。病菌主要以菌丝体在土壤中越冬,也可在温室冬季栽培番茄上危害并越冬,成为翌年的初侵染来源。

病菌喜较低温度和高湿条件,生长温度范围 10℃～31℃,适温 20℃左右,孢子形成温度范围 7℃～25℃,适温 18℃～20℃,孢子囊萌发产生游动孢子温度范围 6℃～15℃,适温 10℃～13℃。相对湿度 85%以上才能产生孢子梗,95%～97%的相对湿度才能形成孢子囊。孢子囊萌发一定要有水滴存在。

【防治方法】　选用抗病品种,培育适龄壮苗,冬季定植进行地膜覆盖,控制好环境条件,使空气相对湿度在 85%以下。

发现中心病株,立即拔除或摘掉病叶、病果,进行药剂防治,连续防治 2～3 次,控制或消灭病情。药剂可选用 25%甲霜灵可湿性粉剂 800 倍液,或 75％百菌清可湿性粉剂 500 倍液,或 77％可杀得可湿性粉剂 500 倍液,或 80％大生可湿性粉剂 500 倍液,或 47％加瑞农可湿性粉剂 800 倍液,或 72％克露可湿性粉剂 500 倍液,或 68％倍得利可湿性粉剂 500 倍液,或 72％克霜氰可湿性粉剂 600～800 倍液,或 40％甲霜铜可湿性粉剂 700 倍液,或 58％甲霜锰锌可湿性 500 倍液喷布。也可喷 5％百菌清粉尘剂,每 667 平方米 1 000 克,或用沈阳农业大学的烟剂 1 号每 667 平方米 350 克熏烟。

4. 番茄早疫病 又叫番茄轮纹病。各地普遍发生,也是保护地番茄的重要病害。近年来病情在加重,个别棚室造成严重损失。

苗期发病可形成立枯死苗。成株期发病,植株上部的叶、茎、果、叶柄、果柄均可发病。叶片发病先从下部开始,向上部叶片扩展。初时叶片上形成褪绿小斑点,后逐渐形成大小不一的圆形、不规则性病斑。病斑褐色至暗褐色,边缘有时具有潜绿色或黄色晕环,病斑中部具有明显的同心突起轮纹。湿度大时病斑表面生有黑色霉状物。严重时多个病斑联合形成不规则性大斑,造成叶片早枯。叶柄病斑椭圆形,稍凹陷,暗黑色,有轮纹,病斑大时引起叶片垂萎、枯死。茎部发病病斑多发生在侧枝分杈处,病斑椭圆形或不规则性,褐色至暗褐色,凹陷或稍凹陷,轮纹不明显,上面布满黑色霉状物。果实发病,病多发生在靠果肩部,病斑近圆形或椭圆形,直径 10～30 毫米,暗褐色,轮纹明显,上部布满黑色霉层。病斑部较硬,一般不腐烂,后期从病斑处开裂。

【病原菌】 为茄链格孢菌,属半知菌亚门真菌。除危害番茄外,还危害茄子和马铃薯。

病菌主要以菌丝体和分生孢子随病残体在土壤中越冬。分生孢子也能附着在种子表面越冬。病残体中病菌可存活 1 年以上,种子上病菌可存活 2 年。

病菌在 1℃～45℃均可生长,适宜温度 20℃～23℃,相对湿度要求 80％以上,分生孢子可萌发。早疫病发生的早,危害时间也长,一般在初果期发病,盛果期进入高峰。发病与营养关系密切,光合产物低、糖含量下降最容易感病。连作、栽培过密,浇水过多,基肥不足,结果过多,空气湿度大,都容易发病。

【防治方法】 选用抗(耐)病品种,使用无病种子,进行种子消毒(52℃温水浸30分钟),冬季栽培采用高垄覆盖地膜,降低空气湿度,可减轻病害发生。定植缓苗后提早喷药预防,药剂可用70%代森锰锌可湿性粉剂500倍液,或80%大生可湿性粉剂500倍液,或40%灭菌丹可湿性粉剂400倍液,或50%扑海因可湿性粉剂1 000～1 500倍液,或40%大富丹可湿性粉剂500倍液,或77%可杀得可湿性粉剂500～700倍液,47%加瑞农可施性粉剂800～1 000倍液喷布。各种药剂交替使用,每隔5～7天喷1次,连续喷布2～3次。

5. 番茄斑枯病 又叫番茄鱼目斑病。各地都有发生,是造成植株早衰的重要原因。

番茄斑枯病多在开花结果期后发生,主要危害叶片,先从下部叶片发病,向中上部发展。初期叶片背面产生水渍状圆形小斑点,接着扩展到叶正面,病斑逐渐扩大成直径2～3毫米、圆形或近圆形,略凹陷病斑。病斑边缘暗褐色,中央灰白色,后期病斑中心密生许多小黑点,看上去像鱼眼睛,所以称为鱼目斑病。病情严重时叶片上布满病斑,相互连片,叶片枯黄。最后中下部叶片全部干枯,仅剩顶端少量健叶,植株早衰,只好提早拉秧。茎和果实上发病,病斑椭圆形,稍凹陷,褐色,中央淡褐色,其上散生小黑点。

【病原菌】 为番茄壳针孢菌,属半知菌亚门真菌。病菌以分生孢子器和菌丝体随病残体在土壤中越冬,菌丝体也能潜伏在种皮内使种子带菌。越冬后产生分生孢子器,孢子器吸水后膨胀,将器内胶质物溶解,使分生孢子从孔口逸出,经风雨传播或棚膜水滴及浇水喷溅到植株下部叶片上,从气孔或直接穿透表皮侵入,引起发病。

温、湿度对斑枯病发生影响最大,病菌在12℃～30℃范围内均可发育,最适温度为 22℃～25℃。相对湿度在 90％以上才能产生分生孢子,还需有水滴存在,因此叶面结露在病菌传播上起重要作用。分生孢子 48 小时完成萌发和侵入,潜育期 4～6 天,发病后病情发展很快,10～15 天植株干枯。

【防治方法】 进行床土消毒,培育无病的适龄壮苗。实行轮作,采用高垄覆盖地膜栽培。合理浇水追肥,通风排湿。

发病初期摘除病叶深埋。发现中心病株及时喷药防治,药剂可选用 70％代森锰锌可湿性粉剂 500 倍液,或 75％百菌清可湿性粉剂 500 倍液,或 50％多菌灵可湿性粉剂、或 50％甲基托布津可湿性粉剂 500 倍液,或 40％多硫悬浮剂 600 倍液。也可喷撒 5％百菌清粉尘剂,每 667 平方米 1 000 克,或用沈阳农业大学研制的烟剂 1 号每 667 平方米 350 克熏烟。

6.番茄绵疫病 又叫褐色腐败病,俗称牛眼腐或柿子掉蛋。各地均有发生。主要危害果实,已长成的绿果和刚开始着色的果实发病最多。发病初期果实表面出现淡褐色斑点,很快向四周扩展成大型边缘清楚的病斑。连续阴雨或棚室内湿度非常大时,病斑扩展迅速成为褐色或深褐色大斑,阴晴交替或湿度稍小时,病斑扩展较慢,多形成深紫褐色同心轮纹的大斑。湿度大时,病斑表面长出稀疏白色霉状物。病果不软化,易脱落,最后也腐烂。叶片受害产生大型水渍状褪绿斑,有时隐约可见轮纹,最后慢慢腐烂。

【病原菌】 为寄生疫霉菌,属鞭毛菌亚门真菌。病菌以卵孢子或厚垣孢子随病残体在土壤中越冬,病残体分解后尚能存活较长时间。借灌溉或棚膜滴水传播到近地面果实上,病菌萌发后产生芽管从表皮侵入引起发病。

病菌在 8℃～38℃范围内均可发病,适宜温度为 28℃～30℃,菌丝发育,孢子囊产生和萌发需 95％以上的相对湿度。

【防治方法】 控制好棚室的温、湿度,合理施肥浇水,适时整枝,加强通风透光,绵疫病就不会发生。一旦发病可摘除病果喷药防治,药剂可选用 25％甲霜灵可湿性粉剂 800 倍液,或 64％杀毒矾可湿性粉剂 400 倍液,或 75％百菌清可湿性粉剂 500 倍液,或 14％络氨铜水剂 300 倍液,或 43％瑞毒铜可湿性粉剂 500 倍液,或 58％甲霜灵·锰锌可湿性粉剂 400 倍液,或 72％克霜氰可湿性粉剂 600 倍液,或 72.2％普力克水剂 700 倍液,或 77％可杀得微粒粉剂 500 倍液,或 72％克露可湿性粉剂 500 倍液,重点喷布果实。

7. 番茄溃疡病　是番茄的毁灭性病害,为我国对内植物检疫对象。

苗期、成株期均可发病。幼苗期发病,由下部叶片向上部发展,逐渐萎蔫,有时在胚轴或叶柄上产生凹陷的溃疡斑,严重时幼苗枯死。成株发病,最初侵染一般为系统性侵染,下部叶片边缘先枯萎,逐渐向上卷起。随后全叶发病,青黄褐色,皱缩,干枯,垂悬于茎面不脱落,似干旱缺水枯死状。病害发展中后期茎部发病,外表皮开始出现褪绿变色的条斑,有时表现溃疡状,最明显的是茎的髓部变色,初期浅褐色至褐色,最后红褐色。并向上下扩展,有一节至几节,形成长短不齐的空腔。后期下陷或开裂,茎略变粗、弯折扭曲,生出许多刺或不定根。湿度大时,有污白色菌脓从病茎中溢出或附在其上,形成白色脓状物,最后病茎髓部完全变褐中空,仅残存外表皮,导致植株死亡。但枯死植株叶片不脱落,呈青枯黄色。果实发病多由茎扩展到果柄,致使幼果萎缩、停止生长或变畸形。

【病原菌】　为密执安棒状杆菌番茄溃疡致病型,属细菌。可侵染番茄、辣椒等茄科植物。

种子内、外带菌越冬,病株采收的种子全部带菌,病、健株混收的种子,即使病株极少,由于病菌污染种子,也会有较高的发病率。干燥种子上病菌可存活 2 年以上。病菌还能随病残体在土壤中越冬,也能存活 2 年以上。病菌可从各种伤口侵入,包括受损的叶片、幼根、茎部、花柄、叶片毛状体侵入。湿度大时也能由气孔、水孔侵入。病菌侵入后通过韧皮部在寄主体内扩展,经维管束进入果实的胎座,侵染种子脐部或种皮,致使种子带菌。病菌初侵染后,条件适宜时引起频繁再侵染,病害不断蔓延。

病菌较耐低温,1℃～33℃范围内均能发育,适宜温度25℃左右。喜高温,传播、侵入离不开水。保护地设施内温、湿度容易满足,特别是叶面上的水膜成为发病的重要因素。

【防治方法】 选用无病种子,进行种子消毒,用55℃温水浸种30分钟,或用70℃72小时干热处理,或用1.6％盐酸液浸种24小时,或用1.6％醋酸液浸种24小时,或用0.3％漂白粉液浸种5分钟,洗净后晾干再浸种催芽。育苗时床土消毒,定植后加强管理,控制湿度。发病初期用药剂防治。药剂可选用农用链霉素200毫升/千克,或14％络氨铜水剂300倍液,或50％琥胶肥酸铜可溶性粉剂500倍液,或72％农用硫酸链霉素可湿性粉剂800～1 000倍液灌根。

8.茄子黄萎病 俗称黑心病、半边疯。各地普遍发生,保护地茄子上发展快,危害严重,已成为生产上最重要的病害。

在定植后不久即可发病,但以门茄坐果后发病最多,病情严重。发病多从下部叶片发生,向上部叶片发展,或自一边向全株发展。发展初期叶缘或叶脉间褪绿变黄,逐渐发展至半边或整个叶片变黄或黄化斑驳。病株初期晴天中午萎蔫,早晚或阴雨天可恢复,后来病株不能恢复,叶片黄萎脱落,严重时叶片全部脱落,最后死亡。剖视病株根、茎、分枝及叶柄,均可看到维管束变成褐色。

【病原菌】 为黄萎轮枝菌,属半知菌亚门真菌。可危害茄子、番茄、辣椒、黄瓜等多种蔬菜。

病菌以休眠菌丝、厚垣孢子、拟菌核随病残体在土壤中越冬。病残体分解后,病菌在土壤中可继续存活6～8年。病菌还可以菌丝潜伏在种子内,或以分生孢子附着在种子表面越冬。带菌种子随调运传播。病菌借施用带病残体的堆肥传播,也可借风雨、流水或人、畜、农具传播。主要在土壤中由根部伤口侵入,也能由幼根和根毛直接侵入。病菌扩展到维管束,在其内发育、繁殖,扩展到茎叶、枝条及果实、种子里。

病菌在5℃～30℃范围内均可发育,室温为20℃～25℃,地温22℃～26℃。空气湿度和土壤湿度高有利于病害发展,浇水不当是病害加重的原因。大水漫灌后,常使土壤温度降低,土壤水分蒸发快,造成干裂而损伤根,有利于病菌侵染。另外浇水可将病菌传带至下水头,扩大发病面积,加速病情发展。施未腐熟粪肥或偏施氮肥均容易发病。土壤中的地下害虫多,发病也重。

【防治方法】 选用抗病品种,进行种子消毒,用55℃温水浸种15分钟,或用50%可湿性多菌灵500倍液浸种60分钟,洗净后再浸种催芽。棚室栽培最有效的方法是嫁接换根。

9. 茄子枯萎病 随着保护地栽培的发展,茄子枯萎病也迅速发展,病情加重,在一些温室和大棚内已成为重要病害。

茄子枯萎病多在成株期发生,开始植株顶部叶片似缺水萎蔫,后萎蔫加重,植株下部叶片开始叶脉变黄,随之叶缘变黄,最后整个叶片变黄,枯萎而死。剖视病株的茎可见维管束变深褐色。

【病原菌】 为尖镰孢菌茄子专化型,属半知菌亚门真菌。病菌以菌丝体或厚垣孢子随病残体在土壤中和附着在种子上越冬,也可在土壤中营腐生生活。病菌由根部伤口或幼根直接侵入,进入并定居于维管束,堵塞导管,并产生镰刀菌毒素致使叶片萎蔫,干枯而死。病土和带菌粪肥都能传病。发病后主要靠水流传播。

温度25℃～28℃,土壤潮湿,利于发病。连作、移栽或追肥时伤根,长势弱,则容易发病。

【防治方法】 选用无病种子,进行种子消毒,进行3年以上轮作。最有效的方法是嫁接换根,定植后加强管理,保持植株生长健壮,提高抗病力。发病初期及使用药剂防治,可用的药剂有50%多菌灵可湿性粉剂500倍液,或70%甲基托布津可湿性粉剂700～800倍液,或20%甲基立枯磷乳油1000倍液,或5%菌毒清水剂300倍液,灌根,每株灌药液500克,7天1次,连续灌2次。

10. 茄子褐纹病 俗称烂茄子。各地普遍发生,并且发病严重,造成烂果,不但在生产中危害,贮运和销售过程中继续危害。

茄子各生育期均可受害。幼苗发病,在下胚轴上出现梭形褐色稍凹陷病斑,条件适宜时,病斑很快发展,造成幼苗猝倒或立枯。稍大苗则形成"悬棒槌"。成株期叶、茎、果都可发病,以果实最易受害。果实发病,开始在果面上形成圆形或近圆形褐色小点,迅速扩展形成大小形状不一的凹陷的褐色湿腐型病斑,有时病斑可扩及半个至整个果实,病部轮生许多稍大的小黑点。最后病果腐烂,落地或成僵果悬留枝头。叶片发病,开始叶上产生苍白色小斑点,扩展后呈圆形、椭圆形或不规则形的大小不等病斑。病斑中央灰白色,边缘褐色或黑褐色,上面散生许多很小的黑点。病斑组织变薄,易破碎或穿孔。茎枝发病,病斑梭形或长圆形,中央灰白色,边缘紫褐色,稍凹陷,形成干腐状溃疡,上面散生许多小黑点。后期病部常皮层脱落露出木质部。

【病原菌】 为茄褐纹拟茎点菌,属半知菌亚门真菌。病菌主要以分生孢子器和菌丝体在土壤表面病残体上越冬。也可以菌丝体潜伏在种子的种皮内,或以分生孢子附着在种子表面越冬。

带菌种子可引起发病,土壤中病菌可引起植株基部溃疡。产生的分生孢子成为茎叶、果实发病的侵染源。病部产生的分生孢子,借风雨、浇水、昆虫和农事操作传播,从伤口或直接穿透表皮侵入。成株期潜伏期 7 天左右。条件适宜病害极易发生流行。

病菌在 7℃～40℃范围内均可发育,但菌丝体生长,分生孢子产生和萌发适温为 28℃～30℃,并需要有 80％以上的相对湿度。

【防治方法】 选用抗病品种,无病种子,进行种子消毒,培育适龄壮苗,定植后加强管理,调节好温、湿度,减少发病条件。一旦发生病害及使用药剂防治。药剂可选用 50％苯菌灵可湿性粉剂 1 000 倍液,或 65％福美锌可湿性粉剂 500 倍液,或 70％代森锰锌可湿性粉剂 500 倍液,或 68％倍得利可湿性粉剂 500 倍液,或 40％甲霜铜可湿性粉剂 700 倍液,或 75％百菌清可湿性粉剂 600 倍液喷布。也可用沈阳农业大学的烟剂 1 号,每 667 平方米350～

400克熏烟。

11. 茄子茎基腐病　近年茄子茎基腐病各地普遍发生,已成为对保护地茄子生产威胁最大的病害。

定植不久即可发病,以门茄坐果后发病最重,多在根茎(地表下的茎)和茎基部(贴地表的茎)发病。病部皮层变褐湿腐,枝叶萎蔫,枯黄。病部最后凹陷或缢缩、腐烂,皮层易剥离露出暗色木质部。病株最后枯萎而死。

【病原菌】　为腐皮镰孢菌,属半知菌亚门真菌。

病菌侵染茄子、辣椒、番茄等茄果类蔬菜,也能侵染一些瓜类蔬菜。病菌以菌丝体和厚垣孢子在病残体及土壤中越冬。厚垣孢子可存活5～6年,是田间主要初侵染来源。病菌由根茎部伤口侵入,在皮层细胞危害,最后进入维管束组织。发病后,病部产生分生孢子,再由灌溉水、农事操作工具传播。

病菌在10℃～35℃均能发育,较喜低温,在温度15℃～17℃,相对湿度80%时最容易发病。土质黏重容易发病。土质黏重、重茬、土壤湿度高发病重,地下害虫多,农事操作伤根均能加重发病。

【防治方法】　高垄覆盖地膜,充分施基肥,调节好温、湿度,合理浇水追肥,减轻病害发生。发现病害立即用药剂防治,药剂可选用50%多菌灵可湿性粉剂500倍液,或70%甲基托布津可湿性粉剂800倍液,或75%敌克松可湿性粉剂800倍液,或5%菌毒清水剂500倍液,或77%可杀得可湿性粉剂500倍液,或25%络氨铜水剂300～400倍液,或25%敌力脱乳油2 500倍液喷布。

12. 茄子菌核病　目前只在局部地区保护地茄子上发生,但病情发展很快,危害日益加重,值得重视。

植株各部位均能发病,但多从主茎基部或侧枝5～25厘米处开始发病。开始发病部位呈水渍状淡褐色,稍凹陷病斑,后病部变灰褐色或灰色,干缩状,湿度大时病部长出白色絮状霉层,皮层很快腐烂。病茎表皮及髓部易成菌核。菌核不规则扁平状,较大。后期病部干枯、髓空,表皮皱裂呈麻状外露,植株枯死。叶片发病,产生水渍状褐色有轮纹病斑。花受侵染后,水渍状湿腐、脱落。果实发病,病部褐色,表面长有白色霉层,后形成菌核。果实腐烂掉落或形成僵果。

【病原菌】 为核盘菌,属子囊菌亚门真菌。

病菌以菌核在土壤中越冬,也可混在种子间越冬。春天温、湿度适宜,菌核陆续萌发抽出子囊盘,子囊盘开放后,子囊孢子成熟即弹出,犹如烟雾,肉眼可见,是病害初侵染来源。子囊孢子萌发后先侵害下部衰老叶片和花瓣,引起发病。受害花瓣及叶片脱落后贴附在无病的茎叶上或与病茎叶接触均可传病。菌核本身也能产生菌丝直接侵入近地面茎叶和果实。在病害中期,由病部长出的白色絮状菌丝可形成新的菌核。这些菌核萌发后再次侵染。病菌侵染期很长,从定植初期至采收后期都可受侵染再陆续发病。

菌核形成和萌发的适宜温度分别为 20℃和 10℃左右,要求土壤湿润。棚室中温度 16℃～20℃,相对湿度 85%～100%,最适于发病。

【防治方法】 采取高垄覆盖地膜栽培,减少菌源,定植后加强管理,增施磷、钾肥,调节好土壤和空气湿度,减少发病。

经常检查,发现病株及时拔除深埋,并喷药防治,可选用的药剂有 50%甲基托布津可湿性粉剂 500 液,或 20%甲基立枯磷乳油 1 000 倍液,或 50%速克灵可湿性粉剂 1 500 倍液,或 50%扑海因可湿性粉剂 1 000 倍液,或 50%农利灵可湿性粉剂 1 000 倍液,或 40%菌核净可湿性粉剂 1 000 倍液,或 50%氯硝铵可湿性粉剂 1 000倍液喷布。

13. 辣椒疫病 俗称烂秧子。是露地辣椒最严重的病害。在保护地生产上也有发生。

主要是在成株期发病,茎枝、叶片和果实均可发病。茎枝发病,初生暗绿色水浸状斑点,扩展极快,可长成 5～10 厘米大型黑褐色病斑。病部皮层软化、腐烂,一捋皮层可捋去,病部以上枝条常凋萎死亡。叶片发黑、湿腐、凋萎、脱落。果实发病,多自果蒂部先发病,水浸状病斑迅速向果面和果柄发展,致使整个果实似水烫状,呈灰绿色,后灰白色软腐,有时有褐色同心轮纹,病果脱落或失水呈淡褐色僵果挂留在枝头。湿度大时在病部特别是果实病部长出疏白色霉层。

【病原菌】 为辣椒疫霉菌,属鞭毛菌亚门真菌。病菌除危害辣椒外尚可侵染番茄和茄子。

病菌以卵孢子在地表病残体上或土壤中越冬,种子也能带菌。卵孢子在土壤中能存活2年。土壤中卵孢子萌发,直接侵染植株根颈基部,也可借雨水、灌溉溅水传至植株下部茎、叶和果实上侵染发病。带菌种子萌发,直接侵染幼苗。发病后,病部长出大量孢子囊,借风雨传播。条件适宜时,孢子囊2个小时萌发放出游动孢子,7~10个小时就完成侵染过程,潜育期2~3天。因此一旦发病,短期内就会流行成灾。

温度26℃~30℃,相对温度95%以上,4~6个小时有水滴,是疫病发生的主要条件。棚室栽培因空气湿度大,容易发病。

【防治方法】 选用无病种子,进行种子消毒,培育适龄壮苗。采用高垄覆盖地膜定植,增施基本肥,加强管理,提高抗逆性。一旦发生病害立即喷药防治,药剂可选用25%甲霜灵可湿性粉剂800倍液,或77%可杀得可湿性微粉剂500倍液,或68%倍得利可湿性粉剂500倍液,或72%克霜氰可湿性粉剂600~800倍液,或64%杀毒矾可湿性粉剂300~400倍液喷布。也可用10%高效杀菌宝水剂200~300倍液灌根。

14. 辣椒炭疽病 各地发生普遍,是露地辣椒重要病害,但保护地辣椒也有发生。

辣椒炭疽病常见的有2种:一种是黑色炭疽病,果实发病,初期产生水渍状褐色斑点,扩展后呈大小不等的圆形和不规则形,黑褐色,稍凹陷的病斑。病斑上有稍隆起的同心轮纹,其上轮生许多小黑点。湿度大时,病斑表面溢出红色粘稠状物。被害果内部组织半软腐状,易干缩使病部呈牛皮纸状,易破碎。有时叶片也发病,病斑近圆形或不规则形,中间灰褐色,边缘褐色,其上生小黑点。另一种红色炭疽病,初时病斑为水渍状淡褐色斑点,逐渐扩展后成圆形或近圆形大型病斑。病斑棕黄褐色,凹陷,微现橙红色小点,略呈同心环排列。湿度大时,病斑表面有些淡红色黏质物溢出。发病严重时,整个果实烂掉。

【病原菌】 黑色炭疽病为茄果腐黑刺盘孢菌,属半知菌亚门真菌;红色炭疽病为辣椒盘长孢菌,属半知菌亚门真菌。

病菌以分生孢子附着在种子表面或以菌丝体潜伏在种子内部越冬。越冬后病菌产生分生孢子,靠棚膜滴水崩溅和雨水、灌溉等传播到植株下部果实、叶片上萌发后,由伤口侵入。红色炭疽病菌能直接侵入。发病后,病斑上产生新的分生孢子,靠风雨、昆虫及农事操作传播进行再侵染。温度适宜,潜育期黑色炭疽病3～4天,红色炭疽病5～7天,所以条件适宜病害容易大发生。

病菌喜高温、高湿条件,黑色炭疽病菌发育的温度12℃～33℃,红色炭疽病菌15℃～35℃,最适温度,前者27℃,后者27℃～30℃。相对湿度都要求95%,低于70%的湿度不适宜其发育,分生孢子侵入需要有水滴,保护地内通风排湿不好,偏施氮肥都容易发病。

【防治方法】 选用无病种子,进行种子消毒,培育适龄壮苗,实行2年以上轮作。定植后加强管理,调节好温、湿度,合理追肥浇水,提高植株抗逆性。发现病害及时用药剂防治,可选用的药剂有50%苯菌灵可湿性粉剂1 000倍液,或80%炭疽福美可湿性粉剂800倍液,或70%甲基托布津可湿性粉剂800～1 000液,或50%多硫悬浮剂600倍液,或50%利得可湿性粉剂800倍液,或80%大生可湿性粉剂800倍液喷布。也可用沈阳农业大学烟剂1号、3号等量混合,每667平方米350～400克熏烟。

15.辣椒细菌性疮痂病 也叫细菌性斑点病。是辣椒上常见的病害,各地保护地辣椒生产均有发生,发病严重时提早落叶,损失很大。

疮痂病多在成株期发生,主要危害叶片、茎枝和果实。叶片发病,初时出现水渍状、黄绿色小斑点,逐渐扩展成大小不等的圆形或不规则病斑。为边缘褐色,稍隆起,中央浅褐色,稍凹陷,表面粗糙的疮痂状病斑。病斑多时融合成较大病斑或病斑连片,引起落叶。重病株叶片几乎落光,仅剩枝梢几片小叶,对产量影响很大。茎枝上发病,病斑呈不规则条斑或块斑,后木栓化或纵裂为疮痂状。果实发病,出现圆形或不规则形疱疹状黑色病斑。后病斑呈疮痂状,边缘有裂口,并有水渍状晕环,湿度大时有少许菌脓溢出。

【病原菌】 为野油菜黄单孢菌辣椒斑点病致病型,属细菌。

病菌主要附着种子表面越冬,也可随病残体在土壤中越冬。土壤中病菌借灌溉水流传播至植株下部叶片、茎上、果实上引起发病。发病后细菌借风雨、棚膜滴水、昆虫和农事情操作传播,由气孔或伤口侵入,在细胞间隙发育、繁殖,并分泌刺激性物质刺激病部组织,使表皮细胞增高,病斑边缘稍隆起呈疮痂状。

温度 27℃～30℃,相对湿度 90% 以上,适合病害发生。保护地内浇大水,通风不及时,造成闷热潮湿条件,病害迅速发生和发展。植株徒长或衰弱病情加重。

【防治方法】 选用抗病品种,进行种子消毒,实行 2～3 年轮坐。定植后加强管理,控制好棚室温、湿度,减少发病条件。

发现病害立即用药剂防治,药剂可选用农用链霉素 200 毫克/千克,或新植霉素 200 毫克/千克,或 60% 百菌通可湿性粉剂 500 倍液,或 14% 络氨铜水剂 300 倍液,或 47% 加瑞农可湿性粉剂 800 倍液,或 10% 高效杀菌宝水剂 300～400 倍液喷布。

16. 辣椒根腐病 各地保护地辣椒上均有发生,特别在低洼地、多雨地区发生严重,并且日益加重。

辣椒根腐病多发生在定植缓苗后不久的植株上。植株茎基部及根部皮层变褐色,湿腐状,植株地上部枝叶萎蔫、枯黄。植株病部最后缢缩、腐烂。皮层剥离露出暗色的木质部,病株多倒伏而死。

【病原菌】 为腐皮镰孢菌,属半知菌亚门真菌。

病菌以菌丝体、厚垣孢子和菌核在病残体及土壤中越冬,厚垣孢子在土壤中能存活5～6年甚至更长。病菌从根部侵入,在病部产生分生孢子,借雨水、灌溉水传播,进行再侵染。

高温、高湿条件有利于发病,轮作、低洼、黏土地、下水头发病严重。

【防治方法】 采用高垄覆盖地膜栽培,发病严重地块需进行非茄科作物轮作,防止大水漫灌,及时中耕松土增加土壤通透性,施有机肥要腐熟。

发现病害及时使用药剂防治,药剂可选用50%多菌灵可湿性粉剂500倍液,或50%甲基托布津可湿性粉剂500倍液,或10%双效灵水剂200～300倍液,或75%敌克松可湿性粉剂800倍液,或5%菌毒清水剂250～300倍液,或3.2%克枯星水剂500～700倍液灌根,或喷洒表土、植株的基部。各种药剂交替使用。

(二)害虫防治

1. 红蜘蛛 红蜘蛛又称朱砂叶螨、棉叶螨。属蛛形纲害虫。危害多种蔬菜,以茄果类、豆类受害最严重,保护地茄子、辣椒上红蜘蛛危害日益严重。

【害虫特征】 以成螨和若螨群栖在叶背面吸食汁液,尤以叶片中脉两侧虫量为集中,虫量大时分布全叶。受害初期叶正面出现白色小斑点,逐渐叶片褪绿成黄白色,严重时叶片变锈褐色,整片叶枯焦脱落,全株枯死,果皮粗糙呈灰白色。

雌成螨梨形,体长0.5毫米,锈红色或红褐色。体背两侧各有一块长形黑斑,有的斑分两块。螯肢有心形的口针鞘和口针。须肢胫节爪强大。眼2对,位于前足体背面。背毛12对,呈刚毛状,无臀毛。腹毛16对,肛门前方有生殖瓣和生殖孔。生殖孔周围有放射状的生殖皱襞。气门沟呈膝状弯曲。雄成螨体长0.3毫米,腹部末端略尖,背毛13对,幼螨只有3对足,幼螨蜕皮后为若螨,具 4 对足。

红蜘蛛 1 年可发生 10～20 代,发生代数由北向南逐渐增多。以成螨在枯枝落叶下、杂草丛中、土缝里越冬。春天越冬成螨开始活动,并产卵于杂草或其他作物上。在保护地内发生更早,5～6 月间迁至菜田,初期点片发生,逐渐扩展到全田。晚秋随温度下降,便迁往越冬寄主上越冬。朱砂螨可孤雌生殖或两性生殖,孤雌生殖的后代全部为雄螨,羽化后的翌日雌虫即可产卵。卵羽化后称幼螨,雌性幼螨经 2 次蜕皮后变成 2 龄、3 龄若螨,分别称前期若螨和后期若螨,均为 4 对足。雄性幼螨只蜕 1 次皮,仅有前期若螨。幼螨和前期若螨不活泼,后期若螨活泼贪食,并有向上爬习性。朱砂螨一般从下部叶片开始发生,向上蔓延,当繁殖量大时,常在植株顶尖群集用丝结团,滚落地面四处扩散。

朱砂螨发生最适温度为 29℃～30℃,相对湿度 35%～55%,温度超过 31℃,相对湿度超过 70% 对其发育不利。植株营养对其发育有影响,叶片含氮量高时虫量大,为害严重。天敌有小花蝽、小黑瓢虫、黑襟瓢虫等。

【防治方法】 及时清除保护地内周边杂草、枯枝老叶,减少虫源。避免干旱,适时适量浇水。氮、磷、钾肥配合使用,不偏施氮肥。发现红蜘蛛立即喷药防治,可选用的药剂有 73% 克螨特乳油 500 倍液,或尼索朗乳油 3 000 倍液,或 50% 溴螨酯乳油 1 000 倍液,或 40% 菊杀乳油 2 000～3 000 倍液,或 40% 菊·马乳油 2 000～3 000 倍液,或 40% 乐果乳油加 80% 敌敌畏乳油 1 000～1 500 倍液喷布。

2. 茶黄螨 又叫茶嫩叶螨、茶半跗线螨、侧多跗线螨,属蛛形纲蜱螨目跗线客螨类害虫。主要为害茄果类、瓜类、豆类蔬菜,其中又以茄子、辣椒受害最重。各地保护地茄子、辣椒受害普遍。

成螨、幼螨均可危害。集中在幼嫩叶部位吸食汁液,受害叶片变黑褐色或黄褐色,并出现油渍状,叶缘向下卷曲。嫩茎、嫩枝受害后变褐色、扭曲,严重时顶部干枯。茄子受害后引起果皮龟裂,果肉种子裸露;辣椒受害后,植株矮小丛生、落花、落果,形成秃尖,很像病毒病症状。

【害虫特征】 雌成螨体长 0.3 毫米,体椭圆形,腹末端平截,淡黄色半透明。体曲分解不明显,足较短,第四对足细,腹节末端有端毛和亚端毛。雄成螨略小,近六角形,末端圆锥形,体淡黄色半透明。足长而粗壮,第三和第四对足基节相连,第四对足的胫节融合成胫跗节,其上有一个爪,如同鸡爪,足的末端为一瘤状。幼螨椭圆形,淡绿色,具 3 对足。若螨长椭圆形,是静止的生长发育阶段,被幼螨的皮包围。

茶黄螨 1 年发生多代。南方以成螨在土缝、蔬菜、杂草根际越冬。北方在温室蔬菜上越冬。冬暖地区和北方温室可周年繁殖为害。

茶黄螨以两性繁殖为主,也有孤雌生殖的卵,但孵化率很低。雌虫产卵于叶背或果凹处,散产,一般 2~3 天可孵化。幼螨期2~3 天,若螨期 2~3 天。

成螨活跃,尤其雄螨活动力强,并可携带雌性若螨向植株幼嫩部分迁移取食。茶黄螨除靠本身爬行扩展外,还可借风远距离传播。此外,秧苗、人、畜均可携带传播。

茶黄螨喜温暖潮湿条件,生长繁殖最适温度为 18℃~25℃,相对湿度为 80%~90%,高温对其繁殖不利,成螨遇高温寿命缩短,繁殖力降低,甚至失去正常的繁殖力。

【防治方法】 清洁田园,消灭杂草,清除残枝落叶,保持棚室清洁,减少虫源。发现茶黄螨及时使用药剂防治,药剂可选用 73%克螨特乳油 2 000 倍液,或 5%尼索朗乳油 2 000 倍液,或 20%灭扫利乳油 3 000 倍液,或 20%双甲脒乳油 1 000 倍液,或 35%杀螨特乳油 1 000 倍液,或 25%扑虱灵可湿性粉剂 2 500 倍液喷布。

3. 蚜虫 为害茄子、辣椒的蚜虫主要有桃蚜、瓜蚜、茄子无网蚜。以成虫或若虫在植株叶背和嫩茎及生长点上吸食汁液,由于繁殖速度快,一旦发生,防治不及时,严重影响植株的正常生长发育,影响产量。特别是辣椒最容易遭蚜虫危害。蚜虫还传播病毒,其危害的严重性远远大于蚜虫危害的本身。棚室栽培的茄子、辣椒,随时都可发生蚜虫,必须经常观察,发现蚜虫立即消灭。防治方法见第二章瓜类蔬菜的病虫害防治。

4.温室白粉虱 棚室栽培的番茄、茄子、辣椒,均容易遭受白粉虱危害。白粉虱的成虫和若虫群集在叶背面吸食汁液,使受害叶片褪绿变黄萎蔫,甚至枯死。其排出的蜜露,造成叶片和果实产生煤污病,必须及时防治。

温室白粉虱的发生规律及防治方法已在第二章瓜类蔬菜病虫害防治中介绍。

5.棉铃虫 俗称番茄蛀虫。属鳞翅目害虫。食性很杂,可为害多种作物,在蔬菜中番茄受害最重。

棉铃虫以幼虫蛀食番茄植株的花蕾、花、果、嫩叶、芽及嫩梢。花蕾受害后苞叶张开、变黄,2～3天即脱落;幼果受害常被食空或引起腐烂脱落;成果受害,常蛀入果内蛀食果肉,排出虫粪在果内,引起腐烂,失去食用价值。

【为害特点】 成虫体长15～17毫米,翅展27～28毫米。体变色变化较大,雌虫灰褐色,雄虫灰绿色。前翅正面肾状纹、环状纹及格横线不大清晰,中横线斜伸,末端达环状纹正下方。外横线斜向伸达肾状纹正下方,后翅近外缘有黑色宽带,后翅翅脉褐色。老熟幼虫体长30～42毫米,体色有淡绿、绿、黄褐、紫黑等各种颜色。头部黄褐色。背线、亚背线、气门上线呈深色纵线。前胸气门多白色,围气门片黑色。气门前两侧毛连线与气门下端相切或相交。体表不光滑,有小刺。小刺长而尖且底座较大。

1年发生2～6代,由北向南逐渐增加。南方以蛹越冬,北方只在保护地内发现越冬蛹。

成虫夜间活动,取食花蜜、交尾、产卵。大部分卵散产于番茄植株顶尖、嫩叶、花萼、茎基部,每个雌虫产卵100～200粒。成虫对黑光等和半干枯杨树枝有趋性。刚孵化的幼虫啃食嫩叶、花蕾，3龄后蛀果为害，并能转果为害。早期幼虫喜食青果，老熟幼虫蛀食成果，1头幼虫1年为害3～5个果，最多8个。

【防治方法】 棉铃幼虫产卵于番茄顶尖，可结合整枝摘除虫卵，及时摘除病果。在产卵高峰期后3～4天、6～8天，连续喷2次Bt乳剂，或HD-1，或棉铃虫核多角体病毒，使大量幼虫生病而死。还可在卵孵化盛期和2龄前进行药剂防治，药剂可选用21%灭杀毙乳油6 000倍液，或2.5%天王星乳油5 000倍液，或2.5%功夫乳油5 000倍液，或10%菊·马乳油1 500倍液，或2.5%溴氰菊脂乳油2 500倍液喷布。

6. 烟草夜蛾 又叫烟青虫。属鳞翅目害虫。主要为害辣椒和番茄。以幼虫为害，尤其辣椒受害最重。一般幼龄幼虫在植株上部食害嫩茎、叶、芽、顶梢；稍大后开始蛀食花蕾、花，3龄以后蛀入果实啃食果肉，果实受害后造成腐烂，严重影响产量和品质。

【为害特点】 成虫体长15毫米，翅展25～32毫米，淡黄褐色。前翅肾状纹、环状纹及格横线清晰。外横线向斜后方延伸，但斜度不大，未达到肾状纹正下方；中横线斜伸，但未达到环状正下方。后翅黄褐色，翅外缘黑色，在黑色内方有一条明显的细黑线。幼虫老熟时体长约40毫米。体色多变，有淡绿色、绿色、黄褐色、黑紫色。前胸气门前两侧毛连线在气门下方，体表不光滑，有小刺，圆锥状短而钝。

北方1年发生2代，以蛹在土壤中越冬。翌年6月下旬至7月上旬第一代幼虫盛发期。第二代幼虫盛发期为8月中下旬至9月份，所以8～9月份辣椒受害最重。成虫白天隐蔽，夜间活动，有趋光性，对甜物质和半干杨树枝有趋性。成虫交配、产卵在夜间进行，前期卵多产在叶片和果实上，也可在番茄果实上，但存活的幼虫极少。卵散产，偶有2～4粒在一起。幼虫夜间取食为害，初孵幼虫先啃食卵壳，然后取食嫩叶、嫩梢。3龄全身蛀入果实啃食胎座和种子。幼虫有转果危害的习性，每天幼虫可转害3～5个果实。老熟幼虫有假死性,受惊后蜷缩坠地。幼虫共 6 龄,历时11～25 天,老熟后入土化蛹。

烟青虫发育程度和食物因子有关,食烟草可全部成活,食辣椒50％成活。辣椒生长势强,叶色深绿,现蕾早的田块落卵率高,幼虫蛀果率也较低。

【防治方法】 秋季翻地可杀死部分越冬虫源。在产卵后,有条件的释放赤眼蜂,或用杀螟杆菌、青虫菌、Bt 乳剂等生物农药800～1 000 倍液喷雾,杀灭幼虫。

在幼虫 2 龄以前及时进行药剂防治,药剂可选用 2.5％功夫乳油 500 倍液,或 2.5％天王星乳油 3 000 倍液,或 2.5％溴氰菊酯乳油 2 500～3 000 倍液,或 20％速灭杀丁乳油 2 500 倍液,或 10％菊·马乳油 1 500 倍液喷雾。

7. 蝼蛄 俗名拉拉蛄、地拉蛄。常见的蝼蛄有 2 种,一种叫非洲蝼蛄,一种叫华北蝼蛄,均属于直翅目害虫。各地普遍发生,为害严重。

以成虫、若虫在土中咬食播下的种子、幼芽,常将幼苗咬断致死。受害的作物根部呈乱麻状。由于蝼蛄活动,将表土层穿成许多隧道,使苗土分离,失水干枯而死,造成缺苗断垄。在保护地由于温度高,蝼蛄活动早,加之幼苗集中,所以受害严重。

【为害特点】 非洲蝼蛄体长 30～35 毫米,灰褐色,全身密布细毛,触角丝状,前胸背板卵圆形,中间有一明显暗红色心脏形凹陷斑。前翅鳞片状,灰褐色,仅达腹部 1/2。腹末具一对尾丝。前足为开掘足,后足胫节背面内侧有刺 3～4 根。华北蝼蛄体型大,体长 36～55 毫米,黄褐色,前胸背板心形凹陷不明显,后足胫节背面内侧仅有一根或消失。

非洲蝼蛄在北方 2 年完成 1 代,南方 1 年 1 代。以成虫和若虫在冻土层下,地下水位以上越冬。5 月上旬至 6 月中旬是蝼蛄危害盛期。春季北方阳畦、温室和大、中棚因地温较高,土壤疏松,有机质多,有利于蝼蛄活动,所以危害早且日益严重。华北蝼蛄约

3年1代,卵期22天,若虫期2年,成虫期1年,也以成虫和若虫在土中越冬。

两种蝼蛄昼伏夜出,晚9～11时为活动取食高峰,棚室浇水后活动更甚。具有趋光性和喜湿性,对香甜物质,炒香的豆饼、麦麸、马粪等具有强烈趋性。非洲蝼蛄多发生在低洼潮湿地区,华北蝼蛄多发生在盐碱低湿地区。非洲蝼蛄产卵期约2个月,每头雌虫产卵60～100粒,华北蝼蛄可产卵288～368粒。

【防治方法】 施基肥(有机肥)一定要充分腐熟。有条件可设置灯光诱杀,对非洲蝼蛄效果更好。利用毒谷和毒饵诱杀是普遍采用的方法。将15千克的豆饼、棉籽饼、玉米碎粒炒香,或将15千克谷子、秕谷煮至半熟,稍晾干,用50％辛硫磷乳油,加水500毫升混拌均匀,做成毒饵或毒谷,每667平方米用量2 000～3 000克。定植时施于定植穴,或直接施于土表中。在发生蝼蛄为害时,施于隧道口。

8.地老虎 又名切根虫、截虫。属鳞翅目害虫。各地均有发生,为害多种蔬菜。

【害虫特征】 地老虎幼虫咬断蔬菜幼苗近地面的茎部,使整株枯死,造成缺苗断垄,为害严重。成虫体长16～23毫米,暗褐色。前翅由内横线、外横线将全翅分为3段,具有显著的肾状斑、环状纹、剑状纹,肾状斑外有1个尖端向外的楔形黑斑,亚缘线内侧有2个尖端向内楔形黑斑。幼虫黑褐色,老熟幼虫体长37～47毫米,体表粗糙,密布大小不等的颗粒。腹部末节的臀板黄褐色,有对称的2条深褐色纵带。

北方1年发生2～3代,向南代数逐渐增加。淮河以北地区不能越冬,长江流域以老熟幼虫及成虫越冬。华南则全年繁殖为害。

成虫对黑光灯和糖、酒、醋混合液有强烈趋性。成虫昼伏夜出,产卵以19～20时最盛。卵多产在灰菜、刺儿菜、小旋花等杂草幼苗叶背和嫩茎上,也可产在番茄、辣椒叶片上。每头雌虫可产卵800～1 000粒。幼虫共6龄,1～3龄幼虫可将地面上叶片咬成孔洞或缺刻,4龄后幼虫能咬断幼苗的根茎。3龄后幼虫有自残性,老熟幼虫有假死性,受惊缩成环形。老熟幼虫潜入地下3厘米处化蛹。

【防治方法】 早春铲除田间、地头、路边、渠旁杂草,并集中处理,可消灭产于杂草中的卵和孵化的幼虫。

成虫期利用黑光灯诱杀或糖、酒、醋混合液诱杀成虫。当发现地老虎为害时,可在清晨捕捉幼虫。在幼虫1龄、2龄时,抓紧时间用药剂防治,可选用的药剂有20%杀灭菊酯乳油2 500~3 000倍液,或20%菊·马乳油3 000倍液,或90%晶体敌百虫1 000倍液喷布。也可喷撒2.5%敌百虫粉,或撒施毒土(50%对硫磷乳油100克加水1 500毫升拌土15千克)。

幼虫为害地表的根茎时,可用毒饵诱杀,方法同蝼蛄防治。也可用鲜草、菜叶毒饵诱杀,用菜叶或灰菜、苦苣菜50千克切成1.5厘米长,拌上90%晶体敌百虫500克,加水250毫升,于傍晚撒施于植株根际,每667平方米15~20千克。

第六章　绿叶菜类蔬菜

一、芹　菜

(一)芹菜栽培的生物学基础

1. 形态特征

(1)种子　芹菜种子很小,千粒重只有 0.4～0.5 克。椭圆形,暗褐色,外皮有纵纹,革质,透水性差,发芽较慢,使用年限 1～2 年。

(2)根　芹菜播种后主根发育较快,经过移栽主根折断后,很快发出多数侧根。移栽的芹菜根系分布在 10 厘米土层,横展直径 30 厘米左右。由于根系浅,吸收水肥的空间有限,必须有充分的水肥条件,才能正常生长。

(3)叶　芹菜是以叶柄供食用的香辛绿叶菜,叶由叶柄和小叶组成。叶簇生于短缩茎上,叶片数由栽培季节的环境条件决定,叶柄有许多纵向维管束、薄壁组织、厚角组织。在水肥充足,温光条件适宜的条件下,薄壁组织发达,叶柄粗大脆嫩,味鲜美,纤维少,品质好。

(4)茎　芹菜的茎分为短缩茎和营养茎。在营养生长阶段,叶片着生在短缩茎上,不断发出心叶,当茎端生长点分化花芽后,开始抽生花薹。芹菜栽培,不论发生多少叶片,一旦抽薹就不在发生叶片,所以保护地栽培要选择抽薹晚的品种,并控制环境条件,尽量延迟花芽分化,才能获得优质高产。

(5)花　芹菜属于复伞形花序,花小,白色。虫媒花,靠昆虫传粉,异花授粉,但自交也能结实。

(6)果　芹菜果实为双悬果,成熟时沿中缝裂开 2 瓣,半果各悬于心皮上,不再开裂。每瓣果近于椭圆形,各含 1 粒种子。所以芹菜种子实际是果实。

2.对环境条件的要求

(1)温度　芹菜性喜冷凉,耐寒怕热。生长的适宜温度为15℃～20℃,高于 20℃生长不良,超过 30℃叶片发黄,叶柄细弱,6℃～7℃时仍能生长。幼苗期抗寒能力强,可忍受－4℃～－5℃低温,成株短期内 0℃影响不大。

芹菜种子 4℃即可发芽,只是缓慢,18℃～20℃发芽 7 天左右,26℃发芽最快,30℃失去发芽力。

(2)光照　芹菜怕强光,比较耐阴,生长期间中等光照,叶柄长,叶片繁茂。芹菜属于长日照作物,在能通过低温春化阶段以后,遇到 14 小时以上的日照,才能通过光照阶段转入抽薹开花结实。保护地栽培可利用调节日照时数,控制抽薹,调节光照强度,获得优质高产。

(3)水分　芹菜喜湿润,忌干燥。但幼苗期既怕旱又怕涝。因幼苗期输导组织尚未发达,畦面积水,会使土壤中缺氧而涝死。营养生长盛期要求土壤始终保持湿润状态和较高空气湿度。芹菜的成株不怕涝,因为输导组织发达,一旦土壤中氧气不足,可通过输导组织,把氧输送到根系。

(4)土壤与肥料　芹菜栽培密度大,需要保肥保水能力强的土壤,以富含有机质的肥沃土壤栽培最适宜,砂壤土保肥力差,黏土通气性不良。

芹菜对氮、磷、钾都需要,初期需磷较多,后期需钾较多。生长期对氮肥需要量最多。对氮、磷、钾需要的比例,本芹为 3∶1∶4,西芹为 4.7∶1∶1。

3.营养生长期的特点　芹菜以营养器官为产品,营养生长期包括发芽期、幼苗期、叶片生长期。

(1)发芽期　芹菜直播后,在温度、水分适宜的条件下,10～20

天2片子叶出土,第一片真叶展开。

(2)幼苗期 芹菜由第一片真叶展开,到长成一个叶环(6片真叶)为幼苗期。在幼苗生长最适宜的温度(15℃~20℃)范围内,需≥10℃积温1000℃左右,历时50~60天。由于幼苗生长比较缓慢,保护地生产都采用育苗移栽。

芹菜幼苗期在2℃~5℃的低温条件下,经过15天左右就能完成春化阶段,再遇到长日照就能进行发芽分化,转入生殖生长。

(3)生长期 芹菜定植缓苗后就进入生长期,心叶直立期和心叶肥大期。开始是外叶生长期,松土保墒,控制适宜温度,给予充足的光照,使外叶扩张,短缩茎加粗,有利于心叶生长。进入心叶生长期以后,环境条件适宜,心叶不断展开,5~8片心叶迅速肥大生长,每天可伸长2~3厘米,25~30天最大叶片可高达60厘米,达到采收标准。此时根系不但分布满耕层,地面也浮出一层白根。

（二）茬口安排

1. 日光温室茬口安排 北方利用日光温室栽培芹菜较为普遍,分冬芹菜和春芹菜2种。

(1)冬芹菜 7月下旬在露地设遮蔽床育苗,9月下旬定植于温室,新年前开始掰收,春节期间一次性收完,倒地定植果菜类蔬菜。

(2)春芹菜 11月中下旬在日光温室前底脚和东西山墙温度较低处育苗,秋冬茬果菜类蔬菜倒地后(一般在新年后)定植,3月份开始采收。由于日光温室可以调节日照时间,抽薹晚,采收期可延至大、中棚春芹菜上市。日光温室春芹菜上市期,南方露地芹菜已经结束,即使有产品也不便于调运,所以经济效益和社会效益比较明显。

2. 中、小棚芹菜茬口安排

(1)中棚芹菜茬口安排 中棚空间小,可以进行外覆盖保温防寒,在北纬40°以南地区,可以进行越冬栽培。夜间覆盖草苫,遇到寒流强降温时覆盖双层草苫。栽培技术与日光温室冬芹菜接近。北纬40°以北地区,根据情况晚定植。

(2)小拱棚覆盖茬口安排 小拱棚栽培属于短期覆盖栽培。春季土壤化冻10厘米以上即可定植。缓苗后经过逐渐加强通风锻炼,当外界温度适合芹菜生长时,撤下小拱棚,转扣到果菜类蔬菜上。既提早了春芹菜收获期,又提高了小拱棚利用率,降低了生产成本。小拱棚春芹菜一次性收获,倒地再生产其他蔬菜。

(三)品种选择

1. 本芹品种

(1)菊花大叶 山东省烟台市地方品种。株高70厘米以上,长势旺盛。叶片大、缺刻深,叶形似菊花,叶柄空心而粗大。品质好,纤维少,适应性强。

(2)天津黄苗 天津地方品种。植株长势强,叶柄肥厚而长,实心或半空心,叶片黄绿色。单株重500克左右,生长期90~100天。纤维少,品质好,耐热,耐寒,冬性强,不易抽薹。一年四季可栽培。

(3)津南实芹1号 天津市南郊区双港乡农科站,从当地白庙芹菜中选育的品种。植株长势强,生长速度快,叶柄长而宽厚,实心,呈黄绿色,株高80厘米以上,基部呈白色,粗纤维少,质地脆嫩,口感好。叶柄含葡萄糖、维生素C较多,食用部分占80%以上。抗寒、抗盐碱,耐低温,抽薹晚,早熟高产。

(4)开封玻璃脆 1966年开封市从广东省佛山市引进的西芹(洋芹)同当地实秆青芹自然杂交后育成。因纤维少,品质脆嫩,故名玻璃脆。叶柄青绿色,最大叶柄长60厘米、宽2.4厘米、厚0.95厘米。实心,药味小,肉质脆嫩,品质佳,适应性强。

(5)马厂芹菜 天津市地方品种。株高70厘米以上,植株长势强。叶片无缺刻、浅绿色,叶柄粗大、黄绿色、纤维少,品质好。抗寒耐热。春天栽培不易抽薹。适于华北、东北等地区栽培。

(6)**北京细皮白** 北京市地方品种。该品种植株细长直立,株高 70～80 厘米,生长期 120 天。叶色绿,叶柄较长,横径 2.4 厘米。多实心,纤维少,品质脆嫩。背面棱线细,腹沟浅而窄。单株重 0.2～0.3 千克。不耐热,不耐贮藏,抗病力也较差。适宜秋季露地及保护地栽培。北京地区多作为阳畦软化栽培。

(7)**实秆芹菜** 陕西、河南等地栽培较多。植株高 80 厘米左右,叶柄长 50 厘米、宽约 1 厘米,实心。叶柄及叶均为深绿色,背面棱线细,腹沟较深,纤维少,品质好。生长快,耐寒,耐贮藏。

(8)**潍坊青苗** 山东潍坊地方品种。植株生长势强,株高 80～100 厘米。叶柄及叶均为绿色,有光泽。叶柄细长,平均叶柄长 60 厘米、宽 1～1.2 厘米。实心,质脆较嫩,纤维少,不易抽薹,品质好。耐寒、耐热、耐贮藏,生长期 90～100 天。一般单株重 0.4～0.5 千克。适合阳畦和大棚栽培。

(9)**北京棒儿春芹菜** 又名北京铁秆青。华北地区栽培较多。植株略短粗,株高 50～60 厘米。叶直立,抱合成棒状。叶柄粗糙,腹沟深而窄。实心,脆嫩,品质好。适合春、夏栽培,抽薹较迟。

(10)**春丰芹菜** 由北京市蔬菜研究中心从本市地方品种"细皮白"选育而成。植株高 70～80 厘米,直立,根部小。每株 6～8 片叶。叶色绿。叶柄长、为叶片部分的 2 倍,实心,色淡绿、纤维少、棱线不明显,腹沟稍深、偏窄、叶柄基部稍宽。肉质脆嫩,但风味较淡,冬季生产的带甜味,品质上等。较耐寒,适应性强,抽薹极晚。5 月中旬抽薹率在 30％以内,适宜根荏芹菜和春芹菜栽培之用。缺点是在冬季温度低、光照差的条件下易糠心。

2. 西芹品种

(1)**加州王(文图拉)** 由美国引进的西芹品种。该品种植株高大,生长旺盛,株高 80 厘米以上。叶片大,叶色绿;叶柄绿白色,有光泽,腹沟浅,较宽平,基部宽 4 厘米左右,叶柄第一节长 30 厘米以上,叶柄抱合紧凑。品质脆嫩,纤维极少。对枯萎病、缺硼症抗性较强。定植后 80 天可上市,单株重 1 千克以上。适于秋露地及保护地栽培。

(2)高犹它 52-70 由美国引进的西芹品种。该品种株型较高大,株高 70 厘米以上。叶色深绿,叶片较大。叶柄绿色,横断面半圆形,腹沟较深,叶柄肥大、宽厚,基部宽 3 厘米左右,叶柄第一节长 27～30 厘米,叶柄抱合紧凑。质地脆嫩、纤维少,呈圆柱形,易软化。对芹菜病毒病和缺硼症抗性较强。定植后 90 天左右可上市,单株重一般为 1 千克以上。适于春、秋露地或保护地栽培。

(3)嫩脆 由美国引进的西芹品种。植株高大,约 80 厘米以上;生长紧凑,叶片绿色、较小。叶柄宽厚呈黄绿色,基部宽 3 厘米以上,叶柄第一节长度 30 厘米以上,叶柄表面光滑、有光泽,纤维少,品质脆嫩,抗病性中等;延迟收获不易空心,采收期长;生长期 110～115 天,从定植至收获 90 天;单株重 1 千克以上。

(4)佛罗里达 683 由美国引进。株型高大,高 75 厘米以上,生长势强。叶色深绿。叶柄绿色、较宽厚,叶柄基部宽 3 厘米左右,第一节长 25～27 厘米。品质脆嫩、纤维少,味道甜美。对缺硼症有抗性。耐寒性稍差,但抗病力较强。定植后 90 天可上市,单株重 1 千克以上。

(5)意大利冬芹 植株生长旺盛,株高 90 厘米,开展度 32～44 厘米。叶深绿色。叶柄绿色,长约 45 厘米、宽 2 厘米、厚 1.7厘米,叶柄基部宽 3.3 厘米,叶柄肥厚、较圆、实心、纤维少、不易老化、脆嫩。单株重 1 千克以上。苗期生长缓慢,后期生长快。抗病、抗寒,适宜在秋冬季节栽培。

(6)意大利夏芹 该品种生长旺盛,株高 80 厘米左右。叶片肥大、深绿色,叶片数多达 12 片左右。叶柄平均长 40 厘米,肥厚脆嫩,基部宽 1.6 厘米。叶柄棱线明显,实心,质地脆嫩,纤维少,香味浓,品质优。单株重 0.5 千克以上。抗病、抗寒、耐热,春、秋栽培均可。

(7)美国白芹 植株较直立,株型较紧凑,株高 60 厘米以上。叶片黄绿色。叶柄黄白色,长 20 厘米、宽 2.5 厘米,质嫩。单株重

0.8~1千克。保护地栽培时易自然形成软化栽培,收获时植株下部叶柄乳白色。

(8)达拉斯 从美国引进的西芹品种。植株生长势强,株型紧凑,株高 70 厘米左右。叶色较绿。叶柄肥大宽厚,横断面半圆形,腹沟较深,第一节间长约 35 厘米,叶柄抱合紧凑。单株重可达 1 千克以上。适宜弱光下栽培,抗病性强,耐贮运。

(9)华盛顿 从美国引进的西芹品种。从定植至收获约 82 天。植株长势旺盛,紧凑。株高 80~85 厘米。叶绿色。叶柄亮绿色,腹沟浅较宽平,基部宽 4 厘米左右,第一节长 30 厘米以上。品质脆嫩,纤维少,抗枯萎病及缺硼症。单株重约 1 千克。

(10)顶峰 从美国引进的西芹品种。植株健壮直立,株高 85 厘米,叶柄及叶片均为浅绿色。叶柄组织充实、宽厚、生长速度快,肉质脆嫩。单株重 1 千克以上。适应性广,耐寒性强,较抗热,适宜保护地栽培,春季栽培不易抽薹。

(11)中芹一号 中国农业科学院蔬菜花卉研究所由国外引入经试种选出的优良西芹品种。该品种株型紧凑,生长势强。株高 70~80 厘米,叶绿色,可食用叶 10~11 片。叶柄绿色,长 26.5 厘米、宽 4.7 厘米、厚 1.9 厘米。实心,质地柔软,纤维少。单株净重 0.7~0.8 千克。定植至收获 70~80 天。抗逆性强,适应性广。适于秋露地及冬季保护地栽培。

(12)中芹二号 中国农业科学院蔬菜花卉研究所由国外引入经试种选出的优良西芹品种。该品种株型较直立,生长旺盛。株高 70~80 厘米,叶绿色,可食用叶 10~12 片。叶柄绿色,长 34.5 厘米、宽 3.58 厘米、厚 1.8 厘米。实心,叶柄表面光滑,质地脆嫩。单株重 0.8~1 千克。定植至收获 70~80 天。抗黄萎病,耐抽薹。适于春、秋露地及冬季保护地栽培。

(13)中芹三号 中国农业科学院蔬菜花卉研究所由国外引入经试种选出的优良西芹品种。该品种株型直立、粗壮,株高 70 厘米左右。叶黄绿色,可食用叶 12~14 片。叶柄黄绿色至浅绿色,长 28 厘米、宽 3.8 厘米、厚 1.4 厘米。实心，纤维少，肉质脆嫩。耐寒、耐热、抗逆性强。单株重 0.7~1 千克。定植后 75~80 天收获。适于春、秋露地或冬季保护地栽培。

(14)D95-8 双港西芹 该品种是津南区双港镇农科站、天津宏程芹菜研究所用文图拉西芹(母本)与津南实芹(父本)杂交选育而成。该品种叶柄实心，淡绿色，品质鲜嫩。叶片较小，叶缘尖锯齿形。株型直立、粗大。叶柄腹沟浅，表面光滑，横切面半圆形，单株食用叶柄 10 条左右，叶柄长 54 厘米、宽 1.9 厘米。单株高 75 厘米，单株重 0.5~1 千克，稀植栽培特大株可达 2~3 千克，无食用价值的分枝少，抽薹比一般文图拉西芹晚 5~10 天。正常栽培条件下叶柄糠心率很低，含葡萄糖、维生素 C 比文图拉西芹分别高出 13.8%和 25%。

(15)西芹一号 由美国佛罗里达 683 中选出。自然株高 70 厘米左右。平均每株有 10 片叶以上，叶色深绿。叶柄绿色，较宽厚，长 35 厘米左右，表面棱线稍突出，实心，纤维较少，脆嫩，品质好，生熟食均宜。平均单株重 500 克以上。较晚熟，定植后需 90 天采收。抗逆性较强，适于保护地及春、秋露地栽培。目前北京地区主要用于保护地生产栽培。

(16)荷兰巨芹 由荷兰引进的优质大型西芹品种。生长旺盛，叶色翠绿，叶片中等。叶柄淡绿色，有光泽。叶柄粗壮，抱合紧凑，纤维少，品质脆嫩。适应性广，耐寒耐热性强，抗病性强，不易抽薹，商品性好。合理栽植密度下，单株重 1.5~2 千克。适合秋露地及冬季保护地栽培。

(17)四季西芹(原秋实) 该品种引自美国，经天津市蔬菜研究所多年选育而成，是介于本地实心芹和国外西芹的中间类型。该品种直立性强，叶簇紧凑，株高 75 厘米，株幅 40 厘米左右，成株 8~10 片叶，叶片鲜绿色。叶柄浅绿色，实心，光泽度好。叶柄腹沟浅宽平。叶柄(根至节)长约 40 厘米、宽 2.1 厘米、厚 1.8 厘米，叶片含水量高，纤维少，质地嫩脆。味淡，生、熟食口感俱佳。本品种单株重因密度而不同,行距 10 厘米×10 厘米时单株重 350 克左右,降低密度可达到 500 克以上。定植至收获 80 天左右,抗枯萎病并耐缺硼。

(四)育 苗

芹菜反季节栽培,育苗分为两个季节进行。一是夏季育苗,在露地遮荫进行;二是冬季育苗,在日光温室地面进行。

1. 苗床准备

(1)遮荫床 在露地土质疏松,排灌方便的地块,做 1 米宽、6～8 米长的硬埂畦。平整畦面后,撒施充分腐熟的农家肥 3 厘米厚,翻 10 厘米深,划碎土块,使粪土掺和均匀,搂平畦面。准备好竹竿和遮阳网,以备播种后遮荫。同时准备细沙,过筛后堆放在畦边,以便播种后覆盖种子。

(2)温室育苗畦 在温室前底脚、靠东西山墙处做育苗畦,畦埂尽量窄小,只便于喷水,节约土地面积。施肥方法与露地育苗床相同。

2. 播 种

(1)遮荫床播种 按 667 平方米温室栽培计算,播种量 300 克左右,不需要浸种催芽,播撒干籽,每平方米播种量 4～5 克。

先踩一遍畦面,然后浇水,水渗下后用细土找平畦面,播撒种子。为了便于撒种,可在种子中掺匀 2～3 倍的过筛细沙,撒完种覆盖 1 厘米厚的细沙。在畦埂上挡上竹竿,铺上遮阳网,四周压牢。

(2)温室苗床播种 按 667 平方米播种 600～700 克,计算出日光温室和中、小棚栽培面积的实际播种量,把种子混上 3 倍过筛细沙,浇水湿透,装入清洁的泥盆中,不覆盖,放在 18℃～20℃ 处每天翻动 2 遍,始终保持细沙湿润,6～7 天出芽后播种。每平方米播种 10 克左右。搂平畦面,用喷壶喷水,撒种后,覆盖 1 厘米厚细沙。畦面覆盖地膜。

3. 苗期管理

(1) 露地育苗管理 播种覆盖细沙后,为了防止杂草丛生,用25%除草醚可湿性粉剂50克加水7.5~10升,均匀泼洒在畦面上。杂草比芹菜发芽、出苗早,在发芽阶段即可被杀死,个别种的杂草不被杀死,可用人工拔除。

出苗后勤浇水,保持畦面湿润,于早晨、傍晚或阴雨天撤下遮阳网。

芹菜幼苗怕涝,降雨时要在畦的下端开口,及时排除积水。苗期发现蚜虫及时喷药消灭。幼苗3~4叶以后保持见干见湿。

(2) 温室育苗管理 出苗后撤下地膜,立即用喷壶喷水,以后保持见干见湿。因芹菜耐寒,又是在果菜类温室中,所以气温和地温都可满足需要。因空气湿度较高,通风量少,应尽量少浇水。

(五)定　　植

1. 温室定植

(1) 定植时期 温室芹菜在温室墙体、后屋面已建成,前屋面骨架安装完毕,尚未覆盖薄膜,9月下旬至10月上旬,露地未出现霜冻前定植。

日光温室春芹菜在1月上中旬,秋冬茬果菜类蔬菜采收结束后定植。

中、小棚在春天棚内不出现霜冻时即可定植,从南向北逐渐延后定植期。

(2) 整地施基肥 做成1米宽畦,每667平方米施腐熟农家肥5 000~6 000千克,耕翻20厘米,耙平畦面。

(3) 定植方法、密度 定植前1~2天苗畦浇水,以便于起苗,并喷药消灭蚜虫。起苗后进行分级,把大小苗分别栽,以达到整齐一致。每畦栽5行,行距20厘米,株距8厘米,用尖铲挖穴,芹菜苗不剪根不去叶,把根垂直栽入穴中,栽苗深度以浇完水保持原来的入土深度,栽苗过浅过深都不利于生长。栽完苗把畦面整平,逐畦浇水。

2. 中小棚定植

(1)整地施基肥 有外覆盖保温的中棚,整地施基肥方法与日光温室相同,因为可调节日照时间,防止抽薹,进行多次采收;无外保温的中棚和小拱棚,可做成小埂畦,畦埂不作为管理之用,只便于浇水。施基肥与温室相同。

(2)定植方法、密度 有外保温的中棚与温室芹菜定植方法相同,因为没有水道占地面积,每 667 平方米栽苗 41 000 株左右。

中、小棚因为一次性收获,栽培密度大,每畦栽 6 行,穴距 10 厘米,每穴栽双株,每 667 平方米栽苗 8 万株左右。也可隔行栽双株,隔行栽单株,共栽苗 6 万株。小拱棚要先栽苗,后扣小拱棚。

(六)定植后的管理

1. 日光温室冬芹菜管理

(1)覆盖薄膜前管理 定植后,表土见干时还要浇水,促进缓苗和发新根。心叶发绿时表明已经缓苗,进行细致松土保墒。7~10 天不再浇水,控制地上部生长,有利于根系发育,使外叶开张,为心叶发生打好基础。

(2)覆盖薄膜后管理 在出现霜冻前覆盖薄膜。初期温度较高,可揭开底脚围裙昼夜通风,用通风量大小调温,白天气温控制在 20℃~22℃,夜温 15℃ 左右。在夜间室内气温降到 10℃ 以下时,夜间闭风,白天通风,当夜间密闭不通风,气温降到 10℃ 以下时,覆盖草苫。初期要晚盖早揭,气温降到 10℃ 左右时再覆盖,早晨太阳刚出来就揭开,白天仍然控制在 20℃ 左右,随着外温的下降,逐渐缩小通风量,减少通风时间,夜间最低气温保持在 6℃ 以上。遇到灾害性天气,北纬 41° 以北地区要加盖纸被或盖双层草苫,防止室内温度接近 0℃。

覆盖薄膜前追 1 次肥,结合浇水,每 667 平方米追尿素 15 千克,在接近中午叶片上无露水时撒施,用新笤帚扫净落在叶片上的尿素,撒完一畦立即浇水,水量要没过盘状茎部,以免烧坏心叶。

浇水后要加强通风排湿。此次水肥可促进根系发育、外叶充分生长，并为短缩茎加粗，叶柄生长累积较多的养分。

在心叶进入直立生长期，加强水肥管理，每 667 平方米追硫酸铵 40 千克，结合浇水，方法与前次相同。追肥浇水后始终保持地面湿润。

在株高 20 厘米以上时，喷 1 次赤霉素。用 30 毫克/千克的赤霉素与 200 倍的尿素混合液，喷布效果更好。

2. 日光温室春芹菜管理

(1) 温度管理 定植初期外界温度低，尽量提高气温和地温。栽培春芹菜的温室，特别是在北纬 40°以北的日光温室，多数采光、保温性能较差，遇到灾害性天气，保温措施非常重要，除了盖双层草苫和加盖纸被外，还可在畦面上扣小拱棚。为了提高保温效果，尽量延长白天的高温时间，超过 25℃ 小通风，降到 20℃ 左右时闭风，尽量保持夜间气温 10℃ 左右。

立春以后随着温度的升高，为了促进芹菜加速生长，可适当提高温度，白天保持 20℃～25℃。

(2) 水肥管理 日光温室春芹菜定植水浇足，不需浇缓苗水。缓苗后进行一次细致松土，以后保持见干见湿，浇水要选晴天上午进行，浇水后加强通风排湿。

芹菜心叶直立期开始追肥。结合浇水，每 667 平方米追施硫酸铵 20 千克，方法与冬芹菜相同。过 10～15 天再进行第二次追肥。开始追肥以后要始终保持地面湿润。

(3) 防止抽薹的措施 日光温室春芹菜，定植后处在日光温室温度较低阶段，通过春化阶段是难免的，生长后期日照时间延长，就具备了转向生殖生长的条件，必须每天覆盖草苫时间不少于 14 小时，使芹菜始终处在短日照条件下，才能不断分化叶片，不进行花芽分化，避免抽薹，达到多次采收的效果。

3. 中、小拱棚芹菜栽培

(1) 有外保温中棚芹菜管理 可参照日光温室春芹菜进行温

度、水肥管理和调节日照时间。其中,北纬40°以南地区越冬栽培,关键是冬季的保温措施。

(2)一般中棚芹菜管理 定植后在高温高湿条件下,促进缓苗,不超过25℃不通风,通风要在背风的一侧支开较小的通风口,棚内底脚设围裙,冷风从围裙上部进入棚中,防止扫地风。缓苗后逐渐加强通风,白天保持20℃～25℃,尽量延长高温时间。随着外温的升高,光照的增加,逐渐加大通风量,延长通风时间。由于中棚昼夜温差大,白天温度稍高也不容易徒长,所以白天可保持20℃～25℃。

普通中棚芹菜定植后很容易通过低温春化阶段,生长期间又处在长日照下,有利于花芽分化,只有外叶,没有心叶直立和心叶肥大期,5月末以后就要抽薹,其产品只是外叶,只能一次性收获,需要在适宜温度条件下肥水齐攻,促进外叶徒长,才能获得脆嫩产品。缓苗后不要立即追肥,浇水量也不宜过大,因温度较低,应保持见干见湿。当植株长到6片叶,即将旺盛生长时,每667平方米追施硫酸铵20千克,立即浇水,10天后再追1次肥,并经常保持畦面湿润。追肥方法如前所述。

(3)小拱棚短期覆盖芹菜管理 定植水浇足,缓苗期由于棚内空气湿度大,不通风容易烤伤叶片。缓苗后棚内气温超过25℃揭开两端薄膜通风,随着外温升高,再从背风的一侧支起几处通风口通侧风。并及时浇水,保持畦面湿润,2～3天后再从两侧开通风口,通对流风。

芹菜耐低温能力较强,当外界不再出现霜冻时,利用清晨、傍晚或阴雨天撤下小拱棚,再进行追肥浇水,转入露地栽培。

(七)收获与保鲜

1. 收获

(1)掰收 日光温室冬芹菜、春芹菜,有外覆盖中棚芹菜,在叶柄长到最大限度,进行掰收。收获前1天浇水,早晨每株掰下2～

3片大叶柄,擗叶时防止碰伤其他叶片。擗叶后不要立即浇水,因为造成的伤口1周左右才能愈合,当心叶开始生长,伤口已经愈合后,再进行追肥浇水。

(2)割收 中、小棚春芹菜在即将抽薹或刚抽薹时贴地面割下。割收前1天浇水,早晨割收。割收要掌握好下刀部位,割浅了叶柄散开,不好捆把,割深了带一部分根系,影响商品质量。应在根系上带少部分短缩茎割下。

2.保鲜 芹菜必须以鲜嫩产品上市,才受消费者欢迎。收获前1天需要浇水,在早晨温度低时擗收或割收,500～1 000克捆成一把,用马蔺或塑料绳捆两道,贴叶片处一道,基部5～6厘米处一道。捆完立即装筐,筐内衬上薄膜,包严。冬季早春为防受冻,在薄膜外衬上牛皮纸,包严。夏季装筐后要用冷水喷浇,保持叶片不萎蔫。

总之,芹菜收获后运销期间,尽量使产品处在低温高湿条件下,降低呼吸作用和蒸腾作用,减少养分、水分消耗,保持鲜嫩。

二、韭 菜

韭菜原产于中国,多年生宿根蔬菜,抗寒、耐热、适应性强,我国南北方各地普遍栽培。长江以南有些地区冬夏常青。北方冬季韭菜地上部分枯死,鳞茎、根茎在一直越冬,春天表土化冻重新萌发生长。在黑龙江省冬季气温降到−40℃仍可安全越冬。

韭菜的食用部分,主要是柔嫩多汁叶片和叶鞘(假茎),韭薹、韭花、韭根经加工腌渍也可供食用。其营养丰富,气味芳香,有刺激胃肠、帮助消化的作用。在北方广大地区韭菜的销量较大,供应期也比较长,20世纪30年代冬季就有利用土温室生产的韭菜春节期间上市。60年代以来,利用日光温室、塑料大、中、小棚冬季早春生产韭菜发展很快,韭菜已经实现周年生产和周年供应。只有炎热的夏季,由于高温强光的影响,韭菜品质较差,又处在多种蔬菜上市旺季,销路不畅外,冬季、早春、新年、春节都是深受欢迎的香辛叶菜类蔬菜。

(一)韭菜栽培的生物学基础

1.形态特征

(1)根 韭菜属于百合科,弦线状须根,着生于茎盘的周围,其根系分布深,寿命长,吸收能力强,还具有贮藏功能。因是多年生作物,生育期间新老根系不断交替,发根部位逐年上移。

(2)茎 韭菜的茎分营养茎和花茎。营养茎在地下短缩成盘状,又叫茎盘,其下部着生须根,上部是由生长着功能叶的叶鞘包裹着的、半圆形的鳞茎,鳞茎上有多层叶鞘抱合的假茎。基部有分生功能,叶片可多次收割。韭菜植株长到5~6片叶时,靠近生长点的上位叶腋形成腋芽,开始同原有植株被包在同一叶鞘中,后来由于分蘖的增粗,胀破叶鞘而发育成新株。1年分蘖2次,每次分蘖都使营养茎向地表延伸,并形成杈状分枝称为根茎。根茎上叶鞘基部呈球形,外包以纤维状的鳞片,是养分贮存组织。根茎上移,根系也随向上发展,称为跳根。一次播种或育苗移栽的韭菜,多年收割,每年随着分蘖、跳根,必须采用多施农家肥或客土方法,抬高地面,才能保证培土软化叶鞘。在根茎不断上移的同时,下层老根年年衰老死亡,通常每个分蘖基部发生新根10~15条,每株1~2年生韭菜有根15~27条。每年跳根高度1.5~2厘米(图6-1)。

韭菜长成一定的营养体后,只要满足了低温和长日照条件就转向生殖生长,所以每年都抽生花薹。

(3)叶 韭菜叶由叶鞘和叶片组成,簇生于根茎顶端。叶为带状,扁平实心,叶鞘筒状,层层抱合成假茎,俗称韭白。假茎内部叶鞘呈白色,最外层叶鞘颜色因品种、光照条件而不同。假茎横断面的形状有圆形和扁圆形,面积大小随品种和栽培密度、水肥条件而有差异。叶片是光合作用器官,叶片生长到最大限度,品质最佳时

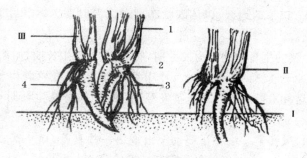

图 6-1　韭菜分蘖跳根示意图

Ⅰ. 地平线　Ⅱ. 第二年覆土层　Ⅲ. 第三年覆土层

1. 叶鞘　2. 小鳞茎　3. 须根　4. 老根茎

作为商品收割。

(4)花　花着生在花茎的顶端,未开放以前,由总苞包裹着,花苞开裂后,小花则各自散开,每一总苞有小花 20～50 朵,最多 170 朵,开花后形成复伞形花序,两性虫媒花,一般雄蕊 6 枚,子房上位,3 室。花苞有绿色、浅红色,花有白色、灰白色和粉红色。一株上的开花期较长,所以种子的成熟度不整齐。韭菜虫媒异花授粉也有自花授粉。

(5)果实和种子　韭菜的果实为蒴果,呈三棱状,3 室,每室有种子 2 粒,可成熟 1～3 粒。果实成熟时开裂种子易散落,因而采收种子须及时。

成熟的种子为黑色,扁平盾形,千粒重 3～5 克,种子表面皱纹多少和深浅略有不同。

韭菜种子寿命比较短,播种时要用上一年生产的新种子,2 年以上的种子,则丧失发芽能力,有的虽能发芽,但在苗期逐渐死亡。新种子漆黑,有光泽而明亮,而陈籽色淡发乌,无光泽;如果种脐部带乳白色小点的多,则是新种子,如果脐部带小白点的少且呈黄褐色,则是陈种子。

2. 生育周期　韭菜是一次播种多年收割的蔬菜。在冬季气温达到 5℃ 以上的地区,可以周年生产,四季常青;气温低于 5℃,甚至到 0℃ 以下的地区,以休眠状态度过低温时期。休眠后重新萌发生长。

韭菜的生育周期分为发芽期、幼苗期、分株生长期、抽薹期、开花期、种子成熟期。保护地反季节栽培韭菜,只在营养生长期进行,栽培技术措施只针对韭菜发芽期、幼苗期、分株生长期和休眠期。

(1)发芽期 从种子萌动至出现第一片真叶,10～20 天。韭菜种子发芽出土时子叶是依靠胚乳里的营养来生长的。幼芽出土时上部倒折,先由折合处顶土成拱形(门鼻状)出土,故称"顶鼻"。全部出土后子叶伸直时称"直勾"。在土质疏松,水分充足的条件下,顺利完成发芽期。

(2)幼苗期 幼苗具 1 片真叶至具有 5～7 片叶,具有分株能力的时期为幼苗期,需 60～80 天。第四片叶前应促进幼苗迅速生长,第四片叶以后要控水蹲苗,促进根系发育,控制地上部生长。5～7 片叶即为成苗。

(3)分株生长期 从第一个蘖芽分化,到第一个新生植株长成为分株生长期。1 年中的分株次数与分株数量,与品种、播种期、密度及肥水条件有密切关系。

(4)休眠期 休眠是韭菜适应不良环境条件的特殊性能。由于品种不同,休眠方式也有差异。

①根茎休眠 在北方广大地区,进入冬季,随着温度的下降,韭菜叶片和假茎中的养分逐渐回流到根茎中贮存起来,当外界气温下降到 -5℃～-7℃ 时,地上部分完全干枯,就进入了休眠状态,到第二年春天,气温回升,土壤化冻,解除休眠,重新萌发生长。北方型韭菜的品种都具有这一特性。

②假茎休眠 植株生长期间,当日均气温降到 7℃～10℃ 时,生长趋于停滞状态,并有少量叶片干枯,整株还表现青绿,收割后经过整理仍有商品价值。这类韭菜品种,在北方进行保护地设施反季节栽培,可填补深秋初冬的空白。

③**整株休眠** 在休眠时,养分继续保留在植株内各个部分,叶片不发生干枯,只是生长暂时有所停滞或减缓。当经历一定低温和时间之后,温度适宜即可旺盛生长。

3.对环境条件的要求

(1)温度 韭菜属于耐寒且适应性广的蔬菜。叶片忍受-4~-5℃的低温,在-6℃~-7℃甚至-10℃时,叶片才枯萎。根茎含糖量高,生长点位于地面以下,加上受到土壤保护,而使其耐寒能力更强。耐寒韭菜在黑龙江松花江地区栽培,在极端气温-42.6℃时,冻土层达186厘米,5厘米地温-15℃时,地下根茎仍能安全越冬。但起源于南方的韭菜品种耐寒性较差,叶片虽然能忍受-5℃,但是在北纬41°以北地区露地越冬比较困难。

韭菜生长适温为13℃~20℃,露地条件下,气温超过25℃时,生长缓慢,尤其在高温、强光、干旱情况下,叶片纤维束增多,叶片粗糙,品质变劣甚至不堪食用,但在温室高湿、弱光和较大昼夜温差条件下,即使气温高达28℃~30℃,品质也不会受影响。

韭菜在不同生育阶段对温度的要求不一样,种子发芽最低温度为2℃~3℃,发芽适温为15℃~18℃。幼苗期生长温度要求在12℃以上。地下鳞茎、根茎中贮存的养分在3℃~5℃时即可供给叶片生长,所以春天萌发较早。

(2)光照 韭菜不同时期对光照的要求不同。在发棵养根和抽薹开花时需要有光照充足,但在产品形成期则喜弱光。光照过强时,植株生长受抑制,叶肉组织粗硬,纤维素增多,品质变劣。温室生产中,由于光照弱,日照时间短,韭菜的叶片鲜嫩,品质优良。

韭菜的花芽分化需要有低温长日照的诱导,否则不能抽薹开花。只有低温条件,不遇到长日照,叶片可不断生长。南方型韭菜品种,在冬季日光温室生产,其长势优于北方品种。

(3)水分 韭菜属于半喜湿蔬菜,叶部表现耐旱,根系表现喜湿。但韭菜根系弱,吸收能力差,再加上密植,所以要加强水分管理。幼苗出土过程必须有充足的水分。苗期水多易徒长,干旱影响根系发育,以见干见湿,土壤相对含水量 70%～80% 为宜,在叶片旺盛生长期,80%～90% 为宜。

韭菜的叶片生长,对空气湿度要求严格。空气湿度大,叶片凝结露水时间长,容易诱发病害。以相对湿度 60%～70% 为宜。

(4)土壤营养 韭菜对土壤的适应性较强,无论沙土、壤土、黏土都可栽培。但以土层深厚,富含有机质,保肥保水能力强的壤土为最优。

韭菜的成株对盐碱有一定的忍受能力,在含盐量 0.25% 的土壤上栽培时,生长也很正常。但韭菜幼苗期对盐碱的适应力就较差,只能适应 0.15% 的含盐量。所以,盐碱地栽韭菜时,多需先在中性或轻盐碱的地里播种育苗,而后再移栽定植,否则极易伤苗。

每产 1 000 千克韭菜需要吸收氮 1.5～1.8 千克、磷 0.5～0.6 千克、钾 1.7～2 千克。增施农家肥对韭菜的优质高产是不可缺少的。

(二)茬口安排

保护地设施韭菜反季节栽培,基本是两种栽培方式:一种是休眠后扣韭菜;另一种是秋冬连续生产韭菜。休眠后扣韭菜可利用日光温室和塑料中、小棚进行,只有时间上的差异,技术措施接近;秋冬连续生产韭菜,只可在日光温室进行。

1. 休眠后扣韭菜 在秋季不收割,加强肥水管理,使韭菜叶片肥大,假茎加粗,随着温度下降,把养分逐渐回流到地下根茎和鳞茎里贮藏起来,地下部枯死时养分已输送完毕,地下部以休眠状态度过严寒冬季,到春天气温回升,土壤解冻,解除休眠萌发生长。扣韭菜是在韭菜休眠后,利用日光温室和塑料中、小棚扣起来,使土壤提前化冻,韭菜解除休眠,萌发生长。由于设施性能不同,生产季节也有差异,日光温室扣韭菜在冬季进行,产品在春节前上市,中、小棚扣韭菜只能在早春进行。

北纬 40° 以南地区,利用有外覆盖的中棚扣韭菜,可在冬季进行。

2. 秋、冬季连续生产韭菜　利用南方型韭菜品种,夏天播种,秋季霜冻前扣上日光温室,创造适合韭菜生长的条件,可连续收割,填补深秋和初冬北方市场韭菜的空白。

(三)品种选择

1. 扣韭菜品种

(1)汉中冬韭　陕西省汉中地区农家品种。植株生长健壮,株高 40~50 厘米。叶宽一般 0.5~0.8 厘米、最宽可达 1~1.5 厘米,叶长 30 厘米左右。假茎粗 0.4~0.6 厘米,长 6~7 厘米。叶鞘为白色,单株可保持绿叶 5~7 片。分蘖性中等偏弱,新分生的植株一般都能达到商品标准。该品种抗寒力强,耐热也耐霜。虽属根茎休眠,但冬季停止生长时间短,萌发早且低温下生长速度快。因此,扣膜后一二刀产量都比较高。叶柔嫩纤维少,香味略淡,商品品质较好。

(2)寿光独根红　分株性弱,植株粗壮。假茎基部呈淡紫色,叶色绿,质地柔嫩。属根茎休眠方式,适于冬季保护地栽培。

(3)大金钩韭　山东省诸城市、高密市等地方品种。植株粗壮。单株 5 片叶左右,叶片绿色,叶宽 1.1~1.2 厘米,叶尖略弯曲反转成钩状。分株能力中等,抗寒力强,产品成熟时株高可达 43~50 厘米。早期叶质肥嫩,纤维少,香味浓兼有甜味。灰霉病发生较轻,产量较高。属根茎休眠方式的品种,入冬后地上茎叶干枯之后才能打破休眠扣膜生产。适于日光温室和中、小棚生产。

(4)豫韭菜 1 号　又称平韭二号。河南省平顶山市农科所育成。植株生长势强,株高 50 厘米。叶色深绿,叶片宽大肥厚,叶肉丰腴,叶长 38 厘米、宽 0.8 厘米。单株重 8 克左右,最大的达 40克。叶半披展,叶背有较明显的棱角,横断面呈钝三角形。辛辣味浓,较耐贮运,商品性较佳。分蘖性强,1 年生单株可分蘖 7 个以上,2 年生单株可分蘖 50 个。冬季休眠,春季发棵早而整齐。一般露地栽培春季较其他品种提早5～7天发棵,提前7～10天收割上市。冬季回青后40～45天扣棚即可打破休眠而旺盛生长,且丰产性较好。适合全国各地露地和冬、春保护地生产。

(5)津韭1号 为天津市农业科学院园艺工程研究所育成的杂交一代韭菜品种。属休眠型品种,适于冬、春季日光温室或小拱棚栽培,一般在11月下旬结束生理休眠,在温室内可快速生长,元旦之前可以收割第一刀。外观品质优良,叶片挺直,叶色深绿,冬季每667平方米年产量可达4638千克,最大叶宽可达1.25厘米,株高可达40.97厘米。

2. 秋、冬季连续生产韭菜品种

(1)河南791 河南省平顶山市农科所以川韭为材料选育而成。该品种株高50厘米,叶宽1.2～1.3厘米,分株力强,品质好,抽薹较早,韭花产量高。抗寒性强,冬季回根晚,春季发棵早,属假茎休眠方式的品种。缺点是叶色较浅。

(2)杭州雪韭(嘉兴白根) 是浙江省杭州、绍兴、嘉兴一带的农家品种。该品种株高50厘米左右,叶宽0.8～1厘米(最宽达1.2厘米),叶短而宽,分株力强。该品种的优点是:一是假茎休眠方式的品种,在-10℃下10天左右即可完成休眠,休眠时只有少数叶尖干枯,因而是北方用于连秋生产的主要品种之一;二是生长速度快,播后60天可开始分株,90天成株达到收获标准;三是割后再长出的叶为尖头,不像其他品种有一部分叶尖平齐、留有割过的痕迹,因而有利于提高外观品质。该品种有以下缺点需在生产中克服:一是叶片浅绿,宜在收前喷施糖尿营养液以加深叶色;二是长成的植株往往最下部一片叶的叶鞘松脱造成该叶下披,宜在生产中拥土形成凹形垄,阻止最下一片叶下披。

(3)犀浦韭菜 四川省大邑县农家品种。株高45～50厘米,假茎粗0.8厘米左右,茎长8～10厘米。绿叶期耐低温能力强,可耐-5℃低温。根茎耐低温能力差。在北纬40°以北地区宜当年播种,当年扣膜生产。属整株休眠方式的品种,休眠时温度高、时间短,茎叶保持鲜绿,故可用于连秋和秋延后生产。缺点是抗倒伏能力差,在北方地区不能露地越冬。

(4)平韭4号 河南省平顶山市农科所育成。该品种株型直立,生长旺盛,株高50厘米以上,叶片绿色,宽大肥厚,平均叶宽1厘米,每株叶片数6～7个。单株重10克,最大单株重40克。韭叶鲜嫩,辛辣味浓,品质上等,外观商品性极佳;抗衰老,持续产量高,1年生单株分蘖30个以上,年收割5～6刀,667平方米产鲜韭1.1万千克左右。抗寒性强,冬季基本不休眠,在日平均温度3.5℃、最低温度高于−6℃时,日平均生长0.7厘米。特别适合日光温室及各种保护地栽培。

(5)平丰6号 河南省平顶山市农业科学研究所育成的极抗寒优质高产韭菜新品种。该品种株高50厘米以上,鞘粗0.967厘米,叶宽2.14厘米,平均单株重11.52克,且叶色鲜绿,品质优良。含水量低,营养物质含量高,粗纤维少,口感鲜嫩,综合营养价值高,耐贮性强。抗寒性强,在华北地区冬季基本不回秧,在月平均气温3℃、最低温度−7℃时仍可以日平均0.7厘米的速度生长;丰产性强,棵大叶宽,长势强,生长进度快,分蘖力较强,年收割6～7刀,每667平方米年产鲜韭达12000千克。该品种高抗病毒病、锈病,较抗灰霉病、疫病和韭蛆,适应全国露地和保护地栽培。

(6)赛松 河南省平顶山市农业科学研究所培育出的一代杂交种。该品种株型直立,叶簇紧凑,株高50厘米以上。叶长38～40厘米,叶片较平,宽大肥厚,平均叶宽1.2厘米,最大叶宽2.3厘米。平均单株重10克,最大40克。分株能力强,1年生植株单株分株8个左右,3年生分株40个以上。年收割6～7刀,667平方米产鲜韭12000千克。赛松的最大优点是抗寒性极强,在月平均温度3.5℃、最低温度−6.1℃情况下,韭菜仍可缓慢生长,日平均生长量0.7厘米。月平均温度4.5℃,最低气温−4.8℃情况下,日平均生长量可达1厘米以上。适于全国各地露地和保护地栽培。

(7) 雪韭四号 河南省扶沟县蔬菜种苗研究所育成。该品种是在抗寒性较强的 791 和平韭四号优良品种的基础上选育并提纯的新一代韭菜新秀。其株高 50 厘米以上,植株直立且生长迅速强壮,叶鞘粗而长,叶绿色宽厚肥嫩,最大叶宽 2 厘米,最大单株重 45 克,分蘖力强、抗病、耐寒、耐热、质优、高产,年收割 6～7 刀,每 667 平方米产鲜韭 15 000 千克。黄河以南露地栽培,冬季基本不休眠,12 月上旬仍可收获鲜韭;其他地区冬季生产鲜韭,必须在日光棚内进行。本品因抗寒性强、适应性广,所以在全国各地均可露地或保护地生产栽培。

(8) 寒绿王 河南省扶沟县蔬菜种苗研究所育成。该品种是利用在青藏高原上的野韭菜不育系和优良自交系杂交而成的高抗病、超高产、抗寒韭菜杂种。该品种株高 50 厘米左右,株丛直立,叶片深绿色、宽大肥厚,速生,株型整齐。最大叶宽 2～2.2 厘米,最大单株重 55 克。纤维含量细而少,口感辛香、鲜嫩脆,高抗灰霉病、疫病,抗老化,持续种植产量高,分蘖力强而快,1 年生单株分蘖 9 个,3 年后单株分蘖可达 60 个,年收割鲜韭 9～10 刀,每 667 平方米产量 20 000 千克。露地种植能耐短期−10℃的低温,适宜全国露地、小拱棚栽培。

(9) 寒青韭霸 F1 河南省扶沟县蔬菜种苗研究所育成的韭菜一代杂交种。该品种株高 50 厘米左右,株丛直立,叶片深绿色、肥厚宽大,株型整齐,生长势强而迅速,20 天左右收割一茬。最大叶宽 2.2 厘米,最大单株重 60 克,纤维含量细而少,口感辛香、鲜嫩,高抗病、抗老化,分蘖力强,1 年生单株分蘖 9 个左右,3 年生单株分蘖可达 45 个。露地年收割青韭 7～8 刀,每 667 平方米产鲜韭 25 000 千克左右。保护地年收割青韭 10～12 刀,每 667 平方米产鲜韭 22 000 千克。该品种抗寒性极强,当月平均温度 4℃、最低气温−7℃时,日平均生长速度 1 厘米以上,适合日光温室、塑料大小棚、保护地及露地栽培。

(10) 韭宝 F1 由河南省扶沟县种苗研究所韭菜课题组利用

韭菜雄性不育系与野生韭菜的优良自交系于 1999 年培育而成。该品种成株高 55 厘米,叶宽 1.5～2 厘米,叶色深绿,叶鞘长而粗壮,叶片宽大肥厚,株丛直立,每株叶数 6～7 片,粗纤维极少,营养成分含量高于其他一般韭菜品种,韭味香浓,汁多脆嫩,生长迅速而整齐。抗病,耐寒性强,商品菜质优,超高产,平均单株重 15～25 克,最大单株重 45 克。速生,发棵快,1 年生单株分蘖 10 个以上,3 年生单株分蘖 40 个以上,前期产量高。韭宝 F1 比对照品种 791 韭菜、平韭四号生长速度快,早收割 7～10 天,产量高出 30％～40％。韭宝 F1 最适宜无公害高肥水田地及保护地、露地栽培。每 667 平方米产鲜韭高达 20 000 千克以上。韭黄生产表现最为突出,产量高于其他品种 30％～40％。我国东北、西北、华东及中部以南地区均可栽培生产。

(11)冬至 由河南省通许县果树蔬菜研究所选育而成。该品种株丛直立,生长迅速,分蘖力强,粗纤维少,味美辛辣。叶片深绿色,叶宽 1 厘米(最宽可达 2 厘米),单棵重 40 克,株高 60 厘米以上,年收割韭菜 10～11 茬,每 667 平方米产韭菜 12 000 克左右。该品种的耐寒性极强,冬季不回秧,无休眠。在严寒的雪天,植株不枯萎,在当年的 12 月份,冬至节气返青绿叶,而缓慢生长,故将其名誉为"冬至"。翌年春季发棵早,比其他品种早上市 20 天左右。适应华南、华北、华东、华中、西北、东北等地区露地、保护地栽培。

(12)赛青 河南省通许县果树蔬菜研究所韭菜育种组选育而成。该品种株丛直立,株高 50 厘米以上,生长迅速,品质好,产量高,粗纤维少,味道鲜美。叶片宽大,叶宽 1.2 厘米,最宽 2.5 厘米。株高 60 厘米,单棵重 50 克。年割 9～10 茬,每 667 平方米年产鲜韭 10 000 千克左右。该品种抗寒性极强,冬季回秧晚,不怕寒霜,12 月份仍可收割青韭上市。冬季 -5℃ 时,植株不枯萎。春季发棵早,2 月份即可割韭上市,早上市 20 天左右。冬季保温覆盖,全年均可上市。适宜露地、保护地栽培。

（四）韭菜养根

韭菜养根又叫根株培养。因为保护地设施韭菜反季节生产是在成株的基础上进行，需要在夏秋季节培养成健壮的植株，不能进行冬季和早春生产。

养根分为直播养根和移栽养根。直播养根是在日光温室和塑料中、小棚的栽培面积上，当年播种，加强管理，培养健壮的成株，当年不收割，冬季休眠后，进行日光温室冬季生产，或中、小棚早春生产。也可进行日光温室秋冬连续生产。

移栽养根是先在露地畦播育苗，再移栽到日光温室或塑料中、小棚的栽培面积上。移栽养根植株整齐一致商品性好，然而比较费工，但是盐碱地栽培韭菜，普遍进行移栽养根。

1. 直播养根

(1)播种时期　根据韭菜发芽最低温度为 3℃，最适温度为 15℃～18℃，以及尽量延长生长期，培养健壮植株的需要，可尽量提早播，春季在土壤化冻到可耕作时即可进行。

(2)整地施基肥　不论日光温室或塑料中、小棚韭菜，首先要按栽培面积整平地面，然后撒施农家肥，按每 667 平方米1.5 万～2 万千克，均匀撒在地面上，耕翻 20 厘米深，划碎土块，耙平后按 33～35 厘米做垄，把垄台和垄帮踩实。用四齿耙划平垄沟，使垄沟底宽 10 厘米。

(3)播种　每 667 平方米播种量一般品种 4 千克，河南 791 为 3 千克。播晚的适当增加播种量。

韭菜种子不需要浸种催芽，可将干种子均匀地撒在沟中，用新笤帚把遗落在垄台和垄帮上的种子扫入沟中，再用四齿耙反复划垄沟，使种子分布均匀，踩一遍，然后覆盖 1 厘米厚过筛的细沙。播种后立即逐沟浇水，水流要小，防止冲刷和淤泥。然后用旧薄膜覆盖地面。

韭菜地里除草是十分费工的工作，需要使用化学除草剂。常用的化学除草剂有 33％除草通乳油、48％地乐胺乳油、50％除草剂 1 号、50％扑草净 1 号可湿性粉剂。这些除草剂各有其适宜的用量、残效期和对韭菜幼苗的安全程度,需分别掌握。除草剂对韭菜比较安全,残效期 40～50 天,每 667 平方米用量 100～150 克,一般采用 120 克对水 50 升喷洒地面;地乐胺用量 200 克对水 50 升,喷洒地面,残效期 30 天左右;扑草净在沙土地使用时,药害严重,不宜使用。

化学除草剂必须在杂草出土前施用,已经出土的杂草再喷除草剂就不起作用了,所以除草剂要在播完种浇水第二天或第三天喷洒。

(4)直播养根的管理

①出苗前的管理 播种水浇足,地面覆盖保墒。春天提早播种的地面覆盖旧薄膜,有保墒增温作用;播种较晚的,可顺垄沟铺 3～4 棵高粱秸,起到保墒和防高温作用。

播种 5～6 天后,杂草已被杀死,可以浇水,始终保持土壤湿润。出苗后撤掉覆盖物。

②出苗后至伏雨前的管理 韭菜出苗后小水勤浇,保持见干见湿,每次浇水或降雨后,在表土干湿适宜时,浅铲垄台,不要铲出土块,要铲成疏松的细土,借风吹或降雨,使浮土沉落于垄沟里。到伏雨前垄沟和垄台已经相平,并把垄台开沟,把播种沟变成垄台,既可使假茎伸长,又便于排水防涝。

③中后期管理 养根的韭菜由于不收割,到了盛夏,叶丛生长繁茂,容易倒伏,贴地叶片腐烂,或发生病害,除控制浇水外,可在叶丛生长过旺时,在叶鞘以上 8～10 厘米处割下叶梢。

立秋到处暑之间结合拔草、中耕、培垄,进行追肥浇水,利用秋凉季节温光条件有利于韭菜生长的时期,促进根系发达,茎盘加粗,积累较多养分,为反季节生产打好基础。每 667 平方米追施磷酸二铵 50～60 千克,在松土后撒在沟中,立即浇水,过几天表土见干时培垄。

春天播种早的韭菜,会有部分植株抽薹开花,在未开花前把花薹由基部摘下,可作为商品出售,并避免消耗养分。

到霜降以后,随着温度的下降,韭菜地上部生长停止,叶片假茎中的养分向地下根茎和鳞茎中输送,最后叶片干枯,到气温降到－6℃以后,进入休眠状态。

在封冻前进行追肥浇冻水,每 667 平方米追施农家肥 5 000千克,或粪稀 2 000 千克,也可追施复合肥 50～60 千克,撒施于垄沟中,浇透冻水。浇冻水应在夜间封冻,中午化冻时进行。

2. 移栽养根 春天土壤化冻 20 厘米深时做 1 米宽、6～8 米长的畦,整平畦面,每畦撒施农家肥 50～60 千克,翻耙划碎土块,搂平畦面,开 5 条浅沟,每畦播种 100～120 克,均匀撒于沟中,顺沟踩一遍,搂平畦面。表土见干时踩一遍畦面保墒,地面覆盖旧薄膜。

为了早出苗,也可浸种催芽,打底水播种。用清水浸泡韭菜种子 24 小时,投洗几遍,拌上细沙装入泥盆中,盆口蒙上湿纱布,控制在 15℃～20℃,每天翻动 2 遍,保持细沙不干,3 天即可出芽。细沙用量为种子体积的 3 倍。

打底水播种,搂平畦面后踩一遍再浇水,水渗下后用细土找平畦面,均匀撒播种子,每畦播种 120～150 克,覆盖 1 厘米厚细沙。

出苗后撤下覆盖物,小水勤浇,保持畦面见干见湿。

移栽韭菜整地施基肥方法与直播养根相同,移栽时不剪根不去叶,在垄沟内按穴距 8 厘米栽双行,行间距离 2～3 厘米,每行15 株,每穴 30 株,每 667 平方米日光温室栽苗 35 万～38 万株,中、小棚栽苗 36 万～41 万株(水道在栽培畦外)。

栽苗时要选择大小一致的苗,培土踩实,逐沟灌水。栽后连续灌 2～3 次水,心叶见绿,表明已经缓苗,再细致松土。以后的管理与直播养根相同。

(五)日光温室扣韭菜

1. 覆盖薄膜 秋天把日光温室的山墙、后墙和后屋面建成(旧温室修补好),前屋面在地面封冻 10 厘米深时覆盖薄膜。

为了提早覆盖薄膜,可在温室前底脚夹起一排障子遮荫,使温室地面提早封冻,覆盖薄膜时撤除。

2. 覆盖薄膜后管理 白天透入太阳辐射能,温度升高,夜间覆盖草苫保温,土壤很快化冻,除掉残株,清洁地面,用四齿耙把韭菜垄台扒开,露出韭菜鳞茎,同时检查有无蛆和蛹,如有时用 90% 晶体敌百虫 1 000 倍液,或敌敌畏乳油 1 500 倍液喷布。

韭菜开始萌发时,用钉耙把地面搂平,当株高 10 厘米时开始培土,只培起垄帮,垄台上不培土,株高 20 厘米进行第二次培土,培到叶鞘部。

日光温室扣韭菜在辽宁南部地区 20 世纪 30 年代已经有了发展,积累了丰富的经验,产量、品质都很可观。当时是玻璃温室;70年代以来,由于木材和玻璃紧缺,塑料薄膜兴起,温室前屋面改为塑料薄膜覆盖后,仍延用玻璃温室的管理方法。在韭菜株高 15 厘米时开始追施尿素或硫酸铵,结合浇水。由于薄膜温室封闭很严,空气湿度大,冬季又很少通风,追肥浇水后,容易导致病害发生。灰霉病严重发生时,品质和产量受到影响,甚至造成重大损失。因而薄膜温室扣韭菜,在浇冻水时要施足肥,浇水量要大,覆盖薄膜后,第一刀韭菜生长期间不追肥也不需要浇水。

冬季日光温室昼夜温差大,即使白天温度较高,韭菜也不容易徒长,但是晴天有时气温超过 30℃,则需要通风。超过 28℃ 开始通风,降到 25℃ 以下时缩小通风口或闭风。

在第一刀韭菜收割前 2~3 天开始追肥浇水,为第二刀韭菜生长打基础。每 667 平方米追施硫酸铵 50 千克,在露水散尽时撒于沟中,然后浇水。

3. 收割 韭菜第一刀的收割期,与品种、根株强弱、温室性能有密切关系,也受当年气候影响。冬季晴天多,光照充足,生长快,采收期较早,遇到低温寡照年份,收割期难免延迟。另外,还要根据市场需求确定收割期。

从对韭菜生长有利角度,以5片叶收割最理想,但是市场要求迫切,季节差价大,4叶1心时即可收割。

收割韭菜要在早晨带露水进行,依次割2茬或3茬,从温室后部向前推进,提前磨好韭菜镰刀,从垄台中部下刀,用一块木板,割下500克左右为一把,放在木板上把根部找齐,用马蔺靠根部5厘米左右捆紧。割完装筐,筐四周衬上4层牛皮纸,里边衬上地膜,把韭菜根朝外装入筐中,摆紧包严即可上市。

割完韭菜,用四齿耙把垄台划松,用钉耙把地面搂平,等待出苗。

第二刀韭菜萌发后,由于外温升高,需要注意通风,白天保持20℃~25℃,超过25℃通风,降到20℃闭风。第二刀韭菜萌发较快,但是叶色黄绿,株高10厘米左右时,叶色转绿,开始第一次培垄,并施肥于垄沟,每667平方米追施硫酸铵50千克,撒于垄沟,随后灌水。株高超过20厘米后进行第二次培垄。根据通风量大小、土壤湿度进行灌水。在韭菜收割前15天可喷赤霉素,加快叶片生长。目前市场上出售的赤霉素一般每小袋1克,包装袋上注明水溶剂,可对50升水,可喷667平方米韭菜。如果没有标明水溶液,就要用适量的白酒溶解后再对水。水溶性的赤霉素不宜用白酒溶解。

日光温室扣韭菜,有割2刀后把黄瓜苗栽到韭菜垄沟,第三刀韭菜收割后刨除韭根,改为早春茬黄瓜生产。也有连续收割4刀后拆除温室前屋面,转为露地养根,冬季再温室生产。

(六)中棚扣韭菜

1. 外覆盖中棚扣韭菜　在北纬40°以南地区,有外覆盖保温的中棚,冬季生产韭菜,与日光温室扣韭菜的技术措施基本一致。

提前建好骨架,准备好草苫,韭菜进入休眠后覆盖薄膜,夜间覆盖草苫保温,其他管理与日光温室相同。由于昼夜温差较大,韭菜生长缓慢,越是纬度低的地区收割期越早。

2. 普通中棚扣韭菜 没有外覆盖的中棚生产韭菜,只能在早春进行。入冬前建好中棚骨架,早春立春至雨水之间覆盖薄膜,棚内冻土化冻较早,在表土化冻超过 15 厘米深,即可铲掉残株,扒开垄台,其管理技术可参照日光温室扣韭菜进行。由于春季外温回升快,棚内光照条件较好,升温快,应加强通风,超过 25℃通风,降到 20℃闭风,注意防止高温灼伤叶片。中棚的管理和收割都在棚内进行,可连续收割 2 刀韭菜,再转扣到果菜类生产上。

(七)小拱棚扣韭菜

1. 田间布局 小拱棚覆盖韭菜,由于棚的面积小且低矮,农事操作不能在棚内进行。早春风大,小拱棚覆盖的薄膜,四周要用土埋紧,防止被风吹开。棚的两侧占地较多,棚与棚不能连起来,需有一定的间隔。所以在田间布局时,应规划成 6～8 米长、2 米宽的小拱棚直播或移栽培养韭菜植株,棚间相隔 2 米。在扣韭菜阶段,空地便于韭菜管理,收割一二刀韭菜后,撤下小拱棚,转扣到空地上,定植果菜类蔬菜,既省工方便,又可一棚多用,降低生产成本。

2. 扣棚时期 入冬前插好小拱棚骨架,四周用镐开沟,把沟内的土堆放在棚的外侧,以便于埋四周薄膜。

春天尽量提早覆盖薄膜,一般在雨水至惊蛰之间进行。覆盖薄膜后不通风。

3. 覆盖薄膜后管理 小拱棚内土壤化冻 10 厘米左右时,选晴天上午,揭开小拱棚薄膜,铲掉韭菜残根,清洁地面后,把垄台划松,然后培垄,培垄时要把土块划碎,垄台要疏松平整。然后再盖上薄膜。因为棚小低矮不便操作,全部揭开薄膜,韭菜突然暴露适应不了外界条件。所以第一刀韭菜收割前,不进行中耕培垄。

小拱棚韭菜萌发前不通风,尽量保持高温,促使提早化冻,解除休眠,萌发后白天超过30℃通风,降到20℃左右时闭风。通风后地表见干时浇水,浇水后加强通风。

4. 收割　小拱棚韭菜达到收获标准时即可收割。收割前1天浇水,收割在早晨进行,揭开小拱棚薄膜,带露水快割快捆把,立即装筐,筐的四周衬上薄膜,装完筐包严,保持低温高湿,韭菜鲜嫩。

收割后划松垄台,搂平地面,重新覆盖薄膜,进行第二刀生产。第二刀韭菜萌发后,中耕培垄、追肥浇水要揭开薄膜进行。

(八)日光温室韭菜秋、冬季连续生产

北方广大地区深秋、初冬出现霜冻后,韭菜地上部叶片、假茎干枯,养分转移到地下根茎和鳞茎中,进入休眠状态。利用日光温室扣韭菜,一般都在春节前上市,最早在新年前后开始收割。所以长期以来深秋、初冬北方韭菜处于空白状态。从江南调运韭菜,需经长途运输,时间长,损耗大,品质差,很难销售。

为了解决深秋、初冬的韭菜空白问题,早在20世纪50~60年代就曾有人进行过试验,在深秋韭菜未休眠前扣上温室,给予适宜的温度和肥水条件,使其继续生长,结果都未获得成功。因为北方型韭菜,冬季休眠,春天萌发已经形成了规律,很难改变。

20世纪80年代中期,辽宁省营口市老边区畜牧副食局许声,引进杭州雪韭,利用日光温室进行秋冬连续生产试验,获得了成功,已经在北方广大地区推广,取得了明显的经济效益和社会效益,为韭菜反季节栽培闯出一条新路。

1. 露地养根　秋、冬连续生产韭菜养根,与休眠后养根技术措施基本相同,只是因为采用南方型品种,在北纬40°以北地区不能露地越冬,必须当年播种,当年生产,收割3~4刀后刨除韭根。南方型韭菜品种具有耐高温的特性,生长迅速,直播后60天左右即可达到收割标准,播种期可适当延后。辽宁省锦州市,选用杭州雪韭进行秋、冬连续生产,于3月上旬播种,10月初收割第一刀,扣

上温室后连续收割 3～4 刀,效果很好。

采用移栽养根可在 5 月份育苗,6 月份移栽,技术措施与休眠后扣韭菜相同。

2. 覆盖温室薄膜 秋、冬连续生产的韭菜,采用假茎休眠和整株休眠品种。生产过程中,始终要控制好环境条件,防止出现韭菜浅休眠的条件。虽然南方型韭菜地上部比较耐寒,也能经受初霜,但是覆盖薄膜也要在外界气温不低于 5℃时进行。

提前建好或修补好山墙、后墙、后屋面和前屋面骨架。初霜前几天覆盖薄膜。在覆盖薄膜后收割第一刀韭菜,应根据市场的需要、韭菜的生长情况来决定。

3. 覆盖薄膜后的管理 初期温度高,需昼夜通风,不但前底脚围裙要揭开,最好在后部有通风口对流风,保持白天 20℃～25℃,夜间 10℃左右。随着外温的下降,改为白天通风夜间闭风。在夜间温度保持不到 10℃时,夜间覆盖草苫,始终保持对韭菜生长适宜的温度。

秋、冬连续生产的韭菜,第一刀是秋季长成的植株,第二、第三刀是 10 月份和 11 月份在日光温室环境条件下对韭菜生长有利的季节,应在调节适宜温度的基础上加强水肥管理。每次收割后,植株萌发到 10 厘米左右时开始浇水,并及时培垄,株高 20 厘米以上时结合培垄进行追肥,每 667 平方米追施硫酸铵 50 千克。

第四刀韭菜生长期处在光照弱、日照时间短、温度低的季节,很大程度上靠根茎、鳞茎积累的养分,因此覆盖薄膜后每次收割都应当浅割,最好在鳞茎以上 5 厘米处下刀,以便于地下部多积累养分。

最后一次收割,因收割完就要刨除韭根,倒地生产下茬蔬菜,可尽量深割,贴鳞茎下刀。因前期 2～3 次浅割,最后一次收割后,断茎基部必然有残存的老叶鞘,在捆把时要捋掉,以免影响商品质量。

收割后的包装保鲜、防冻措施同日光温室扣韭菜部分。

三、耐寒绿叶菜类蔬菜

耐寒绿叶菜类蔬菜包括菠菜、油菜、生菜、茼蒿、香菜、茴香等。这些蔬菜都以叶片和叶柄为产品,属于不同的科、种,但对生活条件的要求和栽培技术措施,有很多相同和相似之处。

(一)菠 菜

菠菜是藜科菠菜属1~2年生草本植物,别名波斯菜、赤根菜、角菜等。因耐寒性强,在露地生长期长。北方冬季地上部虽然部分叶片干枯,春天土壤化冻后还能返青,所以一年中菠菜是上市最早、结束最晚的露地栽培蔬菜。过去很少进行保护地栽培,所以冬季、早春处于空白状态,只有少数贮藏菠菜上市,毕竟比不上新收获的产品鲜嫩。20世纪60年代中期以来,随着塑料薄膜的兴起,利用小拱棚覆盖越冬菠菜,不但上市期提早,品质、产量也明显提高。90年代以来,由于日光温室的迅速发展,菠菜也和多种叶菜类蔬菜一样进行越冬生产,满足了冬季、早春、新年、春节市场的需求。

1. 菠菜的类型和品种 菠菜分为尖叶种和圆叶种,各有许多品种。

(1)尖叶种 叶片狭窄,呈戟形或箭形。有的叶片有裂刻,叶面光滑,叶柄细长。耐寒性强,冬季气温$-20℃\sim-30℃$不受冻害,春天照常返青。忍耐高温能力差,高温条件下生长缓慢,抽薹早。

尖叶种菠菜的种子有刺,适于越冬栽培。主要品种有双城菠菜、青岛菠菜、东方碧波、日本超能菠菜。

(2)圆叶种 叶片肥厚,多皱褶,无裂刻。叶片卵圆形、椭圆形或不规则形。叶柄短,耐寒性不如尖叶菠菜,耐热性强,对日照长短反应不敏感,抽薹比尖叶种晚。主要品种有大圆叶菠菜、广东菠菜、绍兴菠菜。

2. 茬口安排

(1)日光温室茬口安排 日光温室生产越冬菠菜采用两种栽培方式:一种是清种菠菜,日光温室保温效果较差,冬季遇到寒流强降温,有时气温降到 0℃ 以下,不能生产喜温蔬菜的情况下进行;另一种是在秋冬茬果菜类蔬菜栽培的日光温室里进行套作,主作物为黄瓜、菜豆等高棵作物,把菠菜播种在行间,在不影响主栽作物生长发育的基础上,获得一部分菠菜产量。

(2)大、中棚茬口安排 以春天提早上市为目的的大、中棚越冬蔬菜栽培,9 月下旬至 10 月上旬播种,入冬前修补好棚膜,冬季密闭。虽然棚内土地也封冻,但是冻土层浅,菠菜叶片不被冻干,春天化冻快,菠菜返青早,既可获得优质高产,获得可观的季节价,又不影响果菜类蔬菜定植,是降低生产成本,提高设施利用率的有效途径。

(3)小拱棚覆盖菠菜茬口安排 露地越冬菠菜,在地面封冻前,畦面插上小拱棚拱架,春天提早覆盖薄膜,促进早化冻快返青,可比露地菠菜提早上市半个月以上。收完菠菜后就地定植果菜类蔬菜,收到一棚多用效果。

3. 日光温室冬菠菜栽培

(1)整地施基肥 深翻细耙,做成 1 米宽软埂畦,整平畦面,每 667 平方米撒施农家肥 5 000 千克,再翻一遍,使粪土掺和均匀。

(2)播种 选择圆叶菠菜品种,每 667 平方米播种量 3 000～3 500 克。撒播,采用滚土播种方法,从地势较低的一侧开始,从畦面起出 2 厘米的表土,运到地势较高的一侧,堆放于畦外。把起完土的畦面搂平,均匀撒播种子,踩一遍畦面,由第二畦取表土覆盖 2 厘米厚,再用同样方法播第二畦,由第三畦取土覆盖,一直播到最后一畦,播完种用堆放畦外的土覆盖。滚土播种要土壤含水量适宜,水分过多,不便于操作,土壤过干影响出苗。日光温室土壤水分不足时,可在播种前两天泼水造墒。

播种覆土要均匀,覆完土用耙搂平畦面,在表土见干时踩一遍畦面。

播种期根据当地市场需要进行,一般在9月下旬至10月下旬。

砂壤土底墒不足时,可以打底水播种,方法是先由畦中取出2厘米厚的表土,堆放畦外,搂平畦面,浇水,水渗下后撒播种子,然后覆土。因打底水播种,覆土后不便于搂平,所以覆土要细致均匀,以防出苗不整齐。

(3)播种后管理 菠菜播种时,日光温室尚未覆盖薄膜,在露地条件下,气候对菠菜的发芽出土和幼苗期生长是适宜的。覆盖薄膜时期的确定非常重要。菠菜植株生长的适宜温度是15℃～20℃,最适宜叶丛生长温度是17℃～20℃,所以当白天气温低于15℃时就应覆盖薄膜。

覆盖薄膜后要防止高温,因为超过25℃生长不良。据试验,菠菜营养生长期,苗端分化叶原基的速度在日平均温度23℃以下时,随温度的下降而缓慢,与日照长短没有明显关系,超过25℃则下降,高温能限制叶面积的扩大。所以覆盖薄膜以后要大通风,白天控制在20℃～23℃,夜间10℃左右。随着外温的下降,逐渐缩短通风时间,减少通风量。当夜间温度降到10℃以下时覆盖草苫。初期要早揭晚盖,室内温度降到10℃～12℃时再放下草苫,早晨太阳出来卷起。

菠菜虽然耐寒性很强,但是在适宜温度条件下生长,突然降到0℃以下,即使不致遭受冻害,对生长也有影响,所以仍需要注意保温。

为了提高商品质量,在两片真叶展开时要进行间苗,使植株间距离均匀,使植株大小一致。菠菜根系发达,吸水能力强,不旱不需要浇水。在覆盖薄膜前2～3天浇1次水,覆盖薄膜后一般不再浇水。叶丛旺盛生长时,追1次氮肥,每667平方米追施尿素10千克,在接近中午叶片上露水消失后撒在畦面,用新笤帚扫净,逐畦浇水。收获前 2～3 天再浇 1 次水。

4. 大、中棚菠菜栽培

(1) 播种 选用尖叶菠菜品种,每 667 平方米播种量 5 千克。

大、中棚上茬秋黄瓜、秋甜瓜、秋西瓜,到 9 月下旬,把下部老叶片摘除,开始播种菠菜。上茬是畦作的,直接往畦面上播,垄作的把垄台尽量留成窄埂,行间整平,做成 1 米宽的畦。采用铲土拌种法,把菠菜种子均匀撒在畦面上,用小手锄铲畦面,把种子拌入土中。

(2) 播种后的管理 由于播种时大、中棚内土壤水分充足,不用浇水即可出苗,出苗后两片真叶展开时浇 1 次水,以后不旱不浇水。接近棚内出现霜冻时,上茬作物拔秧,清出棚外,把薄膜破损处粘补好,或换上新薄膜。封闭要严,不换新薄膜的大棚,要从门口处用薄膜封严。冬季菠菜在棚内虽然进入休眠,但是叶片始终保持绿色,没有干叶和枯干的叶缘。春天棚内土壤提前化冻,菠菜开始生长,立即追肥浇水,每 667 平方米追施硫酸铵 50 千克,结合浇水,加强通风,棚内气温超过 25℃通风,降到 20℃闭风,连续浇 2～3 次水,菠菜即可达到收获标准,收获后倒地定植果菜类蔬菜。

5. 小拱棚菠菜栽培

(1) 整地施基肥 白露过后(根据地理纬度,北纬 40°以北白露为适期,以南地区适当延后),整地做畦,畦宽 1 米、长 6～8 米,做成软埂畦,畦埂宽不超过 20 厘米、高 10～13 厘米,整平畦面,撒施农家肥,每 667 平方米 5 000 千克,翻 20 厘米深,划碎土块,将粪土掺和均匀,搂平畦面,即可播种。

(2) 播种 选用耐寒性强的尖叶品种,每 667 平方米播种量 5～6 千克。

播种可采用撒播和条播两种方法。撒播方法同日光温室的滚土播种,土壤水分不足时,提前 1～2 天泼水造墒。

条播在畦面上开 5 条浅沟,把种子撒在沟中,踩一遍沟底,用耙搂平畦面。不论撒播、条播,覆土厚度 1.5～2 厘米,表土见干时踩一遍畦面保墒。

(3)播种后越冬前管理 土壤水分适宜,出苗前不需要浇水,砂壤土水分不足时可浇 1 次,将出苗时,用钉耙浅划畦面,防止板结。出苗后长出 2～3 片真叶时,进行 1 次间苗,把密集的苗疏开,保持苗间距离。间苗时拔掉瘦弱的幼苗,结合追肥冻水,每 667 平方米追施三元复合肥 10～15 千克。以后不再追肥浇水。

土地封冻前浇冻水,浇冻水的时期很重要,浇早了效果差,晚了地面封冻无法进行。应在夜间地表结冻,接近中午化冻时进行。浇冻水时每 667 平方米结合施人粪尿 1 000～1 500 千克效果更好。

冬季降雪后要清除积雪,特别是早春返青前大量积雪融化,畦面结冰和积水容易闷死幼苗。

为了春季菠菜提早返青,在田间按 20～30 米夹大风障,是普遍采取的措施。北方冬季雪多,有时下雪,强劲的北风将雪吹落在风障前,靠近风障的一定距离,积雪甚至达到风障高,清除积雪极为困难。沈阳市郊区改为早春夹风障,入冬前挖好障沟,把浮土堆放在沟北侧,早春清除积雪再夹风障。

(4)返青后管理 在入冬前插上小拱棚拱架,春天雨水前后扣上小拱棚薄膜。覆盖薄膜前用硬竹笤帚扫掉干叶,把薄膜四周埋入土中压严,防止被风吹开。

覆盖薄膜以后,初期不需要通风,虽然中午温度很高,由于土壤尚未化冻,加上覆盖普通薄膜内表面布满水滴,不会烤伤叶片,昼夜温差很大,返青后也不会徒长。小拱棚覆盖菠菜,一般是在露地菠菜返青前 25 天左右扣棚。虽然外界温度较低,但是棚内土壤化冻快,返青早。当心叶开始生长时,选晴天上午浇返青水,水量要比露地少,浇水后要加强通风。白天棚内气温超过 25℃通风,下午降到 20℃左右闭风。

叶丛开始迅速生长时追肥,每 667 平方米追施硫酸铵 20 千克,溶于水中,随水浇入畦内。追肥后过 4～5 天再浇 1 次水,就可收割上市,撤下小拱棚。

6.收获

(1)收获期的确定　菠菜食用部分是叶片,在叶片数最多、叶片最大时收获,不但品质好,产量也高。叶片不断分化生长,到一定程度基部叶片就要老化,甚至褪绿,必须在此前收获。

另外,菠菜收获期的伸缩较大,产品销售还要根据市场需要,反季节栽培主要是考虑差价效益,有时产量虽然很高,产值却较低,应在价位最高时收割。

(2)收获方法　收获前1～2天要浇水,早晨叶片上露水多时收获,用韭菜镰贴畦面,留1～2厘米主根割下,摘掉老叶黄叶,500克左右用马蔺捆成小把,筐四周衬上薄膜,紧紧摆入筐中包严。冬季收割的菠菜,筐四周还要衬上牛皮纸,保证鲜嫩的菠菜上市。

(二)油　菜

油菜是十字花科的速生绿叶菜类蔬菜。南方栽培最普遍,其栽培面积之大,供应期之长,消费的普遍类似北方的大白菜。南方叫青菜,北方叫油菜。因为耐寒性强,长江流域冬季在露地虽然停止生长,却不受冻害,可随时收获。

北方栽培虽不普遍,近年来由于保护地反季节栽培的发展,冬季、早春、新年、春节,在大中城市也深受广大消费者欢迎。

1.类型和品种　油菜叶柄有青色和白色,称为青帮油菜和白帮油菜,各有许多品种。

(1)青帮油菜　植株直立,高30～35厘米,叶片抱合成筒状束腰,基部和顶部稍大,叶片排列松散。全株约20片叶,叶片正面浓绿色,背面绿色,叶近圆形,全缘无缺刻,稍有光泽,叶柄肥厚。

青帮油菜产量高,品质较好,耐寒性强。播种后40～60天收获。代表品种有上海四月蔓、上海五月蔓、油冬儿、天津青帮、青岛青帮。

(2)白帮油菜　株高35～40厘米,叶片椭圆形或卵形,叶正面浅绿色,背面灰绿色。生长期比青帮油菜短,抗寒性不如青帮油菜。主要品种有南京矮脚黄、济南白帮、杭州白帮、箭杆白等。

2.茬口安排　油菜适应性强,比较耐弱光。从几片叶至成株,均具有食用价值,可随时收获上市。所以可与多种喜温的果菜类蔬菜套作或抢在定植前生产1茬,以提高保护地设施的利用率。

(1)日光温室茬口安排　日光温室栽培油菜,以供应新年、春节为重点,并与大、中、小棚春油菜衔接。可采用3种栽培形式:一种是清种,冬季保温效果较差的日光温室,冬季只适合生产耐寒叶菜类蔬菜,可只栽培1茬油菜,春节期间收获结束,立春以后定植早春茬果菜类蔬菜;第二种是在温室前底脚、后墙根、东西山墙内条件较差,不适合栽培果菜类蔬菜的地方,生产一部分油菜;第三种是套作,果菜类蔬菜定植初期,植株较小,有剩余营养面积,在行间生产油菜,与果菜类蔬菜共生一段时期,然后收获上市。这种生产方式,在果菜类蔬菜冬春茬、早春茬栽培都可进行。

(2)大、中棚茬口安排　利用大、中棚单独生产油菜比较少见,因为油菜耐寒,又便于移栽,可在温室育苗,3～4片叶定植大、中棚,在果菜类蔬菜定植时,已经可以收获,既不影响果菜类蔬菜生长,又提高了设施利用率。另外,油菜还可以与果菜类蔬菜套作栽培,既延长了油菜的供应期,又增加产值。

(3)小拱棚覆盖栽培茬口安排　入冬前插上小拱棚拱架,春天提早覆盖薄膜烤地,小棚内土壤化冻到15厘米深,即可定植油菜,因提前在日光温室育苗,定植后生长快,到定植果菜类蔬菜时,已经可以收获,原棚改为果菜类蔬菜栽培,是更省工的一棚多用。

3.栽培技术　油菜可直播也可育苗移栽。

(1)育苗移栽　育苗期25～30天,根据不同设施茬口的定植期,提前进行育苗。大、中、小棚栽培需要在温室育苗。

育苗畦宽1.2～1.5米。为了便于管理,常由温室靠后墙通路至前底脚做成硬埂畦。整平畦面,撒施农家肥按畦面每平方米施10千克,翻10厘米深,划碎土块搂平踩实。浇透水,水渗下后用细土找平畦面，每平方米撒播种子 15 克左右，撒种要均匀，打底水后畦面比较光滑，撒落在畦面上的种子容易滚动归堆，需要先在畦面上薄薄撒一层细土，才能使种子落地后不滚动，保证分布均匀。

撒种后覆土 1 厘米厚，为了出苗整齐，覆土不产生硬盖，可用疏松田土和农家肥各 50% 拌匀后覆盖。另外，播种前浇足水，出苗前不再浇水。

出苗前白天保持 20℃～25℃，夜间 15℃左右；出苗后白天 15℃～20℃，夜间 10℃左右。第一片真叶展开时间苗，把密集的苗疏开，使苗间距离 3 厘米左右。间完苗喷水，在露水散尽时，薄薄撒一层土保墒，保持地面不潮湿，可避免发生病害。定植前 5～7 天低温炼苗。

定植前做 1 米宽软埂畦，按每 667 平方米施农家肥 5 000 千克，撒施于畦面，翻耙后开 5 条浅沟栽苗，株距 10 厘米，每 667 平方米栽苗 3.3 万株。栽完苗逐畦浇水。

缓苗期间白天保持 25℃，夜间 10℃以上；缓苗后白天 20℃～25℃，夜间 5℃～10℃。

缓苗后 10 天左右开始追肥浇水，每 667 平方米追施硫酸铵 15～20 千克，结合浇水。以后只浇水不追肥。

(2) 直播栽培　做畦施基肥方法与移栽畦相同，开 5 条沟条播，也可撒播，播种方法与菠菜大体相同，不同之处是覆土厚度不能超过 1 厘米。

播种后的管理与育苗相同。第一至第二片真叶时间苗，保持苗距 3 厘米左右，第四片真叶展开时进行第二次间苗，保持株间距离 8 厘米。间下来的苗可作为商品出售。每 667 平方米保苗 5 万株左右。

生长期间追 1 次肥，浇水 3～4 次。与移栽油菜浇水追肥基本相同。

4. 收获　直播栽培的油菜，在温度条件适宜，水肥供给及时，播后 50～60 天可以收获。育苗移栽的油菜，从定植起，历时 30～

40 天达到收获标准。

收割油菜在早晨进行,贴地面割下,摘掉基部小叶片,捆成 500 克左右的小把上市。

(三)生 菜

生菜是 1 年生蔬菜,以叶片或叶球供食用,又叫叶用莴苣,是以生食为主的蔬菜。含有各种维生素、无机盐等营养成分,特别是茎叶中的乳状液含有糖、甘露醇、蛋白质、莴苣素等能增进食欲、驱寒、消炎、利尿,其苦味素有催眠和镇痛作用。过去生菜只在农村房前屋后小量栽培,作为农民自食性生产。近年来随着人民生活水平的提高,膳食结构的变化,生菜作为商品菜销售,在大中城市普遍发展起来,尤其是新年、春节、冬季、早春保护地的反季节栽培,已经在北方广大地区发展起来。

1. 对环境条件的要求 生菜是菊科一年生耐寒蔬菜。性喜冷凉,发芽最适宜温度 15℃～20℃,高于 25℃ 发芽不良,超过 30℃ 不能发芽。生长期白天 15℃～20℃,夜间 12℃～15℃ 最为适宜。不同生育阶段对温度要求也不一致。幼苗期 16℃～20℃,莲座期 12℃～22℃,幼苗期抗寒性强,能忍耐短期－5℃ 低温,对高温敏感。生长期间常处在 24℃ 以上,夜温 19℃ 以上,则因呼吸强度大,消耗养分多,干物质分配减少,容易出现叶尖变黄,叶肉变粗糙,苦味增加,严重时心叶坏死。

生菜喜凉湿忌干旱,由于叶片多而较大,蒸腾水分多,必须供给充足的水分,才能生长良好。但是不同生长期要求水分也不相同。幼苗不但怕旱,也怕水多,干旱容易老化,过湿容易徒长。发棵期水分不宜过多。叶片肥大期,结球生菜的结球期,需要水分充足。

生菜根系虽然再生能力较强,须根多,但是入土浅,栽培密度较大,需要土质肥沃,保肥力强的壤土。喜酸性土壤,以 pH 值 6 为适宜。生长期间需氮较多,但是磷、钾也很重要,缺磷叶片变小,叶数减少,缺钾影响叶重。

生菜是喜光作物,光照充足生长苗壮,叶片肥厚,光照不足叶片和茎部生长不良。生菜种子发芽属于喜光性,散射光有促进发芽作用,所以催芽要见光,直播覆土要薄。

2.茬口安排

(1)日光温室茬口安排 日光温室生产生菜,根据市场的需要和与其他蔬菜的茬口衔接,从9月下旬至翌年1月下旬都可播种,苗期30～35天即可定植。散叶生菜可以掰叶采收,所以采收期较长,结球生菜需叶球抱合紧实采收。所以日光温室生菜从新年前到春节后的早春不断有产品上市。

(2)小拱棚茬口安排 因生菜幼苗期能耐-5℃低温,所以小拱棚覆盖可尽量提早定植。入冬前整地施基肥,翻耕做畦,耙平畦面,插上拱架,春天提早覆盖薄膜,表土化冻10厘米即可定植。定植前30～35天在温室育苗。小拱棚生菜采收后可撤下小拱棚转为果菜类蔬菜短期覆盖栽培。

3.品种选择 生菜分为散叶生菜和结球生菜。散叶生菜以肥嫩的叶片为产品,结球生菜以叶球为产品。

(1)散叶生菜品种

①花叶生菜 叶簇直立,株高25厘米左右,开展度26～30厘米,叶片长椭圆形,浅绿色,叶缘缺刻较深,叶片呈鸡冠形,乳黄白色,基部白色,略有苦味,适应性强。

②鸡冠生菜 吉林省农家品种,株高20厘米左右,开展度17厘米左右。叶片浅绿色,卵圆形,叶缘有缺刻,呈鸡冠形,叶片脆嫩,适应性强。

③美国大速生 辽宁省种子公司由美国引进的5个散叶品种中选出的品种。耐寒性强,叶片倒卵形,略皱缩,黄绿色,生长迅速,直播40～45天成熟,无纤维,质地脆嫩,不易抽薹,单株重250～300克,最大400克。

(2)结球生菜品种

①大湖生菜 由美国引进。株幅45厘米,叶色淡绿,外叶有

波纹状皱褶,心叶抱合成圆头状,叶片薄嫩,带有甜味,品质好,适应性强。单球重 600～700 克,定植后 45～50 天可达到采收标准。

②大湖 659　由美国引进的中熟品种。叶色绿,外叶较多,叶片有皱褶,叶缘有缺刻,叶球较大而坚实,单球重 500～600 克,定植后 50～60 天可采收。

③大湖 366　由日本引进。叶片翠绿色,叶缘有波状锯齿,叶面稍皱,叶球浅绿色,近圆形,抱合紧实,品质好,脆嫩爽口,成熟期与大湖生菜接近。

4. 育　苗

(1)苗床设置　在日光温室内做成 1 米宽的硬埂畦,整平畦面,撒施农家肥 2 厘米厚,浅翻 8 厘米深,划碎土块,掺和均匀粪土搂平,踩一遍畦面,浇足播种水(湿润 10 厘米深),即可播种。

(2)播种　生菜种子很小,每 667 平方米设施栽培,播种量 30～50 克。种子掺过筛的细沙,分两次撒播,力求分布均匀,每平方米播种 2～3 克。覆盖 0.5 厘米厚的细沙和营养土。

(3)苗期管理　播种后为了保墒,温度较高时可在畦面盖无纺布,冬季育苗可覆盖地膜,出苗后撤掉。出苗前白天保持 20℃～25℃,夜间 10℃～15℃,出苗后白天 18℃～20℃,夜间 8℃～10℃。出苗 10 天左右,小苗 2 叶 1 心时间苗,保持苗间距离 3～5 厘米,间苗后清浇 1 次水。根据温光条件,25～35 天长到 4～5 片叶时即可定植。

5. 定　植

(1)散叶生菜定植　不论日光温室或小拱棚栽培散叶生菜,都要做 1 米宽的畦,温室内畦长从靠后墙通道至前底脚,小拱棚 6～8 米。整平畦面,撒施农家肥每 667 平方米 5 000 千克,翻 20 厘米深耙平,开 5 条沟,按株距 18～20 厘米栽苗,埋土后畦面找平,逐畦浇水。每 667 平方米日光温室栽苗 1.5 万～1.67 万株,小拱棚栽苗 1.65 万～1.85 万株。日光温室因后部通道占掉一部分栽培面积,所以栽苗株数减少。

(2)结球生菜定植　深翻细耕,按 40～45 厘米行距开沟,沟内施农家肥,每 667 平方米 3 000 千克,过磷酸钙 40～50 千克,三元复合肥 20 千克,合垄后耙平垄台即可定植。

栽苗株距因品种而异,早熟品种外叶较少,株距 25 厘米,中熟品种株距 30 厘米。开穴栽苗,浇水,水渗下后封埯。

日光温室每 667 平方米栽苗 4 500～6 000 株,小拱棚栽苗5 000～6 500 株。

6. 定植后管理

(1) 散叶生菜管理　定植后白天保持 20℃～25℃,夜间10℃～15℃,2～3 天后行间细致松土保墒。白天 18℃～20℃,夜间 10℃左右,定植后 10 天左右,每 667 平方米追施硫酸铵 10～15千克,撒于行间,逐畦浇水,以后保持畦面见干见湿。20 天左右再追 1 次肥,每 667 平方米追施尿素 15 千克,并保持畦面湿润。

(2)结球生菜管理　缓苗期管理与散叶生菜相同。缓苗 7～10 天追 1 次速效氮肥,每 667 平方米追施尿素 10 千克,过 2～3天细致松土,不再浇水,促进根系发达,控制地上部生长。心叶开始抱合时追施三元复合肥,每 667 平方米 20 千克,结合灌水,以后保持见干见湿,加强通风,严格控制空气湿度,避免发生病害。

结球生菜莲座期前进行 1～2 次中耕,以后不再中耕。土壤湿度、空气相对湿度保持在 60%～65%,采收前 5～6 天停止浇水。

7. 采　收

(1) 散叶生菜采收　散叶生菜采收期的伸缩性较大。日光温室栽培的散叶生菜,可一次性收完,倒地生产其他蔬菜,也可在叶片够大时掰叶上市,不断采收。

(2)结球生菜采收　叶球抱合紧实时品质最佳,产量最高。采收早抱合不紧,晚了叶球开裂。

采收时贴叶球基部砍下,扒掉外叶装筐上市。向外地运输,可保留 2～3 片外叶,起到保护叶球不受磨损、污染作用。运到外地市场后,在销售前再扒掉外叶,显出叶球鲜嫩。

小拱棚覆盖栽培生菜,基本是一次性采收,撤下拱棚转扣果菜类蔬菜。

(四)茼 蒿

茼蒿别名蓬蒿、春菊、蒿子秆。菊科 1～2 年生蔬菜。原产我国,全国栽培普遍,以嫩叶和嫩茎为产品,有特殊的香味。

茼蒿生长期短,适应性强,从播种至采收 40～50 天,收获期伸缩性较大。过去北方 1 年露地栽培只在春秋雨季进行,冬季早春处于空白阶段。近年由于保护地设施栽培的发展,新年、春节、冬季、早春也有供应。在大中城市,茼蒿很受欢迎,可以炒食,涮火锅也别有风味。因而反季节栽培面积不断扩大,已经成为反季节栽培绿叶菜类蔬菜之一。

1. 对环境条件的要求 茼蒿属于半耐寒蔬菜,喜冷凉温和气候,不耐炎热。种子发芽适温 15℃～20℃,10℃ 也能正常发芽。生长适温 17℃～20℃,超过 29℃ 生长不良,表现为叶片数少而瘦小,质地粗糙,纤维增多。生长期间能忍耐短期的 0℃ 左右低温。

茼蒿对光照要求不严格,比较耐弱光。茼蒿属于长日照作物,在高温长日照下抽薹开花,冬季栽培不能抽薹。

茼蒿根系浅,栽培密度大,生长快。虽然单株需水量不多,但是没有充足的水分,则茎叶纤维增多,品质变劣。茼蒿适应能力很强,对土壤要求不严格,要求 pH 值 5.5～6.8,特别需要速效氮肥。土壤相对湿度 70%～80%,空气相对湿度 85%～95%最为适宜。

2. 品种和茬口

(1)品种 茼蒿由野生植物进化为栽培蔬菜以来,虽然栽培历史已经很久,但是长期停留在零星种植的水平上,只是近年来反季节栽培有了发展。由于茼蒿适应性强,又无病虫危害,迄今育种尚无大的进展,栽培品种只有大叶茼蒿和小叶茼蒿。

①大叶茼蒿 又叫板叶茼蒿或宽叶茼蒿。叶面积大而肥厚,叶片羽状浅裂,呈匙形,短粗而柔嫩,香味浓重,纤维少,产量较高,

生长缓慢,成熟略迟,耐寒性较差。

②小叶茼蒿　又叫花叶茼蒿、细叶茼蒿。叶片羽状深裂,叶形细长,叶肉较薄,且质地较硬。品质不如大叶茼蒿。生长期短,可比大叶茼蒿早熟,耐寒性也强。

(2)茬口安排　茼蒿在保护地设施中生产,以抢前茬或套作为主,很少单独栽培。

高纬度地区,或保温性能差的日光温室,在秋冬茬果菜类蔬菜采收后,因温度偏低,或有时出现寒流,在早春茬果菜定植的间隙,可抢种1茬茼蒿,收获后定植果菜类蔬菜。大、中、小棚也可抢种1茬。

日光温室和大中棚果菜类蔬菜栽培都利用行间进行套作栽培,日光温室还可利用前底脚、后墙根、东西山墙内侧栽培。

3.栽培技术

(1)播种　茼蒿只能直播,不能育苗移栽,可播干籽,也可浸种催芽。每667平方米播种量需1.5～2千克。浸种用20℃～30℃水浸24小时,洗净稍晾干,装进清洁的容器中,放在15℃～20℃处,每天投洗1遍,3～4天出芽。

整地施基肥与菠菜、油菜相同,干籽播种采用滚土播种。催出小芽播种,打底水进行,覆土1厘米厚。茼蒿也可条播,但条播不如撒播产量高。

(2)播种后管理　播种后室温白天保持20℃～25℃,夜间15℃左右,促进快出苗。浸种催芽的种子3天即可出苗,播干籽需6～7天出苗,果菜类定植前抢茬栽培需浸种催芽,播种后尽量提高温度。出苗后不论条播撒播都要进行1次间苗,把密集的苗疏开,以免过分拥挤,有些植株过分纤细,影响商品质量。

出苗后不出现旱象不要浇水,促进根系发育。同时降低气温,白天15℃～20℃,夜间8℃～10℃。植株长到8片叶左右时,选晴天浇水,结合追肥,每667平方米追施硫酸铵15～20千克,在露水散尽时,均匀撒在畦面上,然后浇水。浇水后要加强通风。

4.采收　茼蒿的采收分为一次性采收和多次性采收。一次性采收是在播种后 40～50 天,株高 20 厘米左右时,贴地面割下,捆成 500 克左右的小把,装筐上市。

分期采收有两种方法:一种是 15 厘米左右高时疏间采收 1/3 或 1/2,分 2 次收完;另一种是基部留 1～2 片叶割下,萌发侧枝后再割收。萌发侧枝 2～3 天即可采收。

不论间收或留茬采收,采收后都要进行浇水追肥。

(五)茴 香

茴香是伞形科多年生草本植物,别名小茴香、茴香苗、莳萝、香丝菜。原产于地中海沿岸。茴香 1 年 1 个生育周期,在温带作为 1 年生蔬菜栽培,其植株和种子均有特殊的辛香味,含有挥发油,主要成分为茴香醚及茴香酮,是北方人喜食的辛香绿叶菜,可炒食、做馅、调味、拼盘装饰。近年更成为涮火锅不可缺少的配料。北京人最喜欢茴香馅饺子,所以北京市场茴香销量最大,市场上已周年不断,成为主要绿叶菜之一。

1. 对环境条件的要求　茴香属于耐寒而适应性广的绿叶菜,既耐寒,又耐热,在日光温室栽培,不论是冬季保温性能较差,或高纬度地区,不能生产喜温蔬菜的日光温室,都可生产茴香,在大、中棚与喜温蔬菜进行套作也比较适宜。生长期间的适宜温度为 15℃～25℃。

茴香对光照要求不严格,但光照充足有利于生长。在长日照条件下容易抽薹开花。日光温室冬季、早春和大、中棚栽培,因长日照条件得不到满足,不但产品鲜嫩,也不容易抽薹。

茴香是以柔嫩多汁的叶片供食用,必须水分充足,保持土壤湿润,防止干旱,才能获得鲜嫩的产品。

茴香对土壤要求不严格,但要求土质疏松,氮、磷、钾均衡,才能生长良好。

2. 品　种

(1) 大茴香　植株比较高大,全株 5～6 片叶,叶间距离大,叶柄较长,三、四羽状细裂叶,叶片细窄呈丝状,绿色,叶片光滑无毛,有蜡粉。生长快,产量较高,抽薹较早。在山西、内蒙古地区分布较广。

(2)小茴香 植株矮小,株高20～35厘米,每株有叶片7～9片,叶柄短,叶片距离近,三、四羽状深裂的细裂叶,裂叶细窄呈细丝状,深绿色,叶面光滑无毛,有蜡粉,香味浓。北京、天津、辽宁等地分布较广。

(3)球茎茴香 株高50厘米左右,叶片为三、四羽状深裂的细裂片,裂片细窄成丝状,绿色,叶面光滑无毛。植株基部因叶鞘部分较大,互相抱合成扁球形。球茎高10～11厘米,宽6～7厘米,厚3～4厘米。球重150～250克,单株重400～500克,品质柔嫩,香味淡。优点是生长快,产量高。

3. 栽培技术 茴香适于密植,多采用畦播,可撒播也可条播,每667平方米播种量3千克左右。其中球茎茴香植株较大,可适当缩小密度和减少播种量。

茴香能忍耐-2℃低温,所以在大、中、小棚栽培,在棚内土壤化冻至可以耕作的深度,最低气温不低于0℃即可播种;日光温室栽培,从深秋到冬天随时都可播种。

茴香出苗较慢,特别是温度较低季节,播干籽迟迟不出苗,需要催芽播种。用20℃左右清水浸泡24小时,漂出秕子和杂质,拌上相当于种子体积3～4倍的细沙,按芹菜的催芽方法,5～6天可出芽整齐。撒播在整地施基肥后,搂平畦面,踩一遍,打底水播种,覆土1厘米厚;条播,1米宽畦开5～6条沟,沟深1.5厘米,撒完种踩一遍沟底,搂平畦面。条播多在播干籽时采用,水分不足可提前泼水造墒。

出苗前温度白天保持20℃～25℃,夜间保持10℃左右,短时间4℃～5℃即可正常出苗。

出苗后温度白天15℃～20℃,夜间4℃～5℃或以上。株高7～8厘米时开始浇水,结合追肥,每667平方米追施硫酸铵20千克,株高 15 厘米左右时进行第二次追肥浇水,追肥量同第一次。水分始终保持充足,畦面见干立即浇水。

4. 采收 茴香以嫩叶为产品,从株高 7～8 厘米到长成植株,随时都有食用价值,所以采收期伸缩较大,为套作栽培提供了方便条件,不会影响主作物正常生育。

茴香特别是小茴香再生能力很强,可以多次采收,第一次收割从主干基部 5 厘米处下刀,保留 3 个以上的腋芽,第二次是收割萌发的新枝,仍保留 2～3 个腋芽。最多可收割 4 次,每次收割后待伤口愈合后再浇水追肥。

(六)芫 荽

俗名香菜,又称胡荽。原产地中海沿岸。伞形科一二年生蔬菜。适应性广,全国都有栽培。食用部分是鲜嫩的叶片和叶柄,不但营养丰富,还含有一种特殊香味,是凉拌菜和汤菜的调味品,也可腌渍。

1. 对环境条件的要求 香菜耐寒性强,温度缓慢下降,-12℃不受冻害。生长适温为 17℃～20℃,超过 20℃生长缓慢,30℃以上停止生长。在长期低温下叶片变为紫色,温度适宜后还能恢复绿色。

香菜属于长日照作物,日照 12 小时以上,很快抽薹,在短日照下不存在抽薹问题。所以日光温室冬天生产,可不断发生叶片,产量高,品质优良。

香菜耐弱光,但是光照太弱生长缓慢,叶色淡,香味也差,影响产量和品质。

香菜对土壤要求不严格,但以疏松肥沃的壤土栽培能获高产。由于以嫩叶供食,水分和氮肥不能缺少。

2. 品 种

(1)大叶香菜 山东省潍坊市、烟台市的农家品种。成株高30～40 厘米,叶片 15 片,大叶片 30～40 厘米,单株重 100 克,生长期 40~60 天。品质好,适应性广,耐寒性强。

(2)京芫荽 北京市地方品种。株高 30 厘米,叶绿色,叶柄浅绿色,叶柄基部白色。

(3)莱阳芫荽 山东省莱阳地方品种。植株生长势强,根深叶茂,组织脆嫩,株高 30 厘米左右,最高可达 60 厘米。

3. 栽培技术

(1)栽培方式 日光温室生产香菜以主栽作物前后茬插空栽培为主,也可间套作栽培或边角冷凉空地栽种。

大、中棚果菜类蔬菜定植前抢种 1 茬,或套作栽培,以其收获期伸缩性较大,不影响主栽作物的定植和正常生育为前提。

小拱棚覆盖栽培,以早上市为目的,进行栽培。

(2)种子处理 香菜种子实际是双悬果,含有 2 粒种子,而果实不开裂,播种时用鞋底把果实搓成两瓣。香菜出苗缓慢,为了减少在土壤中吸水时间,提前用清水浸泡 24 小时,拌上 4~5 倍细沙,放到 20℃ 左右处催芽,每天翻动 1~2 遍,水分不足时及时补充,始终保持细沙湿润,8 天左右出芽。

(3)整地施基肥 做成 1 米宽畦,整平畦面,撒施农家肥每 667 平方米 3 000~4 000 千克,翻 20 厘米深,搂平畦面即可播种。

(4)播种方法 每 667 平方米播种量 4~5 千克,可条播也可撒播,条播每畦开 5 条沟,播干籽,踩沟底后搂平畦面,表土见干时再踩畦保墒。

撒播可播干籽,也可催芽撒种。催芽撒播先打底水,水渗下后撒种,覆土 1 厘米厚。

(5)播种后管理 出苗前室温保持 20℃~25℃,夜间 10℃~15℃。出苗后白天 17℃~20℃,夜间 10℃ 左右。苗期一般不浇水,进入生长盛期,结合浇水,每 667 平方米追施硫酸铵 15 千克,连续浇 2~3 次水即可收获。

四、喜温绿叶菜类蔬菜

喜温绿叶菜有木耳菜和空心菜。都起源于热带地区，喜温耐热，怕冷忌霜。在南方栽培普遍，过去北方很少栽培。20世纪80年代以来，由于日光温室的发展，冬季作为特菜栽培，新年、春节、早春上市，颇受消费者欢迎。近年栽培已很普遍。

（一）木耳菜

是落葵的别名，又叫胭脂菜。1年生草本蔓性蔬菜，以幼苗、嫩叶、叶梢供食用。质地柔滑，口感甚佳，炒菜、做汤、凉拌均可，炒煮后仍保持绿色。

1.形态特征　木耳菜根系分布广，再生能力强，适于移栽，在土壤潮湿的地表容易产生不定根，可以扦插繁殖。

茎蔓生，肉质绿色或紫红色，光滑无毛，长可达2～3米，有大量分枝。长势繁茂，以采收叶片为主，露地栽培要立支架。

单叶互生，肉质光滑，全缘，绿色或叶脉叶梢紫红色。圆形叶品种单叶重5～7克，茎叶重量比为1：3左右。

穗状花序，花枝长15～40厘米，两性花，紫色或白色。果实为浆果，初呈绿色，成熟后变紫色，内含1粒种子。种子卵圆形，褐色，千粒重25克左右。

2.对环境条件的要求　木耳菜喜温耐热，种子发芽最低在15℃以上，最适为28℃，生长期间适温范围15℃～35℃，以25℃～28℃最为适宜。

木耳菜是长日照作物，在短日照下不能开花，露地栽培多在高温的夏季栽培。但其耐阴性较强，冬季在日光温室后部及边角处也能正常生长。

由于叶面积大，蒸腾水分多，生长快，必须不断供给水分。对土壤要求不严格，只要粪肥充足就能迅速生长，对氮肥需要量较大。另外,对铁比较敏感,缺铁会产生心叶迅速黄化。

3. 品种　木耳菜分为红花落葵和白花落葵。白花落葵很少栽培,反季栽培主要是红花落葵,栽培的品种有:

(1)红花落葵　又叫红叶落葵、红梗落葵。茎蔓淡紫红色至粉红色,叶片深绿色,叶脉及叶缘附近紫色,叶较小。原产于印度。

(2)青梗落葵　是红落葵的1个变种。除茎蔓为绿色外,其余特征与红落葵完全相似。

(3)广叶落葵　又叫大叶落葵。茎蔓紫色,叶深绿色,先端尖,叶片心脏形,叶柄有凹槽,叶宽大,长15厘米,宽8~12厘米。原产于我国。

4. 栽培技术　因为对温度要求严格,利用塑料棚栽培很难达到提早上市目的,所以多在温光性能较好的日光温室生产,惟有冬季、早春最受欢迎。

(1)栽培时间　一种是秋天在露地育苗,定植于日光温室,作为秋冬茬栽培,新年前结束;另一种是在日光温室内直播或育苗移栽,作为新年后至早春上市,可在环境条件适宜的情况下分期进行。

(2)直播栽培　日光温室早春茬栽培,主要是采摘嫩梢。做成1米宽畦,整平畦面,撒施农家肥每667平方米5 000千克,翻耙后搂平畦面,撒播种子,每667平方米播种量4~5千克,可保苗3万株左右。

用25℃~30℃清水浸种1~2天,每天换2次水,放在30℃处催芽,刚出芽时打底水播种,覆土1.5厘米厚,覆盖地膜,出苗后撒下地膜。播种后40余天,苗高10~15厘米时,即可间拔采收。

(3)育苗　秋冬茬栽培8月下旬在露地育苗,因温度较高,可播干籽,在1米宽畦内撒播,保证水分适宜,4~5片叶定植于日光温室。冬春茬和早春茬,育苗在日光温室内进行,从10月下旬至翌年1月中旬播种。在寒冷季节育苗应用电热温床,每平方米播种100克左右,每667平方米栽培面积需播种床面积40~50平方米。播种后温度白天 25℃～30℃,夜间 15℃以上;出苗后,白天 23℃～25℃,夜间 10℃以上。保持见干见湿,当幼苗 4～5 片叶时即可定植。

(4)定　植

①整地施基肥　每 667 平方米撒施农家肥 4 000～5 000 千克,翻 20 厘米深,做成 1 米宽的畦,搂平畦面即可定植。

②定植方法、密度　日光温室栽培木耳菜,多以采收嫩梢为主,很少有搭架栽培的。每畦栽 4～5 行,株距 15～20 厘米。带宿土挖苗,栽后逐畦浇水。每 667 平方米栽苗 1.6 万～2 万株。

(5)定植后管理

①温度管理　定植后尽量提高温度促进缓苗,不超过 35℃不通风。缓苗后白天保持 25℃～30℃,夜间尽量保持在 15℃左右,不低于 10℃。

②肥水管理　缓苗后浇 1 次水,表土见干时松土保墒,促进根系发育。幼苗开始生长时追肥浇水,每 667 平方米追施硫酸铵 20 千克,经常保持畦面湿润。

因多次采收,每次采收后都要追肥,追肥数量根据长势决定,一般 20 千克左右。

(6)采　收　在株高达到 20 厘米以上,6～7 片叶展开,基部留 2 片叶剪下,500 克左右捆把上市。

留下的 2 片叶腋萌发侧枝后,长到 6～7 片叶再剪下出售,方法同第一次,在水肥充足条件下可连续采收。

(二)空心菜

是蕹菜的别名,又名藤菜。是原产于我国南方多雨地区的一种蔓性水生蔬菜。以嫩梢、嫩叶供食用。可炒食、做汤,也可水烫后凉拌。近年来在北方利用日光温室进行反季节栽培,已经有了发展,新年、春节、冬季、早春颇受消费者欢迎。

1.形态特征　空心菜是旋花科 1 年生或 2 年生作物,在温带作为 1 年生栽培,是典型的短日照作物。空心菜根系发达,须根系,茎蔓生柔软,圆形中空,绿色或浅绿色,也有呈紫色的品种。茎蔓分节,节上能生不定根。茎节的叶腋中还可抽生出侧枝。叶为单叶互生,叶柄较长,叶片长卵形,基部叶心脏形,有的品种为短披针形或披针形。叶全缘,平整光滑,大叶长 15 厘米、宽 6~7 厘米。花自叶腋生出,形如漏斗,白色、淡紫色或水红色。果实为蒴果,卵形,果皮厚,坚硬,内含 2~4 粒种子。种子初青绿色,最终变为白色、褐色或黑色。种子千粒重 35~50 克。有的品种不能开花结实,只能无性繁殖。

2. 对环境条件的要求

(1) 温度 空心菜属于耐热性蔬菜,种子发芽起点温度为 15℃,生长期最高 35℃,最低 18℃,适温 30℃~35℃,在 35℃~40℃高温条件下,生长也不受影响,降到 15℃以下生长缓慢,茎节间腋芽进入休眠状态。平均气温 21℃以上才能生长正常。生长期遇到霜即冻死。

(2) 光照 空心菜是典型的短日照作物,只有在短日照条件下才能开花结实。茎叶生长需要充足的光照,日光温室栽培,需要采光、保温性能优越才有保证。

(3) 水分 空心菜既需要土壤湿润,又要求较高的空气湿度。生长期间土壤水分不足,纤维增多,粗老不堪食用,产量品质严重降低。

(4) 土壤营养 对肥水要求不严格,但喜肥水,应选择保水保肥力强的土壤。对氮肥需要较多,由于多次采收,需多次追肥。

3. 栽培技术

(1) 品种选择 适于日光温室栽培的空心菜有 2 个品种。一个是青叶白壳,广东省广州市农家品种。植株生长旺盛,侧枝较多。茎粗大,青白色。叶片长卵形,深绿色,叶脉明显,叶柄长,青白色。品质优良,适合旱地栽培,一般每 667 平方米产量 7 000 千克左右。另一个是泰国空心菜。茎粗壮,叶披针形,向上倾斜生长。茎叶深绿色,品质优良,一般每 667 平方米产量 7 500 千克。

此外,白梗、南昌空心菜、上海青梗等品种表现也较好。

(2)栽培形式 北方空心菜作为特菜生产,主要供应冬季、早春市场,目前只在日光温室栽培。北纬 40°以南地区温光性能好的日光温室,不加温进行栽培,从深秋到早春均可进行;北纬 40°以北或保温性能较差的日光温室,12 月下旬至翌年 1 月下旬,遇到灾害天气,需要补助加温。

空心菜可直播,也适合育苗移栽。为了提高设施的利用率,最好实行育苗移栽。

(3)育苗 日光温室栽培,每 667 平方米的播种量为 2～2.5 千克。

催芽撒播,播种后温度白天保持 30℃～35℃,夜间 15℃以上,5～6 天出苗后白天 25℃～30℃,保持见干见湿。

(4)定植 苗高 17～20 厘米定植。1 米宽畦栽 3 行,35 厘米穴距每穴栽 3～4 株,或 18 厘米穴距每穴栽 2 株,每 667 平方米栽苗 1.8 万～2 万株。带宿土起苗,栽后浇足定植水。

(5)定植后管理 白天温度保持 30℃～35℃,夜间 15℃以上。缓苗后细致松土保墒,促进根系发展。开始迅速生长时,每 667 平方米追施尿素 20 千克,结合浇水,以后保持畦面湿润。为了加速生长,可用 20 毫克/升的赤霉素,对水 50 升喷布。每隔 7～10 天喷 1 次,连喷 2～3 次。

4. 采收 空心菜株高 33 厘米左右开始采收。从基部留 10 厘米左右剪下嫩梢,500 克左右捆成小把上市。

采收后叶腋很快萌发新枝,新枝超过 15 厘米以后可进行下一轮采收,基部留 2～3 片叶,以免新枝萌发过多,生长衰弱,影响产量和品质。因多次采收,需要加强肥水管理,以追氮肥为主。

基部萌发的枝条过多时,应适当疏掉细弱、过密的枝条,以达到保持合理的群体结构,挖掘增产潜力。

日光温室采光保温性能优越,遇到灾害性天气进行补助加温,始终保持正常生长，667平方米的温室，进行多次采收，从冬季到早春，总产量可达5 000千克以上。生产效益不低于冬春茬果菜类蔬菜。

五、病虫害防治

（一）病害防治

1. 芹菜斑枯病　芹菜斑枯病又叫晚疫病，俗称"火龙"。各地普遍发生，尤以保护地发病较重。

斑枯病主要危害叶片和叶柄，也能危害茎部。叶片发病，有大病斑和小病斑2种类型。早期症状相似，开始出现淡褐色油渍状小斑点，逐渐扩大后中部褐色坏死。后期症状容易区别。大斑型症状病斑大小为3～10毫米，多散生，边缘深红褐色且明显，中部褐色，散生少量小黑点；小斑型病斑很少超过3毫米，常数斑连片，病斑边缘明显且呈黄褐色，中部黄白色至灰白色，边缘聚生许多小黑点，病斑外缘常有一圈黄色晕环。叶柄和茎部发病，病斑褐色，梭形凹陷，散生小粒点。

【病原菌】　为芹菜生壳针孢菌，属半知菌亚门真菌。病菌以菌丝体潜伏在种皮内或病残体、病株上越冬。条件适宜时产生分生孢子，借气流、灌溉水、农具和田间农事作业传播。分生孢子遇水滴萌发产生芽管，从气孔或直接穿透表皮侵入。发病后病斑上产生分生孢子传播侵染。病害潜伏期仅8天左右。

病菌喜冷凉、高湿条件，20℃～25℃、相对湿度100%、叶片结露时病害严重，芹菜长势弱，抗病力低病情严重。

【防治方法】　使用2年的种子，因病菌在种子上只能存活1年。使用新种子要消毒，用48℃温水浸泡30分钟，边浸边搅，然后放入冷水中冷却。实行2年轮作，降低空气湿度，减少叶片结露时间。一旦发病，摘除病叶，立即喷药。药剂可用75%百菌清可

湿性粉剂 600 倍液,或 50％扑海因可湿性粉剂 1 500 倍液,或 64％
杀毒矾可湿性粉剂 500 倍液,或 50％琥胶肥酸铜可湿性粉剂 500
倍液,或 80％大生可湿性粉剂 600～800 倍液,或 70％代森锰锌可
湿性粉剂 500 倍液喷布,也可用 5％百菌清粉尘剂喷撒。

2. 芹菜斑点病　又叫早疫病。各地普遍发生,是保护地芹菜
的重要病害。

斑点病主要发生在叶片和叶柄上。叶片发病,开始出现水渍
状黄绿色小斑点,逐渐扩展成为圆形或不规则形病斑,4～10 毫米
大小,灰褐色,边缘稍深且不明显,稍隆起。湿度大时病斑上出现
灰色霉层。严重时病斑连片,叶片干枯。叶柄发病产生梭状或条
状病斑,灰褐色,稍凹陷,湿度大时出现灰白色霉层,严重时叶柄折
断。

【病原菌】　为芹菜尾孢菌,属半知菌亚门真菌。主要以菌丝
块随病残体在土壤中越冬,菌丝也能潜伏在种子内越冬。

病菌喜高温、高湿条件,分生孢子有水滴发芽和产生芽管侵
染。棚室栽培芹菜,由于昼夜温差大,结露时间长,容易发病。另
外,植株长势弱也容易发病。

【防治方法】　选用无病种子,用 48℃温水浸泡 30 分钟。加
强通风,控制空气湿度。发病初期喷布 50％多菌灵可湿性粉剂
500 倍液,或 50％扑海因可湿性粉剂 1 500 倍液,或 70％代森锰锌
可湿性粉剂 500 倍液,或 77％可杀得可湿性微粒剂 500 倍液,或
80％大生可湿性粉剂 800～1 000 倍液喷布。也可用 5％百菌清粉
尘剂,每 667 平方米 1 000 克喷粉。

3. 韭菜灰霉病　在日光温室冬季韭菜生产中发生普遍,危害
严重。

灰霉病主要危害叶片,有 2 种类型:一种是白点型,开始在叶
片上散生白色至灰白色的椭圆形或梭形小斑点,潮湿时病斑表面
产生稀疏的灰色霉层,严重时病斑连成大片枯死斑甚至扩展到半
叶或全叶,潮湿时枯叶表面密生灰色霉层,发黏并有霉味;另一种

是湿腐型,从叶尖、叶鞘开始变黄褐色,迅速扩展到半叶或全叶腐烂。

【病原菌】 为葱鳞葡萄孢菌,属半知菌亚门真菌。

病菌以菌丝体、分生孢子和菌核随病残体在地表越冬,以菌核在土壤中越冬为主。条件适宜时菌核和菌丝产生分生孢子,通过气流、灌溉水传播。分生孢子发芽后由伤口或直接穿透种皮侵入。

病菌喜低温、高湿和弱光,生长温度范围为 $2℃\sim30℃$,在 $9℃\sim15℃$ 易发病,$20℃$ 左右病势发展迅速,空气相对湿度 75% 开始发病,相对湿度 90% 以上发病极盛。日光温室第一刀韭菜,因通风少易发病,特别是生长期间连施氮肥后浇水量大更加重发病。

【防治方法】 选用抗病品种,培养健壮植株。露地养根浇冻水时增施农家肥,浇水量要大。覆盖薄膜后,第一刀韭菜生长期间不浇水,不追肥,在第一刀韭菜收割前 $2\sim3$ 天追肥浇水。

加强日光温室管理,尽量缩小昼夜温差。发病初期及时用药剂防治,可喷布 50% 多菌灵可湿性粉剂 500 倍液,或 50% 速克灵可湿性粉剂 $1\,000\sim1\,500$ 倍液,或 50% 扑海因可湿性粉剂 $4\,000$ 倍液,或 50% 农利灵可湿性粉剂 $1\,000$ 倍液,或 30% 克霉灵可湿性粉剂 800 倍液,或 68% 倍得利可湿性粉剂 $600\sim800$ 倍液,或 50% 多菌灵可湿性粉剂 $1\,000$ 倍液,或 65% 甲霜灵可湿性粉剂 $1\,000\sim1\,500$ 倍液。还可用沈阳农业大学烟剂 2 号或灰霉净烟剂,每 667 平方米 $350\sim400$ 克熏烟。

4. 韭菜疫病 各地都有发生,不但露地韭菜发病严重,保护地韭菜近年疫病也有发生,并且有逐年加重趋势。

韭菜植株地上地下部各部位均可发病,尤以假茎和鳞茎最重。叶片发病,开始出现暗绿色水渍状病斑,病斑扩展迅速,当叶片一半发病时,病部失水缢缩变细,叶片变黄,凋萎下垂,软腐,叶鞘容易脱落。湿度大时,病部长出稀疏白色霉层。鳞茎发病,茎盘部出现水渍状,浅褐色至深褐色,易腐烂。根部发病,呈褐色腐烂,根毛减少,植株停止生长或枯死。

【病原菌】 为烟草疫霉,属鞭毛菌亚门真菌。病菌以菌丝体和厚垣孢子在病株地下部越冬,也可以厚垣孢子在土壤中越冬。条件适宜越冬病菌产生分生孢子囊侵染引起发病。发病后病部产生的孢子囊,靠风雨、灌溉水、棚膜滴水传播,引起再侵染。病害一旦发生,发展迅速,条件适宜时,短时间全田毁灭。

病菌喜高温、高湿条件。病菌发育适温为 25℃～32℃,孢子囊产生和萌发均需 90％ 以上的相对湿度,并有水滴。露地养根期间,遇多雨或雨量大时发病严重。日光温室和塑料棚扣韭菜,在高湿温暖条件下,也容易发生疫病。

【防治方法】 在露地养根期间,夏季降水后及时排除积水。植株旺盛生长时要防止倒伏,及时从叶鞘上部留 8～10 厘米割掉叶梢,运出田外。采用垄作以利排水。加强肥水管理,培养壮株。

发现疫病及时用药剂防治,药剂可选用 25％甲霜灵可湿性粉剂 750 倍液,或 58％甲霜锰锌可湿性粉剂 500 倍液,或 40％乙磷铝可湿性粉剂 500 倍液,或 64％杀毒矾可湿性粉剂 400 倍液,或 80％大生可湿性粉剂 600 倍液,或 77％可杀得可湿性粉剂 500 倍液,或 10％高效杀菌宝水剂 200～300 倍液,或 72％克霜氰可湿性粉剂 600 倍液,或 72.2％普利克水剂 800～1 000 倍液喷布。也可用硫酸铜 500～1 000 倍液,25％甲霜灵可湿性粉剂 1 000 倍液灌根。

5. 韭菜锈病 各地均有发生,有的年份发病较重,发病严重时叶片布满锈斑,不堪食用。

锈病主要危害叶片,最初在表皮上产生黄色小斑点,逐渐扩大成椭圆形或纺锤形隆起的病斑,即夏孢子堆。病斑周围具有黄色晕环,以后病斑破裂,散生橘红色粉末。叶片两面均可发病。病情严重时,病斑密布整个叶片,失掉食用价值。

【病原菌】 为葱柄锈菌,属担子菌亚门真菌。病菌以卵孢子随病残体在土壤中越冬。翌年侵染韭菜后病部产生夏孢子,借气流传播,夏孢子萌发后从气孔或直接穿透表皮侵入,经 10 天左右潜伏期发病,又产生夏孢子,进行再侵染,使病势迅速发展。

病菌孢子萌发、侵入适温为10℃～22℃,并需85%以上的相对湿度。在棚室栽培韭菜,由于浇水多,空气湿度大,容易发病。栽培密度过大,偏施氮肥,管理粗放,生长不良发病严重。

【防治方法】 重病地应停止栽培韭菜,改为茄果类或瓜类生产。施足农家肥,不偏施氮肥,增施磷、钾肥。合理密植,及时除草,适度浇水,控制湿度。

发病初期及时用药剂防治,药剂可选用25%粉锈宁可湿性粉剂1500～2000倍液,或20%粉锈宁乳油2000倍液,或95%敌锈钠原粉300倍液,或50%萎锈灵乳油700～800倍液,或敌力脱乳油3000倍液,或45%微粒硫黄胶悬剂400倍液喷布。

此外,用沈阳大学的烟剂6号,每667平方米400克熏烟,效果也较好。

6. 生菜霜霉病 发生最普遍,严重时叶片枯黄色,损失很大。

从幼苗至成株均可发病,以成株期发病最重。主要危害叶片,先在下部或叶球外叶上发病,产生淡黄色、周缘不明显的病斑,扩展后受叶脉限制呈多角形。湿度大时,叶背面出现白色霜霉状霉层。后期病斑变为黄褐色,叶片上病斑相互连结成片,叶片枯死。

【病原菌】 为莴苣盘梗霉,属鞭毛菌亚门真菌。除侵染生菜外,尚可侵染其他菊科植物。

病菌以菌丝体在冬季棚室内生产的病株组织内越冬,也可以卵孢子随病残体在土壤中越冬。翌年产生孢子囊,借气流、灌溉水传播。孢子囊产生游动孢子,萌发芽管,从气孔侵入,也可直接穿透表皮侵入。菌丝在寄主细胞间隙蔓延,产生球状吸器伸入细胞内吸收养料,并在菌丝上产生孢子囊从气孔伸出。孢子囊成熟后脱落传播出去,进行再侵染,反复进行。

病菌喜较低温度和较高湿度。1℃～19℃范围内菌丝均可发育,6℃～10℃是孢子囊萌发适温,侵染适温15℃～17℃。棚室内湿度高容易发病。通风不良、浇水多、通风排湿不及时、偏施氮肥都容易发病。

【防治方法】 增施农家肥,加强管理,调节好空气湿度,减少露水凝结时间。

发现病害及时用药防治。药剂可选用 25%甲霜灵可湿性粉剂 1 000 倍液,或 80%大生可湿性粉剂 1 000 倍液,或 72%克霜氰可湿性粉剂 700 倍液,或 72.2%普利克水剂 800 倍液,或 64%杀毒矾可湿性粉剂 500 倍液,或 70%代森锰锌可湿性粉剂 500 倍液喷布。也可用 5%百菌清粉尘剂喷撒,每 667 平方米喷药量 1 000 克。

7. 生菜褐斑病 又叫叶斑病。是常见的病害,各地保护地生菜上均有发生。严重时叶片干枯。

褐斑病一般只危害叶片,发病后在叶片上出现水渍状褪绿斑点。后逐渐扩展成为大小不等的圆形或不规则形褐色至暗褐色病斑。湿度大时病斑两面都出现暗灰色霉状物。严重时病斑连片,叶片变褐干枯。

【病原菌】 为莴苣褐斑尾孢霉,属半知菌亚门真菌。

病菌以菌丝体和分生孢子丛在病残体上越冬。翌年产生分生孢子,借风雨、棚膜水滴及灌溉水溅到叶片上引起发病。发病后,病部产生的分生孢子借气流、棚膜水滴及农事操作传播,进行再侵染。

病菌喜温、湿条件,22℃~25℃为发病适温,要求 90%以上的相对湿度,叶面有水滴存在有利于孢子萌发侵入。栽培密度过大,大水漫灌,偏施氮肥,长势过旺或脱肥早衰,均会发病严重。

【防治方法】 进行 2 年轮作,合理密植,增施农家肥,调节好温、湿度,使植株生长健壮,增强抵抗力。

发现病害及时用药剂防治。药剂可选用 75%百菌清可湿性粉剂 1 000 倍液,或 65%代森锌可湿性粉剂 500 倍液,或 50%扑海因可湿性粉剂 1 500 倍液,或 60%多福可湿性粉剂 1 000 倍液,或 68%得利可湿性粉剂 800 倍液喷布。

8. 生菜软腐病　在保护地结球生菜上发病较重,各地均有发生。

主要危害叶片、茎,根部也可受害。叶片发病,初呈水渍状,后变软腐,叶片腐烂。在干燥条件下,腐烂的病叶失水后呈薄纸状。湿度大时整个叶片甚至叶球全部腐烂。病菌从茎基部或叶柄处侵入,全株萎蔫,病部渗出黏液,散发臭味。

【病原菌】　为胡萝卜软腐欧氏杆菌,属细菌。病菌侵染多种蔬菜,可遗留在田间植物病残体上越冬,也可随寄主越冬,或混入粪肥中越冬。

病菌借雨水、灌溉水、带菌粪肥、昆虫传播,从伤口侵入。机械损伤、虫伤都是入侵途径。田间有病菌存在,条件适宜就会发病,迅速扩展。

在 2℃~40℃ 范围内都可发病。高温、多湿情况下发病严重,扩展也快。遭受害虫,施肥烧根均会引起发病。大水漫灌,病情更容易加重。

【防治方法】　尽量避免重茬,最好不与芹菜、油菜接茬。施农家肥要腐熟。避免田间忽干忽湿。发现病害及时用药剂防治。药剂可用农用链霉素 150 毫克/千克,或新植霉素 200 毫克/千克,或14%络氨铜水剂 300~350 倍液,或 77%可杀得可湿性微粒剂 500倍液,或 47%加瑞农可湿性粉剂 800 倍液,或 60%百菌通可湿性粉剂 500 倍液喷布。

9. 油菜黑斑病　各地普遍发生,主要危害叶片、叶柄。叶片发病,产生 2~4 毫米的圆形病斑。病斑褐色或深褐色,中间常有同心轮纹,周缘常有黄色晕圈。叶柄上病斑纵条状,暗褐色。潮湿时,发病部位均可产生黑色霉状物。叶片发病严重时,病斑连片,叶片枯死。

【病原菌】　为芸薹链格孢,属半知菌亚门真菌。病菌除侵染油菜外,还可侵染多种十字花科蔬菜。

病菌以菌丝体在病残体或种子上越冬,翌年产生分生孢子侵染引起发病。发病部位产生分生孢子借风雨传播,分生孢子萌生产生芽管从气孔或直接穿透表皮侵入,进行再侵染。潜伏期17天左右。病菌分生孢子萌发适温为17℃～20℃,最适温度17℃,可见在高湿、温度偏低时容易发病。管理粗放,肥水不足,长势衰弱发病较重。

【防治方法】 使用无病种子,或用50℃温水浸种25分钟,也可用种子重量0.4%的70%代森锰锌可湿性粉剂拌种。

进行2年轮作,施足农家肥,增施磷、钾肥,科学浇水,控制湿度。

发现病害及时用药剂防治。药剂可用75%百菌清可湿性粉剂500倍液,或50%扑海因可显性粉剂1500倍液,或40%克菌丹可湿性粉剂400倍液,或64%杀毒矾可湿粉剂500倍液,或40%利得可湿性粉剂400倍液,或2%农抗120水剂200倍液喷布。

10.油菜白斑病 各地均有发生,近年病有加重趋势。

白斑病主要危害叶片。发病后,开始叶面上产生灰褐色圆形斑点,扩展后成为圆形、近圆形、卵圆形病斑。病斑5～10毫米,浅灰色至灰白色,斑上隐约可见轮纹,边缘有时可见污绿色晕圈或呈湿润状。潮湿时病斑背面生有稀疏的淡灰色霉状物。发病严重时叶片布满病斑,或连片形成不规则大斑,使叶片干枯。

【病原菌】 为白斑小尾孢菌,属半知菌亚门真菌。病菌以菌丝体、菌丝块随病残体在地面越冬。病叶深埋后病菌很快死亡。分生孢子也可附着在种子表面越冬。带菌种子可使幼苗发病。土壤的病菌产生分生孢子,借雨水、灌溉水传播。

病菌在5℃～28℃范围内均可发病,以11℃～23℃为最适宜,适宜相对湿度60%以上。在棚室栽培,昼夜温差大,凝结露水多,通风排湿不及时,病害加重。

【防治方法】 使用无病种子,或用50℃温水浸种20分钟,或用种子重量0.4%的50%福美双可湿性粉剂拌种。实行2～3年轮作,施足农家肥,不偏施氮肥。加强管理,控制好温、湿度。

发现病害及时用药剂防治。药剂可用 50％甲基托布津可湿性粉剂 500 倍液，或 75％百菌清可湿性粉剂 600 倍液，或 70％代森锰锌可湿性粉剂 500 倍液，或 50％混杀硫悬浮剂 600 倍液喷布。

11. 香菜斑点病 又叫早疫病。是保护地香菜发生较普遍的病害，各地都有不同程度的发生。主要危害叶片，也可危害叶柄。叶片发病初期为水渍状、绿色小斑点，扩展后呈圆形、近圆形或不规则形病斑。病斑 1～2 毫米，灰褐色，有时边缘黄褐色，略隆起，湿度大时，病部产生淡灰色霉状物。叶柄上病斑椭圆形，灰褐色，稍凹陷，病部生有微细的灰黑色霉状物。发病重时，叶片病斑连片，叶片干枯。

【病原菌】 为芹菜尾孢菌，属半知菌亚门真菌。病菌以分生孢子梗基部的菌丝块附着在种子上、病残体上越冬。翌年条件适宜时越冬病菌即产生分生孢子，传播出去，分生孢子与香菜接触后萌发，从气孔或穿透表皮侵入，引起发病。发病后，病部产生分生孢子，通过风雨、灌溉水引起再侵染，迅速扩展蔓延。

病菌对温度适应能力强，菌丝生长发育适温 25℃～30℃，分生孢子萌发需有水滴存在。高温、高湿利于发病，但有时高温干旱，夜间结露重，持续时间长，也容易感病。

【防治方法】 使用无病种子，进行种子消毒，用种子重量的 0.3％的 50％福美双可湿性粉剂拌种，或 50％多菌灵可湿性粉剂 500 倍液浸种 1 小时，合理密植，科学浇水，加强通风排湿，缩短叶面结露时间。

发现病害及时拔除病株或摘除病叶，及时用药防治。药剂可选用 50％多菌灵可湿性粉剂 500 倍液，或 50％甲基托布津可湿性粉剂 500 倍液，或 70％代森锰锌可湿性粉剂 500 倍液，或 80％大生可湿性粉剂 800 倍液，或 75％百菌清可湿性粉剂 600 倍液，或 68％倍得利可湿性粉剂 800 倍液，或 40％多硫胶悬剂 500 倍液喷布。

12. 落葵蛇眼病　木耳菜发生蛇眼病最普遍。一旦发生蛇眼病,不但降低产量,还影响品质。

蛇眼病只危害叶片。叶片上病斑圆形或近圆形,直径 2～7 毫米,中部灰白色,边缘紫褐色,边宽而且分界清晰。稍下陷,质薄,有时穿孔。严重时,叶片上布满病斑,不堪食用。

【病原菌】　为尾孢菌,属半知菌亚门真菌。病菌以菌丝体和分生孢子随病残体在土表越冬。翌年分生孢子借棚膜滴水和灌溉水溅射到下部叶片上,侵染引起发病。发病后,病部产生大量分生孢子,借风、雨和农事操作传播,进行再侵染。条件适宜时病害发展迅速,10～15 天整株叶片均可发病。

病菌对温度适应性较强,温度稍低或稍高对病害影响不大,湿度是发病的决定因素。相对湿度 90% 以上,叶面有露水,病害容易发生流行,植株徒长或衰弱发病重。

【防治方法】　合理密植,施足农家肥,不偏施氮肥,控制好温、湿度,注意通风排湿。

发现病害摘除病叶深埋,及时用药防治。药剂可选用 75% 百菌清可湿性粉剂 600～800 倍液,或 65% 代森锌可湿性粉剂 600 倍液,或 70% 甲基托布津可湿性粉剂 1 000 倍液,或 2% 农抗 120 水剂 200 倍液,或 2% 武夷霉素水剂 200 倍液,或 0.3% 科生霉素水剂 100～150 倍液喷布。

13. 蕹菜褐斑病　是空心菜常发病害,各地均有发生,有的地区发病严重,损失较大。

褐斑病主要危害叶片。开始产生水渍状褐色小斑点,不断扩展,形成直径 2～4 毫米圆形或近圆形褐色病斑。病重时病斑连片,叶片枯死。

【病原菌】　为蒂纹尾孢菌,属半知菌亚门真菌。病菌常以菌丝体在病残体内越冬。翌年生出分生孢子侵染造成危害,病部产生的分生孢子借气流传播,反复进行再侵染,病害迅速发展。

病菌发育适温 22℃～25℃,要求相对湿度 85% 以上。日光温室湿度大,容易发病。

【防治方法】 合理密植,施足农家肥,控制好温、湿度。

发现病害及时用药防治。药剂可选用58%甲霜灵·锰锌可湿性粉剂500倍液,或50%甲霜铜可湿性粉剂600倍液,或70%代森锰锌可湿性粉剂500倍液,或40%乙磷铝可湿性粉剂300倍液,或47%加瑞农可湿性粉剂800倍液,或77%可杀得可湿性粉剂600～1 000倍液喷布。

14. 蕹菜轮斑病 在空心菜上发生最普遍,危害也最严重,发病后叶片失掉食用价值。

轮斑病主要危害叶片。开始在叶片上产生褐色小斑点,逐渐扩大,呈圆形、椭圆形或不规则形的红褐色或淡褐色大型斑。病斑具有明显大同心轮纹,后期轮纹上出现稀疏小黑点,叶片上病斑在严重时汇合成大斑块,致使叶片枯死。

【病原菌】 为蕹菜叶点霉,属半知菌亚门真菌。病菌以菌丝体和分生孢子器随病残体在土表越冬。翌年越冬孢子随灌溉水和棚膜滴水溅射传播,近地面叶片先发病。发病后叶片产生的分生孢子,借风雨、叶片露滴和棚膜滴水传播,农事操作也能传播,进行再侵染。

温度24℃～26℃,相对湿度85%以上是发病的适宜条件,叶面结露是分生孢子传播扩散、侵染危害的重要因素。日光温室冬季生产发病较重,植株长势弱也容易发病。

【防治方法】 已发生病害的温室进行1～2年轮作。栽培时培育壮苗,定植要施足农家肥,控制好温、湿度。

发现病害及时用药防治。药剂可选用75%百菌清可湿性粉剂600倍剂,或45%代森铵水剂1 000倍液,或80%大生可湿性粉剂800倍液,或58%甲霜灵·锰锌可湿性粉剂500倍液,或1∶0.5∶160～200波尔多液喷布。

(二)虫害防治

1.韭蛆 又称迟眼蕈蚊,属双翅目尖眼蕈蚊科。是韭菜根部重要害虫。在国内各蔬菜区、花房、花盆内都有发生,危害韭菜较重,寄主植物种类很多,有韭菜、大葱大蒜、圆葱、芹菜及多种花卉。

韭蛆以幼虫群集在韭菜地下鳞茎和茎盘部为害,造成腐烂。韭菜被害后轻者韭叶枯黄,严重时整墩韭菜枯死。

【害虫特征】 迟眼蕈蚊成虫为小型蚊子,体长 2～5.5 毫米,黑褐色。触角丝状,16 节。前翅前缘及亚前缘脉较粗,足细长褐色。腹部细长 8～9 节,雄蚊腹部末端具有一对铗状抱握器。幼虫体细长,6～7 毫米,头黑色有光泽,体白色无足。

卵长椭圆形,白色。幼虫体长 8～9 毫米。

蛹为裸蛹,体长 7～8 毫米,长椭圆形,初期黄白色,羽化前灰白色。韭蛆在山东省济南地区年发生 4～5 代,在北京市室内饲养可超过 10 代。

迟眼蕈蚊以幼虫或蛹在韭墩及其周围土中越冬,但无滞育特性。早春韭菜萌发即开始活动,利用棚室扣韭菜,韭蛆活动随之提早。在 3 月下旬至 4 月上旬出现成虫,集中在韭菜墩附近飞舞,在土缝里产卵。卵数粒至 10 余粒集中在韭菜根际,也有分散的。卵期约 1 周。幼虫在鳞茎部为害,并能向上钻到土中柔嫩假茎部为害,致使叶片断落。

幼虫喜湿怕干,在土壤湿润时,幼虫可在韭根附近活动,转移为害。幼虫期可达 10～15 天。老熟幼虫将化蛹时,爬离韭根,在附近土里化蛹,少数在鳞茎里化蛹。蛹期 1 周。羽化后成虫钻出地面,在地上活动。春、秋两季是韭蛆危害盛期。冬季在温室中为害的韭蛆是在养根期间遗留的幼虫和卵。

【防治方法】 春、秋成虫盛发期,喷布 40%乐果乳油 1 000～1 500 倍液,或 50%敌敌畏乳油 2 000 倍液。

在幼虫为害期,可用 40%乐果乳油 1 000 倍液,或 90%晶体敌百虫1000倍液,或50％辛硫磷乳油1000倍液灌根。灌根时最好先把韭菜墩附近的土扒开,用压缩喷雾器卸下喷头喷灌,然后盖土,效果好且省药。

2. 旋花天蛾 又叫甘薯天蛾。主要危害蕹菜、甘薯等旋花科作物,各地均有发生。

旋花天蛾以幼虫咬食叶片,从叶缘开始咬成缺刻,或将全叶吃光,只剩叶柄,被害处附近散落粗大的虫粪。严重时甚至吃光全田。

【害虫特征】 旋花天蛾属鳞翅目害虫。成虫体长47～50毫米,灰褐色。触角端部有弯钩。前翅有黑色锯齿状细横线组成的云状纹,翅尖有一曲折斜走黑纹。后翅有4条黑色横带。腹背有灰褐色纵纹,两侧有红、白、黑色相间的横纹。卵球形,淡黄绿色。幼虫老熟时体长50～70毫米,体色变化较大,主要为淡绿色或黄褐色。蛹长约56毫米,红褐色,口器象鼻状。

在山东1年发生2代,四川发生3～4代,以蛹在土中越冬。成虫白天伏在屋檐或墙壁上,或被害作物的田间,或草丛;夜间活动,交尾产卵。卵多产在叶背面,或根际靠地面处。成虫喜糖蜜,有趋光性,飞翔力强。卵期5～7天。幼虫孵化后将卵壳吃掉,随即取食叶片。幼龄和低龄幼虫食量小,5龄幼虫食量占整个食量95％左右,活动力强。幼虫共5龄,老熟后潜入根际附近4～5厘米深的土中化蛹。

湿度较低、温度较高有利于其发生和危害,夏季持续高温,可加速各虫态的发育,使世代数增加,加重危害程度。

【防治方法】 利用成虫喜糖蜜的习性,在成虫盛发期用糖浆毒饵诱杀。大量发生时可人工捕杀幼虫。

药剂防治可用50％马拉硫磷乳油1000倍液,或50％杀螟松乳油1000倍液,或90％晶体敌百虫1000～2000倍液,或50％辛硫磷乳油1000倍液,或80％敌敌畏乳油1000～1500倍液喷布。

另外,冬春翻耕土地,破坏越冬虫源,促使越冬蛹死亡,可减少第一代虫源。

3. 菠菜潜叶蝇　属双翅目花蝇科害虫。我国南北均有分布。

菠菜潜叶蝇主要为害藜科、蓼科植物。除为害菠菜外,还为害甜菜。以幼虫为害,幼虫潜入叶片内,食害叶肉留下表皮,形成块状隧道,并在隧道内残留很多虫粪。对菠菜的食用价值影响很大。

【害虫特征】　成虫体长 5～6 毫米,雄虫复眼间距很窄,但不接触。胸部背面灰黄色而稍带绿色,腹部灰黄色至灰褐色。足的颜色个体间变异很大,通常跗节黑色,胫节黄色,腿节黄色至红褐色。雌虫复眼间距约占头宽 1/3。胸部颜色显著地比雄虫浅,且带灰色,足的颜色也比雄虫浅。

卵长卵圆形,长约 0.87 毫米,白色,表面有不正的六角形刻纹。

幼虫蛆形,前细后粗。老熟幼虫长约 7.5 毫米,初孵时透明,老熟后污黄色。腹部末端有 7 对肉质突起。

蛹为围蛹,椭圆形,长约 5 毫米,红褐色。

菠菜潜叶蝇在华东 1 年发生 3～4 代,以蛹在土中越冬。成虫性活泼,卵产在菠菜叶背面,通常 4～5 粒散产呈扇形排列,每头雌虫产卵 40～100 粒。卵期 2～6 天。幼虫孵化出来到钻进叶肉约需 1 天时间。这一特性有利于用药剂防治。

幼虫也能以腐烂的有机质或粪肥为食,并能完成发育。

幼虫共 3 龄,幼虫期约为 10 天。非越冬幼虫老熟后,一部分在寄主体内化蛹,另一部分从叶内脱出入土化蛹。蛹期 15～21天。入土化蛹的深度 5 厘米左右。

菠菜潜叶蝇在 1 年中的数量高峰在春季第一代,夏季高温、干旱对潜叶蝇的发育不利。

【防治方法】　清除杂草,减少虫源。利用成虫飞翔习性,用3％糖液加少量敌百虫诱杀。成虫盛期后 2～3 天喷药防治,药剂可选用 40％乐果乳油 1 500 倍液,或 10％二氯苯醚、50％马拉硫磷乳油 1 500 倍液,或 50％辛硫磷乳油 1 000 倍液,或 21％灭杀毙乳油 800 倍液,或 2.5％溴氰菊酯乳油 3 000 倍液,或 20％氰戊菊酯乳油 3 000 倍液,或 10％菊·马乳油 1 500 倍液,或 25％喹硫磷乳油 1 000 倍液,或 90％晶体敌百虫 1 000 倍液喷布。

菠菜的叶片是食用部分,所以必须及早防治成虫,以免产卵后孵化幼虫为害。

第七章 其他蔬菜

一、香 椿

香椿又称椿甜树、椿阳树、椿芽等,是楝科多年生落叶乔木。其嫩芽香气浓郁、脆嫩多汁、色泽鲜美,是一种食用价值、营养价值及药用价值都很高的蔬菜珍品,颇受广大群众的青睐。过去山东、河南、湖南、安徽和湖北等省栽培普遍,每年春节采收嫩芽出售。因采收期短,供应期集中,除了鲜食外,主要靠盐渍延长供应期,盐渍香椿长期以来成为名贵蔬菜。随着保护地设施的逐步发展,利用设施生产香椿,在春节期间和早春上市,已经引起了生产者和消费者的极大兴趣,满足了开放城市、高级宾馆、饭店及高消费阶层对名稀特菜的需求,其发展前景十分广阔,经济效益十分可观。

(一)香椿栽培的生物学基础

1. 形态特征

(1)根 香椿主根发达,粗壮,主根伸长或木质化后形成侧根。根系生长活动较好的温度为12℃以上,随着树龄的增加,根系逐渐扩大。自然生长的香椿,每年3月上中旬根系开始活动,到11月上中旬结束,6月上中旬至7月上中旬是根系的速生期。香椿根的萌蘖性很强,根系受机械或其他损伤后便会萌发出许多根蘖苗,生产上常利用这一特性来繁殖香椿苗木。

(2)枝 自然生长的香椿,树干挺直,光滑,分枝少。采摘顶芽的香椿,主干低矮,在3~5米处分生许多分枝。作为菜用香椿,树体呈灌木状。一年生枝条多呈暗黄褐色,有光泽,幼枝绿色或灰绿色,上覆白粉或着生柔毛。香椿枝条有明显的顶端优势,常会抑制下方叶腋中的芽,使其呈潜伏状态或发育不良。香椿芽萌动后,由枝条上发出嫩芽,抽生出 1 个密生叶子的枝条,当其不超过 20 厘米时,便可采收作为商品出售。

(3)叶 香椿的叶互生在 1 年生的枝上,羽状复叶。每片复叶有 8～9 对小叶,对生在叶轴上,呈短圆状披针形,全缘或有浅锯齿,两面无毛,有特殊香气。幼叶绛红色,成年叶绿色,叶背面红棕色,轻披蜡质,略有涩味。叶柄红绿色,有浅沟,基部肥大。叶痕大,倒心脏形或三角形,有 5 个维管束痕。

(4)花 香椿一般 7～8 年才开花,圆锥花序,着生在一年生枝条的顶端。两性花,白色,有退化雄蕊和发育正常的雄蕊各 5 枚、互生。6 月份开花,子房有浅纹 5 条。但是顶芽采收后造萌发的侧芽是不会开花结果的,所以庭院中栽培的香椿由于每年采收嫩芽,很少见到开花结果现象。

(5)果 蒴果,木质,狭椭圆形或近卵形,长 1.5～3.3 厘米,深褐色。成熟时呈五角分裂,内有种子数粒。

(6)种子 种子近椭圆形,扁平,红褐色,长 5～7 毫米。种子的一端较尖似三角形,果实由绿变黄是种子成熟的标志。种子成熟一般在 10 月份,采收后的种子和果实一般都不能暴晒。贮藏期为半年左右,贮藏长达 1 年时,种子几乎完全丧失发芽能力。贮藏种子较好的方法是将种子放在麻袋里,吊挂在通风干燥处,严禁用塑料袋保存。香椿种子的千粒重为 9 克左右,饱满种子的千粒重可达 16 克,一般的发芽率在 60％左右,经过筛选的洁净种子发芽率可达 87％以上。

2. 香椿芽的种类及生长特性

(1)顶芽 着生在 1 年生新枝和 1 年生苗干顶端的芽称为顶芽。顶芽在上一年形成,翌年萌发。顶芽萌发后可使苗干的增高生长和枝条的加长生长明显加快。顶芽肥大,适时采收质量最佳,它是椿芽产量的主体。栽培上如利用种子繁殖香椿苗木进行设施反季节生产香椿嫩芽,一定要提早播种,给予适宜的环境条件,培育出健壮、优质的香椿苗木,使其当年进入设施内生产,提高产量及经济效益。

(2) 侧芽 着生在1年生新枝或1年生苗干侧部的芽称为侧芽。侧芽是在上年叶轴基部形成的芽。叶轴未脱落前称叶芽,叶轴脱落后称侧芽。由于香椿具有较强的顶端优势,通常1～3年生的苗木在顶芽不受损伤时,侧芽一般不萌发。当苗木顶芽(萌动前或萌动后)被摘除或受到抑制时,侧芽才有可能萌发形成侧枝。栽培上利用这一特性,对1年生苗木在萌动前平茬(贴近地面剪断主干),根茎部的2～4个侧芽萌发抽生新枝,并且生长极快。从中选留1个壮芽或1个枝条,可培育出1株通直整齐的苗木。

(3) 叶芽 着生在当年生枝条或1年生苗木上叶轴基部的芽称为叶芽,叶轴脱落后称为侧芽。当年播种的实生苗、平茬后的萌生苗以及当年抽生的嫩枝上,叶芽都可能萌发。萌发的多为嫩枝上部较为饱满的叶芽。自然条件下叶芽萌发较少,只有在枝干顶端受到损伤、抑制或摘除,顶端生长优势受到限制时,叶芽才能在当年萌发抽生出二次枝。为了使当年抽生的二次枝能形成粗壮的侧枝,应将饱满叶芽以上的嫩梢摘除,这样可有效地控制其生长高度。栽培上就是利用这种方法,培养1年生矮化苗木,使其便于进行设施栽培,增加侧枝数量,提高总体产量。

(4) 隐芽 着生在2年或2年以上苗木或枝条的芽称为隐芽。隐芽是叶轴脱落后第二年没有萌发而留下来的侧芽。一般情况下,隐芽很少萌发,只有在主干受到刺激(短截或回缩)时,隐芽才会萌发。栽培上利用隐芽的这一特性,可以进行矮化树的更新改造,培养出更新的苗木,以增加苗木的枝头数。

香椿的生长特性是:先萌发顶芽,顶芽长到3～5厘米时,下部的3～5个侧芽才开始萌发,若顶芽不被摘除或破坏,侧芽一般长到3～15厘米就自行封顶,不再继续生长。摘去顶芽,其下部可抽生2～4个侧枝,侧枝摘心后又能发生二次侧枝。

3. 对环境条件的要求

(1)温度 香椿产于中国,其中心乡土区是在长江流域与黄河流域之间,即年平均温度为12℃～14℃区域是香椿生长最适宜的地方。

香椿种子发芽适温为20℃～25℃,幼苗生长的温度为8℃～25℃。香椿萌发的起始温度为7℃～9℃,生长期内的最适温度在22℃以上,颜色为绛红色,外观美,纤维少,品质好。香椿对低温反应敏感,忍受能力较差。1～2年生的香椿苗木和小枝在低温干旱条件下,极易受冻而干枯。据山东省观察,1年生苗木在－13.2℃的低温下有90%干枯,2年生苗木有50%～70%干枯。香椿树随着年龄增大,抵御寒冷的能力会增强。

香椿幼苗的快速生长期在6～7月份,9月中下旬停止生长,当日平均温度降到10℃以下时,植株开始落叶,进入自然休眠。北方地区露地种植的香椿一般在10月中下旬自然落叶,转入休眠期,休眠期30～60天。香椿枝条的生长高峰期在4月份至6月中下旬和7月份至8月份。

(2)光照 香椿喜较强的光照条件。生长期间,光照强度在2万～3万勒范围内时,椿芽薹和复叶都呈红褐色,外观美,品质好。香椿也耐弱光,因而适于高密度栽培。

(3)湿度 香椿在施展期间要求水分适量,空气相对湿度为60%～70%。湿度过大,椿芽风味差。一般光照充足、日照时间长、降水量较小、昼夜温差大时,香椿芽色泽鲜艳,香味浓而较甜,品质好,所以北方的香椿品质明显优于南方的香椿。

(4)土壤条件 香椿对土壤的适应性较强,在酸性、中性及含盐量在0.15%以下的轻盐碱地上均能正常生长,但以土层深厚、土质疏松、富含有机质的砂壤土最适宜,在沙僵黑土和红胶泥地里生长较差。香椿喜肥、水,肥、水充足时,树体生长快,椿芽产量高且鲜嫩。

(二)茬口安排

1. 日光温室茬口安排 利用日光温室生产香椿芽,目前有 4 种形式。虽然栽培形式不同,但是栽培措施大体一致。

冬季只生产一茬香椿嫩芽,采收结束后撤掉前屋面薄膜进行休闲,苗木起出后转移到露地继续培养,为来年生产打基础。

香椿苗木在温室中经冬春生产,到谷雨前后结束,平茬后转移到露地继续培养,腾出的空地定植茄子、辣椒、番茄等蔬菜作物,因定植期较晚,必须先在温室或温床内播种育苗,再移到阳畦或改良阳畦育成苗。

香椿与其他蔬菜间套作栽培,在定植香椿苗时,加大行距,留出的空地在温室开始升温时定植瓜类、茄果类等喜温蔬菜。近年来,各地相继发展香椿与黄瓜、番茄或蘑菇等间作的栽培方式,以充分利用其空间和土地,提高经济效益。

利用日光温室的边角闲散地块,插空生产香椿嫩芽。如靠近门口、山墙内侧的温度较低处,或者较长后坡的下面,都可栽植香椿,不仅提高了空间、土地的利用率,而且又获得了可观的经济效益。

2. 塑料大、中棚茬口安排 塑料大、中棚是一种晚于日光温室、早于小拱棚栽培的生产设施。其保温性能远不如日光温室,一般在苗木出圃后立即定植,定植后覆盖薄膜,必要时可在畦面上扣小拱棚,或者在香椿苗圃上直接建棚。由于香椿苗木经过一定的低温条件后,生理休眠已经结束,所以栽培技术较日光温室好掌握。如采取套作栽培方式,可加大行距,冬季扣棚,提前定植香椿,香椿开始萌发时定植果菜类蔬菜,一般 3 月上中旬开始采收。

(三)品种选择

1. 红香椿 嫩芽初生时芽薹及嫩叶为棕红色,鲜亮,以后随着芽薹伸长,除芽薹顶部的 1/3～1/4 保留红色外,其余逐渐转绿,

6~10天长成商品芽。芽薹和叶柄粗壮,脆嫩多汁,香气浓郁,味甜,小叶表面有茸毛,叶背面光滑,叶轴表面淡棕红色,较长时间不褪色。该品种耐低温,较早熟,适合保护地栽培。

2. 褐香椿 嫩芽初生时芽薹及嫩叶为褐红色,鲜亮,展叶后呈褐绿色,8~12天长成商品芽。芽薹粗壮,色泽艳丽,脆嫩多汁,香气浓郁,略有苦涩味,叶大而肥厚,叶面皱缩,小叶有茸毛。叶柄、叶轴表面深红棕色,很长时间不褪色。该品种喜肥水,不耐旱,不耐低温。有些植株自然矮化,2年生只有40厘米高,很适合温室栽培,是有发展前途的品种。

3. 黑油椿 嫩芽初生时芽薹及嫩叶为紫红色,油亮。复叶下部的小叶表面墨绿色,背面褐红色,芽薹向阳面紫红色,阴面带绿色。小叶皱缩,较肥厚。嫩叶肥壮脆嫩,香味浓郁,味甜,8~13天长成,芽长10厘米即可采收。该品种生长势强,树势开张,枝条粗壮,品质极佳。

4. 薹椿 嫩芽初生时芽薹及嫩叶为淡褐色,有白色茸毛,展叶后表面黄绿色,背面微红。叶面皱缩,上有许多浅红色斑点,小叶极细,多至17~23片。芽薹和叶轴特别粗壮而长,幼芽不易木质化,其外形和质地似菜薹,故名薹椿。8~13天长成商品芽。嫩芽粗壮脆嫩,味甜,香气浓郁,略带有苦涩味,品质好,采收期长,是保护地栽培的优良品种。

5. 红芽绿香椿 嫩芽初生时芽薹及嫩叶为淡棕红色,鲜亮,5~7天后除顶端1/3~1/4为淡红色外,其他部分均变为绿色。6~10天长成商品芽,全芽体均为绿色,芽薹粗壮,鲜嫩,味甜多汁,香气较淡,品质不如红香椿。该品种发芽较早,生长旺盛,幼芽木质化缓慢,产量高,可作为设施早熟品种栽培。

利用种子繁殖香椿苗木,如净度在98%以上,发芽率在80%以上,每667平方米播种量为:撒播4千克左右,条播2.5千克左右。

（四）苗木培养

1.香椿苗木繁殖方法 香椿苗木主要有无性繁殖和有性繁殖两种方法。

(1)无性繁殖 无性繁殖主要是利用根蘖苗分株、根插和枝插等方法进行香椿苗木的繁殖。这种繁殖方法，苗木生长快，可保持亲本的优良性状，但苗木大小不等，繁殖系数较低，适用于零星栽植。

(2)有性繁殖 有性繁殖主要是利用香椿的种子进行播种，经过一系列的管理培育成的香椿苗木。这种繁殖方法最简便，苗木生长整齐，生命力强，产量高，繁殖系数大。但是苗木生长较为缓慢，播期稍迟，当年生长量不足时，很难进行设施生产，而且品质易退化，使产品香味较淡。当生产香椿芽需苗木数量很大时，只有用种子繁殖才能满足需要。

2.播种前的准备

(1)苗圃准备 选择背风向阳、光照充足、土质疏松肥沃、排灌方便的地块，最好是大田作物茬口，不宜选用种过瓜类、茄果类蔬菜及棉花的地块。每 667 平方米施入充分腐熟的优质有机肥5 000千克以上，草木灰 40～50 千克，过磷酸钙或复合肥 40 千克，深翻 30 厘米左右，并撒入 50% 多菌灵粉剂 3 千克，或硫酸亚铁 10千克，充分混匀，耙细搂平后，做成 1 米宽的畦，等待播种。

(2)种子处理 选择上一年采的种子，要求饱满，种皮颜色新鲜呈红黄色，仁呈黄白色，净度在 98% 以上，发芽率在 80% 以上。由于香椿种子种皮坚硬，外有蜡质，且含油量高，吸水时间长，干籽播种时发芽、出苗慢，易受昆虫或鸟类为害，所以播种前要进行浸种催芽，经过浸种催芽的种子比干籽播种提前 5～10 天出苗，且出苗整齐。

浸种前先搓去种子上的翅翼，然后将种子倒入 40℃～50℃的温水中，不停搅拌直至水温降到 25℃左右时，继续浸泡 12 小时，捞出种子,沥去多余的水分,放在干净的瓦盆中,或摊到能沥水的苇席上,种子厚度不宜超过 3 厘米,上面覆盖洁净的湿布,置于温度为 20℃～25℃ 的环境中催芽。催芽期间,每天要用清水冲洗 1～2 次,当种子充分膨胀,有 20%～30% 的种子露白时即可播种。播种时最好掺上细湿沙,细湿沙为种子的 2～3 倍,随后播种。

3. 播　种

(1)露地育苗播种　必须在日平均温度达 15℃ 时进行,一般在 3 月底至 4 月上中旬。如果是栽植当年苗木,一定要适期早播,以利于相对延长适宜生长期,培育健壮的苗木,同时省去苗期遮荫。利用地膜覆盖可提早播种 10 天左右,扣小拱棚的可提早 15 天左右。香椿播种不宜浇蒙头水,最好提前向畦内浇足底水,畦面见干时播种。播种时可条播,也可撒播。

①条播　在 1 米宽的平畦内按 30 厘米行距开沟,沟宽 5～6 厘米、深 2～3 厘米,将混有细湿沙的种子均匀地撒入沟中,尽量使种子间保持 3 厘米的距离,覆土 1 厘米厚,要求覆土要细、匀,最后用笤帚扫平浅沟,在畦面上覆盖薄膜,以利增温保墒。这种播种方法可通过间苗、定苗等一次育成苗,也可分苗移栽。

②撒播　由畦内起出少量土,搂平畦面后,将种子均匀地撒播在畦面上,覆土 1 厘米厚,然后在畦面覆盖薄膜,提温保墒。

气候比较温暖的地区,在 11 月下旬播种搞"土里捂"。播种后覆土起 5 厘米高的脊,以利保墒。翌年去脊保持土厚 2 厘米,这样有利于提高成苗率,早长早发,培育符合要求的大苗。

(2)保护地育苗播种　可于 2 月上中旬在温室或大棚的阳畦内播种,或于 3 月上旬在普遍阳畦内播种。苗床最好铺设人工配制的营养土,整平后浇足底水,水渗后先撒一层细土,再撒播种子,覆土 1 厘米厚,最后在畦面上覆盖地膜增温保墒,以利出苗。

4. 苗期管理

(1)露地育苗苗期管理　没覆盖地膜的苗圃,播种后到出苗前严防跑墒和土壤板结,同时适当搭棚遮荫,以防刚出土的幼苗因强光照射而灼伤。一般播后 5～7 天开始出苗,10～15 天可齐苗,干籽直播的一般 20 天左右出苗。播种后畦面覆盖地膜的苗床,在幼苗出土时须破膜,并扶苗出膜。为省工省力,可按苗幅宽度割下一条薄膜,把留在行间的膜用土压住,形成条状开口进行放苗。

香椿幼苗出土后,若土壤干燥,可 2～3 天喷 1 次水,干旱天气,在 2～3 片叶时在行间开沟浇小水,切忌大水漫灌。雨后及时排水,以防幼苗感染根腐病。表土见干时中耕除草,并向苗根处培土 0.5 厘米高,促进不定根的发生。出苗过密时结合除草进行间苗,保持苗距 3 厘米,以后根据幼苗的长势适量进行第二次间苗,苗距 5～6 厘米。为了促进幼苗迅速生长,在 2～3 片叶时,结合苗床喷水可适量喷施 0.1%～0.2% 尿素。当幼苗具有 4～5 片叶、株高达 10 厘米左右时,条播的可按 20 厘米株距定苗,撒播的要移植,移植时行距 30 厘米,株距 20 厘米。由于培育香椿苗不容易,定苗时应把间掉的苗另选地块移栽,应带宿土不伤根,以保成活。间苗时用小铲挖出,边挖边栽,栽完苗后立即浇水,水量要足。移植或栽苗要在阴天或傍晚进行,以利成活。

定苗或移植缓苗后,要经常中耕除草、浇水,做到地面无杂草,地下不缺水,保持土壤见干见湿,雨后及时排除积水。处暑以后控水促苗,加速苗木的木质化。因香椿幼苗的快速生长期在 6 月中旬至 8 月上中旬,这一时期是培育壮苗的关键时期,除了追施尿素或硫酸铵外,还可叶面喷肥。追肥应少而勤,每次每 667 平方米追施尿素 10 千克或硫酸铵 15 千克,叶面喷肥宜选用尿素,浓度为 0.5%～1%,并适量追施磷、钾肥。8 月中下旬停止追氮肥,着重增施磷、钾肥,以加速苗木枝条的木质化,并形成饱满的顶芽。如果此时肥水管理不当,枝条旺长或顶芽萌发,所萌发的幼嫩枝条遇到低温很容易被冻伤、抽干。

(2) 保护地育苗苗期管理 播种后至出苗前密闭保温,苗床白天温度保持 25℃ 左右。如果苗床温度低,可在畦面上扣小拱棚,夜间盖草帘保温,白天揭帘透光增温,使温度保持在 25℃ 左右。

5～6 天后开始出苗,撤掉地膜。齐苗后适当降温,白天温度保持在 20℃～23℃,夜间 15℃左右。1～2 片叶时进行间苗,同时进行中耕除草。3～4 片叶时分苗,分苗前苗床先浇水,带土起苗,按行距 10～12 厘米、株距 10 厘米栽苗,培土到原土印痕处,浇足移栽水,分苗后适当提高温度,保持 25℃左右,以利缓苗。

当幼苗具有 7～8 片叶或株高 20 厘米左右时,可将幼苗栽植到苗圃内。栽植时间不宜过晚,否则不利于缓苗。为了使苗木粗壮,不受病虫为害,除了选择良好的地块外,还必须施入优质农家肥 5 000 千克,复合肥 20 千克,同时撒入用 50%辛硫磷乳油 150 倍液制成的毒土,充分混匀后做成平畦,按行距 30～40 厘米、株距 25～30 厘米栽苗,栽苗后及时浇水,培土到原土印痕上 3 厘米处。2～3 天浇 1 次缓苗水,缓苗后的管理同于露地育苗移栽后的管理。

5. 苗木的矮化处理 为了便于香椿苗木进入棚室栽培,增加侧枝数量并形成饱满的顶芽,对香椿苗木进行矮化处理是棚室栽培香椿的一项关键技术措施。香椿苗木经过矮化处理,加长生长受到抑制,加粗生长得以增强,因此容易形成粗壮的植株。

处理时间,多年生苗木从 7 月下旬开始,当年生苗木(高 50 厘米左右)从 7 月中下旬开始。目前采用化控技术效果较好,即用 15%的多效唑可湿性粉剂 200～400 倍液,每 10～15 天喷洒叶面 1 次,连喷 2～3 次,处理后不仅使苗木矮化,抑制新梢长度和副梢的抽生,而且还可增强叶片的功能,促进芽的分化,提高芽的质量。

6. 优良苗木的标准 香椿顶芽的生长主要是利用树体内贮存的养分。在设施内栽培,要想获得优质高产,培养健壮的苗木是关键。其标准是:当年生苗木,株高 0.6～1 米,苗干直径 1 厘米以上;多年生苗木,株高 1～1.5 米,苗干直径 1.5 厘米以上。苗木组织充实,顶芽饱满,根系发达,无病虫害和冻害等。

(五)定 植

1.定植前的苗木处理 冬季日光温室生产香椿芽,必须打破长期在露地栽培发育的规律,即打破香椿苗木的自然休眠,使其提前萌发生长。它与大中棚香椿生产不同,对其苗木要进行低温处理。由于香椿不耐霜冻,1~2年生的香椿苗木耐低温的能力更弱,当气温降到-13℃时就要受冻,造成顶芽、枝干枯干,表层冻坏,所以必须按时出圃香椿苗木。一般在当地初霜到来之前,苗木已落叶且养分大部分回流到茎和芽里时,就要抓紧起苗。一般山东在10月下旬至11月初起苗,山西中部在10月中下旬起苗,河北省衡水地区在11月中旬起苗。

为了防止天气反常,一旦骤然降温来不及起苗而受冻,可以在10月中下旬喷洒700~800毫克/千克乙烯利,以加速养分回流,加快落叶,提早进入自然休眠。起苗时尽量多留根系,保留根长20厘米以上。

香椿苗木落叶表明已进入自然休眠。自然休眠期30~60天,起苗后还有一段时间的自然休眠未完成。如果定植前不进行低温处理,定植后会出现出芽头短、叶片小、纤维多、香味不浓,并有苦涩味,品质差。所以定植前的低温处理,是冬季日光温室香椿生产过程中完成自然休眠的一项重要技术环节。低温处理方法有2种:一种方法是假植,即选一背风向阳处,挖0.5米深,1~1.5米宽的假植沟,将整理后的苗头斜摆在沟内,梢部朝南或朝东,根部培土并浇水。如突然降温,可用柴草或秫秸覆盖梢部。保持10℃以下的自然低温20天。另一种方法是将苗木起出直接定植到日光温室中,覆盖薄膜和草苫,直到结束自然休眠才可揭苫,室内温度保持-5℃~-6℃,最高不超过10℃,使其既不受冻,又能顺利完成自然休眠。

2.定植 定植前每667平方米施入充分腐熟的优质有机肥5 000千克,过磷酸钙100千克,撒施于地面,深翻30厘米,混匀土粪,耙细搂平,准备栽苗。

(1)日光温室香椿定植　在当地日平均温度降到 3℃～5℃时,即可定植。沿南北方向开一条深 30 厘米的沟,沟宽 20 厘米,按 5～6 厘米株距栽苗。栽苗时,苗木根系要保持舒展,但可交叉重叠,栽完一行后,取下一行开沟挖出来的土进行培土,然后浇透水,依次栽第二行、第三行等。同时尽量将小苗栽于南侧,大苗栽于北侧,形成南低北高的一条斜线,以利于生长和受光。一般每隔 1.5 米宽留一畦埂,便于浇水和其他管理。全部栽完后,在自然条件下经过 10 余天,使其继续完成自然休眠,而后再扣棚。

一般当年生苗木,每平方米栽 100～150 株;多年生苗木,每平方米栽 80～120 株。

(2)塑料大、中棚香椿定植　利用塑料大、中棚生产香椿,在苗木出圃后立即定植,定植方法同日光温室,只是中间稍高,两侧稍低。定植后浇足定植水,覆盖普通薄膜,密闭不通风。

(六)定植后的管理

1.日光温室香椿定植后的管理

(1)温度管理　扣棚后 10～15 天为缓苗期。通常日光温室覆膜后室内温度开始回升,但是由于日光温室覆膜晚,土壤中的热量已散失很多,地温已经很低,接近于地面封冻。因此覆膜后主要以提高地温为主。要想尽快提高地温,必须着力提高气温,以气温促地温的回升,为香椿苗木发根及根系的活动创造良好的环境条件。经过 1 个多月,椿芽开始萌动。一般白天温度保持 15℃～25℃,夜间 10℃,最低不低于 5℃,地温在 8℃以上。采芽期间,气温以 18℃～25℃为最佳。温度过低,椿芽萌动缓慢;温度过高,椿芽生长虽快,但纤维含量多,着色不良。据观察,日平均温度为 25℃时,1 天嫩芽可长 3～4 厘米,15℃以下长 1 厘米,10℃时只长 0.4 厘米。由此可见,椿芽能否上市,主要决定于温度。

调节温度的方法很多,揭盖草苫的早晚、室内架设小拱棚、简易炉火加温、盖纸被或双层草苫、通风时间及通风量的大小等,都能使温度控制在适宜香椿生长的范围内。

(2)水肥管理 定植后缓苗前应保持较高的土壤湿度和空气湿度,以后酌情浇水。缓苗后小水勤浇,保持土壤干湿适宜,并进行中耕松土,提高土壤的通透性,以利根系发育。椿芽萌动后,适当降低空气湿度,以免降低室温,推迟椿芽萌动。湿度过大时,可在晴天中午通风排湿;湿度过小时,可选晴暖天气的中午用喷雾器喷水,以防椿芽萎缩。采收期间,更要及时浇水,促进椿芽生长。一般第一茬椿芽在生长期间不追肥,待其采收后,第二茬椿芽长出时追施化肥。每 667 平方米可追施 15～20 千克尿素,或喷施0.1％的尿素。以后每采收 1 次,结合浇水喷 1 次叶面肥,以促进侧芽的萌发生长。只要肥水充足,椿芽就会长得肥大、鲜嫩、色泽艳丽、单芽较重。

(3)光照管理 香椿喜较强的光照强度。由于严冬季节光照强度较低,必须选用新的无滴膜,草苫尽量早揭晚盖,及时清除薄膜表面的灰尘、草屑等,以增加更多的太阳光。天气渐暖后,光照过强时,中午可临时放苫遮光,草苫隔一放一,保持适当的光照强度。

2.塑料大、中棚香椿定植后的管理 利用塑料大、中棚生产香椿,主要以早上市为目的。为此在管理上,尽量以加速生长为目标,争取提早进入采收期。

香椿苗木定植后,棚内白天虽然温度很高,但是夜间温度很低,只比外界温度高 2℃～3℃,有时与外界温度相同。所以,在冬季香椿能安全越冬地区,不需增加其他措施,翌年香椿返青早,生长快;在冬季不能安全越冬的地区,在地表封冻时在畦面上扣小拱棚保温,防止发生冻害,保证安全越冬。

由于塑料大、中棚覆膜早,特别是北方冬季土壤封冻地区,冻土层相对较浅。春天气温回升后,冻土层不断融化,土壤完全化冻时间可比露地提前 1 个月左右。待地温稳定达到 8℃时,香椿的自然休眠已经结束,根系开始活动,白天棚温超过 25℃时通风,降到 15℃～18℃时闭风。其他方面的管理可参照日光温室香椿定植后的管理。

(七)采收与包装

1.采 收

(1)采收适期 香椿以嫩芽为产品,适时采收极为重要。采收早了,椿芽过短,品质未达到最佳状态,同时还会降低产量;采收晚了,品质也会下降,特别是顶芽较为名贵,品质达不到上乘标准,影响销售价格及侧芽发育。一般在椿芽长到 15～20 厘米、着色良好时开始采收。

(2)采收方法 香椿芽的采收重点是头茬芽和二茬芽。头茬芽的产量约占总产量的 1/3,第三茬以后的椿芽,不但产量低,而且品质风味也明显下降。

香椿芽比较娇贵,采收宜在早、晚或遮荫下进行,保持产品鲜嫩。采下的芽子捆把后立栽到浅水盆里浸 12 小时,以防萎蔫。采收时可根据不同部位而采用不同的采法。头茬芽,即着生在枝条顶端的芽,一般呈玉兰花状,柄端基部有托叶,品质和色泽俱佳,是椿芽中的上品。当其长到 12～15 厘米时整朵采下,为了不伤害枝芽,最好用剪刀剪下或用快刀片削下。二茬芽,即枝头芽采收后受到刺激萌发出来的侧芽、隐芽。当其长到 20 厘米左右时采收,但要在基部留 2～3 片叶。到了后期要保留 1/4 的芽不采,以制造养分恢复树势,为以后椿芽的生产打基础。

日光温室里椿芽萌发比较一致,每隔 7～10 天采收 1 次,共采收 4～5 次。但由于芽子萌发不一致,一般最快 4～5 天采收 1 次。

香椿芽的产量,与苗木质量、定植密度、芽的数量、芽的饱满程度及环境条件的调控是否适宜有关。一般每平方米的平均产量在 500～750 克,高者可达 3 000～4 000 克。

2.包装 香椿芽在春节前后开始上市,属于稀罕的上乘珍品,价格昂贵,商品化程度应该特别高。所以必须有精致的包装,醒目的说明,才能受到高消费阶层及高级宾馆、饭店的欢迎。

新采下的椿芽要仔细整理,将大小、颜色接近的捆成一把,每把 50～100 克,装入精制并印有说明书的塑料袋内,封口,每袋1～2 把。塑料袋包装的背面要适当打小孔,既防止水分过多的蒸发,又可保持一定的呼吸强度。如采后不能或不急于上市,可在窖里或室内的木架上单摆一层(切忌堆放),温度保持 0℃～10℃,可有效存放 10 天左右。

(八)采收结束后的苗木处理

利用种子繁殖的香椿苗木,经过冬春一段时间的生产,树体内的养分已经基本耗尽。虽然其根系再生能力强,但地上部再萌发新枝条较为困难。因此需要适时平茬。以发挥根系的作用,培养隐芽苗,作为下一年生产的苗木。

香椿芽采收结束后,逐渐去掉薄膜,加强通风,使其慢慢适应外界环境后进行平茬。平茬方法:1 年生苗木留干 10 厘米左右,2 年生以上苗木留干 15～25 厘米。平茬后小心起出苗木,尽量少伤根系。按 40 厘米×25 厘米的密度将苗栽植在露地的育苗畦上,育苗畦长 8～10 米、宽 1.2 米。栽植时苗木根部可蘸一下由磷肥、水及土配制成的泥浆水(磷肥:水:土=1:30:8),以利于成活。栽后立即浇水,以后保持土壤见干见湿,及时中耕松土,防止草荒。

隐芽萌发后,加强肥水管理,促使隐芽迅速生长,从中选一健壮枝培养成新的苗木,其余全部除掉。并适时追肥浇水,防治病虫害等,其方法同苗木培养部分。

(九)病虫害防治

1.香椿白粉病

【症　状】 叶片受侵后,初期产生不明显的褪绿病斑,不规则,逐渐在叶背产生白色粉状物。秋季,叶背病斑上又产生初为黄褐色,后变黑色的小颗粒。此病会引起叶枯和早期落叶,影响树势及椿芽产量。

【发病条件】 病原菌为榛球针壳菌,以闭囊壳在病叶上越冬,主要借风、雨传播,从气孔侵入叶片进行侵染。在氮肥过多、生长过嫩、光照条件不良等情况下易发病。

【防治方法】 及时清理病落叶,焚烧或深埋;合理灌溉,氮、磷、钾肥配合使用;发病初期,喷15%粉锈宁600～800倍液,或0.2～0.3波美度石硫合剂,或1:1:200倍波尔多液,或50%退菌特可湿性粉剂800～1000倍液,每隔15天左右喷1次,连喷2～3次。

2. 香椿叶锈病

【症　状】 主要危害叶片。叶片感病后于叶片两面产生黄色粉状物,散生或群生,严重时扩至全叶,后期有暗褐色小点。植株感病后生长缓慢,严重时引起落叶,降低产量和品质。

【发病条件】 病原菌为三孢柄锈菌,主要借气流传播,可多次侵染,扩展快。在湿度大时容易发病。露地培养苗木阶段,常从夏初至晚秋发病。

【防治方法】 扫除落叶并焚烧,减少初染源;发病前,喷5波美度石硫合剂;发病初期,喷15%粉锈宁可湿性粉剂600倍液,或0.2～0.3波美度石硫合剂,每15天喷1次。

3. 香椿根腐病(立枯病)

【症　状】 香椿根腐病在幼苗期表现为芽腐、猝倒和立枯。大苗上表现为根茎和叶片腐烂。患处皮层为赤褐色,继而变成黑褐色,最后腐烂。病株生长迟缓,中期落叶,重者导致死亡。

【发病条件】 病原菌为丝核菌,以无性世代繁殖为主,有性世代只在高温、高温条件下偶有发生。病原菌在土壤中生存、传播和危害。在夏秋阴雨天、排水不良的条件下容易发病。

【防治方法】 选择排水良好、土质肥沃的高燥地块作苗圃地。加强肥水管理,适时间苗,培育壮苗。发现病株及时拔除,用0.5～

1千克石灰处理根穴,或用50%代森锌可湿性粉剂800倍液灌根,每株3～4升。出圃的苗木用5%石灰水或0.5%高锰酸钾浸根15～20分钟,用清水冲净后再定植。植株感病后用1%波尔多液,或50%代森锌1000倍液喷洒根茎处。

4. 香椿干枯病

【症　状】　多发生于幼树主干,植株感病后,苗干树皮上也现棱形水渍状湿腐病斑,继而扩大,不规则。病斑中部树皮裂开,溢出树胶。当病斑环绕主干1周时,上部树梢枯死。

【防治方法】　培养苗木期间,控制氮肥施用量,增施磷、钾肥,使苗木组织充实,防止受冻,树干涂白,培育壮苗;发病时,用70%甲基托布津可湿性粉剂2000倍液喷洒,剥除患处树皮,涂抹10%碱水或氯化锌甘油合剂。

5. 云斑天牛

【为害症状】　云斑天牛属鞘翅目天牛科。食性较杂,除为害香椿外,还为害核桃、板栗、泡桐等。幼虫在皮层及木质部钻蛀隧道,被害树木大部枯死,是毁灭性害虫。

【防治方法】　人工除卵,或用药剂毒杀初孵幼虫,或清除洞内木屑,用铁钩杀死洞中幼虫。用50%敌敌畏乳剂100倍液,或40%氧化乐果乳剂400倍液注入排粪孔中,黄泥封口;或用磷化铝片或磷化锌毒签塞入虫孔,杀虫率很高。

6. 香椿蛀斑螟

【为害症状】　香椿蛀斑螟属鳞翅目,螟蛾科。是专食性害虫,为害香椿的枝干,幼干受害后整株死亡,大树枝条被害后造成枯枝。

【防治方法】　加强管理,增强树势。用磷化铝塞入新鲜排粪孔内,黄泥封口,也可用棉球蘸上敌敌畏或乐果乳剂塞入虫孔,用黄泥封口。

7. 香椿毛虫

【为害症状】　香椿毛虫以幼虫为害叶片。多发生在6～8月份。初龄幼虫咬食叶肉,残留叶脉,受害叶片呈网状;大龄幼虫咬食后只留下主脉和叶柄。

香椿毛虫在6月上旬成虫羽化、交配后于背面产卵,多数聚块,少数散产。孵化出的幼虫有群集性,白天集中在树下背阴处,夜间上树在叶背面取食。

【防治方法】 用90%晶体敌百虫1 000～1 200倍液喷洒,或50%敌敌畏乳油1 000倍喷洒,也可用菊酯类农药防治。

8.红蜘蛛

【为害症状】 红蜘蛛具有食性杂、繁殖力强、传播速度快等特点,能为害多种蔬菜。5月下旬至7月初为害严重。红蜘蛛常聚集叶背面吸食汁液,受害叶片开始呈白色小斑点,后褪绿变为黄白色,严重时变锈褐色似火烧,造成早落叶,植株死亡。

【防治方法】 清除苗圃周围杂草,减少虫源。点片发生时及时喷药,可喷73%克螨特乳油1 000倍液,或20%复方浏阳霉素乳油1 000倍液,或50%三环锡可湿性粉剂1 000～1 500倍液,每隔7天左右喷1次,连续喷洒2～3次。

二、刺 龙 芽

刺龙芽又名刺嫩芽,为五加科楤木属植物。野生分布于中国河北省东北部,辽宁省东部及南部山区,吉林省东部及长白山区,黑龙江省东部山区、完达山、小兴安岭及山东省青岛市崂山,生于林缘或林中,刺龙芽为有刺灌木或小乔木,耐寒性极强,冬季落叶进入休眠,翌年春气温回升后,枝条顶端的芽可萌发生长。其嫩芽营养丰富,风味清香独特,既是绿色食品,又是山野菜中的珍品。在国内外市场上颇受青睐,成为走俏商品。

近年来,随着人们消费水平的日益提高,广大消费者对名、优、特菜的要求日益迫切,因此利用设施人工栽培刺龙芽,尤其春节期间采收嫩芽别有风味,更是备受欢迎,发展前景十分广阔。

(一)刺龙芽栽培的生物学基础

1. 形态特征 刺龙芽株高 1.5~6 米,树皮灰色,密生坚刺,老时逐渐脱落,仅留刺茎。小枝淡黄色,枝上着生细刺。

叶片肥大,互生,为 2~3 回羽状复叶,连叶柄可长达 40~80 厘米,总叶轴和羽片轴上也有刺。羽片 7~11 片,基部另有一对小叶。小叶卵形至椭圆状卵形,长 5~15 厘米、宽 2.5~8 厘米,先端渐尖,基部圆至心脏形,或楔形。边缘疏生锯齿,上面绿色,下面灰绿色。

伞形花序聚生为伞房状圆锥花序,花轴短,长 2.5 厘米,花白色,花萼杯状,边缘有 5 齿,花 5 瓣,雄蕊 5 枚,子房下位,5 室,花柱 5,基部分离或合生。

果实圆球形,直径 4 毫米,成熟时黑色,干时具 5 棱。

2. 对环境条件的要求

(1)温度 刺龙芽是耐寒性强、适应范围广的野生落叶树木。自然条件下,春季土壤化冻后萌发生长,春夏之际生长迅速茂盛,夏季的高温也能适应,并能正常开花结果。当日平均温度降到 10℃ 以下时,植株开始落叶,进入自然休眠,休眠期间耐寒力极强。

(2)水分 刺龙芽根系强大,入土深,分布范围广,吸收能力极强,所以耐干旱。但是土壤水分充足时生长迅速。刺龙芽不耐涝,生长期间不能积水,否则生长不良。利用设施进行反季节栽培,可以根据植株各个生长阶段来调节土壤水分,满足其对水分的要求。

(3)光照 刺龙芽属于长日照植物,对光照的适应性较强。由于野生的刺龙芽丛生于山上,即使比较茂密也能正常生长发育,所以它较耐弱光,但在强光下生长发育也不受影响。

(4)土壤营养 刺龙芽对土壤的适应性极强,但以土质疏松、肥沃的中性或微酸性土壤生长最宜,盐碱地栽培刺龙芽,应增施农家肥料来改良土壤,降低盐分含量。由于刺龙芽的生长主要依靠树体内贮存的养分,生长期间一般不需追肥,所以只要定植前基肥充足即可。

（二）茬口安排

1. 日光温室茬口安排　利用日光温室生产刺龙芽,主要是越冬栽培。一般在刺龙芽苗木落叶后、土壤封冻前定植。由于定植时刺龙芽苗木的自然休眠还没有结束,所以定植后的苗木处于露地条件下,待其自然休眠结束后再覆盖塑料薄膜。或者在土壤封冻后覆盖薄膜,之后立即盖草苫,白天不见阳光,使苗木处于低温条件下继续休眠,待其休眠结束后,白天揭开草苫提高室温。温度逐渐回升后加强管理,于春节期间和早春采收嫩芽。采收结束后苗木转入露地培养,腾出的空地定植果菜类蔬菜。

2. 塑料大、中棚茬口安排　塑料大、中棚生产刺龙芽,主要是春季提早上市。刺龙芽耐寒性强,当年培养的苗木可在落叶后定植,也可在育苗时直接移植到大、中棚地块上,待春天覆盖塑料薄膜。采收2茬后再转移露地培养苗木,腾出的空地可定植茄果类蔬菜或西瓜、甜瓜等,以提高设施利用率及经济效益。

（三）苗木培养

1. 刺龙芽的繁殖　刺龙芽苗木有两种繁殖方法,即无性繁殖和有性繁殖。无性繁殖主要有根蘖苗繁殖、根段扦插。直接挖取根蘖苗生产等。但是如果进行大面积生产,不仅会破坏野生资源,而且数量有限,所以应采取有性繁殖方法培育苗木。有性繁殖主要是用种子在苗圃地上播种育苗,最好利用地膜覆盖,也可在阳畦内提早播种,待外界温度满足其生长发育要求时,可将苗木移栽露地继续培养苗木。如管理精细,可培育成大苗、壮苗,当年就能进入棚室生产。

2. 苗圃准备　选择背风向阳、耕层深厚、肥沃疏松、排灌条件良好的中性或微酸性砂壤土,结合深翻,每667平方米施入充分腐熟的优质农家肥5 000千克以上,磷酸二铵20～30千克,深翻细耙,做 10 米长、1 米宽、10 厘米高的苗床,搂平畦面,踩实畦埂。为了防止杂草丛生,造成苗期管理不便,可在畦面上喷洒化学除草剂。常用除草剂有:25%除草醚,每 667 平方米 1 千克;或 35%除草醚乳油,每 667 平方米 500 克;或 40%除草醚乳粉,每 667 平方米 500～750 克。使用时加水 50～75 升,喷洒时力求均匀。然后覆盖薄膜,提高地温。

3. 种子处理 刺龙芽的种子 9 月下旬开始成熟,10 月下旬随着养分的回流,植株落叶进入休眠状态,果实也脱落,种子在果实中休眠。利用设施栽培刺龙芽,苗木培养需要提早播种,而种子的萌发必须经过一定的低温,待休眠解除后才能播种。所以需要创造接近能通过休眠的低温条件,使其正常发芽。

将采集的成熟果实,晾干,搓去果皮、果肉,除去秕粒及杂物,到 11 月中下旬,用 25℃～30℃的水浸泡种子 4～6 小时,捞出沥干水分,用种子体积 5 倍的细沙与种子掺和均匀。细沙要从河床捞取,过筛。如果沙中含有泥土,可用清水投洗干净。然后将拌好细沙的种子装入木箱,保持 60%～70%的湿度,0℃～5℃的温度每半个月翻动 1 次,直到翌年 1 月上中旬,移到－5℃～0℃的地方进行冷冻处理,直到播种为止。

4. 播 种

(1)地膜覆盖播种 当 10 厘米地温达到 12℃时,揭开地膜,踩实床面,浇足底水,水渗后将种子均匀撒在床面上,上盖 0.5 厘米厚的细沙或细土,或者每畦开 5 条浅沟,将种子撒于沟内,搂平畦面。最后盖好地膜,以保持苗床温、湿度,促进出苗。每 667 平方米播种量为 0.5～1 千克。

(2)阳畦播种 提前覆盖薄膜烤地,夜间盖草苫防寒。在已做好的畦面上,浇足底水,水渗后撒种子,上盖 0.5 厘米厚的细沙,然后覆盖薄膜,促进出苗。

5. 苗期管理

(1)地膜覆盖苗期管理 幼苗出齐后,如果温度过高,湿度过大,可在地膜上打小孔通风降温排湿,切不可突然揭掉地膜,同时还要防止日灼,以后逐渐增加膜孔。2片真叶展开时,撤下地膜立即浇水。3片真叶展开时,可直接将苗移植到露地苗床。

移植时应选择南风的晴天进行。移苗畦宽1～1.2米、长8～10米,踩实畦埂,整平畦面,畦面上铺2厘米厚的优质农家肥,翻15厘米深,耙细搂平畦面,按20厘米行距开沟,沟内浇水,水渗后按20厘米株距栽苗,栽后覆土。移植前1天向苗床浇水,便于起苗。移植时最好将大小一致的苗栽入同一畦内,边移植边起苗,以提高成活率。

移苗后,土壤要保持见干见湿,并及时中耕松土,促进根系发育。始终保持秧苗既不受抑制,又不徒长。7月下旬开始追肥,每667平方米追施尿素10～20千克,最好结合浇水进行。多雨季节及时排水,浇水或雨后,土壤干湿适宜时进行中耕。8月中旬,为促进苗木木质化,尽量控制水分,增施磷、钾肥,每667平方米追施磷酸二铵20千克,硫酸钾10千克。

(2)阳畦育苗苗期管理 出苗前密闭保温,在高温、高湿条件下促进幼苗出土。出土后降低温度,防止幼苗徒长。白天温度保持20℃～25℃,超过25℃时通风,夜间温度平均为15℃左右,尽量保持10℃左右的昼夜温差。通风时从南侧支口通风,以后逐渐加大通风口。

由于阳畦育苗播种较早,具有3片真叶时,晚霜尚未过去,移植后仍需用小拱棚覆盖一段时间,以防霜冻。移植方法及移植后的管理同于地膜覆盖育苗。当外界温度已适应其生长时,利用早、晚温度较低时或阴雨天撤掉小拱棚。

(四)定 植

1.整地施基肥 每667平方米撒施充分腐熟的优质农家肥3 000～5 000千克,深翻细耙,整平后做垄或做畦。垄作时,行距50～60厘米;畦作时,畦宽1米,长依设施宽度而定,踩实畦埂,搂平畦面,准备定植。

2.定植方法

(1)日光温室定植 日光温室冬季生产刺龙芽,需要在苗木落叶后,土壤封冻前定植。定植过早,苗木根系容易损伤;定植过晚,地面封冻,起苗困难,也不便于作业。从育苗畦上起出苗木,防止伤根,按苗木植株大小分成两级或三级,同一级苗木栽在一起。采用垄作栽培,按40～50厘米株距栽苗,培土踩实,浇足定植水,水渗后封埯,每667平方米栽苗木2 200～3 000株。

(2)塑料大、中棚定植 入冬前建好大棚骨架,不覆盖薄膜。苗木落叶后、土壤封冻前,即可起苗定植。塑料中棚定植期适当晚于塑料大棚。每畦开2条定植沟,按株距40～50厘米栽植苗木,培土后浇足定植水,水渗后覆土。每667平方米栽苗木2 600～3 300株。

(五)定植后的管理

1.日光温室定植后的管理 刺龙芽定植后不覆盖薄膜,尽量保持与露地相接近的温度条件,使其顺利完成自然休眠,或者在地面封冻后再覆盖薄膜,然后立即盖上草苫,白天不揭开,使刺龙芽在室内的低温下继续休眠。由于刺龙芽进行人工栽培刚刚起步,究竟自然休眠需要多长时间,完成多少低温的需冷量,目前尚不十分清楚。近年来的生产实践发现,在进入休眠60天后开始升温,即在春节前50天左右开始升温,春节期间可以采收产品。所以在春节前50天左右覆盖薄膜,已覆盖薄膜的,要揭开草苫见光。

开始升温时,新覆盖薄膜的温室,土壤中的热量已大部分散失,处于封冻状态,但是由于覆膜后,白天密闭,夜间覆盖草苫保温,尽量提高气温以促进地温的回升。经过一段时间的升温,土壤已化冻,当室内低温最低达12℃以上时,刺龙芽开始萌发生长。在温度调节上,按照春季刺龙芽生长最适宜的气温进行控制。白天温度为25℃左右,超过25℃时通风,中午最高温度不超过

30℃,午后降到 25℃ 以下时闭风,15℃ 时放下草苫。夜间平均温度保持 15℃ 左右,前半夜保持 15℃ 以上,后半夜 10℃ 左右,凌晨最低温度在 8℃ 以上,短时间低于 8℃ 对其影响不大。

刺龙芽在生长期间一般不需追肥浇水,只有发现土壤水分不足时,选择坏天气刚过,好天气刚开始的上午浇水。浇水后加强通风,防止空气湿度过大。

2. 塑料大、中棚定植后的管理　利用塑料大、中棚栽培刺龙芽,薄膜的覆盖时间没有日光温室那样严格。因为刺龙芽经过寒冷的冬季,自然休眠已经结束,只要提高棚内温度,土壤化冻,地温达 10℃ 以上时就能萌发生长。但是塑料大、中棚没有外保温设备,晴天光照充足时升温很快,一旦出现灾害性天气,如寒流强降温,棚内就会出现霜冻。虽然刺龙芽的耐寒性强,但是刚萌发的嫩芽,没经受过低温炼苗,突然遇到霜冻,即使不受冻害,也要影响其正常生长。所以覆盖薄膜的时间应根据历年大、中棚春季温度的变化规律,棚内气温不再降到 0℃ 以下时,时间可向前推算 30 天左右覆盖薄膜较为适宜。

塑料大、中棚覆膜前,地面如有积雪,应彻底清除,以防覆膜后温度升高时,积雪融化后造成土壤湿度过大、地温过低,影响植株生长。

塑料大、中棚覆盖薄膜后,密闭不通风,尽快提高气温以促地温的升高,使土壤很快化冻。当地温稳定在 10℃ 以上时,刺龙芽的根系开始活动,经 1 个月左右,刺龙芽的嫩芽开始萌发。这时的温度管理,尽量创造与自然界相近的条件,白天尽量早通风,避免棚内温度突然升高。当太阳升起、棚内温度开始升高时,大棚可在两侧扒缝通风,中棚从背风一侧支起通风口通风,使棚内的温度与外界温度同步升高,还可降低空气湿度。下午气温降到 20℃ 左右时闭风,尽量使棚内有较多的热量,以免夜间降温过快。

在水分管理上,比日光温室栽培需水量大,必须根据土壤墒情和植株长势进行浇水。塑料大、中棚在密闭条件下,土壤深层的水分会不断通过毛细管向表层运动,有时深层土壤水分已经不足,地表仍比较潮湿,给管理人员造成不缺水的假象。尤其是刺龙芽的根系较深,土壤深层水分不足,会给生长带来不良的影响。所以应经常检查20厘米以下土层的含水量,水分不足时及时浇水,保持土壤见干见湿。

土壤化冻后进行中耕,一般萌芽前不浇水。浇水后适时浅中耕,为刺龙芽的生长创造良好的土壤条件。

(六)采收与包装

1.日光温室刺龙芽的采收 日光温室栽培刺龙芽,在春节前50天覆盖塑料薄膜,温度逐渐升高。冬季在阴(雪)天较少、光照充足的条件下,升温45天左右,刺龙芽枝条顶端的嫩芽即可采收,采收时以10～15厘米、叶片尚未展开为宜。

刺龙芽一般在早晨温度低、空气湿度大时,提早揭开草苫立即采收。此时采收不但产品鲜嫩,而且不易萎蔫。采收的嫩芽应进行整理、挑选,将长短一致的按每把100～150克捆在一起,然后装入扎有小孔的小塑料袋内,既可防止水分的蒸发,又可保持一定的呼吸强度,装在四周衬有牛皮纸的筐中或纸箱中上市。一般采收2茬,销售价格是普通蔬菜的10倍以上。

2.塑料大、中棚刺龙芽的采收 利用塑料大、中棚早春生产刺龙芽,由于苗木自然休眠已经完成,温、光条件逐渐好转,所以萌发早,生长快。一般在升温后25～30天即可达到采收标准。采收宜在早晨日出前进行。包装与冬季采收相同。上市时已不再出现0℃以下的气温,所以只将嫩芽装入塑料袋中,装筐上市。一般采收2茬结束生产。

(七)采收后的苗木处理

刺龙芽的嫩芽萌发,主要依靠培养苗木过程中树体内贮存的养分。不论日光温室进行冬季生产,还是塑料大、中棚早春栽培,采收 2 茬嫩芽后,苗木中的养分已消耗殆尽。所以采收结束后,要逐渐撤掉覆盖物进行通风炼苗,然后平茬,恢复生长,继续培养苗木,为下一年生产打基础。

一般在距离地面 10 厘米左右剪断,挖出后栽到露地的育苗畦内。育苗畦长 8~10 米、宽 1.2 米,每畦撒施充分腐熟的有机肥50 千克,深翻、耙平,每畦开 3 条沟,按株距 20~25 厘米栽植,培土,浇足定植水,促进其萌发生长。从萌发的根蘖苗中选一壮枝,培养成刺龙芽苗木,其他幼芽(或枝)抹去。其他管理同苗木培养部分。

三、菜豆、豇豆

菜豆、豇豆均为豆科 1~2 年生草本植物,以嫩荚为产品,营养比较丰富,但是产量不高,过去很少进行反季节栽培。近年来随着国民经济发展,人民生活水平提高,对蔬菜的需求由数量型向质量型转变,豆类蔬菜的季节差价趋向显著,北方广大地区豆类蔬菜的反季节栽培逐渐发展起来。

(一)菜豆、豇豆栽培的生物学基础

1. 形态特征

(1)根 菜豆和豇豆根系比较强大,但再生能力弱,栽培宜直播或护根育苗移栽。菜豆根系根瘤多,豇豆根瘤形成较晚,固氮能力也较强。

(2)茎 分为无限生长型(蔓生型)和有限生长型(矮生型)两种类型,蔓生种的生长点为叶芽,环境条件适宜时,茎蔓可伸长达2~3 米,50~60 节,茎蔓呈左旋缠绕。菜豆很少发生侧枝,豇豆分枝力强。矮生种茎的顶芽是花芽,不再向上生长,叶腋发生侧枝,侧枝顶部又形成花芽,植株矮小呈丛状,栽培不需立支架。

(3)叶 菜豆、豇豆的叶分为子叶、初生真叶和复叶。子叶是种子发芽期的营养贮存库,子叶展平后,长出一对初生真叶,第三片真叶以后均为三出复叶,有长叶轴,基部有一对小托叶。菜豆叶面和叶柄均有芽毛。豇豆叶片表面光滑,具有较厚的蜡质。

(4) 花 菜豆的花着生于茎顶或叶腋,总状花序,每个花序着生 2～8 朵花,两性花,以自花授粉为主,天然杂交率仅有 0.2%～0.1%。花的颜色有白、黄、紫、紫红等,因品种而异。豇豆以叶腋抽生花轴,蔓生种 6～7 节抽生第一花序,每个花序着生 2～4 对花,第一对花先开且形成荚果后第二对花才开放。成荚率在 30% 以上,高的可达 45%～50%。

(5) 荚果 菜豆的荚果为圆棍形或扁条形,长 15～25 厘米,嫩荚有绿色、白色、紫色、杂色。优良品种内果皮肥厚,外果皮不硬化。豇豆的荚果细长,蔓生种荚果长 60～80 厘米,矮生种荚果长 20～30 厘米。荚果的颜色有深绿、淡绿或绿带紫红等。

(6) 种子 菜豆、豇豆种子无胚乳,肾形,种子的颜色有白、红、黄、褐、黑或带花斑。豇豆种子较小,菜豆种子较大。种子寿命 1～3 年。

2. 对环境条件的要求

(1) 温度 菜豆、豇豆均属喜温蔬菜,忌冷怕霜。菜豆种子发芽适温为 20℃～25℃,高于 35 ℃,低于 8℃均不能发芽。幼苗期适温为 18℃～20℃,幼苗生长临界温度为 13℃。花芽分化期适温为白天 20℃～25℃,夜间不低于 15℃。豇豆耐热性强,种子发芽适温为 25℃～30℃,植株生长发育适温为 20℃～25℃,开花结荚期最适温度为 25℃～28℃,35℃以上结荚力下降。

(2) 光照 菜豆、豇豆均属于喜光作物,开花结荚期要求充足的光照条件。花芽分化后光照弱时,植株同化作用减弱,植株徒长,容易落花落荚。进行设施反季节栽培,安排适宜茬口,注意清洁棚膜,增加光照或张挂反光幕是必要的。

菜豆和豇豆均属于中光性作物,对光照长短的要求不严格,在全国范围内可以互相引种。

(3)水分 菜豆根系比较发达,入土较深,抗旱能力较强。土壤湿度以田间持水量的 60%～70% 为宜,低于这个指标根系发育不良。空气相对湿度最适为 65%～75%。豇豆不但根系吸水能力强,叶片蒸腾量小,抗旱能力更强。开花结荚期需水量较大,但水分过多会影响土壤通透性,不利于根瘤菌活动,甚至造成落花落荚。

(4)土壤营养 菜豆和豇豆对土壤的适应性较广,但以土层深厚、土质肥沃、排水良好的中性土壤或砂壤土最为适宜。菜豆不耐盐碱,豇豆稍耐盐碱。菜豆和豇豆生育期间吸收氮、钾较多,对磷吸收较少,还需要一定量的钼、硼、钙等元素。

(二)茬口安排

1. 小拱棚短期覆盖茬口安排 春天提早扣小拱棚烤地,当小拱棚内不再出现霜冻时定植。菜豆、豇豆选矮生品种,提前 30 天左右在日光温室内育苗。经过短期覆盖,可比露地提早 1 个月左右采收。

2. 塑料大、中棚茬口安排 春天提早扣棚,土壤化冻后,地温达到 10℃ 以上、夜间最低气温不低于 5℃ 时即可定植。采用蔓生品种,在日光温室利用容器护根育苗,作为春提早栽培。也可于 6 月下旬至 7 月下旬直播,进行秋延后栽培,8 月末至 9 月下旬采收。

3. 日光温室茬口安排

(1)秋冬茬 8 月下旬直播,10 月下旬开始采收。

(2)冬春茬 12 月上旬至翌年 1 月上旬播种育苗,1 月上旬至 2 月上旬定植,3 月上旬至 4 月上旬开始采收。

(三)品种选择

1. 菜豆品种

(1)碧丰(绿龙) 中国农林科学院蔬菜花卉研究所和北京市

农林科学院蔬菜研究所 1979 年从荷兰引进。植株蔓生,生长势强,侧枝多。叶绿色。第一花序着生在主蔓 5～6 节上,花白色,每序结荚 3～5 个,单株结荚 20 个左右。嫩荚绿色,宽扁条形,长21～23 厘米、宽 1.6～1.8 厘米、厚 0.7～0.9 厘米,着生种粒部位的荚面稍突出,单荚重 14～16 克。粗纤维少,脆嫩,适切丝炒食,品质佳。每荚有种子 6～9 粒,种子肾形、白色。抗锈病,早熟种。

(2)57 号菜豆 吉林省蔬菜花卉研究所从吉林地方品种中选出。蔓生型,蔓长 2 米以上,分枝少。花紫色。结荚节位低、集中,嫩荚扁条形,荚面种粒稍凸、绿色、带紫红晕,荚长 12～16 厘米、宽1.7 厘米、厚约 1 厘米,嫩荚纤维少,耐老,老熟荚黄绿色、带紫纹。炖食面香,品质好。每荚种子 3～5 粒,种子浅棕色,带褐斑纹,近肾形,千粒重 450 克左右。极早熟,吉林省春播 52 天左右可采收嫩荚。

(3)85-1 菜豆 辽宁省大连市甘井子区农业技术推广中心选育的新品种。植株蔓生,生长势中等。叶绿色,花白色。第一花序着生在 2～3 节上,以主蔓结荚为主。荚白绿色、呈圆棍形,长 20厘米、宽 1.5 厘米,单荚重 19.2 克。肉厚,耐老熟,缝合线处有筋。粗纤维少,品质优,风味佳。抗炭疽病、锈病。早熟种,适宜温室、大棚反季节栽培。

(4)甘芸 1 号 辽宁省大连市甘井子区农业技术推广中心选育的新品种。植株蔓生,长势强,株高 3 米左右,有 2～3 个侧枝。抽蔓初期,蔓上着生浅紫红色条纹。花白色。嫩荚白绿色、呈圆棍形,长 19～22 厘米、宽 1.4 厘米、厚 1.2 厘米,单荚重 19 克,粗纤维少,品质优。老熟荚呈黄白色并着生紫红色条纹。种子棕黄色。春、秋两季均可栽培。春播第一花序着生在 3～4 节上,秋种第一花序着生在 7～8 节上。上下部位可同时开花结荚。较抗炭疽病。中晚熟种。

(5)秋紫豆 陕西省凤县种子管理站从农家品种中选择变异单株,经系统选育而育成的新品种。植株蔓生,长势强,株高 3.5~4 米。叶柄、茎、花、荚均为紫红色。第一花序着生在主蔓第六节上,每花序结荚 6~8 个,一般单株结荚 50~70 个。嫩荚长 22~25 厘米,入锅后呈翠绿色。肉厚,粗纤维少,品质优。种子肾形,粒大黑色。耐寒、耐旱、耐瘠薄。抗病毒病、炭疽病,适应性广。播种至始收需 55~60 天。适宜秋季栽种。

(6)**冀芸 3 号** 唐山市农科所育成的早熟、优质、抗病、稳产的菜豆品种。植株蔓生,长势强,耐热抗病,2~4 节着生第一花序,花白色,每序结荚 2~4 个,鲜荚浅绿色扁条形,长 16~20 厘米、宽 1.5 厘米左右、厚 0.8 厘米,单荚重 15 克左右,荚内 5~9 粒种子。种子乳白色,肾形,有皱褶,千粒重 290 克。采摘期荚整齐,商品性好,鲜荚背腹线纤维少,荚面革质膜薄,肉厚味甜。早熟性好,从播种出苗至采收 50 天,采摘期 35 天左右。该品种耐热性强,越夏栽培枝叶不易衰老、不脱落,但因其种粒皮薄有皱褶,成熟种子遇阴雨天易出芽,所以采种田应避开雨季采收且及时收获。可进行露地、覆膜与保护地栽培。

(7)**超长四季豆** 中国农业科学院蔬菜花卉研究所引进选育的优良蔓生菜豆品种。其突出特点是优质、耐老。嫩荚营养丰富,含干物质 11.3%,蛋白质在干物质中占 16.85%。嫩荚肉质肥厚,可炒食,也可烫后凉拌。该品种植株蔓生,生长势强,花冠白色。嫩荚浅绿色,长圆条形,稍有弯曲,横断面近圆形;单荚重约 18 克,荚长 25 厘米以上,荚宽 1.2 厘米、厚 1.4 厘米,荚肉厚 0.3~0.4 厘米;每荚有种子 7~8 粒,种子之间间隔较大,嫩荚纤维极少,口感甜嫩,风味品质好。种子较大,筒形,深褐色。中早熟。华北地区露地春播,65 天左右开始采收嫩荚,可持续采收到 8 月下旬。保护地可提早播种提早上市。

(8)**白花架豆** 中国农业科学院蔬菜花卉研究所从农家品种中经多代选育而成的速冻加工用菜豆品种。其突出特点是优质、适于鲜食和加工(制罐或速冻)。该品种植株蔓生,生长势中等,花白色。嫩荚绿色,圆根形;单荚重 8~10 克,荚长 12 厘米左右、宽约 1 厘米、厚约 0.8~0.9 厘米,荚肉厚 0.3 厘米;嫩荚纤维极少,质脆品质佳。每荚种子 5~7 粒,种子较小、白色,豆粒重约 26 克。中早熟。华北地区春季露地于 4 月中旬前后播种,68 天左右开始采收嫩荚,采收期 50 天左右。保护地可提早播种提早上市。

(9)秋抗 6 号 天津市农业科学院蔬菜研究所育成。茎蔓性,株高 2.5 米,生长势强,主蔓 18 节左右封顶,有侧蔓 3~4 个。叶淡绿色,蔓绿色。白花,第一花序节位 5~6 节。每一花序有花 8~12 朵。嫩荚绿色,荚长 17~20 厘米,单荚重 12~14 克。嫩荚圆棍形、稍弯曲,肉厚,水分少,无筋。种子肾形、皮黄色,种粒较小。中熟品种。耐热性较强,较抗枯萎病、疫病、病毒病,耐盐碱。从播种至初收获 55~60 天,采收期 30 天左右。适于秋季种植。

(10)秋抗 19 号 天津市农业科学院蔬菜研究所育成。茎蔓性,株高 2.8 米左右,生长势强。有侧蔓 2~3 个,主蔓 20 节封顶。蔓和叶片均为绿色。花白色,第一花序位于 3~4 节,每花序有花 4~6 朵。嫩荚深绿色,长 20 厘米左右,单荚重 15 克左右。嫩荚圆棍形、略弯曲,肉厚、无筋、水分少、品质好。种子肾形,灰褐色。该品种较抗枯萎病、疫病、病毒病,丰产性好。属中熟品种。从播种至开始收获 55~60 天,采收期 30 天。可春、秋两季种植。

(11)连农无筋 1 号(特嫩 1 号) 大连市农业科学院选育而成。植株生长势较强,有分枝,叶绿色,花白色,始花序节位春季低、秋季略高;适当蹲苗,可降低花高度和节位。商品荚绿、直长 20 厘米左右,近圆形;无筋,荚果折断后,断口无丝相连;软荚,不形成革膜,手感柔软;收获期单荚重 14.7 克;穴收荚数 40~50 条。种子白色,千粒重 330 克左右。适于冬、春保护地和晚春、夏、秋栽培和烹调、速冻加工兼用的优良蔓生芸豆新品种。

(12)泰国架豆王 本品种表现稳定,产量高,抗病、抗热,最大特点是从结荚至完熟无筋、无纤维,荚肉厚,商品性好,品质鲜嫩,是一个高产抗病的优良品种。中熟蔓生,生长旺盛。叶深绿色、叶片肥大,自然株高 3.5 米,有 4~5 条侧枝,侧枝继续分枝。花白色,第一花序着生在 3~4 节上,每序长 4~8 朵花。结荚 3~6 个,荚绿色,荚形圆长,长 30 厘米、横径 1.1~1.3 厘米,单荚重 30 克。单株结荚 70 个左右,最多 120 个。从播种至采收 75 天。

(13)供给者 中国农业科学院 20 世纪 70 年代自美国引进。植株矮生,生长势强,苗期茎呈紫色。株高约 40 厘米,5~6 节封顶,侧枝 3~5 个。花浅紫色。嫩荚绿色,直圆棍形,荚长 12~14 厘米,宽、厚各约 1 厘米,单荚重 7~8 克,嫩荚肉厚、质脆、纤维少,品质好。种子紫红色,千粒重约 300 克。早熟。北京地区春播 54 天左右采收嫩荚,适于全国喜食圆棍荚的地区种植。

(14)推广者 中国农业科学院蔬菜花卉研究所 1982 年自美国引进品种中选出。植株矮生,生长势强,株高约 50 厘米,苗期茎呈紫色。花浅紫色。嫩荚绿色,圆棍形,直而光滑。单荚重约 10 克,荚长 14~16 厘米,宽、厚各 1~1.2 厘米。荚纤维少,肉厚,质脆嫩,品质好。种子黑色,肾形,千粒重 360 克。中早熟,华北地区春播 56 天左右可采收嫩荚。

(15)优胜者 由中国农业科学院蔬菜花卉研究所引进。浅紫色花,主茎 5~6 节出现花序封顶。3~5 个侧枝,株高 40 厘米左右,开展度 45 厘米。封顶节位 5~6 节,嫩荚绿色,有时有少量的浅紫条纹,近圆棍形,平均荚长 14 厘米,嫩荚肉厚,纤维较少,不易老,品质好。较早熟,抗病、耐热,抗白粉病和烟草花叶病毒病。

(16)81-6 由江苏省农业科学院蔬菜研究所从引进品种中选育而成,已成为江淮以南地区主栽品种。矮生,植株整齐直立,株高 40 厘米左右,开展度 45 厘米,封顶节位 5~6 节。紫红色花。嫩荚绿色、圆棍形,荚长 13~15 厘米,直径 0.8~1 厘米,单荚重 7.6~8.2 克,单株结荚数 18~22 个。无筋,纤维少,质脆嫩,品质及风味佳。种子黑色,千粒重约 390 克,较早熟,春季从播种至采收嫩荚 58~63 天,全生育期 68~82 天。较抗病,耐热性强,春季结荚期长,耐衰老。

(17)江户川 从日本引进。株高 47 厘米,分枝 6 个左右。嫩荚绿色、圆棍形,荚长 14 厘米、直径 1 厘米,无筋,纤维少,质脆嫩,耐老。春季露地播种后 58 天开始采收嫩荚,秋季 53 天左右商品荚采收。种子肾形、深紫红色,千粒重 360 克左右。

(18)世纪美人 由内蒙古自治区开鲁县蔬菜良种繁育场从日本北海道矮生菜豆品种中选择育成的矮生菜豆新品种。该品种株高 60 厘米,极早熟,从播种至收获嫩荚仅需 40 天,连续结荚力强,长势旺、生长快,结荚期长,分枝力好,较抗疫病,耐热、耐劳、耐寒。开花率高,花紫色。株结荚 80~120 条,荚长 18~20 厘米,单荚重 10 克,嫩荚圆粗、长棍形,饱满不露核,皮薄,表皮深绿色富有光泽,肉厚、多汁、质脆,无纤维。商品性好,口感佳,投放市场深受消费者欢迎。耐贮运,适应性广,抗逆性强,丰产。

(19)地豆王 1 号 河北省石家庄市蔬菜研究所育成的早熟矮生菜豆新品种。植株矮生,株高 40 厘米左右,分枝性强,每株分枝 6~8 个。叶片绿色,花浅紫色,嫩荚浅绿色,扁条形,老荚白色有紫晕,荚长 20 厘米左右、宽 2 厘米左右,单荚重 12 克。播后 45 天左右开始收嫩荚,嫩荚肉质,纤维少,无革质膜,口感细嫩,品质好。

(20)意大利矮生玉豆 内蒙古自治区开鲁县蔬菜良种繁育场从意大利引进的一个丰产、抗病,适应性广的菜豆新品种。株高 60 厘米,分蘖力强,每株可结豆荚 50 多个;荚绿色,无筋,长约 13 厘米,重约 22 克;荚肉厚,商品性好;豆荚营养丰富,蛋白质含量较高;极早熟,播后 45 天可采摘鲜荚;抗病性强,耐肥、耐旱涝,不倒伏,抗风力强,不需搭架,适应性广,对土壤无选择;种子为肾形、乳白色。

2.豇 豆

(1)之豇 28-2 浙江省农业科学院园艺所选育。该品种蔓生,生长势强,株高 250~300 厘米,主蔓 4~5 节始结荚,7 节以上各节均有花荚,荚粗而长,一般 60~70 厘米,最长可达 1 米左右。荚横断面圆形,嫩荚浅绿色,荚长 60 厘米左右,单荚重 20~30 克。纤维少,不易老化,品质好。种皮紫红色,较光滑,略有光泽。种脐乳白色。适应性较强,较耐病,早熟丰产。采收期集中,生育期70~100天。

(2)之豇14 浙江省农业科学院园艺研究所选育。该品种蔓生型,生长势强,分枝较少,主蔓结荚为主。叶片较宽大,叶绿色,全生育期80~100天。早春低温时,易出现生理性黄叶,对产量无明显影响。初荚部位低、位于3~4节,结荚性好。嫩荚粗、淡绿色,荚长约70厘米,不易老化。籽粒肾形,枣红色。抗病毒病,早期产量比之豇28-2高39.1%。综合性状优于之豇28-2。

(3)之豇特早30 浙江省农业科学院园艺研究所选育。该品种蔓生,分枝少,仅约5%植株有1条分杈。叶片较小,叶色墨绿、荚淡绿色,平均长60厘米,单荚质量20克。1~3节位即可有花序,前5节有荚节位率35%,12节位内有荚节位率59.2%。嫩荚品质接近于之豇28-2。种子红色,肾形。全生育期80~100天。较抗疫病,病毒病抗性接近于之豇28-2,不抗锈病和煤霉病。

(4)之豇特长80 浙江省农业科学院园艺研究所选育。植株蔓性,分枝少,嫩荚淡绿色,荚长65~70厘米,始花节位1~3节,3~5节以上普遍有花序。种子千粒重140~160克,种子枣红色。生育期90~100天,适宜早春露地栽培,抗病毒病和疫病。

(5)之豇翠绿 浙江省农业科学院蔬菜研究所育成的早熟、高产、优质、长豇豆新品种。植株蔓生,早熟丰产,分枝少,长势较旺。抗病毒病、煤霉病、耐锈病。叶片较大,叶色深绿,花蕾绿色。春季露地栽培,播种至始花需35~40天,全生育期90~100天。初荚节位在3~4节,10节以内有花序的节位达50%。荚长约70厘米,单荚重25克左右。荚色深绿,可溶性固性物含量较之豇28-2高,营养价值高,速冻加工与鲜荚炒食兼优。

(6)早豇1号(原名9443) 江苏省农业科学院蔬菜研究所育成的极早熟豇豆品种,嫩荚淡绿色,荚面平滑匀称,荚长60~65厘米,纤维少,荚肉鲜嫩,味浓稍甜,肉质致密,不易老,耐贮运。平均每花序结荚2~3个,主、侧蔓均可结荚,结荚集中,早期产量高。

适合全国大多数地区春、秋两季栽培。

(7)早豇2号　江苏省农业科学院蔬菜研究所育成的中晚熟豇豆新品种,嫩荚绿白色,荚长70～80厘米,荚面光滑,肉质密,耐贮运,鲜荚商品性极好。主、侧蔓均可结荚,开花采荚期比之豇28-2早,产量比之豇28-2高。春、夏两季均可播种。

(8)早豇3号　江苏省农业科学院蔬菜研究所育成的早熟豇豆新品种。植株长势强,主、侧蔓均可结荚,始花节位低,序成性好,着荚率高,比之豇28-2增产25％～30％。嫩荚绿白色,红嘴,荚长70～80厘米,荚面光滑,耐老、耐贮运,商品性好。耐热、耐涝、抗逆性强,对光照不敏感,春、夏、秋季均可播种。

(9)冀豇1号(原名"三尺绿")　河北省农业科学院蔬菜研究所育成的特长豇豆新品种。该品种植株长势中等,蔓长2米以上。发苗早,侧枝少,节间长,茎蔓和叶绿色,初生真叶2枚单叶对生,以后真叶为三出复叶,卵状菱形。总状花序,紫花、蝶形,主蔓3～5节、侧蔓第一节始花,每序成荚2～5条。嫩荚线形、长80～100厘米,碧绿顺直,优质、耐老,前、中、后期整齐一致。荚面光滑,果肉细密充实,味甜耐贮,商品性好,单荚重45克以上。种子肾形,黑色,有波纹。千粒重160～200克。该品种早春播种耐低温发苗快,华东春露地播种55～60天上市,夏、秋栽培40天采收。高抗病毒病、枯萎病和锈病,耐热、耐湿、耐旱,对光、温不敏感。

(10)长丰1号豇豆　天津市蔬菜研究所繁育的长豇豆品种。中早熟品种,植株蔓生,无限生长型。株高2.5米以上,生育期120天左右。分枝较多,生长势强。主、侧蔓可结荚,叶蔓绿色。第一花序着生在6～8节上,每花序结荚2～3条,荚淡绿色,横径圆形,条直匀称,长70～80厘米,无纤维,不易老化,品质好,抗病、耐热,优质,丰产。

(11)鄂豇豆3号　湖北省农业科学院经济作物研究所育成的豇豆品种。属早熟豇豆品种。蔓生,节间短,生长势强,平均分枝数1.6个。叶色深绿,叶片小。始花节位2～3节,每花序多生对荚,每花序成荚 2 对左右,嫩荚绿色、长圆条形,荚腹缝线较明显,单荚重平均为 29.4 克,嫩荚长 65 厘米,荚厚 1 厘米。平均单荚种子 16.5 粒,种子肾形,种皮红色。荚粗壮,肉厚,耐老。春播地膜覆盖栽培,出苗至嫩荚始收 68 天左右。耐渍性差,较耐疫病和轮纹病。

(12)宁波绿带 蔓生型,长势强,分枝性弱,主蔓结荚,叶色深绿,第一花序着生于 3～5 节,嫩荚绿色,荚长 60 厘米左右、最长可达 90～100 厘米,横切面圆形、直径 0.7～0.8 厘米,果荚粗细均匀,颜色一致,纤维少,肉厚,籽少,味鲜,品质优。种子肾形,紫红色。成熟早,生育期一般 70～100 天。耐高温,抗病性较强,结荚性好,适应性广。

(13)美国无蔓豇豆 是矮生、耐热、抗病毒病、高产优质的早熟品种。株高 60 厘米,有分枝 1～2 条。茎、叶绿色,花为淡藕荷色。花序为无限生长型。嫩荚白绿色,荚长 35～45 厘米、径粗 0.7 厘米,平均单荚重 14.5 克,一般每株结荚 10 条以上。嫩荚肉厚、无筋、水分少、品质好。生长期 120 天左右。

(14)之豇矮蔓 1 号 矮蔓直立型新品种。株高 40 厘米,分枝 2～4 条,主、侧蔓均能结荚。结荚性好,单株结荚平均 8 条以上。条荚粗壮、淡绿色,荚长 35 厘米左右,抗病毒病、锈病、煤霉病,始收期比美国无蔓豇早 7～10 天,是简易保护地提早栽培的理想品种。

(15)十月寒豇豆 植株无蔓,矮生,分枝力较强。小叶片卵形、浓绿色,花淡紫色,荚果长条形、紫红色,长 20 厘米、宽 1 厘米,坚硬,表面光滑,荚顶部钝直。每荚有种子 11～15 粒,种子肾脏形,脐部白色,披淡褐色斑块。晚熟。抗寒性较强,适宜冷凉气候。荚肉厚,品质好,耐老,丰产,熟食、腌渍均可。

(四)育 苗

1.播种前的准备

(1)苗床准备 在育苗设施内,按一定方向做宽 1～1.2 米、长 10 米的平畦,整平畦面。日光温室内可做南北延长畦,长度为从北部路至前底脚,最好在前底处留出 50 厘米的防寒带,种植耐寒蔬菜。

(2)营养土准备 蔬菜育苗的目的是为了培育出根系发达、茎叶健壮的秧苗,因此必须配制营养土。一般情况下,营养土的配制应就地取材,主要由田园土和腐熟的农家肥组成。田园土最好选用比较肥沃的大田土或前茬为葱蒜类的土壤,农家肥应选用充分腐熟的厩肥(又叫圈肥),如有草炭和腐殖土更好。配制原料选定后,要打碎,过筛,按照 1：1 的比例均匀混合在一起,如果土壤中速效肥料不足,可加入 0.1%～0.2% 的过磷酸钙或 0.1% 的复合肥,一般不用氮素肥料。

为了减少土壤的带菌量,防止苗期某些侵染性病害的发生和发展,配制的营养土一定要消毒。一般可用五代合剂即 70% 五氯硝基苯与 65% 代森铵按 1：1 比例混合使用,每平方米 5～8 克,混入细土 15～25 千克,拌匀,切忌药量过多,以免发生药害。也可用福尔马林(40% 甲醛溶液)加水配成 100 倍液向营养土喷洒,每千克福尔马林喷洒 4 000～5 000 千克营养土,喷后拌匀,用塑料薄膜覆盖,闷 2～3 天,以充分杀死土壤中的病菌,然后揭开晾 1～2周,待土中药气散尽后使用。

(3)容器准备 由于豆类蔬菜根系再生能力弱,需要保护根系,除了利用塑料钵育苗外,还可以自制容器,即用废旧的塑料薄膜或旧报纸按照直径为 8～10 厘米、高 10～13 厘米做成育苗筒,备用。

(4)种子准备 播种前一定要精选种子。在同一品种中,粒大且饱满的种子成熟度高,不仅苗齐、苗壮,而且花芽分化好,产量相对较高。因此,选用粒大、饱满、无病虫害的新鲜种子,是获得高产的基础。

为了杀死种子表面附带病菌,可用 1% 甲醛溶液浸泡20～30分钟,然后用清水投洗干净后准备播种,也可用种子重量 0.3% 的

50％福美双可湿性粉剂拌种后播种。

由于豆类蔬菜种子的种皮较薄,组织不够致密,所以不宜浸种或浸种时间不宜过长,一般不超过 4～6 小时。浸种期间投洗 1～2 次,捞出沥干后放到洁净的容器中,上面盖干净的湿布,置于温度为 20℃～25℃的环境处催芽。催芽期间,每天用温水(25℃左右)投洗 2 次,待胚根初露时即可播种,也可以只浸种不催芽。也有的将精选后的豇豆种子,用 75℃热水烫 5 分钟,然后加入冷水,水温达到 25℃～28℃时浸泡 4～6 小时,捞出种子,晾后即可播种。由于豇豆的胚根对温、湿度比较敏感,为避免伤根,不进行催芽。

为了促进根瘤菌的发生,播前再用 0.5％硫酸铜溶液浸泡 1 小时即可。

2. 播种　首先将配好的营养土装入育苗容器中,压实,要求距上口 3 厘米左右,然后摆到苗床里,尽量靠紧,少留缝隙,摆好后再用细的湿土将缝隙盖严。浇足水,水渗后,每钵播 3 粒种子,芽朝下呈"品"字形摆放,覆盖 2 厘米左右的疏松床土。对于日光温室冬春茬及大棚春茬栽培的,播种后再覆盖一层塑料薄膜,以利保温保湿,促进出苗。

3. 苗期管理

(1) 菜豆的苗期管理

①温度管理　菜豆属喜温性蔬菜,在温度管理上,既考虑其能正常生长,又要考虑是否有利于根瘤的着生。

日光温室冬春茬及塑料大棚春提早栽培的菜豆,在播种后出苗前,要加强保温,以提高苗床温度。一般白天温度为 20℃～25℃,夜间 15℃左右,但不低于 8℃,当有 70％左右的幼苗出土时撤掉薄膜,防止高温烤苗。待子叶充分展开时开始降温,白天温度为 15℃～20℃,夜间 10℃～15℃,以防秧苗徒长。第一片真叶展开时,适当提高温度,白天温度为 20℃～25℃,夜间 15℃～20℃,以利于根、茎、叶的生长及花芽分化。当温度高于 25℃或低于

15℃时,花芽分化不良,高于 28℃进行通风,气温降到 23℃时闭风。定植前 1 周降温炼苗,白天 15℃～20℃,夜间 10℃～15℃,最后 1～2 天,夜温可降到 5℃～10℃,以增强幼苗的抗逆性。

日光温室秋冬茬及塑料大棚秋延后栽培的菜豆,苗期正处于高温多雨的季节,所以在温度管理上,要加大通风量,延长通风时间,除顶部外,四周都要卷起薄膜通风,使温度保持在 30℃以下,否则要采取遮荫措施。

②水分管理 菜豆育苗期间,不需经常浇水,一般根据幼苗长势及容器中营养土的干湿程度确定是否浇水,发现叶片下垂时就要补充水分。采取普遍浇水与个别浇水相结合的方式,促使幼苗生长整齐一致。定植前 2～3 天普遍浇 1 次水,促进"水根"的发生,定植时脱下容器不散坨,缓苗也快。

另外,在育苗过程中,因育苗容器较小或需延长苗龄而出现徒长时,可适当加大苗间距离,调整高矮苗的位置,以保证幼苗的正常生长。

(2)豇豆的苗期管理 豇豆喜温耐热,苗期管理基本同于菜豆,只是在温度管理上比菜豆高 3℃～5℃。

4.壮苗标准 菜豆、豇豆利用容器育苗不移植,一次成苗,历时 25～30 天。其标准为:株高 10～15 厘米,茎粗 0.5～0.6 厘米,叶片数为 4 片,色浓绿而有光泽,植株尚未拔节为宜。

(五)定植(或直播)

1.整地施基肥 及时清理前茬作物的残株,每 667 平方米撒施充分腐熟的有机肥 5 000 千克,过磷酸钙 10～20 千克,草木灰 50 千克,深翻 25～30 厘米,使土粪充分混匀,耙细整平,做垄或做畦。垄作,行距 50～60 厘米,也可大小行定植,大行 60～70 厘米,小行 50 厘米。畦作,宽 1～1.2 米,每畦栽植 2 行。

2.菜豆的定植

(1)定植时期 由于生产设施及栽培茬口不同,定植时期也不同,但总体上看,一般要求日光温室的地温稳定在 15℃ 以上,夜间不低于 13℃,气温在 25℃ 以上,夜间不低于 10℃ 时定植,或直播栽培。塑料棚的 10 厘米地温稳定通过 10℃ 以上,气温不再出现 0℃ 以下时定植。

(2)定植方法与密度 在畦面或垄台上开 10~15 厘米深的沟,脱下营养钵,按 30~40 厘米株距将苗坨摆放沟内,培土后顺沟浇定植水。栽苗深度以苗坨上表面与畦(垄)面相平为宜。不论畦作还是垄作,可以先铺膜后打孔栽植,也可以边栽苗边覆盖薄膜,挖孔引苗。但是膜面要拉紧,两边及膜孔要封严。利用小拱棚栽培菜豆,一般 1 米宽的畦栽 2 行,株距 25~30 厘米;垄作栽植的株距同于畦作。栽完苗后浇足定植水,插好拱架覆盖薄膜,四周封严。

日光温室每 667 平方米栽 3 000~3 200 穴,计 6 000~6 400 株,塑料大棚每 667 平方米栽 3 700 穴,计 7 400 株;小拱棚栽 4 500~5 000 穴,计 9 000~10 000 株。

菜豆定植最好在坏天气刚过、好天气刚开始的晴天上午进行,以利于缓苗。

3. 豇豆的定植

(1)定植时期 塑料棚及日光温室定植豇豆的温度下限是地温稳定通过 15℃,气温稳定在 12℃ 以上,夜间气温高于 5℃ 以上。

(2)定植方法与密度 豇豆的定植方法同于菜豆。

4. 直播 设施条件下采用直播方式栽培菜豆,一般多用于日光温室秋冬茬及塑料大棚秋延后栽培,其播种期一定与露地栽培错开,根据播种到采收所需天数、采收天数及设施内出现霜冻的日期而定。

在垄台上开沟,顺沟浇水,水渗后按 30~40 厘米株距播 3~4 粒种子,种子间稍有距离,覆土后搂平垄面,然后覆膜。如果墒情较好,也可以不打底水播种,方法同上。只是播种后踩一下底格,表土半干时镇压保墒。

(六)定植(或直播)后的管理

1. 冬春茬及春提早菜豆定植后的管理　定植初期以保温为主,密闭棚室以利缓苗。白天温度保持 25℃～30℃,夜间15℃～20℃。3～5 天缓苗后适当降温,白天保持15℃～20℃,夜间12℃～15℃,防止秧苗徒长,进行中耕松土,提高地温,促进根系生长。

开始生长时,逐渐升温,但不可过高,白天温度为 20℃～25℃,夜间 15℃～20℃。在此期间仍进行中耕松土,并培垄,以促进根基部发生侧根,一般每隔 6～7 天进行 1 次。

植株抽蔓后,要做好插架或吊蔓工作。如果吊蔓栽培,要注意引蔓绳的上端不要绑在棚室的骨架上,而应在定植行的上部另设固定铁丝,距棚面 30 厘米以上,以防菜豆的茎蔓、叶片封顶部,影响光照,同时还会造成高温危害。

菜豆在开花前,一般不进行追肥、浇水,以免茎叶徒长,发现干旱可少量浇水,进行促根控秧。随着植株的生长,开始进入结荚期,白天温度保持 22℃～25℃,夜间 15℃～20℃。当第一花序上的豆荚达 3～5 厘米长时开始追肥浇水,每 667 平方米随水追施尿素 15～20 千克,或人粪尿水 1 000 千克以上。结荚期需勤浇水追肥,保持土壤湿润,每采收 1 次浇 1 次水,水量可酌情掌握,两水中间追 1 次肥,每 667 平方米施尿素 10～15 千克,过磷酸钙 10 千克,硫酸钾 5 千克。若用 0.01% 的钼酸铵进行喷洒,可提高菜豆的产量。

塑料大棚春提早栽培的菜豆,进入结荚期时,外界气温不断升高,可逐渐加大通风量,当外界气温达 15℃以上时昼夜通风。

结荚后期,及时打除老叶、黄叶、病叶,使其通风透光良好,促进侧枝萌发和潜伏芽开花结荚。

2. 秋冬茬及秋延后菜豆直播后的管理　日光温室秋冬茬菜豆及塑料大棚秋延后菜豆播种时,正处于高温、强光季节,应加强通风,环境条件适宜时,3天左右幼苗即可出土。幼苗出土后,一般不旱不浇水,抓紧时间松土,促进根系生长发育,防止茎蔓徒长。

当外界最低气温降到12℃以下时,改为白天通风,夜间闭风,以后逐渐减少通风量。只要白天温度不超过25℃就不通风,使温度保持19℃～23℃,阴天14℃～16℃,夜间最低不低于15℃。

当夜间室温降到10℃以下时,开始覆盖草苫。初期要早揭晚盖,逐渐过渡到晚揭早盖,保证适宜的温度。

在水、肥管理上,一般开花期以前,保持干湿适度,松土蹲苗。开始现蕾时,结合浇水每667平方米追施磷酸二铵15～20千克,并做好培土、插架。幼荚迅速伸长时,每5～7天浇1次水,隔次追肥,促进嫩荚生长。随着外界气温的下降,尽量减少浇水次数和浇水量,防止温度下降过快和空气湿度过大。最后密闭棚室不通风,直到霜冻出现结束。

3. 小拱棚短期覆盖菜豆管理 小拱棚菜豆定植后,密闭不通风,高温、高湿条件下促进缓苗。由于小拱棚空间小,升温快降温也快,晴天棚内温度可超过30℃,夜间外温下降后棚内温度只比外界高2℃～3℃,但是因定植时已浇足定植水,棚膜内表面布满水滴,可有效地防止烤伤叶片,10厘米地温下降缓慢,使菜豆生长不受太大影响。

缓苗后选南风天,揭开薄膜进行松土培垄,一般开花前不浇水,但可追肥1次,每667平方米追施硫酸铵15～20千克,然后覆盖薄膜。若温度超过25℃,开始通风,20℃时闭风。通风时,先从小拱棚的一侧顺风通风,随着气温的升高,通风量逐渐加大,通风时间逐渐延长,揭开小拱棚的两端通风,若温度还降不下来,再从中间开口通风。当外界温度完全适合菜豆生长发育要求时,选择早晨、傍晚或阴雨天,撤下小拱棚,进入露地常规管理。

因为矮生菜豆结荚早,追肥、浇水应及早进行,所以撤棚前追1次肥后,浇水应及时跟上,促进结荚,提高产量。

4. 冬春茬及春提早豇豆定植后的管理 定植后3～5天内,密闭保温,以利于缓苗,缓苗后适当降低温度,白天温度保持 20℃～25℃,夜间 15℃以上。开花结荚期温度保持 25℃～30℃,35℃时开始通风,29℃时闭风。对春提早栽培的豇豆,到了开花结荚期,外界温度逐渐升高,当气温稳定通过 20℃时,要逐渐加大通风量,并延长通风时间,直到将薄膜全部撤除。

在水肥管理上,除了浇足定植水外,开花期一般不浇水,但要及时中耕松土,促进根系生长。当第一花序坐住了荚果,以后又相继出现几节花序时,开始浇水、追肥,促使豇豆多开花、多结荚。初期可采用穴施,每 667 平方米追施尿素 10～15 千克,复合肥 10～15 千克,随后浇水,干湿适宜时浅锄地并培土。待第一荚果采收前,第二、第三个荚果开始伸长,中上部花序出现时再进行 1 次施肥、浇水。以后随着荚果的采收,不再控制浇水,每 10～15 天浇 1 次水,并顺水追施磷酸二铵 10 千克,保持植株健壮和旺盛的开花结荚能力。中上部花序开花结荚期间,除了正常的施肥水浇水外,还可进行叶片喷肥,如喷施 0.2%～0.3%的磷酸二氢钾溶液。

除了以上管理外,还要做好植株调整及插架或吊蔓工作。植株长到 30～35 厘米时,要及时插架或吊蔓,从生产上看,吊蔓栽培不仅通风透光良好,而且费用低。一般在垄的上方沿拱架固定一根铁丝,根部插上短竹竿,把塑料绳绑在短竹竿与铁丝上,伸蔓后,将蔓盘绕在撕裂膜上,每 5～7 天盘绕 1 次。吊蔓宜在晴天的上午或下午进行。为促进早熟,主蔓第一花序以下萌生的侧蔓一律打掉,第一花序以上的叶芽及早摘除,以促进花芽生长。如果是主、侧蔓同时结荚,第一花序以下的侧枝留 1～2 片叶摘心,同时对中上部萌生的侧枝也要摘心,以促进主、侧蔓上的花芽发育、开花、结荚。

5. 秋冬茬及秋延后定植后的管理 秋冬茬及秋延后豇豆定植后的管理与春茬豇豆基本相同,所不同的是在温度管理上,定植初期要加强通风降温,使温度维持在适宜豇豆生长发育的范围内。生育后期,外界气温降低时,要加强保温,尽量使白天温度保持在

30℃,夜间不低于15℃,同时只要土壤干湿适宜,应尽量减少浇水次数,防止温度下降过多,影响开花结荚。

(七)采　收

蔓生型菜豆和豇豆是连续开花连续结荚的蔬菜作物,因此采收期的掌握非常重要。采收过早,不但品质达不到最佳商品水平,影响产量,还容易萎蔫;采收过晚,种子发育过程中养分消耗较多,影响上部豆荚发育,植株还容易早衰,品质也随着下降。

1. 采收标准　豆荚长度和粗细达到最大限度,荚内的种子尚未发育,菜豆豆荚刚显示出种子发育痕迹,豇豆豆荚尚未看到种子发育痕迹。此时豆荚充实,质量好,鲜重大。

2. 采收方法　采收豆荚必须注意防止扯断茎蔓,特别是豇豆,往往因扯下豆荚将刚开的花和嫩荚震落,应按住豆荚基部轻轻左右扭动后摘下。采收时一定要细致,防止遗漏,以免降低商品质量,影响幼荚生长。

菜豆采收后装筐出售。豇豆要扎把出售,最好将粗细、大小一致的豆荚绑在一起,以提高商品质量。

(八)病虫害防治

1. 菜豆炭疽病　该病是菜豆栽培中常见的病害,分布广,危害大,多发生在潮湿地区。从幼苗至开花结瓜荚的整个生育期都可能发病,豆荚在贮运期间仍能继续受害。

【症　状】　幼苗感病后,首先在叶子上出现红褐色近圆形的病斑。幼茎上最初生成许多锈色小斑点,随着茎的伸长,病斑扩大成锈色斑,凹陷和龟裂,使幼苗折倒枯死。在嫩茎上,病斑由褐色小点扩大后呈长圆形,长1厘米左右,病斑中心呈黑褐或黑色,边缘淡褐色至粉红色。

成株感病时,在叶片上,病斑多沿叶脉开始发生,呈黑色或黑褐色多角形的小斑点或小条斑。在未成熟的豆荚上,产生褐色小点,扩大后病斑直径可达 1 厘米左右,长圆形至近圆形,中心红褐色,边缘淡褐色至粉红色。豆荚成熟后病斑色泽较淡,边缘隆起,中心凹陷以至穿过豆荚而扩展至种子。种子上病斑呈不规则形,黄褐色至深褐色。

【发病条件】 病原菌以菌丝状态在种子上或土壤病残体组织上越冬。种子上的病菌可存活 2 年以上,播种后可直接为害子叶和幼茎,引起初侵染,在病部表面产生分生孢子进行再侵染。病菌借风、灌溉水、昆虫、农事操作传播,由伤口、植株表皮侵入,潜育期一般 4~7 天。低温、高湿利于发病,发病的最适温度为 17℃~22℃,相对湿度接近 100%。当温度低于 13℃ 时、高于 27℃ 且相对湿度低于 92% 时,很少发病。另外低洼、黏重土壤、连作地块、栽培密度过大等都可加重病害的发生。

【防治方法】 选用无病种子,建立无病种子田;播种前进行种子处理,可用种子重量 0.2% 的 50% 多菌灵可湿性粉剂拌种,或用福尔马林 200 倍液浸种 30 分钟,然后洗净晾干后播种;加强田间管理,控制好温、湿度,增强光照,适时采收;发病初期喷洒 75% 百菌清可湿性粉剂 600 倍液,或 70% 甲基托布津可湿性粉剂 500 倍液,或 80% 炭疽福美可湿性粉剂 800 倍液,或 65% 代森锌可湿性粉剂 500~700 倍液,或等量式波尔多液 200~240 倍液等,每 7 天 1 次,连喷 2~3 次;实行轮作,及时清除病残体,用 50% 代森铵 1 000 倍液对棚室、架材进行消毒,也是病害防治的重要措施。

2. 菜豆根腐病 菜豆根腐病又叫枯萎病,全国各地发生很普遍,是菜豆的主要病害之一。从幼苗期至采收期都可发病。

【症 状】 感病初期症状不明显,仅表现植株矮小,至开花结荚期才逐渐表现出来。开始发病时,病株下部叶片变黄,从叶片边缘开始枯萎,但不脱落。感病植株容易拔起,拔出病株可以看到主根上部及茎下部都呈黑褐色,稍凹陷,切断根茎可见维管束变为暗褐色,侧根很少或已腐烂。当主根大部分腐烂时,植株枯萎死亡。在潮湿的环境下,植株茎部产生粉红色霉状物。

【发病条件】 病菌以菌丝体和厚垣孢子随病残体在土壤中越冬。腐生性强,可存活多年,因此土壤中的病菌是翌年初侵染的主要来源。种子不带菌。病菌借农具、流水等传播,从伤口侵入。根腐病为土传病害,高温、高湿是诱发该病的主要条件,病菌生长发育的适温为 29℃~32℃,相对湿度为 80%。

【防治方法】 合理轮作倒茬,实行高畦高垄栽培;采用地膜覆盖,膜下浇水,防止大水漫灌;加强田间管理,增施腐熟的优质农家肥,特别注意增施磷、钾肥;发现病株及时拔掉,同时还要进行药剂防治。用种子重量的 0.5% 的 50% 多菌灵可湿性粉剂拌种。发病初期,可用 70% 甲基托布津 800~1 000 倍液灌根,每株灌 250 毫升,每隔 7~10 天灌 1 次。也可用 40% 根腐灵可湿性粉剂 400~500 倍液,或 75% 百菌清 600 倍液,或 70% 敌克松 1 500 倍液,喷洒植株茎基部,每隔 7~10 天 1 次,连喷 2~3 次。

3. 菜豆苗期猝倒病 菜豆苗期猝倒病发生在地面的叫"小脚瘟",不能直立而倒伏,有时发病部位在菜豆子叶以下,叫"卡脖子"病,是菜豆育苗期间发生较多的病害之一。

【症　状】 在幼苗基部或子叶下的茎上,初期产生水渍状病斑,接着病部变成褐色,缢缩成线状开始倒伏。发生在子叶下时,很快歪脖。有时子叶刚刚出土,胚茎已经腐烂染病。苗床初发病时,只见几株幼苗发病,几天后即以此为中心向四周扩展蔓延,最后引起幼苗猝倒。

【发病条件】 病原菌是绵腐菌。在高温、高湿的土壤表面,寄主残体和附近床面上长出白色棉絮状菌丝。春季阳畦和育苗密度过大、通风不良时发病严重。

【防治方法】 播种前进行床土消毒。播种前 12~14 天,用福尔马林溶液喷洒床土,喷后覆盖薄膜 4~5 天,待揭膜药味挥发完即可播种,每平方米用福尔马林 40 毫升,对水 5 升;也可用于 50% 多菌灵可湿性粉剂,每平方米 8~10 克,加半干细土 0.5~1.5 千克,拌成药土,下铺 1/3,上盖 2/3。也可用 75% 百菌清可湿性粉剂 700 倍液,或 25%瑞毒霉 800 倍液,或 50%甲基托布津可湿性粉剂 600 倍液,喷洒幼苗和床面,隔每 5～7 天喷 1 次。另外,可在苗床上撒少量干土或草木灰,以降低土壤表面湿度,预防发病。

4. 菜豆锈病 菜豆锈病是菜豆的主要病害之一,主要危害叶片,也能危害茎和豆荚。

【**症　状**】 发病初期,在叶片上产生苍白色凸起的小斑点,后变成黄褐色,隆起成小疱,扩大到 2 毫米左右,最后病斑表皮破裂形成夏孢子堆,散出红褐色粉末。后期在叶柄、叶、茎及豆荚上长出黑褐色锈状条斑,表皮破裂后,散出黑褐色冬孢子。严重时,茎、叶提早枯死。

【**发病条件**】 北方地区,病菌以冬孢子在土壤中越冬,南方温暖地区,病菌以夏孢子越冬。病菌借气流传播。气温较高(20℃左右)和 95%以上相对湿度是诱发此病的主要原因。植株上的水滴是病菌萌发、侵入的条件。因此种植过密、土壤过分潮湿时发病较重。

【**防治方法**】 选用抗病品种,合理轮作倒茬;加强环境调控,如适时通风,采用膜下灌溉等,以降低空气湿度;发病初期及时喷药防治,每隔 10～15 天喷 1 次,连续喷 2～3 次。常用的药剂有:15%粉锈宁可湿性粉剂 2 000～3 000 倍液,50%萎锈灵可湿性粉剂 800 倍液,40%三唑酮可湿性粉剂 4 000 倍液,或 25%敌力脱乳油 2 000 倍液,70%代森锌可湿性粉剂 1 000 倍液加 15%粉锈宁可湿性粉剂 2 000 倍液,70%代森锌可湿性粉剂 1 000 倍液加 15%粉锈宁可湿性粉剂 2 000 倍液,12.5%速保利可湿性粉剂 4 000～5 000 倍液,或用 25%敌力脱乳油 4 000 倍液加 15%三唑酮可湿性粉剂 2 000 倍混合液效果明显。

5. 菜豆灰霉病

【**症　状**】 苗期发病时,子叶呈水渍状变软下垂,以后叶缘长出灰色霉层。成株发病时,首先从根向上 11～15 厘米处出现纹斑,周围深褐色,中部淡棕色至浅黄色。干燥时病斑表皮破裂呈纤维状,潮湿时病斑上生出一层灰色毛霉层。从蔓分枝处侵入时,分枝处形成小溃斑并凹陷,继而萎蔫。叶片受害多从叶尖开始,呈"V"字形向内扩展,初期水渍状,淡褐色,也可在中间形成浅褐色斑块,湿度大时病斑上出现灰色霉层。开花结荚期,先侵染开败的花,后扩展到荚果,病斑由淡褐色变为褐色至软腐,表面生灰霉。

【发病条件】 病原菌以菌丝、菌核或分生孢子越夏或越冬。越冬的病菌以菌丝体在病残体中营腐生生活,不断产生分生孢子,进行再侵染。菌核有较强的抗逆性,存活时间长,一旦温、湿度条件适宜,即长出菌丝或孢子梗,直接侵染植株,传播危害。此菌可随病残体、水流、气流、农具及衣物等传播,腐烂的病果、病叶、病卷须、败落的病花落到健康部位即可引起发病。菌丝生长适温13℃～21℃,病菌产生孢子的温度范围为1℃～28℃,最适温度为21℃～23℃,湿度大时传播病害,一般达90％以上。孢子发芽最适温度为13℃～29℃,但相对湿度必须达到95％以上。该病侵染一般先削弱寄主病部的抵抗力,随后引起腐烂发霉。因此在日光温室和塑料大、中棚内,只要具备高湿和20℃左右的气温,灰霉病极易流行,侵染速度快,危害时期长。

【防治方法】 加强棚室温、湿度管理,注意通风排湿;及时摘除病叶、病荚并带到室外销毁;当出现零星病叶时,应开始喷花防治。常用药剂有:50％速克灵可湿性粉剂1 000～1 500倍液,或50％农利灵可湿性粉剂1 000～1 500倍液,或60％扑霉灵可湿性粉剂600～800倍液,或50％灰霉王500～800倍液,或65％万霉灵1 000～1 500倍液,或70％菌核净800～1000倍液,或50％扑海因可湿性粉剂1 000～1 300倍液,每隔7天喷1次,连喷2～3次,或用5％万霉灵进行喷粉,每667平方米喷粉1.5千克。

6. 菜豆菌核病

【症 状】 发病时,多从近地面茎基部或第一分枝处开始受害。初为水渍状,逐渐形成灰白色,皮层组织发干崩裂,呈纤维状。

空气湿度大时,在茎的发病组织中腔部分有黑色菌核。蔓生菜豆从地面茎基部发病,可以使整株萎蔫死亡。

【发病条件】 病菌在病残体上、堆肥及种子上以菌核越冬,不产生分生孢子。该病易在比较冷凉潮湿的条件下发生。适温5℃~20℃,最适温度15℃,空气相对湿度为100%,持续时间16~24小时。菜豆在棚室栽培,低温、阴雨、通风量小、植株柔嫩的情况下,极易发生菌核病。

【防治方法】 选留无病种株并对种子进行消毒处理,以杀死种皮的菌核;合理轮作倒茬,深翻土壤并用敌克松做土壤处理,每667平方米用量1.5千克;及时清除病叶、病株及田间杂草;采用地膜覆盖栽培,合理施肥,避免偏施氮肥;发病初期结合清除病株喷洒农药,每隔10~15天喷1次,连喷3~4次。常用药剂有:25%多菌灵可湿性粉剂400~500倍液,50%甲基托布津可湿性粉剂500倍液,40%菌核净可湿性粉剂1 000~1 500倍液。

7. 菜豆细菌性疫病

【症　状】 叶片感病从叶尖或叶缘开始,初呈暗绿色,油渍状小斑点,扩大后呈不规则形,病部变褐而干枯、薄而半透明状,周围出现黄色晕圈,并溢出淡黄色菌脓,干燥后呈白色或黄色菌膜。严重时叶片上的病斑相连,全部枯萎、破碎。嫩叶受害时变成扭曲状,皱缩脱落。茎部发病时,病斑呈红褐色溃疡状条斑,中央凹陷,当病斑围茎1周时便萎蔫死亡。豆荚发病时,病斑呈圆形或不规则形,红褐色,最后变为褐色,中央稍凹陷,有淡黄色菌脓,严重时全荚皱缩。种子受害时种皮也出现皱缩。

【发病条件】 病原细菌的菌体均系短杆状。随病残体在土壤或种子上越冬,成为初侵染源,借风、雨、昆虫传播,经气孔、水孔或伤口侵入,引起茎叶发病。温度在24℃~32℃,叶面有水滴是发生此病的重要条件,此外肥、水不足、偏施氮肥、密度过大、大水漫灌等都容易诱发此病。

【防治方法】 选用抗病品种;注意通风降低湿度;播种前进行

种子消毒;发病初期可喷药防治,每隔 10 天 1 次,连续喷 2～3 次。常用的药剂有:"401"抗菌剂 800～1000 倍液,硫酸链霉素或农用链霉素 3 000～4 000 倍液,77％可杀得可湿性微粒粉剂 500 倍液,14％络氨铜水剂 300 倍液等。

8. 菜豆红斑病

【症　状】　菜豆红斑病主要危害叶片和豆荚。叶片感病时,病斑近圆形或不规则形,有时沿叶脉发展,病斑 2～9 毫米,红色至褐红色,病斑背面密生灰色霉层,病叶正面和背面都生有霉层。豆荚感病时,初期形成较大的红褐色斑,病斑中心黑褐色,后期密生灰黑色霉层,失去商品价值。

【发病条件】　病原菌以菌丝体和孢子在病残株上越冬,成为翌年的侵染源。高温、高湿有利于病害的发生和流行。

【防治方法】　选无病株采种,播种前进行种子消毒;及时清除病残株体,收获后深翻并撒施 50％多菌灵可湿性粉剂,每 667 平方米 1.5 千克;发病初期用 65％代森锌可湿性粉剂 500～600 倍液,或 75％百菌清可湿性粉剂 600 倍液,每隔 6～7 天喷 1 次,连续喷 2～3 次。

9. 豇豆煤霉病　豇豆煤霉病又叫叶斑病,是棚室豇豆栽培发生严重的一种病害,主要危害叶片,严重时危害蔓、荚。

【症　状】　发病初期,叶片正反两面产生红色或紫褐色小斑点,扩大后呈近圆形病斑,边缘不明显,直径 1～2 厘米。潮湿条件下,叶背面病斑出现黑色霉层,叶正面病斑有时也有霉层,造成植株早衰,严重时蔓、荚均可发病。

【发病条件】　病菌以菌丝块附着于病残体上越冬,条件适宜时,菌丝块上产生分生孢子,借气流传播进行侵染。此菌发育适温为 7℃～35℃,以 30℃ 为佳,因此高温、高湿时发病严重。

【防治方法】　合理密植,增施优质农家肥;及时摘除病叶,减轻病害蔓延;加强环境调控,保持适宜的温、湿度;及早喷药,压住病势,每隔 5～7 天喷 1 次,连续喷洒 2～3 次。常用的药剂有

1∶1∶200倍波尔多液,75%百菌清可湿性粉剂 600 倍液,65%代森锌可湿性粉剂 500 倍液,50%甲基托布津可湿性粉剂 500 倍液,50%多菌灵可湿性粉剂 500 倍液等。

10. 豇豆花叶病

【症　状】　苗期感病后,幼嫩叶呈花叶和畸形,植株萎缩,甚至死亡。成株发病时,上部嫩叶褪绿成黄绿相间的花叶,其上散生或沿叶脉生有浓绿色斑,叶片扭曲,叶缘下卷,叶形缩小,生长受抑制。

【发病条件】　豇豆花叶病由花叶病毒侵染所致。毒源主要来源于寄主植物和种子带毒。在生长期主要由蚜虫传播,高温干旱、蚜虫多时发病严重,肥水管理不当、植株长势弱也易诱发此病。蔓生种较矮生种发病重。

【防治方法】　选用抗病品种,如之豇 28-2;建立无病毒留种田;加强肥水管理,防止植株老化;及早发现并防治蚜虫,发现蚜虫时及时喷40%乐果乳油 1 000 倍液,或 20%敌杀死乳油 800 倍液,或用一熏净熏杀效果很好。豇豆花叶病发生后,可用病毒灵 600倍液喷洒,每隔 7～10 天喷 1 次,连喷 3～4 次。也可在发病期喷洒 0.1%～0.5%的磷酸二氢钾溶液,并注意施肥浇水,这样可减轻损失。另外,在发病期喷洒豆浆(0.5 千克黄豆打浆,对水 50升),也有一定的防治效果。

11. 豇豆轮纹病

【症　状】　主要危害叶片、茎及果荚。叶片受病时,初期生浓绿色小斑,扩展呈褐斑,斑面有明显的赤褐色同心轮纹病,俗称"鸡眼病",上有少量霉层。病茎感病初期,呈浓色不规则条斑,后绕茎扩展,致病斑以上枯死。果荚病斑呈紫褐色,有轮纹,荚面稍凹陷。

【发病条件】　病原菌是豇豆尾孢菌,可在土壤中、病残株体、种子上存活,借风雨传播。高温、高湿条件、栽培密度过大、局部存水等是发病的主要因素。

【防治方法】 改善栽培条件,加大通风量,适当加大株、行距;及时摘除病叶;发病初期及时喷药,每隔 7～10 天喷 1 次,连喷 2～3 次。常用药剂有:77％可杀得可湿性粉剂 500 倍液,70％甲基托布津可湿性粉剂 1 000 倍液,80％代森锌可湿性粉剂 600 倍液,75％百菌清可湿性粉剂 700 倍液。

此外,豇豆还容易感染锈病,防治方法可参考菜豆锈病。

12. 蚜虫 蚜虫俗称腻虫,主要以成蚜和若蚜集在嫩叶背面、嫩茎、嫩荚、花及豆荚上吸食汁液。叶片受害后形成斑点,造成叶片卷缩。严重时植株死亡或不结荚。

高温干旱条件下利于蚜虫发生。温度为 22℃～26℃,空气相对湿度低于 75％极易发生。

【防治方法】 及时清除杂草,收获后深翻土壤。发现蚜虫时及时喷药防治,可选用的药剂如下:50％避蚜雾(抗蚜威)可湿性粉剂 2 000～3 000 倍液,21％灭杀毙乳油 6 000 倍液,20％速灭杀丁乳油 2 000～3 000 倍液,2.5％功夫乳油 3 000 倍液,2.5％天王星乳油 3 000 倍液,还可用 22％敌敌畏熏烟熏蒸,每 667 平方米用量 500 克,分放 4～5 堆,点燃后密闭 3 小时,杀蚜效果很好。

13. 豆荚螟 豆荚螟主要为害菜豆、豇豆的叶片、花及豆荚。卷叶或蛀放荚内取食幼嫩的种粒,荚内及蛀孔外堆积粪粒。受害豆荚,不堪食用并引起腐烂。花序及嫩梢受害后造成落花、枯梢,影响结荚。

豆荚螟以老熟幼虫在寄主附近结茧越冬。以幼虫蛀荚为害,温度为 28℃,相对湿度为 80％～85％时易发生。

【防治方法】 定期清除落花、落荚及被害叶片、豆荚;在幼虫蛀荚前及时喷药,从现蕾开始,每隔 10 天左右喷花蕾 1 次。常用药剂有:21％灭杀毙乳油 6 000 倍液,50％杀螟松乳油 1 000 倍液,25％菊·马合剂 3 000 倍液,苦楝素 200 倍液等。也可设黑光灯诱杀成虫。

14. 豇豆小地老虎 小地老虎又叫"地蚕",主要以幼虫在表土层或地表危害,寄主主要是幼苗。小地虎的幼虫,在 3 龄前将幼苗叶片吃成网状孔,4 龄后开始咬断幼苗嫩茎,造成缺苗断垄和大量植株死亡。

小地老虎以蛹和老熟幼虫在土壤中越冬,1~2 龄幼虫多集中在心叶和嫩叶上啃食叶肉,3 龄后幼虫危害最凶,主要在夜间活动。

【防治方法】 及时清除杂草,减少产卵场所和食料来源;毒饵诱杀 3 龄以下的幼虫,每 667 平方米用炒香的麦麸 5 千克拌 90%晶体敌百虫 10 克,水 300 毫升,撒在行间诱杀。发现小地老虎时,可用 90%晶体敌百虫 1 000 倍液,或杀螟松乳油 1 000 倍液,每隔 5~7 天喷洒 1 次,连续喷 3~4 次;也可用黑光灯诱杀成虫,或人工捕杀幼虫。

15. 豆野螟 豆野螟又叫豇豆荚螟、大豆卷叶螟,以幼虫蛀食豇豆、菜豆、扁豆、刀豆等表面少毛的豆科植物的花蕾、豆荚,造成大量落花、落荚,影响产量和品质。

豆野螟以蛹在土中越冬,高温、高湿时危害严重。

【防治方法】 参考防治豆荚螟所用药剂和剂量。

16. 温室白粉虱 温室白粉虱又叫"小白蛾子",属同翅目粉虱科。是保护地蔬菜生产中的一种主要害虫。以幼虫、成虫的针状口器吸食植物汁液,由于个体群集数量大,大量吸食造成叶片失绿,萎蔫,甚至死亡。同时幼虫和成虫还能排出大量蜜露,引起煤污病的发生,污染叶片和果实,另外还可以传播病毒病。

温室白粉虱在保护地栽培时,各虫态均可越冬。成虫是唯一活泼的虫态,对黄色具有强烈趋性,喜欢群集在植株上部嫩叶背面产卵,可两性生殖,也可孤雌生殖。温度在 25℃~30℃时适合成虫活动。幼虫蜕一次皮后,足和触角退化,不再移动而营固定生活,幼虫共 3 龄。

【防治方法】 合理安排茬口,清除杂草,减轻危害;培育无虫苗,育苗前用敌敌畏等药剂熏蒸灭虫,并将育苗温室与生产温室分隔开来;通风口设置尼龙纱网,避免外来虫源飞入温室;采用黄板诱杀成虫,育苗地块设置涂有机油的黄板(1 米×0.1 米),每 667 平方米 32~34 块;人工释放丽蚜小蜂;发现温室白粉虱时及时喷药,喷药最好在早晨进行,先喷叶面,后喷叶背。一般每隔 5~7 天喷 1 次,连续喷 3 次左右。常用的药剂有:25％扑虱灵乳油 1 500~2 200 倍液,2.5％天王星乳油(联苯菊酯)2 000 倍液,25％灭螨猛(甲基克杀螨)乳油 1 000~1 500 倍液,20％增效氰马乳油 1 000 倍液,2.5％功夫乳油 5 000 倍液,21％增效氰马乳油 4 000 倍液,20％灭扫利乳油 2 000 倍液等。另外,还可用 22％敌敌畏熏烟剂于收工前熏蒸,效果很好,每 667 平方米 0.5 千克。

四、荷兰豆

(一)荷兰豆栽培的生物学基础

1. 形态特征

(1)根　荷兰豆主根明显且发育较早,入土深度可达 1~2 米,侧根较稀,但粗壮,主要分布在 20 厘米左右的土层中。根瘤菌发达,多集中在 1 米以内的土层中。根系木栓化早,不宜移植,可采用直播或护根育苗措施进行栽培。

(2)茎　荷兰豆的茎圆形或近四方形,中空,表面覆蜡质或白粉。根据其生长习性分为矮生、半蔓生和蔓生等 3 种类型。矮生种一般节间较短,植株直立,分枝性较弱;蔓生种节间较长,分枝性较强,需搭架或吊蔓栽培;半蔓生品种介于矮生种和蔓生种之间。

(3)叶　荷兰豆的叶为羽状复叶,互生,有小叶 1~3 对,小叶卵圆形或椭圆形。顶端的 1~2 对小叶退化成了卷须,有攀缘性。叶基部有一对耳状的大托叶,包围叶柄和基部的相连处。

(4)花　荷兰豆的花着生在叶腋间,为短总状花序。矮生种每一花序有 2~7 朵花,蔓生种每一花序有 2~3 朵花。营养充足时,每一花序可结荚 2～3 个。营养缺乏、发育不良时,每一花序只能结 1 荚。开花时间一般在早晨 5 时左右,盛开时间为上午 7～10 时,黄昏时分闭合。

(5)荚果 荷兰豆的荚果是指嫩荚,形状扁平长形,略弯曲,长 5～10 厘米,宽 2～3 厘米。

(6)种子 圆粒和皱粒两种,有绿、棕、土黄等颜色。千粒重 230 克左右,使用年限 1～2 年。

2. 对环境条件的要求

(1)温度 荷兰豆喜温暖气候,在温和湿润环境中生长最好。圆粒种子在 1℃～2℃条件下开始发芽,皱粒种子则需 3℃～5℃才能发芽。发芽的适宜温度为 18℃～20℃。出苗的最适温度为 12℃～16℃,在 16℃～18℃的温度条件下播种后 4～6 天,出苗率可达 90％以上。超过 25℃以上,发芽时间可缩短到 3～5 天,但出苗率则下降到 80％左右。出苗的最低温度在 8℃以上。荷兰豆幼苗具有较强的抗寒能力,能耐－4℃的低温,－6℃为致死温度,个别品种能耐－7℃～－8℃的低温。茎蔓生长适温为 9℃～23℃,开花期适温为 15℃～18℃,荚果成熟期的适温为 18℃～20℃,若高温干旱,导致荚果的纤维提前硬化而过早老熟,进而影响产量和商品品质。

(2)湿度 荷兰豆喜湿润,整个生育期内,都要求较为湿润的环境条件。苗期较耐旱,开花期最适宜的空气相对湿度为 60％～90％。当空气相对湿度低于 55％,土壤含水量降到 9.7％时,容易出现落花落蕾。所以棚室栽培时,浇水要保持见干见湿,防止土壤湿度过大或过小。

(3)光照 荷兰豆属长日照作物。发芽期和幼苗期对光照不敏感,结荚期要求强光。有些品种日照时数低于 10 小时不能开花,如黄淮海地区。日光温室栽培的荷兰豆,初冬遇连阴雨天气,导致很难正常开花结荚。

(4)土壤营养 荷兰豆对土壤条件要求不太严格。但较适宜有机质含量高、通透性良好的砂壤土或壤土,最适土壤 pH 值为 6～7.2。荷兰豆生长期间,对氮肥的需求量较大,同时还需要多量的磷、钾肥以及适量的硼、钼等微量元素,发促进植株生长和花芽分化,增加有效分枝,提高结荚率。

(二)茬口安排

1. 日光温室茬口安排

(1)冬春茬 一般在 10 月末至 11 月初播种育苗,11 月末至 12 月初定植,翌年 1 月中下旬开始采收。

(2)秋冬茬 8 月下旬至 9 月上中旬播种,9 月中下旬至 10 月上中旬定植,11 月上旬至 12 月中旬开始收获。

(3)早春茬 一般在 12 月中下旬浸种催芽、播种育苗,春节前后定植,4 月份开始收获。

2. 塑料大棚茬口安排

(1)春提早栽培 大、中棚内的地温稳定在 8℃以上。短期内最低气温不低于 0℃时定植,一般在 3 月中下旬,1.5 个月可开始采收。

(2)秋延后载栽培 7 月中下旬播种育苗,20～25 天后定植或直接播种,9 月中下旬采收,直到霜冻前结束。

3. 小拱棚短期覆盖栽培
温室育苗,小拱棚内不出现 0℃以下的低温时定植,经过通风锻炼后撤棚,较露地栽培采收可提前半个月左右。

(三)品种选择

1. 台湾 11 号
为我国台湾省育成的豌豆新品种。蔓生型,蔓长 150 厘米以上。分枝性强。花的旗瓣白色,翼瓣粉红色。豆荚扇形稍弯,长 6～7 厘米、宽约 1.5 厘米,荚厚 0.3～0.6 厘米,单荚重 1.55 克,青绿色。品质脆嫩,纤维少,有甜味,耐贮运,鲜销与加工两用。做速冻或加工罐头后,荚形不变,色泽鲜绿。种子粒型较小,黄褐色,略带浅红色,较光滑。北方冬季可用保护地栽培,生长适温为 10℃～20℃。从播种至初收约需 70～80 天,温度低时生长时间延长。

2. 延引软荚 吉林省延吉市种子公司从日本引入,并经系统选育而成的中早熟品种。植株半蔓生,植株高 140～160 厘米,生侧枝 1～2 个,花白色。从植株中部开始连续结荚,果荚绿色,短圆棍形,荚长 8 厘米左右,荚宽 1.7 厘米左右,单荚重 7～8 克,嫩荚内无果皮厚膜组织,无筋、肉厚、味甜。老熟荚皮为浅黄色,种子椭圆形,种子表面有皱缩,种皮绿色,每荚内有种子 5～7 粒,从幼苗出土至收获 55～60 天。

3. 草原 21 号 该品种系中早熟品种,株高 80～100 厘米,分枝性中等,结荚部位 60 厘米左右,每株结荚 12～13 个,花白色,嫩荚浅绿色,荚宽 2.5 厘米、荚长 10 厘米。豆荚鲜嫩,可整荚炒食、加工速冻等。为延长收获期,提高产量,在保护地种植可插架栽培。

4. 莲阳双花 植株生长势强,蔓生,蔓长 2 米以上,分枝多。叶深绿色,15～18 节开始抽出花序,单花或双花,白色。荚深绿色,种子圆形,黄白色,嫩荚供食,品质好。抗白粉病能力强,耐贮藏。

5. 饶平大花 从广东引进的品种。植株蔓生,株高 2～2.5 米,节间 10 厘米,从 10～12 节开花结荚,花紫红色。荚长 10～12 厘米、宽 2.5 厘米。每株结荚 20 个左右。嫩荚品质好,稍有弯曲。从播种至始收嫩荚 75 天,抗白粉病能力强。

6. 大荚豌豆 蔓生型,蔓长约 210 厘米。分枝性强。叶和茎均较粗大,托叶大,托叶与茎相连部分呈紫红色。始花发生于 17～19 叶腋,花紫红色。豆荚大,长 12～14 厘米、宽 3～4 厘米,浅绿色,荚略弯且硬,荚内种子凸起而不平滑。每千克鲜荚约 40 个。荚内有种子 5～7 粒。鲜种粒大而丰满,干种呈褐色或棕色,种皮略皱缩,千粒重约 480 克。从播种至初收嫩荚约 80 天,延续采收

40～50 天。豆荚爽脆,略有甜味,纤维少,品质佳。

7. 松岛三十日 软荚荷兰豆,是从日本引进的优良品种。抗逆性强,耐暑性好,在高温下能正常开花,坐荚良好,适于夏季栽培。蔓生型,蔓长约 150 厘米。花白色,双花双荚。豆荚中型,长约 8 厘米、宽 1.5 厘米,豆荚较直,鲜绿色,品质好。耐贮藏,加工后外观好。

8. 京引 92-3 引自日本,属半蔓性型品种。分枝多,早熟。始花节位 4～5 节,花白色。嫩荚青绿色,厚肉型,可春秋栽培,春季栽培从播种至初收 80 天。耐寒力强,抗病。

9. 夏滨豌豆 是从日本引进的耐热型荷兰豆品种。在夏季高温下坐荚良好。适应性较强,为半蔓生型。株高 70～90 厘米,红色花。荚中等大小,少纤维。除春季栽培外,还可于秋季保护地栽培,7～8 月份播种,11～12 月份采收。

10. 子宝三十日软荚豌豆 从日本引进的优良品种。耐寒力强,也耐高温,在夏季高温下结荚良好,适于春夏季栽培。为半蔓生型。蔓长 100～120 厘米,分枝性强。花白色,呈双生。一般出苗后 30 天出现蕾。豆荚较小型,长约 6.5 厘米、宽 1.3 厘米,鲜绿色,品质脆嫩,风味好。其花梗部位质脆,易于采收。

11. 乙女二号 从日本引进的耐病品种。适应性强,半蔓生型,蔓长。花粉红色,双花。豆荚青绿色,长 7～8 厘米、宽 1.5 厘米。品质优良,可做夏播。

12. 食荚大菜豌豆 1 号 由四川省农业科学院培育的早熟品种。矮生品种,不需插架,株高 60～70 厘米,株型紧凑,节间密,花白色,双荚率高,每株可结嫩荚 10～12 个,多的可达 20 多个。荚长 12 厘米、宽 2.5 厘米左右,每荚内有种子 5～6 粒。荚绿色,荚皮无筋,接近成熟时,荚皮变成黄绿色,但仍无筋,单荚平均重 7 克左右,脆甜可口,品质佳。从播种至开始采收青荚需 70～90 天。适宜春、秋两季栽培。

13. 溶糖 由美国引进。矮生种,植株生长势较强,株高70～

80厘米,结荚部位50厘米左右,花紫红色,嫩荚绿色,荚长11~12厘米、宽2.5厘米,青荚香甜,肉厚,品质优良,嫩荚含纤维少。一般每株结荚12~13个。干种子奶白色,千粒重300克左右。播种后75天可结荚。

14. 京引8625 从欧洲引进的品种中选出,属矮生型品种。株高60~70厘米,分枝1~3个。始花节位7~8节,花白色。豆荚圆柱形,横切肉厚而爽脆。长约6厘米、宽1.2厘米。每荚内有种子5~6粒,排列紧密,老熟后呈近似正方形,干籽绿色,千粒重201克。春播从出苗至嫩荚采收70天,延续采收20天。夏、秋露地栽培从播种至初收45天。冬季保护地栽培,9月上旬播种,11月上旬始收,可延续采收至翌年1月下旬。京引8625适应性很强,可分期播种,作为周年生产的品种。

15. 京引92-1 引自日本,属矮生型品种。株高70~80厘米。分枝2~3个。始花节位5~9节,花白色。豆荚圆柱形,粒大肉厚,种子排列紧密,干籽呈短圆柱形。质爽脆味甜,可生吃。春播从播种至初收约80天,可延续采收20天左右。抗白粉病,且耐湿、耐寒。

16. 京引92-2 引自日本,属矮生型品种。株高70~80厘米,分枝1~2个。始花节位5~6节。豆荚深绿色,圆柱形,肉厚味甜,干籽绿色。从播种至初收约70天,春播可延续采收20天;若秋播管理恰当,可延续采收60天。

(四)育 苗

1.播种前的准备 荷兰豆的播种前准备工作大体与菜豆、豇豆相同,所不同的是荷兰豆的种子在播前要进行低温处理,以促进花芽分化,降低花芽节位,提早开花、提早采收,增加产量。其处理方法是:先用15℃温水浸种2小时,浸种期间翻动种子,使种子充分吸水,种子发胀后捞出,放在容器内催芽,温度保持25℃～28℃,中间每2小时投洗1次,直至露出胚芽,然后在0℃～2℃低温条件下处理 10 天以上即可取出播种。一般在 20 天范围内,处理时间越长,降低花序着生节位,促进早开花的效果越明显。

2. 播种 基本同于菜豆、豇豆。

3. 苗期管理 播种后温度管理范围以 10℃～18℃为宜,此时出苗快、出苗齐,而且苗壮。如果温度低应加强保温;温度过高白天达到 30℃左右时,虽然出苗快,但难保全苗,所以应适当遮荫降温。子叶温度宜低,以 8℃～10℃为宜,从幼苗期至定植前,温度以 10℃～15℃为宜。定植前 5～10 天要降低温度炼苗,以利荷兰豆完成春化过程,保持 2℃左右的低温。荷兰豆育苗期间一般不间苗,塑料钵育苗应注意及时浇水,防止过于干旱,要干湿适度。

4. 壮苗标准 荷兰豆棚室栽培的适龄壮苗要达到 4～6 片叶,茎粗,节间短,无倒伏现象。

(五)定 植

1. 整地施基肥 整地施基肥与菜豆、豇豆相同。做成 1 米或 1.5 米宽的畦。一般 1 米宽的畦密植 1 行,或者隔畦与耐寒叶菜类套作时,1 畦栽 2 行。1.5 米宽的畦密植双行。

2. 定植方法 一般设施内土温稳定在 8℃以上,短期内最低温度不低于 0℃时定植荷兰豆最佳。

在已做好的畦内,按照行距开 12～15 厘米深的沟,按照一定的株距顺水栽苗,水渗后覆土。1 米宽的畦单行密植时,穴距为 15～18 厘米,每 667 平方米栽 3 000～3 600 穴,如隔畦与耐寒叶菜类间作时,穴距为 21～24 厘米,每 667 平方米栽 4 500～5 000 穴。

(六)定植后的管理

1. 冬春茬及早春茬定植后的管理

(1)水肥管理 定植时浇足定植水后,一直到现花蕾前一般不浇水施肥,以中耕松土为主,促进根系生长,控制地上部生长。现蕾后开始追施肥料,每 667 平方米追施复合肥 15～20 千克,表土见干时中耕保墒,具有控秧促蕾作用,以利多开花。第一花结成小荚,第二花刚凋谢,是荷兰豆进入盛荚期的标志,此时肥水齐攻,一般每隔 10～15 天结合浇水追 1 次肥,每 667 平方米追施三元复合肥 15～20 千克。

(2)温度管理 从定植至现蕾开花前,白天以 25℃～28℃ 为宜,温度高时,及时通风调整,夜间不低于 10℃。进入结荚期后,白天以 15℃～18℃、夜间 12℃～14℃ 为宜,最低不低于 5℃,否则会引起落花落荚。

(3)立支架或植株调整 当荷兰豆植株出现卷须时,就要立支架。一般用竹竿插成单排篱架,每米立 1 根竹竿,因荷兰豆蔓多又不能自行缠绕,可在竹竿上每 0.5 米距离拉一道绳子或细铁丝,使植株互相攀缘,再及时用细绳束腰固定。

当植株超过 15～16 节时,可在晴天摘心,促进侧枝的发生。为了防止落花,在花期用 30 毫克/升防落素,进行叶面喷肥,以提高开花结荚率。

2. 秋冬茬荷兰豆定植或直播后的管理 秋冬茬荷兰豆种植方法有 2 种,一种是育苗移植,另一种是直播。秋冬茬苗期正处于高温多雨季节,多数地区秋季幼苗有一段时间露地生长,针对以上特点,在管理上应注意以下几点。

(1)适宜深播 为防止干旱或雨拍,穴播后宜封堆覆盖,使种子上面覆土厚度达 8～9 厘米,待将出苗时或大雨拍后,刮去堆上 3～4 厘米厚的土,以利出苗。其株、行距参照冬春茬。

(2)注意扣棚膜时间 为使秋冬茬荷兰豆顺利完成春化阶段,幼苗必须经受低温过程,在 2℃～5℃ 条件下处理 5～10 天,扣膜宜在经过低温后进行。但不宜扣得过晚,以防遇到大寒流冻坏幼苗。扣棚后注意大通风,防止出现 25℃ 以上的高温,使荷兰豆幼苗慢慢适应设施内的环境条件。

(3)水肥管理要及时 秋季高温要防治止干旱,应及时浇小水,开花前不进行追肥,扣膜开花后,可参照冬春茬、早春茬的管理技术,并灵活进行。

(七)采　收

一般开花后 8～10 天,豆荚停止伸长、种子开始发育时是采收适期。采收早了,虽品质鲜嫩,但产量较低;采收晚了种子发育,不但品质下降,还会使植株早衰。

(八)病虫害防治

1. 豌豆褐斑病

【症　状】　荷兰豆褐斑病为真菌性病害,主要危害叶片、叶柄和茎蔓。叶片上初染病时,呈水渍状圆形斑,逐渐变成淡褐色、深褐色轮纹斑,边缘明显。叶柄和茎上,病斑稍隆起,深褐色至黑褐色。各部位病变的病斑均产生黑色小粒点,即分生孢子器。

【发病条件】　病原菌主要以菌丝体和分生孢子在种子、病株体上越冬,借气流传播。高温、高湿条件下有利于病害的发生和流行。

【防治方法】　选择抗病品种,选留无病植株留种;播前种子消毒,防止种子带菌;合理轮作,防止病原菌的再侵染;发病初期喷洒药剂防治。一般可喷洒 50%甲基托布津可湿性粉剂 700 倍液,或 70%百菌清可湿性粉剂 600 倍液,或 64%杀毒矾可湿性粉剂 600 倍液。

2. 豌豆白粉病

【症　状】　豌豆白粉病是真菌性病害,主要危害叶片。其次是茎蔓,果荚次之。发病初期,在叶的正、反面,幼茎上产生白色近圆形小粉斑,叶正面居多。其后向四周扩展或边缘不明显的边片白粉斑。严重时整个叶片布满白粉,整株枯死。

【发病条件】　白粉病在 10℃～25℃条件下均可发病,但能否流行主要取决于空气相对湿度和植株的长势。一般湿度大、植株生长势弱时利于白粉病的流行。

【防治方法】　加强棚室环境调控,加强通风排湿,切忌大水漫灌,特别是结荚期,防止空气湿度过高。初发病时,用多硫化钡进行防治,1 000克多硫化钡加水 1 000～2 000 毫升调成糊状,放置 8～10 小时后,再加 50 升水制成药液喷洒。或用 50％甲基托布津可湿性粉剂 800 倍液,或 15％粉锈宁可湿性粉剂 2 000 倍液,或 50％甲基托布津可湿性粉剂 500 倍液加粉必清 200 倍液喷洒,效果很好。

3. 豌豆潜叶蝇

【症　状】　豌豆潜叶蝇又称叶蛆,以幼虫潜叶为害。在叶内蛀道穿行,潜食叶肉。在叶面上可以看到曲折的蛇形隧道。叶肉被食,使表皮变成灰白色,可使整株叶片枯萎,大发生时,严重影响产量和品质。

潜叶蝇的为害全国各地都有发生,发生代数由北向南递增。在内蒙古、辽宁和华北地区,1 年发生 4～5 代,长江流域 1 年发生 6～7 代。由于棚室环境受到外界影响较小,可连续多代繁殖,发生较为严重。特别是秋荷兰豆幼苗,是潜叶蝇发生最多的时期,应彻底防治,以防在温室内越冬为害。

【防治方法】　施用充分腐熟的农家肥料;清除残株落叶,并全面消毒,防止前茬残留虫卵和线虫;抓准时机,在成虫产卵期和幼虫孵化期进行防治,效果明显;出现潜叶绳为害时,用有一定渗透作用的杀虫农药进行防治。可用 50％的氰戊菊酯乳油 600 倍液,或 2％的灭扫利水剂 2 000 倍液喷洒,或者用 5％敌敌畏乳油 500 倍液混合加入少量煤油,喷布效果很好。

五、甘蓝类蔬菜

甘蓝类蔬菜,有结球甘蓝(简称甘蓝,别名洋白菜、大头菜、卷心菜,茴子香、莲花白),花椰菜(别名菜花、花菜、白菜花),绿菜花(别名表花菜、茎花椰菜、西兰花、意大利芥蓝)。它们是十字花科芸薹属1～2 年生草本植物。

甘蓝类蔬菜起源于地中海至北海沿岸,具有适应性广、耐寒耐热性较强、营养丰富、耐贮运等特点。结球甘蓝以叶球供食用,是人们品味蔬菜、增加营养的大宗蔬菜种类之一。而花椰菜、绿菜花是一种细菜和健身蔬菜,尤其是绿菜花,历来是宾馆、饭店不可缺少的特菜之一。长期以来,甘蓝类蔬菜都是露地栽培,且生长期长,耐贮运,基本实现了周年供应,但是产品品质不佳,特别是近年来,广大消费者的消费水平不断提高,在蔬菜的选择上,不仅要求产品鲜嫩、色泽艳丽,而且还要营养丰富,品质优良等,仅仅依靠贮运是远远不能满足消费者的需求。所以近年来设施反季节类甘蓝蔬菜的栽培迅速发展,冬季、早春都有鲜嫩的产品上市。

(一)甘蓝类蔬菜栽培的生物学基础

1. 形态特征

(1)根 结球甘蓝、花椰菜、绿菜花的根系分布较浅,须根多,主要分布在 30 厘米左右的土层中。

(2)茎 结球甘蓝、花椰菜、绿菜花的茎为短缩茎和花茎。结球甘蓝的短缩茎是指营养生长期的茎,分为外短缩茎和内短缩茎。外短缩茎着生莲座叶,内短缩茎着生球叶。短缩茎越短,叶球抱合越紧实,产量和食用价值越高,而且也表明它冬性强,不易抽薹,是鉴别品质优劣的依据之一。

花椰菜的短缩茎一般不食用,较结球甘蓝的长而且粗些。茎上的腋芽不萌发,阶段发育完成后抽生花茎,顶端着生花蕾。绿菜花的茎大体与花椰菜的相同,只是主轴形成的花球收获后,茎上各叶腋处能继续产生侧花球。

(3)叶 结球甘蓝的基生叶和幼苗叶有明显的叶柄,莲座期以后的叶柄逐渐变短,叶色有黄绿、深绿、灰绿、蓝绿、紫红色等,叶表面光滑,肉厚,被有灰白色蜡粉,具有减少水分蒸腾的作用。叶球是结球甘蓝的同化产物的贮藏器官,有圆球形、圆锥形、扁圆形等。

花椰菜的叶片狭长,多为披针形或长卵形,叶色浅蓝绿,叶片较厚,表面有蜡粉。花球出现时,心叶向中心自然卷曲或扭转,可保护花球受阳光直射而引起变色。绿菜花的叶片披针形,叶色蓝绿或深蓝绿,蜡质层较厚,叶缘波曲,有缺刻,缺刻比花椰菜深一些。叶柄明显,狭长,基部叶腋处有浅槽,背圆形,中肋粗。

(4)花 结球甘蓝的花呈"十"字形,淡黄色。复总状花序,完全花。品种间和变种间都比较容易杂交。

花椰菜和绿菜花都是以花球为营养贮藏器官。花椰菜的花球是由肥嫩的主轴和很多的肉质花梗及绒球状的花枝顶端组成。一个花球主轴上约有 60 余个小花球,小花球体由 5 级肉质花枝组成。花球表面呈左旋辐射状排列。正常花球呈半球状,表面呈颗粒状,质地极为细密。由于组织过于致密,仅花球的花枝顶端能继续分化为花芽而开花。复总状花序,完全花,异花授粉。绿菜花的花球是由肉质花茎、小花梗和花蕾群组成,青绿色,扁球形,花球结构较松软。主茎顶端形成主花球,一般直径可达 8～15 厘米,重300～500 克。主花球收获后,各叶腋产生侧枝,顶端形成侧花球,侧花球一般只有 3～5 厘米。绿菜花花球的花茎较花椰菜长,分枝明显。花球形成后,条件适宜,花茎可迅速伸长,花蕾开花。

(5)果实和种子 长角果,种子圆球形,千粒重分别为:结球甘蓝 3.3～4.5 克,花椰菜 3～4 克,绿菜花 3.5～4 克。

2. 对环境条件的要求

(1)结球甘蓝对环境条件的要求 结球甘蓝喜温和气候,既耐寒又耐热。生长的适宜温度范围 7℃～25℃。但不同生育时期对温度的要求有所差异。种子发芽适温 18℃～20℃,2℃～3℃下发芽缓慢,地温在 8℃ 以上时才易出苗。刚出土的幼苗抗寒能力稍弱,当具有 6～8 片叶时,幼苗的耐寒、耐热能力增强,而且能耐 −2℃～−5℃的低温,经过低温锻炼的幼苗还能耐短期 −8℃～−12℃的严寒。幼苗期和莲座期还能适应 25℃～30℃的高温,幼苗生长适温 20℃左右,叶球生长适温为 15℃～20℃,昼夜温差大,有利于养分的积累且结球紧实。成熟叶球在 −2℃～−3℃下易受冻,晚熟种可耐短期-5℃～-8℃的低温。

结球甘蓝属长日照作物,在植株没有通过春化情况下,长日照有利于营养生长。

结球甘蓝生育期间,要求比较湿润的栽培环境。适宜在空气相对湿度80%～90%,土壤湿度70%～80%的环境中生长,其中对土壤湿度要求严格。

结球甘蓝对土壤的适应性较强,并可忍耐一定的盐碱。生育期间对土壤营养元素的吸收量比一般蔬菜多,前期消耗氮素较多,莲座期达到高峰,叶球形成期消耗磷、钾较多。吸收氮、磷、钾的比例约为3∶1∶4。另外,生长过程中不能缺钙,一旦缺钙就会发生干烧心。

(2) 花椰菜对环境条件的要求 花椰菜为半耐寒性蔬菜,喜温暖湿润的气候,既不耐炎热干燥,也不耐霜冻,其耐寒、耐热能力均不如结球甘蓝,生育期适温范围比较窄。种子发芽适温为20℃～25℃,幼苗容易徒长,在15℃～20℃条件下可培育出健壮的幼苗。莲座叶生长适温为15℃～20℃。花球形成要求凉爽气候,适宜温度为14℃～18℃。气温低于8℃,花球生长缓慢。1℃以下易受冻害,超过30℃很难形成花球。

花椰菜属于长日照作物,但对日照要求不十分严格。营养生长期间,较长的日照及较强的光照可使植株生长旺盛,在花球形成期要折叶遮盖花球,避免阳光直射,保证花球品质良好。

花椰菜喜湿润环境,既不耐旱又不耐涝,对水分要求比较严格。以土壤湿度70%～80%,空气相对湿度80%～90%为最适宜。

花椰菜对土壤选择比较严格,适宜在有机质丰富、疏松深厚、保水保肥和排水良好的壤土或砂壤土上栽培。土壤适宜pH值5.5～6.6。在整个生长过程中,花椰菜对氮肥尤为敏感,需要充足的氮素营养,特别在莲座期,更需要充足的氮素。在花球发育过程中,除供应氮素营养外,还需要较多的磷、钾肥,以促进糖分的积累和蛋白质的形成,有利于花球的形成。花椰菜喜肥,耐肥。但一定要合理施肥,吸收氮、磷、钾的比例为 3.1:1:2.8。花椰菜对钼、硼、钙、镁等营养元素反应十分敏感,缺钙花球容易发生黑心病;缺硼时常引起花球中心开裂,花球花轴空洞,花球变成锈褐色,味苦;缺钼则叶片呈鞭状卷曲,生长迟缓;缺镁老叶变黄,降低植株光合功能。

(3)绿菜花对环境条件的要求　绿菜花与花椰菜相比,适应性更广,抗逆性强。种子发芽温度为 $10℃\sim35℃$,最适温度为 $20℃\sim25℃$,幼苗期生长适温为 $15℃\sim20℃$,其耐寒、耐热性较强,可忍耐 $-10℃$ 的低温和抗 $35℃$ 的高温。莲座期生长适温为 $20℃\sim22℃$,花球生长适温为 $15℃\sim18℃$,$25℃$ 以上时花球发育不良,$5℃$ 以下则生长迟缓。

绿菜花属长日照植物,对日照长短的要求因品种而异。有的品种一定要在长日照条件下才能形成花球,而有的品种却对日照长短的要求不严格。绿菜花在生长发育中喜欢充足的光照,也不必用叶片遮盖花球。

绿菜花较喜欢湿润环境,对水分的要求量比较大。最适宜的土壤湿度为 $70\%\sim80\%$,空气相对湿度为 $85\%\sim90\%$。

绿菜花对土壤的适应性强,适宜在耕层深厚、土质疏松肥沃、排灌良好的砂壤土上栽培。土壤 pH 值为 $5.5\sim8$,但以 pH 值 6 最适宜。绿菜花对土壤养分要求比较严格,在生长过程中需充足的肥料,前期、中期需氮肥较多,后期不宜过多,应施用适量的磷、钾肥。此外还需要施用一定量的硼、镁微量元素。

(4)甘蓝类蔬菜花芽形成的条件　在冬季或早春栽培的结球甘蓝中,有时出现不结球就开花结荚的现象,这是先期抽薹,严重地影响了结球甘蓝的产量,其原因就是提前完成阶段发育,由营养生长转向了生殖生长,结球甘蓝由营养生长转入生殖生长需要 3 个条件:一是植株要长到一定大小,即茎粗 $0.5\sim0.6$ 厘米,具有 $5\sim6$ 片叶;二是要有合适的低温条件,即 $0℃\sim10℃$ 的低温,尤其以 $4℃\sim5℃$ 的低温最易抽薹;三是经历一定的时间,即在 $10℃$ 以下低温持续 45 天左右。具备这 3 个条件后,就通过了春化阶段,出现了不结球、直接抽薹开花现象。要避免这种现象,最有效的措施是控制好温度和肥水条件,缩短育苗期,使秧苗不能满足通过春化阶段所需要的条件。

花椰菜和绿菜花的产品是花球,花芽约形成必须完成春化阶段和光照阶段,才能开始分化。花椰菜和绿菜花从营养生长转入生殖生长时,也要求植株达到一定的生长量,一定的低温和低温持续时间。花椰菜通过春化的温度范围较宽,在 5℃～20℃ 的范围内都能通过,而以 14℃～18℃ 为最适宜。花椰菜通过春化阶段的温度条件因熟期而异,极早熟品种在 21℃～23℃,早熟品种在 17℃～20℃,15～20 天完成;中熟品种在 12℃～15℃,15～20 天完成;晚熟品种在 5℃ 以下,30 天完成。绿菜花的早熟品种,茎粗 0.35 厘米,气温 10℃～17℃,历时 20 天左右才能完成;晚熟品种,茎粗 1.5 厘米,气温 2℃～5℃,历时 30 天左右完成春化阶段。可见甘蓝蔬菜设施反季节栽培,必须根据当地气候条件及不同设施的性能,选择适宜品种,安排好茬口,调节好苗期温度,才能避免结球甘蓝先期抽薹,保证花椰菜和绿菜花的花球形成。

(二)茬口安排

1. 日光温室茬口安排

(1)秋冬茬 8 月中下旬至 9 月下旬播种育苗,9 月下旬至 10 月下旬定植,11 月上中旬到 12 月上中旬陆续采收上市。

(2)冬春茬 10 月下旬至 11 月上旬播种育苗,11 月下旬至 12 月上旬定植,翌年 2 月上中旬开始采收。

(3)早春茬 12 月上旬播种育苗,翌年 1 月上中旬定植,3 月下旬开始收获。

2. 塑料棚茬口安排

(1)大、中棚提早栽培 12 月中下旬在日光温室育苗,翌年 3 月上中旬定植,5 月上旬开始采收。

(2)大、中棚秋延后栽培　一般在 5 月中旬到 6 月中旬播种育苗,7 月中旬到 8 月中旬定植,国庆节前后上市。

(3)小拱棚短期覆盖栽培　1 月上中旬在日光温室育苗,3 月中旬定植,5 月中下旬开始采收。

(三)品种选择

1. 结球甘蓝品种

(1)中甘 11 号　中国农业科学院蔬菜花卉研究所育成的早熟春甘蓝一代杂种。植株开展度 46～52 厘米,外叶 14～17 片,叶色深绿,叶面蜡粉中等。叶球近圆形,叶球紧实度 0.53～0.64,球内中心柱长 5～7 厘米。叶球纵径 13 厘米、横径 12.5 厘米,单球重 0.75～1 千克。叶球脆嫩,品质优良。冬性较强,早熟,从定植到收获约 50 天。

(2)中甘 12 号　中国农业科学院蔬菜花卉研究所育成的极早熟春甘蓝一代杂种。植株开展度 40～50 厘米,外叶 13～16 片,叶色深绿色,叶面蜡粉中等。叶球近圆形,紧实度 0.57～0.6,中心柱长 4.5～5 厘米。单球重 0.6～0.8 千克。不易未熟抽薹,极早熟,从定植到收获约 45 天,比中甘 11 号早 5～7 天。冬性较强,不易发生先期抽薹,尤适于进行阳畦和小拱棚覆盖的春早熟栽培。

(3)中甘 15 号　中国农业科学院蔬菜花卉研究所育成的中早熟春甘蓝品种。植株开展度 42～45 厘米,外叶 14～16 片,叶色浅绿,叶面蜡粉较少。叶球圆球形,紧实度 0.6～0.62,中心柱长 5.7 厘米。单球重 1.3～1.5 千克。叶质脆嫩,品质优良,帮叶占 18.1%。不易未熟抽薹,抗干烧心病。

(4)中甘 17 号　中国农业科学院蔬菜花卉研究所新育成的以春季为主的春、秋兼用早熟甘蓝一代杂种。植株开展度约 45 厘米,叶色绿。叶面蜡粉中等,叶球紧实,近圆形,叶质脆嫩,品质优良,较耐裂球,耐未熟抽薹。早熟性好,从定植到收获约 50 天。

(5)中甘 18 号　中国农业科学院蔬菜花卉研究所育成的早熟

一代杂种。植株开展度平均为43～44厘米,外叶色绿,叶面蜡粉中等,圆球形,叶球紧实,耐裂球,球叶深绿,叶质脆嫩,中心柱长5～7厘米,单球重平均0.9千克左右,早熟性好,从定植到收获约55天。田间抗病毒病和黑腐病。适宜在我国华北、东北、西北等地区作早熟春、秋甘蓝栽培。

(6)**极早40天** 中国农业科学院蔬菜花卉所最新育成的极早熟春甘蓝一代杂种。植株开展度约40厘米,适于密植。外叶12～15片,外叶深绿色,叶面蜡粉中等。叶球近圆球形、紧实,叶质脆嫩,风味品质优良。冬性较强、不易未熟抽薹,抗干烧心病。从定植到商品成熟约40天,单球重0.65千克左右。适于我国北方地区春季露地及保护地种植。

(7)**鲁甘蓝2号** 由青岛市农业科学研究所育成,为杂种一代。植株矮小,植株高约23厘米,开展度45厘米左右。莲座叶绿色,叶面稍皱,蜡粉少。叶球圆球形、浅黄绿色,球高约14厘米、横径15厘米。单株叶球重0.5～0.6千克。该品种特点是早熟,叶球紧实,净菜率高,定植后40～50天便可收获。

(8)**春甘45** 中国农业科学院蔬菜花卉研究所最新育成的极早熟春甘蓝一代杂种。植株开展度38～45厘米,外叶12～15片,外叶绿色,叶片倒卵圆形,叶面蜡粉较少。叶球浅绿色,圆球形、紧实,叶质脆嫩,风味品质优良。冬性较强、不易未熟抽薹,抗干烧心病。从定植到商品成熟约45天,单球重0.8～1千克。

(9)**精选8398** 中国农业科学院蔬菜花卉研究所最新育成的早熟甘蓝品种。植株开展度40～50厘米,外叶12～16片,叶片绿色、倒卵圆形,叶面蜡粉较少。叶球紧实、圆球形,叶质脆嫩,风味品质优良,冬性较强,正常条件下不易未熟抽薹,抗干烧心病。从定植到商品成熟约50天,单球重0.8～1千克。

(10)**庆丰** 中国农业学院蔬菜花卉研究所和北京市农林科学院蔬菜研究所合作育成的一代杂种。植株开展度55～60厘米,外叶15～18片,叶色深绿色,叶面蜡粉中等。叶球近圆形,中心柱长

6～8厘米。中熟，从定植到收获70～80天。

(11)京丰1号　中国农业科学院蔬菜花卉研究所育成的中晚熟春甘蓝一代杂种。植株开展度70～80厘米，外叶12～14片，叶色深绿，蜡粉中等，叶球紧实、扁圆形，单球重2.5～3千克，冬性较强，不易未熟抽薹。从定植到商品成熟80～90天，丰产性突出。

(12)争春　上海市农业科学院园艺研究所育成的春甘蓝一代杂种。其亲本为早春和牛心两个自交不亲和系。植株开展度60厘米左右，外叶8～11片，叶球圆球形，纵径17.4厘米、横径16.8厘米，球内中心柱长7.4厘米、中心柱宽2.8厘米，叶球紧实度0.57，单球重1.5千克。早熟，不易未熟抽薹，越冬栽培从定植到收获约150天，适于长江中下游地区种植。

(13)中甘16号　中国农业科学院蔬菜花卉研究所育成的早熟秋甘蓝新品种。植株开展度53厘米左右，外叶绿色，叶面蜡粉中等，中心柱长4～6厘米。叶球紧实、近圆形，平均单球重1.4～1.5千克。早熟，从定植到收获60～65天。叶质脆嫩，品质优良。中抗黑腐病。

(14)中甘9号　中国农业科学院蔬菜花卉研究所育成的抗病、丰产、优质秋甘蓝一代杂种。株高28～32厘米，开展度60～70厘米，外叶15～17片、深绿色，叶面蜡粉中等。球高15厘米、球宽24厘米，中心柱长6.5～7.3厘米。单球重7.3千克。中熟，从定植到收获约85天，比晚丰早7～10天。抗病毒病(TuMV)和黑腐病，叶质脆嫩，品质优良，较耐贮藏。

(15)晚丰　中国农业科学院蔬菜花卉研究所和北京市农林科学院蔬菜研究所合作育成的秋甘蓝一代杂种。植株开展度65～75厘米，外叶15～17片，叶色深绿，叶面蜡粉较多，叶球扁圆，中心柱长8～10厘米。晚熟，从定植到收获100～110天，适应性广，抗寒性较强，较耐贮藏。

2. 花椰菜品种

(1)荷兰雪球　从荷兰引进的常规品种。株高55厘米，开展度 50 厘米左右,叶簇半直立。叶片长椭圆形、灰绿色,叶柄绿色、均有蜡粉,在 30 多片叶时现花球。花球圆形、白色,单球重 750 克左右。定植后 65 天左右收获。花球质地柔嫩,品质好。苗期耐热性强。适于北方地区夏、秋季栽培。

(2)瑞士雪球 从尼泊尔引进的常规品种。株高 53 厘米左右,开展度 58 厘米左右,长势强,叶簇较直立。叶片大而厚、深绿色、长椭圆形,先端稍尖,叶缘浅波浪状。叶柄短、浅绿色,叶柄及叶片表面均有一层蜡粉。20 片叶左右出现花球,花球白色、圆球形,单球重 0.5 千克左右。早熟。花球紧凑而厚,质地柔嫩,品质好。耐寒性强,不耐热,在高温情况下结花球小而品质差,且易遭虫害。适于北方地区早春保护地或露地栽培。

(3)耶尔福 从也门引入。植株生长势强,开展度小,株高 40 厘米。叶片长倒卵型,深绿色,有蜡粉。约 22 片叶时出现花球。花球洁白质密,匀称整齐,品质好,不易散球。花球高 5.8 厘米、横径 23 厘米,花球重 0.6 千克左右,耐寒性强,比瑞士雪球成熟早 5~7 天。

(4)白峰 天津市蔬菜研究所育成的耐热早熟秋菜花一代杂交种。白峰是我国第一个用自交不亲和系配制的杂种一代。约 20 片叶现花球,定植后 50~55 天成熟。收获期集中,可于秋淡季上市。株高 59 厘米、株幅 58 厘米,花球洁白细嫩、商品性好,平均单球重 700 克,经济效益高。

(5)雪峰 天津市蔬菜研究所育成,属春早熟菜花类型。株高 45 厘米,株幅 56 厘米。叶片绿色,腊质中等,20 片叶左右出现花球,花球白色、扁圆球形,花球较紧实,平均单球重 0.6~0.75 千克。定植后 50 天左右成熟,收获期较集中,适于早春露地、保护地栽培和部分地区的秋季栽培。

(6)淄花菜 1 号 系山东省淄博市农业科学研究所选育的夏花椰菜一代杂交种。生育期 110 天左右,从定植到初收花球约需 60 天。株高 40 厘米,植株较开展,叶色深绿,花球洁白、紧实,结球性好,品质较好,花球重 750 克左右,最大花球重 1 500 克。对病毒病和黑腐病抗性强,耐热丰产。

(7)东海明珠 50 天 浙江省温州市三角种业有限公司选育的早熟杂交一代(白)花椰菜品种。从定植到采收 50～60 天。株型紧凑,植株较矮壮,株高约 35 厘米,开展度 49～55 厘米。叶长 26厘米,叶宽 18 厘米,叶绿色,蜡粉中等。花球洁白不易散花,球形圆整紧实,单球重 0.5～1 千克。抗逆性强,品质好,熟期短,耐热不耐寒,持续高温干旱会产生毛球或小球。

(8)日本雪山 中国种子公司从日本引进的杂交一代种。植株长势强,株高 70 厘米左右,开展度 88～90 厘米。叶片披针形、肥厚、深灰绿色,蜡粉中等,叶面微皱,叶脉白绿,有叶 23～25 片。花球圆形、雪白、紧实,中心柱较粗,含水分较多,品质好,单球重1～1.5 千克。该品种耐热,抗病,定植到收获 70～85 天,春、秋栽培均可。

(9)津雪 88 天津市科润农业科技股份有限公司蔬菜研究所育成的花椰菜一代杂种。属春、秋两用型品种。株高 80～85 厘米,开展度 75～80 厘米,株型紧凑,适合密植;叶片灰绿色,蜡粉多,叶片向内抱合护球,花球雪白、极紧实,球型呈半圆形;抗芜菁花叶病毒病,兼抗黑腐病;春季栽培成熟期 45～50 天,为极早熟品种;平均单球重 1.2 千克。

(10)春雪 10 号 天津科润农业科技股份有限公司蔬菜研究所育成的花椰菜一代杂种。是最新春季抗寒专用品种,定植后55～60 天成熟,植株强壮,半直立型,内叶略拧抱,护球性好。花球洁白无毛,高圆形,非常结实,不易散球。平均单球重 1.2 千克。叶色深灰绿色,抗病性强。

(11)雪莲 为中晚熟秋花椰菜杂交一代新品种,由荷兰皇家种子公司育成。该品种植株生长势旺盛,定植后 80 天左右收获。也可春季栽培。株型半开张、较紧凑,外叶有良好的自动覆盖功能,秋季生产可不束叶。叶片肥厚、披针形,叶色深灰绿色,蜡粉中等。叶 20～30 片。株高 80～90 厘米,开展度 60～80 厘米。抗病性强。花球高球形、洁白坚实,整齐度高,深坐于叶丛中,免受阳光照射,因而能保持极好的品质,推迟几天采收不易散花。平均单球重 1.5 千克。花柄无杂色,商品性极好,适用于鲜食,亦可用于加工,对黑根病有较好的抗性。

(12)**东海明珠 80 天** 浙江省温州市三角种业有限公司育成的早中熟杂交一代(白)花椰菜品种。从定植到采收约 80 天。株高约 32 厘米,开展度 45～55 厘米,生长势强。叶较直立,叶长约 38 厘米、叶宽约 35 厘米,叶片厚、深绿色、蜡粉中等。花球紧实,色洁白,呈半球形,直径 16～18 厘米,单球重约 1.5 千克,品质好,口感佳,商品性好,耐贮运。

(13)**瑞雪特大 80 天** 浙江省温州市三角种业有限公司选育的优良品种。适应全国各地作秋花椰菜栽培。株高约 55 厘米,开展度 60～65 厘米,植株生长旺盛。叶片大而呈椭圆形,叶柄短宽,叶色深、灰绿色,叶质厚,蜡粉多,叶片内层扣抱,花球洁白、厚实,品质优良,净重约 1500 克。

(14)**超级白玉 100 天** 浙江省温州神龙种苗有限公司应用系统选育方法育成的中晚熟抗病丰产优良品种。该品种适应范围广,全国各地均可种植。植株生长势强,株型紧凑,结球部位低。株高 60～65 厘米,开展度 70～90 厘米,叶深绿、厚实,蜡粉中等,适期播种的植株生长至 30 片叶左右结球,花球紧密洁白,粒质细嫩,无茸毛,卷叶包球,生长整齐,球高 15～18 厘米、球宽 25～30 厘米,单球重可达 2000 克。从定植至采收约 100 天,栽培适应性广,适播期长。

(15)**成功 1 号** 浙江省瑞安市庆一蔬菜良种场育成的中熟杂交一代(白)花椰菜品种。从定植到收获约 100 天。一般株高 65 厘米,叶长 50～60 厘米,开展度 65～70 厘米,叶深绿色,长椭圆形,蜡粉较多,叶柄短,节间特别紧密,心叶多层扭卷护球。部分叶柄嵌入花球下方,使花球成圆球形,球高 23 厘米、球宽 27 厘米,花球洁白坚实,质地柔嫩,一般单花球重2～3千克,抗病性强,较耐涝、耐寒。该品种适应性较广,对霜霉病、黑腐病等抗性强,耐贮运,适宜速冻加工。

(16)东海明珠100天 浙江省温州市三角种业有限公司最新育成的中熟杂交一代(白)花椰菜品种。从定植到采收100天左右。株高约62厘米。叶长49～58厘米、叶宽25～35厘米,开展度68～72厘米,叶色深绿,椭圆形,蜡粉中等,节间紧凑。花球紧密洁白,粒质细嫩,无茸毛,卷叶抱球,生长整齐,球高15～18厘米、球宽25～30厘米,单球重可达2250克。该品种具有耐热、抗病、适应性强、容易栽培、优质高产等优点,但耐寒性较差,不适宜密植。

(17)丰花100 天津市农业科学院蔬菜研究所选育的中熟花椰菜新品种。适合春季栽培。株高85厘米,株展90厘米。叶片绿色,株型紧凑,内叶内扣保护花球,花球洁白,平均单球重1～2千克。

(18)秋王80天 浙江省乐清市椰丰种苗有限公司选育的杂交一代。在全国各地种植面积较大。该品种耐湿、耐热、抗病、口感好。株型中等,叶深绿色,蜡粉中等,植株强壮、整齐度好,内叶紧扣,花球雪白紧密,单球重2000克。从定植至采收80～85天。该品种适宜全国各地作秋花椰菜栽培。

(19)云山1号 天津市科润农业科技股份有限公司蔬菜研究所育成的花椰菜一代杂种。属秋晚熟花椰菜杂种一代,成熟期90天左右。株高80～85厘米,开展度70～75厘米。叶片深绿色,蜡质少,阔披针形,外部叶片向下翻,内叶护球。花球高半圆形,洁白,无毛,紧实。春栽平均单球重700～850克,秋栽平均单球重1270～2100克。品质优,商品品质好。抗病毒病,耐黑腐病,适应性强,丰产性和稳产性好。

(20)龙峰特大120天 浙江省温州龙牌蔬菜种苗有限公司选育的晚熟优良秋、冬栽品种。叶片较厚,叶柄宽且扁圆,叶面起皱、蜡粉多,叶长 46 厘米、宽 26 厘米,内层小叶片能合抱花球,外层大叶片共有 25 片。花球雪白紧密,结实重叠,单球重达 2 500 克左右。该品种不宜在严寒地区种植,黄河流域可在严霜到来之前将尚未成熟的如小碗大小的花球植株带土移植在温棚内,直至花球长大成熟才上市。

(21)东海明珠 120 天 浙江省温州市三角种业有限公司最新育成的中晚熟杂交一代(白)花椰菜品种。从定植到采收约 120 天。株型较大,心叶扭合,株高约 67 厘米,开展度约 82 厘米,生长势强。叶较直立,叶长约 55 厘米、叶宽约 35 厘米,叶片厚、深绿色、蜡粉多。花球紧实,颜色洁白,呈半球形,直径约 20 厘米,单球重约 2 千克,品质好,口感佳,商品性好,较耐贮运。

(22)冬花二号 郑州市蔬菜研究所选育花椰菜新品种。全生育期 235 天左右。叶片灰绿色,叶片肥厚,呈长椭圆形,蜡粉中等,花球洁白、紧实,株型中等,生长势强,植株开展度 50 厘米,株高 40 厘米,功能叶 25 片,单球重 0.9 千克。耐寒性极强,正常降温一般在 $-11℃\sim-6℃$ 的低温状况下,不需加任何保护措施,均可安全越冬。花球呈高圆形,花粒洁白细腻、极紧实。对花椰菜三大病害黑腐病、霜霉病、病毒病属抗性品种。成株可耐 $-6℃\sim$ $-11℃$ 的长期低温,及 $-17.9℃$ 的极端低温;花球可耐 $-3℃\sim$ $-5℃$ 的低温,是目前国内最抗寒、适应区域最广的品种。

3.绿菜花品种

(1)中青 1 号 中国农业科学院蔬菜花卉研究所育成的一代杂种。植株高 38~40 厘米,开展度 62~65 厘米,外叶数 15~17 片,最大叶片长 38~40 厘米、宽 14~16 厘米,复叶 3~4 对,叶色灰绿,叶面蜡粉较多。春季栽培表现早熟,定植至采收约 45 天。花球深绿,较紧密,花蕊较细,主花球重 300 克左右,侧花球 150 克左右。秋季栽培表现中早熟,定植至采收 50~60 天,花球深绿、紧密,花蕊细,主花球重 500 克左右。抗病毒病和黑腐病。适宜华北地区春、秋露地栽培,也可作保护地栽培。

(2)中青 2 号　中国农业科学院蔬菜花卉研究所育成的一代杂种。株高 40～43 厘米,开展度 63～67 厘米。叶片 15～17 片,最大叶长 42～45 厘米、叶宽 18～20 厘米,复叶 3～4 对,叶色灰绿,叶面蜡粉较多。花球深绿,较紧密,花蕊细。春季种植主花球重 350 克,侧花球重 170 克。较早熟,定植至采收约 50 天。秋季种植主花球重 600 克左右。中熟,定植至采收需 60～70 天。抗病毒病和黑腐病。适宜华北地区秋季栽培。

(3)碧杉　北京市农林科学院蔬菜研究中心育成的中熟一代杂交种。定植后 60 天收获,为主、侧花球兼收型。生长势强,株高 48～49 厘米,开展度 74～75 厘米,植株半直立,侧枝较多。叶色深绿,最大叶长 58 厘米、宽 24 厘米。花球紧密,无小叶,花蕾小、深绿,主花茎空洞少,主花球重 250～450 克。质地嫩脆,维生素 C 含量 140 毫克/100 克鲜重,产量、品质与进口品种相当,商品性好。

(4)碧松　由北京市农林科学院蔬菜研究中心利用自交不亲和系育成的新品种。适合于春季种植。表现为中早熟,定植后 55 天左右收获。生长势强,植株较平展。叶深绿色,叶面蜡粉多。花球紧密,花蕾小、深绿色,扁圆凸形。适合于春季种植,表现为中早熟,定植 55 天左右收获。露地种植主花球重 360 克左右,大棚种植主花球重 500 克左右。

(5)碧秋　由北京市农林科学院蔬菜研究中心利用自交不亲和系育成的新品种。适合于秋季种植,表现为中熟,定植后 65 天左右收获。生长势强,植株较平展。叶深绿色,叶面皱缩,蜡粉多。花球紧密,花蕾小、深绿色,圆凸形,主花球重 400 克左右。抗病毒病(TMV),兼耐黑腐病,主花球收获后,可采收侧花球。

(6)B53　由北京市农林科学院蔬菜研究中心利用自交不亲和系育成的新品种。适合于春露地和春、秋季保护地种植。表现为中熟,定植后 65 天左右收获。生长势强,植株半直立,叶面蜡粉多。花球着位较低。花球紧密,花蕾小、深绿色、圆凸形,主花球重

400 克左右。主花球收获后,可采收侧花球。

(7)绿莲 天津市蔬菜研究所育成的绿菜花杂交种。定植至成熟 65～75 天,中熟类型。植株较直立、半张开,侧枝较多、较发达,叶灰绿色,有蜡粉。中小花蕾、扁圆、灰绿色、紧实,单球重 300 克左右,商品性和品质优,营养价值高。经品质分析,维生素 C 含量 112.16 毫克/100 克鲜重,蛋白质含量 4.48%。接种鉴定结果:抗芜菁花叶病毒病,中抗黑腐病。茎叶生长发育适温 20℃～22℃,花蕾生长适温 15℃～18℃。温度低时花球变紫,花芽分化期遇高温会产生毛叶球花,花球膨大期温度超过 25℃ 时花球发黄、失绿、老化、松散。

(8)碧玉 北京市农林科学院蔬菜研究中心育成的中熟一代杂交种。该品种适合于春露地和春、秋保护地种植,表现为中熟,定植后 65 天左右收获,生长势强,株高 60 厘米,开展度 82 厘米,最大叶长 59 厘米、宽 26 厘米,植株半直立,花球着位较低,叶面蜡粉多,花球紧密,花蕾小、深绿、圆凸形,茎无空洞。无小叶,商品性极佳,主花球重 400 克左右。秋季种植主花球收获后可采收侧花球。

(9)青峰 江苏省农业科学院蔬菜研究所培育的新一代青花菜杂交种。株高 70 厘米左右,开展度 85～95 厘米。定植至始收 55～60 天。主花球形,平均单球重 400～450 克,花球高圆形,花蕾大小中等,球色深绿,花球紧实、直径 13～14 厘米。花球高圆形,花蕾中细、紧密、深绿,一致性好。生长强健,抗黑腐病及软腐病。

(10)天绿 台湾农友种苗公司育成的一代杂交种。株高约 36 厘米,有侧芽。定植后 55～60 天可以采收。花蕾为深绿色,花球整齐,适时采收时花球直径可达 20 厘米,单球重 600 克左右。蕾粒紧密细致,适应性强,适宜在全国各地种植。

(11)秋绿 台湾农友种苗公司育成的一代杂交种。该品种耐寒性强,主茎不易空心,株型较直立,叶色深绿,株高约 30 厘米,有侧芽但不发达。适时采收时花球直径16厘米左右,单球重500克左右。蕾粒细,花枝短,品质优,适应性强,适宜在全国各地种植。

(12)娇绿 台湾农友种苗公司育成的一代杂交种。该品种耐寒性强,株型较高,叶色深绿,有侧芽中等发达。定植后65天左右收获。适时采收时花球直径16厘米左右,单球重600克左右。蕾粒细密,花枝短,品质细嫩,适应性强,适宜在全国各地种植,尤其适宜在北方冷凉地区栽培。

(13)秋津 台湾农友种苗公司育成的一代杂交种。该品种耐寒性强,株型较高,叶色深绿,有侧芽,中等发达。属中晚熟品种,定植后60~65天收获。适时采收时花球直径16厘米左右,单球重550~600克。蕾粒细密,花枝短,品质细嫩,适应性强,适宜在全国各地种植,尤其适宜在北方冷凉地区栽培。

(14)翡翠绿 台湾农友种苗公司育成的一代杂交种。该品种耐热性强,植株生长势旺盛,主茎不易空心,株型直立;茎秆粗壮,侧枝少;生育整齐,成熟一致,属早熟、高产品种,定植后55~60天采收;花球硕大丰正,单球重600克左右,花蕾致密,蕾粒较粗,蕾色深绿一致,花枝较短,品质优良。适宜全国大部分地区种植。

(15)绿辉 由日本引进的优良品种。为中早熟品种,全生育期105天。叶片深绿色。植株根系发达,生长旺盛;花球形状好、呈球形、紧实,侧花球发育好,主花球收获后可以收获侧花球。抗霜霉病和黑腐病。该品种适应性广,可春、秋季栽培。

(16)绿岭 由日本引进的一代杂交种。为中早熟品种,全生育期100~105天。生长势旺盛,植株较高大;叶色较深绿,侧枝生长中等。花球紧密,花蕾小,颜色绿,质量好,花球大,单球重300~500克,最大可达750克。生产适应性广,耐寒性好,适合于春、秋露地种植和日光温室栽培。

(17)里绿 由日本引进的早熟品种,全生育期90天。生长势中等,生长速度快;植株较高,色泽深绿;花蕾小,质量好;单球重

200～300 克。每 667 平方米产量为 400～500 千克。适合于春、秋露地栽培以及春、夏栽培,具有较强的抗病性和抗热性。

(18)哈依兹 由日本引进的一代杂交种。植株生长势强,适应性广,可春、秋两季栽培。属中早熟品种,定植后 65 天左右可以收获,并且可以兼收侧花枝。花球整齐,鲜绿色,花蕾紧密、中细。耐热、耐寒,栽培容易,适宜在全国各地种植。

(19)绿丰 由韩国引进的中早熟品种,从定植到收获需 60～65 天。植株直立,侧枝较少,适宜密植,植株生育初期生长旺盛,易栽培。花蕾密集、呈绿色,单球重 200～300 克;品质好,具有较强的抗病性和抗热性。适宜于春季和夏季栽培。

(20)绿色哥利斯 由美国引进的早熟品种。植株高大,生长势较强。叶片为长卵形,叶面有蜡粉。花蕾深绿色,花球半圆形、致密紧凑,主花球直径 13～14 厘米,单球重 260 克左右。定植后 35 天即可采收,主花球采收后可继续采收侧花球。耐热性、耐寒性较强,适合于春、秋季栽培。

(21)优秀 日本坂田公司育成的春、秋两用的早熟青花菜新品种。具有早熟、长势旺、抗性强、花球品质优、出口合格率高等特点,是目前比较理想的早熟类型青花菜品种。植株生长势强、直立、高大,高约 60 厘米,开展度 50 厘米,易倒伏。叶色深绿,总叶数 18～20 片。早熟,从定植到 50％花球采收 65 天左右。耐寒。抗病性好,较抗霜霉病和黑腐病。对温度、湿度骤变不敏感,叶片不失绿发白,花茎不易中空。花球圆头形,鲜绿紧实,单球重约350 克。蕾粒细小,花球易产生柳叶状小叶。

(22)东京绿(宝冠) 由日本引进的一代杂种,是日本关东地区的主栽品种。生育期 95 天左右,从定植至初收约 65 天。植株中等,株型紧凑,分枝力极强,早期生长势旺盛,是顶、侧花球兼用种。花球半圆形,直径 14 厘米左右,花茎短,花蕾层厚,细密紧实,颗粒中等大小,深绿色,品质优良。顶花球单重 400 克左右。该品种抗病性、耐热性、耐寒性均强,适应性广,既适合春、秋季露地栽培,也可日光温室和大棚等保护地栽培,适宜鲜销或速冻加工。

(四)育　苗

1.播种前准备

(1)苗床准备　不论是露地育苗,还是保护地育苗,育苗场地一定要选择富含有机质、排水良好的地块,若在高温多雨季节育苗,必须设置遮阳网或苇帘遮荫,以便降温防雨。做成 1~1.2 米宽、5~6 米长的畦,搂平畦面后,撒施 2~3 厘米厚的腐熟农家肥,浅翻细耙,整平踩实即可播种。或者在做好的畦面上铺 5 厘米厚的营养土。其营养土按 4∶6 的比例将充分腐熟的农家肥与园土混合制成。

为了节约种子,省工少时,可选用 128 孔塑料穴盘进行无土育苗。基质选用蛭石加草炭或充分腐熟的马粪或腐叶土等,分别过筛后,按 1∶2 的比例混合。播种前用 50% 多菌灵可湿性粉剂 500 倍液加 80% 敌敌畏乳油 1 000 倍液对基质进行消毒,堆闷 24 小时后晾开待用。

(2)种子准备　播种前,用 50℃~55℃温水浸种 10~15 分钟,并不断搅拌,当水温降到 30℃ 时停止搅动,浸泡直至无干心便捞出,冲洗干净后用洁净的湿布包好,放在 20℃~25℃ 的温度条件下催芽,50% 左右的种子露白时即可播种。

为了减少苗期病害,在播种之前可用福尔马林 100 倍液浸种 10~15 分钟,或者用新型消毒剂绿亨 1 号 300 倍液浸泡 1 小时,取出后充分投洗干净后再播种。

由于花椰菜和绿菜花的种子价格较高,为了节省生产投入,保证出齐苗,播种前做好发芽试验很有必要。如果种子发芽率高,经过消毒处理后可以直接播种;如果种子发芽率低,消毒处理后的种子放在 20℃ 左右的水中浸泡 3~4 小时,取出用洁净的湿布包好,保持 25℃~30℃ 进行催芽一般约 3 天齐芽。

2.播种　选择晴天的上午播种,播后最好连续晴天,床温升高,出苗快而齐。

播种前,向苗床浇水,以 10 厘米厚土层浇透为宜。浇水时通过床面短时间的局部积水,可以看出床面是否平整,如有不平之处,可用备用的营养土找平后再播种。为使种子均匀地撒到床面而不滚动,待水渗下后再薄薄撒一层细土,然后播种。撒种要细致、均匀,播完后覆盖 1 厘米厚的营养土,最后覆盖地膜,起到保墒、提高地温的作用。

塑料穴盘无土育苗,可以人工进行点播,每穴 1～2 粒种子,播后覆盖 1 厘米厚的蛭石。将播好种子的穴盘挨个排在苗床中,从苗床一端浇水,直至水从所有苗盘下面向上湿透为止。

3. 苗期管理 播种后出苗前,白天温度保持 20℃～25℃,夜间不低于 10℃。出苗后适当降温,白天温度保持 15℃～20℃,夜间 10℃左右。幼苗出齐和破心时,于根际处各上 1 次土,防止幼苗倒伏,利于苗床保温保墒,同时适当间苗。

当幼苗具有 3～4 片真叶时即可分苗。分苗床的床土同于播种床,于晴暖天气分苗,株行距 10 厘米×10 厘米,也可直接将苗分栽到营养钵中。分苗后立即浇水,以后保持见干见湿,同时注意保温,白天温度保持 16℃～20℃,夜间不低于 10℃,尽量促进幼苗加速生长,但也应适当控制,避免幼苗徒长,即"以促为主,以蹲为辅"。缓苗后注意通风,适当降温并进行 1～2 次中耕。

整个苗期一般出苗前不浇水,出苗后及分苗后视情况浇水,保持床面见干见湿。每次浇水量不宜过大,浇水后要加强通风。尽量控制水分,促进根系发育,防止地上部徒长。

塑料穴盘育苗,每隔 5～7 天浇 1 次清水,并根据苗情浇灌用 0.05％的硫酸铵加 0.04％的磷酸二氢钾配制的营养液。不用分苗,只要将双株间开即可。

4. 壮苗标准 设施反季节栽培甘蓝类蔬菜关键是定植时培育出健壮的秧苗。具有 6～7 片真叶,叶片肥大,舒展,叶色深绿。节间短,茎较粗,株型紧凑,根系发达。壮苗定植后,由于生理苗龄大,营养物质丰富,成熟早,产量高,一般结球甘蓝需 50~60 天,花椰菜和绿菜花需 40~50 天,育苗期间温度较高时需 35~40 天。

(五)定　植

1. 整地施基肥　定植地块每 667 平方米撒施腐熟农家肥 5 000~6 000 千克,过磷酸钙 20~30 千克,深翻 30 厘米,耙细整平,然后做垄或做畦。垄作时,行距 50~60 厘米,垄高 12~15 厘米;畦作时,畦宽1~1.2 米,其长度依据设施的跨度(不包括通道及水沟)而定。平整后紧贴畦面铺地膜,用土密封边角,也可不铺膜,准备定植。

2. 定植方法和密度　定植前 1 天向苗床浇水,深达 10 厘米左右。定植时选择整齐一致的健壮秧苗,苗床可按 8~10 厘米见方起坨,营养钵移植的苗可将苗倒出来,坐水栽入定植穴内,水渗下后,用打孔土封好苗墩。最好将大小相同的苗栽在同一畦中,如果利用小拱棚栽培,栽完一畦后马上封严,以利保温。

定植密度根据品种而定。甘蓝早熟品种行、株距 30 厘米×35厘米,每 667 平方米栽苗 5 000~6 000 株;中熟品种行、株距 40 厘米×40 厘米,每 667 平方米栽苗 3 500~4 000 株。花椰菜早熟品种行、株距 40~50 厘米×30~35 厘米,每 667 平方米栽苗 4 000~4500 株。中晚熟品种行、株距 50~60 厘米×45~50 厘米,每 667 平方米栽苗 2 500~3 000 株。绿菜花早熟品种行、株距 50 厘米×40~45 厘米,每 667 平方米栽苗 3 000~3 300 株;中晚熟品种行、株距 50~60 厘米×40~50 厘米,每 667 平方米栽苗 2 500~3 000 株。

(六)定植后的管理

1. 结球甘蓝定植后的管理

(1)小拱棚短期覆盖定植后管理

①温度管理　定植后密闭保温 7~10 天,一般白天温度保持25℃~30℃,夜间 10℃~15℃,促进缓苗以利新根发生。新叶开始生长时,适当降温,开始通风,通常先在拱棚两面头通风,使棚内

白天气温保持 20℃～24℃,不超过 25℃,夜间 10℃～13℃,短时5℃左右。4月份,随着外界温度升高,通风量逐渐加大,在棚的两侧支口通风,保持适温。当外界最低温达 8℃～10℃时,可昼夜通风,在 4 月中下旬左右,逐渐加大通风量的条件下,可将棚膜撤掉或扣到相邻的畦面上,定植喜温性蔬菜。

②水肥管理　结球甘蓝定植缓苗后浇 1 次缓苗水,没铺地膜的,可在晴天中午揭开棚膜进行 1 次深中耕,促进秧苗及早发根,之后扣好棚膜。如果畦面铺膜可免去此道工序。在开始包心前,控水蹲苗,以加速莲座叶生长,促进球叶分化。开始包心时,结束蹲苗,结合浇水追施 10～15 千克尿素,也可追施粪稀,促进叶球紧实生长。以后每隔 5～7 天浇 1 次水,顺水追肥 2 次,其水量和施肥量可酌情掌握。叶球紧实后,在收前 1 周停止浇水,以免叶球生长过旺而裂球。

(2)塑料大棚和日光温室定植后管理

①温度管理　　结球甘蓝定植后密闭保温,白天温度保持25℃～30℃,促进缓苗发根。缓苗后适当降温,白天棚室温度保持20℃～24℃,夜间 10℃左右。白天温度达 20℃以上时开始通风,降到 15℃左右时闭风,日光温室温度在 10℃左右盖草帘保温。当外界最低气温达到 8℃以上时,逐渐加大通风量,防止温度过高,造成外叶徒长而影响包心,最后昼夜通风。

②水肥管理　　缓苗后浇 1 次透水,土壤半干时中耕松土,促进根系和叶片生长,以形成肥大的莲座叶,为早结球、结好球打好基础。结球甘蓝包心后,肥水齐攻,促进叶球生长,每隔 7 天左右浇 1 次水,肥水可交替进行。但是湿度不宜过大,以免引发病虫害,所以土壤见干见湿。在收前 1 周停止浇水,日光温室早春茬栽培应力争早上市。

2. 花椰菜定植后管理

(1)小拱棚短期覆盖定植后管理

①温度管理　　花椰菜定植于小拱棚内后,应密闭 7 天左右,高

温、高湿以利于幼苗缓苗扎根。缓苗扣棚温上升到 20℃时开始通风，使白天温度保持 20℃，夜间 10℃，但不低于 5℃，随着外界气温的升高，应逐渐加大通风量，以防高温条件下植株徒长，白天 18℃左右，夜间 13℃～15℃，当外界最低温度达 8℃～10℃时，可进行昼夜通风直至撤棚。

②水肥管理　花椰菜定植树后缓苗前一般不浇水，缓苗后浇 1 次水。如若基肥不足，可结合浇水冲施粪稀，促进缓苗后的及早发棵，以形成莲座叶，为结花球奠定基础。以后控水蹲苗，直到小花球的直径达到 3 厘米左右时结束蹲苗，蹲苗结束后加强肥水管理，每次浇水时可随水追施尿素或硫酸铵，每 667 平方米 10～20 千克，每隔 10～15 天追 1 次肥，也可随水冲施粪稀，促进花球肥大和品质鲜嫩。最好在花球膨大后喷施 0.1%～0.3%的硼砂，或 0.05%～0.1%的钼酸铵溶液 2 次。一般结球初期每隔 5～6 天浇 1 次水，后期 3～4 天浇 1 次水，收前 5～7 天停止肥水管理。

(2) 塑料大棚和日光温室定植后的管理

①温度管理　塑料大棚春提早花椰菜和日光温室冬春茬花椰菜，定植后密闭保温，白天温度保持 20℃以上，夜温 10℃，不低于 4℃～5℃。缓苗后适当降温，白天温度保持 15℃～18℃，夜间 13℃～15℃，当棚室内的温度超过 25℃时通风降温。随着外界温度的升高，逐渐加大通风量，当外界最低温度达到 10℃以上时可通底脚风，也可昼夜通风。以后根据棚室内的温度及天气情况进行通风，白天温度保持 20℃左右，夜间 10℃左右，到 4 月中、下旬可撤掉薄膜。

②水肥管理　定植缓苗后浇 1 次水，水量要大，尽量浇透，随水可冲施粪稀 15～20 千克，以后开始蹲苗。土壤干湿适宜时中耕松土，以促进根系生长。当小花球的直径达 3 厘米左右时，加大肥、水管理，促使花球膨大。结合浇水每 667 平方米追施硫酸铵 20 千克。在花球膨大期，一般每隔 5～6 天浇 1 次水。追肥 2～3 次，同时可喷施 0.2%～0.3%的硼砂或硼酸溶液。为了保证花球色泽洁白，

品质鲜嫩,光照过强时,可折叶遮盖花球,以提高产品品质。

塑料大棚秋延晚及日光温室秋冬茬花椰菜,定植后正处于高温季节,一般经2~3天后浇1次水,并进行中耕。缓苗后随水冲施硫酸铵20千克,干湿适宜时中耕松土,开始蹲苗。当小花球3厘米大小时追肥浇水,每隔5天左右浇1次水,10天左右施1次肥,每次每667平方米追施尿素10~15千克。随着外温的下降,尽量减少浇水次数和浇水量,以免温度下降过快,影响花球生长,采收前1周停水。

一般9月中旬以前大棚处于"天棚"状态,9月中旬以后可将四周薄膜放下,白天通风,温度保持在18℃~20℃,夜间10℃左右。10月中旬以后,大棚四周应围上草帘,保持最低温达5℃以上,短时出现1℃~2℃。日光温室9月下旬至10月初扣上薄膜,11月中旬左右覆盖草苫,每天室温降到10℃左右时盖草帘。花球开始膨大时,白天保持18℃~20℃,夜间10℃~12℃,清晨不低于8℃。

3.绿菜花定植后管理

(1)水肥管理 定植后随即浇定植水,7~8天后浇缓苗水。土壤干湿适宜时中耕松土,促进根系生长。以后应肥水齐攻,以促为主,使其在现花蕾前形成足够的叶片数和叶面积,为丰产打下充足的营养基础。因此在定植后15~20天时,结合浇水追施1次化肥,每667平方米追施复合肥25~30千克,当主花球出现后要重施1次复合肥,促使花球迅速膨大,避免因缺肥而使花球松散。主花球采收后,可根据侧花球生长情况,追施适量的肥料,在追肥的同时,最好喷施1~2次0.1%的硼肥溶液,可防止花球、花茎空心或腐烂,在花球形成期用0.5%尿素溶液叶面喷施,能促进花球膨大。

(2)温度管理 要以适合绿菜花各个时期的最适温度为原则。苗期和莲座期,室温白天保持20℃~22℃,不超过25℃,夜间8℃~10℃,不超过12℃,但也不能低于5℃。花球形成期白天温度保持在15℃~18℃,不超过20℃,夜间5℃~8℃,不低于5℃。注意通风排湿,特别注意防止膜上结水滴,以免水珠滴落在花球上造成花球腐烂,降低花球的商品价值。

(七)采　收

1. 结球甘蓝的采收　结球甘蓝因品种不同,生长期的长短也不同,一般采收期的确定是从定植时计算,极早熟品种 55～65 天,早熟品种 65 天左右,中熟品种 75 天左右。

当叶球顶部叶片发亮,用手压感觉比较紧实,表明叶球已长到极限。结球紧,品质佳,产量高。采收时由基部砍下,适当保留外叶,以保护叶球不受污染,影响品质。

2. 花椰菜、绿菜花采收　适时采收是保证花球品质优良的一项重要措施。采收过早,花球小,产量低;采收过晚,花球松散且老化,品质下降。

当花球充分长大,表面平整,边缘尚未散开时采收,此时产量和品质均达到较高水平。采收时,用刀在花球下 3～4 片叶处割下,保留 3～4 片小叶保护花球,避免损伤和污染。

(八)生理障害防治

1. 沤　根

【症　状】　幼苗出土后,根部不发新根,根皮呈锈褐色而后腐烂,逐渐全株萎蔫死亡,幼苗容易从土中拔起。

苗床温度低,光照不足,土壤湿度大时容易发生沤根。

【防治方法】　增施热性肥料,提高苗床温度;选择地势高燥、土质疏松的地块育苗;加强苗床管理,及时通风降湿,提高幼苗抵抗力;条件允许时可采用温床育苗或在温室内育苗。

2. 结球甘蓝僵苗

【症　状】　幼苗萎缩不长,叶片发黄,拔出幼苗时可看到幼苗根部朽黄,有部分根毛或主根朽坏。

当土壤温度低、湿度大时容易使结球甘蓝僵苗。

【防治方法】　增加光照,注意提高苗床温度,并适当补水,促进新根发生,使地上部恢复生长。

3. 僵花球和"瞎花球"

【症　状】　花球提早现出,花球僵小,有时小至"豆粒状"花球。其结果是花球小,产量低。

育苗期间温度太低,或定植后营养不足、株体受伤、干旱等,使植株营养生长受到抑制,诱发提早形成花芽,进而出现僵花球;长期低温,特别是5℃以下低温,使顶芽和花球受冻而出现不成花球和冻坏的"瞎花球"。

【防治方法】　正确选择品种,一般选用冬性强的早熟品种;适期播种,苗期温度不宜过低;及时供应肥、水,使植株在一定的生长期内完成营养生长。

4. 毛　花

【症　状】　花球顶端部位,花器的花柱或花丝非顺序性地伸长。毛花使花球表面不光洁,降低了商品价值。

毛花多在花器临近成熟时突然升温或降温,采收过迟形成的。

【防治方法】　根据品种特性,适时播种和定植;加强温度调节,防止温度过高或过低,适时采收等。

5. 散　花

【症　状】　花球表面高低不平,松散不紧实,有些品种或不适宜当地栽培的品种,花球枝梗伸长如鸡爪状散开,失去商品价值。

收获过晚,花球老熟;肥水不足,花器生长受到抑制;蹲苗过度,花球停止生长、老化等均易造成散花。

【防治方法】　适时采收,防止花球老化;适时结束蹲苗;蹲苗结束后加强肥水管理,保持适宜的温、湿度,以促进花球的迅速膨大等。

6. 干　烧　心

【症　状】　结球甘蓝的主要生理障害是干烧心,主要表现在球叶上。叶球外观正常,剥开球叶,可看到内部叶片边缘黄化,黄化后呈干纸状,叶脉呈暗褐色,病区有汁液发黏,并与健壮部分界明显。

干烧心的发生主要是由于植株生长快而土壤中钙供应不足，或供应不及时所造成的。另外蹲苗过重、结球期土壤缺水、氮肥施用过多等，影响对钙的吸收，导致干烧心。

【防治方法】 施用充分腐熟的优质农家肥，要氮、磷、钾配合施用；适当蹲苗，结球期要保持土壤湿润；从莲座期开始喷施0.5%的氯化钙溶液或0.1%的钼酸钙溶液，连续喷洒2～3次。

此外，花椰菜和绿菜花缺钙时，叶尖、叶缘变黄，呈现缘腐。可用石膏与10倍的农家肥混合后深施在根群附近，或用0.3%氯化钙水溶液叶面喷洒，每周喷施2次。缺硼时，叶片随叶缘向内侧翻转，叶柄出现小龟裂，生长点出现黑色坏死性疤斑。可用0.12%～0.25%的硼砂或硼酸水溶液进行叶面喷肥，每隔5～7天1次，连续喷2～3次，也可增施农家肥，提高土壤肥力。注意不要过多施用石灰肥料和钾肥，及时浇水，防止土壤干燥，预防土壤缺硼。

（九）病虫害防治

1.猝倒病

【症　状】 未出土或刚出土的幼苗均能发病。幼苗未出土时，胚芽和子叶腐烂。出土时，幼茎基部呈水渍状病斑，以后病部变黄褐色，缢缩变细，幼茎迅速倒伏地面。

【发病条件】 引起幼苗猝倒病的病原菌是腐霉菌。病菌在土壤中越冬，通过流水、带菌肥料或农具传播。此外，播种过密、移苗不及时、浇水过多、通风不良、用未消毒的旧床土育苗，均使病害加重。

【防治方法】 加强苗期管理，严格控制温、湿度，注意通风换气，提早分苗，严格选苗；对床土进行消毒处理，每平方米床土用福尔马林30～50毫升，加水1～3升，浇湿床土，覆盖塑料膜4～5天，然后去掉，经2～3周后播种；或者用50%多菌灵可湿性粉剂，每平方米用5～8克药，与10～15千克细土混匀，1/3铺底，2/3覆盖种子上；发现少量病苗时，应及时拔除病株，撒少量干土或草木灰降低湿度，同时可喷洒72.2%普力克水剂400倍液，或15%恶霉灵水剂 450 倍液，或 50％多菌灵可湿性粉剂 500 倍液，或 75％百菌清可湿性粉剂 600 倍液，每隔 5～7 天 1 次，连续喷洒 2～3 次。

2. 立枯病

【症　状】　此病发生较猝倒病稍晚，但延续时间长，一般发生在育苗中后期。发病时，幼茎基部产生椭圆形暗褐色病斑，以后病斑逐渐凹陷，扩大后绕茎 1 周，最后病部收缩干枯。病株白天萎蔫、夜间恢复，直至死亡仍直立不倒伏，病部生有不显著的淡褐色丝状霉。

【发病条件】　引起幼苗立枯病的病菌是半知菌亚门的丝核菌、镰刀菌。病菌在土壤中越冬，通过流水、农具或带菌肥料传播。此外低温寡照，地温低，湿度大，应用未经消毒的旧床土育苗等，都容易发病。

【防治方法】　同幼苗猝倒病。

3. 霜霉病

【症　状】　霜霉病主要危害叶片。幼苗期感病时，子叶背面产生浅黄色斑，严重时幼苗变黄枯死。成株发病时，叶片正面产生浅绿色的病斑，后变为黄色至黄褐色。病斑呈多角形。湿度大时，叶片两面产生白色的霉层，严重时，病斑连成片，呈暗褐色而干枯。

【发病条件】　病菌在病残体和土壤中越冬，也可在寄主组织内越冬。借气流、农具等进行传播，从叶片的气孔或表皮细胞间隙侵入，引起发病。气温较低、湿度大时利于该病的发生。

【防治方法】　种子处理，用 72％克霜锰锌可湿性粉剂，或 72％乙锰可湿性粉剂，按种子重量的 0.3％拌种；加强苗期管理，培育壮苗；改善栽培条件，控制温、湿度，选用无滴膜，采用地膜覆盖、软管灌溉，以提高温度，降低湿度；发病前，用 45％百菌清烟雾剂，每次每 667 平方米 200～250 克，傍晚密闭棚室熏烟，每周 1 次，连熏 5～7 次；发病初期，用 72％克霜星可湿性粉剂 500 倍液，或 72％克抗灵可湿性粉剂 600～800 倍液，或 80％疫霜灵可湿性粉剂 400～500 倍液，或 72％乙锰可湿性粉剂 400 倍液，或 58％甲霜锰锌可湿性粉剂 400 倍液,每隔 7 天左右喷 1 次,连续喷洒 3～4 次。

4. 黑腐病

【症　状】　黑腐病主要危害叶片,从幼苗到成株均可感病。幼苗发病时,子叶呈水渍状,逐渐蔓延至真叶,真叶的叶脉上出现小黑点或细黑条。成株发病时,多从叶片边缘开始,向下发展呈"V"字形黄褐色斑,病部叶脉坏死变黑,以后沿叶脉、叶柄扩展到茎部、根部,致使叶柄、茎、根部的维管束变黑色。严重时叶片枯死,可闻到霉菜干的气味,但不发臭。

【发病条件】　病菌在种子、土壤病残体中越冬,借流水、农事活动等进行传播,从叶缘气孔、水孔或伤口侵入寄主,沿维管束蔓延到茎部引起系统染病。另外高温、高湿、偏施氮肥、连作、施入未腐熟的肥料等情况下发病重。

【防治方法】　选用抗病品种,合理轮作;进行种子消毒,用农抗 715 水剂 100 倍液 15 毫升浸拌 200 克种子,吸附晾干拌种,或用相当于种子重量 0.3%～0.4% 的 50% 福美双可湿性粉剂拌种;发病初期,喷洒 72% 农用链霉素可溶性粉剂 200～250 毫克/升,或新植霉素 200 毫克/升,或 60%DT 杀菌剂 500～600 倍液,或 60%DTM₂ 500～600 倍液,或菜丰宁可湿性粉剂,每 667 平方米用药 750 克,加水 50 升,每隔 6～7 天喷 1 次,连续喷洒 3～4 次。

5. 黑斑病

【症　状】　发病初期多从外叶开始出现近圆形或不规则形、水渍状的病斑,灰褐色至黑褐色,中央常有明显的同心轮纹,周围有黄色晕圈。潮湿条件下,病斑部位生有黑色霉状物,严重时叶片枯黄致死。

【发病条件】　病菌主要以菌丝体和分生孢子在病株残体、种子及土壤中越冬。分生孢子借风、雨传播,从寄主气孔或表皮直接侵入。低温、高湿利于该病的发生。

【防治方法】　及时清除病残体,合理轮作,减少病菌来源;播种前进行种子消毒,用 50℃ 温水浸种 20 分钟,或用种子重量

0.3%的扑海因可湿性粉剂拌种。发病初期,可喷洒50%利得可湿性粉剂600倍液,或50%得益可湿性粉剂600倍液,或50%扑海因可湿性粉剂1000倍液,或75%百菌清可湿性粉剂500倍液,或40%多菌灵胶悬剂600倍液,每隔7天左右喷洒1次,连续喷洒3~4次。

6.灰霉病

【症状】 幼苗感病后,呈水渍状腐烂,病部生灰色霉层。成株从靠近地面的叶片开始,初为水渍状,湿度大时迅速扩大,呈褐色至红褐色。茎基部腐烂后,茎叶凋萎,逐步扩展至叶球腐烂,病部产生灰色的霉层。绿菜花感病,主要危害花球,病部长灰霉。

【发病条件】 病菌以菌核随病残体在土壤中越冬,借气流、雨水传播。当温度在13℃~29℃,相对湿度达90%以上时利于发病。

【防治方法】 定植前对棚室进行消毒。用10%速克灵烟剂,每667平方米1000克,密闭熏烟消毒;加强环境调控,降低棚内湿度;发病初期用烟剂或粉尘剂防治,可选用10%速克灵烟剂,每次每667平方米1000克;也可用50%农利灵可湿性粉剂1000~1500倍液,或76%灰霉特可湿性粉剂600倍液,或42%特克多悬浮剂2000倍液,或50%得益可湿性粉剂600倍液,或50%扑海因可湿性粉剂1000~1500倍液,或50%速克灵可湿性粉剂2000倍液,每隔7天喷1次,连续喷洒3~4次。

7.黑胫病

黑胫病又称根朽病、干腐病。以危害结球甘蓝为主。也危害其他十字花科的幼芽、茎等部位。

【症状】 苗期发病,子叶、幼茎和真叶均出现圆形或不规则灰色病斑,表面生有黑色小粒点。幼苗茎上的病斑条状,呈黑紫色,稍凹陷。成株期发病多从叶尖开始,病斑初为暗褐色,后扩大成中央灰白至褐色斑,表面密生小黑点,结球时易从茎部折断。

【发病条件】 病菌以菌丝体在种子、土壤或病残体中越冬,一般可存活2~3年,借气流、流水、昆虫等传播,从苗的伤口、气孔、水孔侵入。高温、高湿利于此病的发生。

【防治方法】 种子处理,播种前用 50℃ 温水浸泡 20 分钟,或用种子重量 0.4％ 的 50％DT 可湿性粉剂与 50％福美双可湿性粉剂拌种;进行床土消毒,可用 40％五氯硝基苯和 40％福美双各 8 克,加细土 40 千克,播种前浇足底水后,1/3 药土撒于苗床,2/3 药土覆盖种子;采用地膜覆盖栽培和软管灌溉,降低空气湿度;发病初期及时喷药,可用 60％福美双可湿性粉剂 600 倍液,或 75％百菌清可湿性粉剂 600 倍液,每隔 7～10 天喷 1 次,连续喷洒 2～3 次。

8.菌核病

【症　状】 主要危害茎基部、叶片或叶球。受害部位初呈边缘不明显的水浸状淡褐色不规则斑,后期病组织软腐,表面密生白色或灰白色棉絮状菌丝,并形成黑色鼠粪状菌核。病斑环茎一周后,植株便会枯死。

【发病条件】 病菌以菌核在病株残体、土壤、种子上越冬,借气流传播,当温度达 20℃ 左右,相对湿度 85％ 以上时,有利于病菌发育,发病严重。

【防治方法】 棚室消毒,定植前用 10％速克灵烟剂,或 10％腐霉利烟剂,每 667 平方米 □□□ 克,密闭熏烟消毒;种子漂洗,清除杂物,可用 10％盐水或 2□□硫酸铵水漂洗,清除杂物后,清水洗净晾干后播种;发病初期,喷 50％速克灵可湿性粉剂 1 000～2 000 倍液,或 50％腐霉利可湿性粉剂 1 200 倍液,或 50％多菌灵可湿性粉剂 600 倍液,或 42％特克多悬浮剂 1 200 倍液,每隔 7～10 天喷 1 次,或喷 5％灭克粉尘剂,或 5％灭霉灵粉尘剂,每次每 667 平方米喷 1 000 克,每隔 7 天喷 1 次,连续喷洒 4～5 次。

9.软腐病

【症　状】 初发病时,茎基部或叶球表面水渍状软腐,外叶呈萎蔫状下垂,以晴天中午最明显,进而外叶脱落,病部软腐有恶臭,在病组织内充满白色或灰黄色黏稠物,整株腐烂。

【发病条件】 病菌在病株或病残组织中越冬。借灌水、风、农家肥及昆虫传播,从伤口侵入。高温、高湿利于发病。

【防治方法】 及时清除病株,并用生石灰撒在病株穴内及周围进行土壤消毒。采用滴灌,减少发病条件;发现病株及时防治,可用72%农用链霉素可溶性粉剂3 000～4 000倍液,新植霉素4000倍液,每隔7～10天喷1次,连续喷2～3次,喷药时应将药洒到病株根部、底部叶片及叶柄上。

1. 菜 粉 蝶 菜粉蝶的幼虫称为菜青虫,成虫称为菜白蝶、白粉蝶,以幼虫食叶为害。

【症 状】 初龄幼虫在叶片啃食叶肉,残留表皮呈小形凹斑,3龄以后食叶成孔洞和缺刻,严重时将叶片吃光,仅剩叶柄和叶脉。甘蓝幼苗受害,轻者影响包心,重则整株死亡。此外菜青虫还排出粪便污染叶片、菜心和花椰菜的花球,降低蔬菜品质或引起腐烂。取食造成的伤口易被软腐病菌侵入,引起病害的流行。

菜粉蝶1年发生3～5代,以蛹在菜田附近的墙壁、屋檐、土缝、残株及杂草等背阴处越冬。翌年4月份开始羽化,产卵于叶背,孵化幼虫为害甘蓝。菜青虫发育最适温度20℃～25℃,相对湿度76%左右。

【防治方法】 及时清除残体落叶,深翻土壤,减少虫源。定植前用烟参碱乳油1 000倍液喷温室的墙壁等易于寄生处。集中防治并将幼虫消灭在3龄以前,可喷苏云金杆菌(复方B·t乳剂)1 000倍液,每667平方米用原药100～150克,或青虫菌粉600～800倍液。也可喷20%灭幼脲1号或25%灭幼脲3号胶悬剂1 000～2 000倍液,可使菜青虫死于蜕皮障碍,不污染环境,对天敌安全。还可用2.5%溴氰菊酯乳油3 000～5 000倍液,或5%卡死克乳油4 000倍液喷雾。

11. 小 菜 蛾 小菜蛾又称菜蛾、小青虫、吊丝鬼、方块蛾、扭腰虫等,主要以幼虫为害甘蓝类、白菜类等十字花科蔬菜的小叶片、嫩茎和幼荚。

【症 状】 初龄幼虫仅食叶肉,残留叶面表皮形成透明斑,或在叶柄、叶脉内蛀食形成小隧道。3龄以后常将叶片食成孔洞,严重时叶面呈网状,或只剩叶脉,幼虫并吐丝结网。苗期主要为害心叶,影响甘蓝包心。幼虫还取食留种株的嫩叶、嫩茎、幼荚及种子使产量降低。

【防治方法】 避免连作,收获后应及时清洁田园并烧毁受病害残体,可消灭大批虫源;菜蛾发生期间,安装黑光灯诱杀成虫;可用杀蝇杆菌、青虫菌粉500倍液,在气温为2℃以上时喷雾,或用昆虫几丁质合成抑制剂,使幼虫不能顺利蜕皮而死亡,可喷5%卡死克乳油3 000倍液,或40.7%乐斯本乳油2 000~3 000倍液,或40%菊·马乳油1 500~2 000倍液,或10%氯氰菊酯乳油2 000倍液。几种农药应交替使用。

12.菜 蚜 主要为害十字花科蔬菜的叶片。

【症 状】 成、若蚜均以刺吸式口器吸食寄主植物的汁液。被害植株失水卷曲,轻则叶片发黄,严重时叶片失水发软,扭曲,不结球。此外,蚜虫传播多种病毒,危害大。

菜蚜在东北、华北、西北等地1年发生10余代,以卵或成、若虫在蔬菜上越冬。蚜虫繁衍的最适温度为16℃~17℃,对黄色趋性强。

【防治方法】 利用黄皿、黄板诱蚜,每667平方米放置8块,或挂银灰色薄膜避蚜,膜条高不超过1米,每隔20~25厘米拉一条;保护天敌,释放寄生性天敌昆虫蚜黄蜂杀灭菜蚜;发现蚜虫及时防治,用50%辟蚜雾可湿性粉剂,每667平方米15~18克,对水30~50升喷洒,对菜蚜有特效,而且不杀伤天敌和蜜蜂,用20%万灵乳油1 000~1 500倍液,或48%乐蚜苯乳油1 000~1 500倍液,或20%克蚜增乳油1 000倍液喷雾。另外,可用蚜虫净烟弹,每枚50克,每667平方米用4枚,于收工前密闭熏烟。

4.黄曲条跳甲 俗称黄条跳蚤、地蹦子。寄主以甘蓝、花椰菜、白菜、芥蓝、萝卜等十字花科蔬菜为主,也为害茄果类、瓜类、豆类蔬菜,成虫、幼虫均可为害。

【症 状】 成虫咬食叶片,造成许多小孔或半透明斑点,并能咬食花蕾和嫩荚。苗期被害,生长点被咬坏,甚至吃光,造成缺苗断垄。幼虫为害根部,咬食根皮形成黑色蛀斑或弯曲虫道,或咬断须根造成小苗枯死;此外,被其为害造成的伤口,易受软腐病菌侵入,促使病害发生流行。

黄曲条跳甲在我国1年发生2～8代,以成虫在残株、杂草、土缝中越冬。翌年春成虫于气温回升到10℃左右时开始活动,早晚和阴雨天藏身于叶背或土块中,白天气温高时,活动性强,为害时有群集性和趋嫩性。产卵以晴天下午为多,散产于菜株周围湿润的土隙中或细根上,深1厘米。也可在菜株基部咬一小孔产卵于内。卵的孵化要求较高的湿度。温度超过34℃,成虫食量大增。

【防治方法】 收获后及时清理田园,清除残株、落叶及杂草,减少虫源;播种前深翻晒土,合理轮作;发现幼虫为害根部,可用50%辛硫磷乳油1000倍液,90%晶体敌百虫1500倍液,5%鱼藤精乳油1000倍液灌根。发现成虫时,可喷洒21%灭杀毙乳油4000倍液,2.5%溴氰菊酯乳油3000倍液,50%马拉硫磷乳油1000倍液,20%氰戊菊酯乳油3000倍液。也可用烟草粉1份加草木灰3份,或用烟草粉4份加消石灰粉5份,混匀后于清晨露水未干时撒到菜叶上,可以有效地防止成虫为害。

六、萝 卜

萝卜是以肉质根为产品的蔬菜,形状、色泽、大小有极明显的差别。形状有圆筒形、圆锥形、圆形、椭圆形、扁圆形,颜色有红、白、绿、紫,大小差别更明显,大萝卜重达3～5千克,甚至更大,小萝卜只有几十克。长期以来,北方秋季栽培大萝卜,贮藏越冬,春季栽培水萝卜,初夏短时期上市。萝卜的季节性很明显。近年来由于人民生活水平的提高,消费习惯的改变,大萝卜和水萝卜的反季节栽培也有了发展,利用日光温室和塑料大、中、小棚配套栽培,实现了大萝卜和水萝卜超时令上市,很受广大消费者欢迎。

(一)萝卜栽培的生物学基础

1.生育周期　萝卜为2年生植物,当年进行营养生长,先形成叶簇,再形成肥大的直根。肥大的直根是营养贮藏器官,经过休眠,翌年进入生殖生长阶段,抽薹开花结实。如果当年的生产过程中完成了春化阶段,再遇到长日照条件,就能越过肉质根形成阶段,直接抽薹开花结出种子。栽培上需要调节播种期,控制环境条件,保证营养生长的正常进行。

2.对环境条件的要求　萝卜比较耐低温,生长适温为5℃～25℃,最适为20℃左右,肉质根生长适温为13℃～18℃。长时间处于18℃以上,肉质根不能充实膨大,低于6℃生长缓慢。所以,长期以来露地栽培,都是靠调节播种期,使肉质根生长处在最佳温度时期。萝卜的幼苗期适应能力较强,但是多数品种在1℃～10℃条件下,经20～40天通过春化阶段,再遇到长日照及温暖的气候就能抽薹,所以春天不但不适合栽培大萝卜,水萝卜也需要选择适宜的播种期,才能避免未熟抽薹。

萝卜对光照要求中等,叶簇生长需要充足的光照,肉质根生长期间比较充足的光照也是有利的。但是光照过强影响温度升高,对肉质根的膨大和充实不利。

萝卜根系不深,耐旱能力较弱,生长期间水分不足生长缓慢,产量降低,品质粗糙,还容易产生辣味和糠心。但是空气湿度过大容易发生病害,棚室栽培应尽量降低空气湿度,保持土壤湿润。

萝卜以肉质根为产品,主要部分在地下生长,需要土层深厚、土质疏松、排水良好的砂壤土或壤土,充分腐熟的农家肥,才能生长良好。

(二)茬口安排

1.日光温室茬口安排

(1)大萝卜茬口安排　在北方广大地区,4～8月份,贮藏的大萝卜已经结束,市场上出现了空白。在日光温室栽培大萝卜,在此期间上市,因为数量较少,很受消费者欢迎,效益甚至高于果菜类蔬菜,生产成本较低,管理也比较省工。

(2)水萝卜茬口安排　水萝卜植株矮小,对温光适应能力强,可与多种果菜类蔬菜进行套作。利用果菜类蔬菜生育前期营养面积有剩余,直播在行间,共生一个阶段。由于生长期短,在主栽作物开始繁茂生长前即可收获上市。另外,水萝卜可利用边角空地,前底角下低矮低湿处栽培,不论冬春茬、早春茬都可进行,上市期都在塑料棚栽培以前,为早春增加花色品种。

2. 大、中棚茬口安排　大、中棚主要是早春栽培水萝卜,利用水萝卜生长期短的特点,在果菜类蔬菜定植前抢种一茬。但是必须提早扣棚,让土壤早化冻,还要选用生长期短、成熟整齐的品种。多数是套作,提前整地做垄,把水萝卜提前直播在垄台上,果菜类蔬菜定植在垄沟中,共生一段时时后,收获水萝卜。在不影响主栽作物正常生育的条件下,增收一茬水萝卜,并且提早上市。

3. 小拱棚短期覆盖茬口安排　利用小拱棚比露地环境条件优越,可提前扣棚(入冬前插拱架,春天早盖薄膜)。土壤化冻后播种,水萝卜收获后定植果菜类蔬菜。既可提早上市,又不误果菜类蔬菜定植期,起到一棚多用、降低生产成本、增加产值的作用。

(三)品种选择

1. 大萝卜品种　反季节栽培的大萝卜不宜选用秋季栽培的品种,因为从秋到春长期食用,已经没有新鲜感,对消费者吸引力差,应选用新品种。近年来在市场上销量较好的品种有以下几个:

(1)红丰　沈阳市农业科学院蔬菜研究所育成的一代杂交种。肉质根圆形、粉红色,肉白色,肉质根细嫩,产量较高。

(2)特新白玉春　由韩国引进的大白萝卜品种。叶簇开张,长势中等,株高42厘米,开展度70厘米。花叶、叶色浓绿亮泽,叶片21张,叶长47厘米。肉质根无颈,直筒形,长36厘米、横径7.8

厘米,侧根细,根孔浅,外表光滑细腻,白皮白肉,肉质致密、较甜、口感鲜美,单根重 1.2～1.5 千克,最大 4.6 千克。生长期中等,春、夏、秋栽培播种后 35 天肉质根开始膨大,52～80 天采收,冬播春收 90～140 天。

(3)天春大根 由日本引进的春萝卜品种。叶丛半直立,叶色深绿,叶面有毛刺,叶缘缺刻深。肉质根较大,长圆筒形,长 35～50 厘米,横径 7～9 厘米,青肩,表皮白嫩,肉质较坚实,肉质根 1/3 露出地面,味甜,单根重 1.5～2 千克,最大可达 3.5～4 千克。耐寒,耐抽薹,不易空心。

(4)夏速生萝卜 山东省农业科学院蔬菜研究所最新推出的春、夏、秋全能型一代杂交种。肉质根呈圆柱形,顶部钝圆,长 40 厘米左右,单重 600～800 克,大者可达 1 000 克。白皮、白肉,入土部分 3/5。品质好,多汁,生长速度快,生长期 55 天左右。

(5)绿星大红 沈阳市绿星大白菜研究所推出。肉质根圆形,根皮全红色,光滑亮丽。根肉白色。肉质细腻,外型美观,小顶小根,须根少,不裂果根,叶丛半直立,花叶,叶色深绿,抗病毒病、霜霉病、软腐病、黑腐病。抗逆性强,风味品质优,耐贮藏。60 天即可抢早上市,产值高,85 天收获产量高。单株重 1～3.5 千克。

(6)春白二号 是武汉市蔬菜研究所经多年选育而成的新品种。植株高 45 厘米,开展度 62 厘米,花叶,叶色深绿,小叶 11 对,叶面有刺,单株叶片数 18 片,肉质根柱形,根全长为 25 厘米,横径 5～6 厘米,根出土部分 10 厘米左右。皮肉均为白色。肉质细密,味甜多汁,春夏种植辣味轻。极少糠心和抽薹,单根重 0.32 千克。生长期 65 天左右,适合长江中下游地区种植。

2. 水萝卜品种

(1)小五缨 大连市农业科学院选育的品种。叶片小,每株 7 片叶左右,肉质根长圆锥形,生长后期近圆筒形,长 10～13 厘米,皮鲜红色,肉白色,肉质细密,品质优良,耐寒性强,从播种到收获 45 天左右。

(2)锥子把 肉质根圆锥形,生长后期近似圆锥子把,粗3厘米左右,长10~13厘米,表皮红色,肉白色,皮面光滑。叶长倒卵形。耐寒早熟,由播种到收获50~55天,收晚了容易糠心。

(3)水萝卜501* 大连市农业科学研究院选育。叶片较小,叶数较少,肉质根长、圆柱形,根重108克,形状、色泽俱佳,抽薹、糠心晚,性状稳定,商品性好。早熟。大连地区覆膜栽培的于3月上旬播种,4月下旬收获,口感好,甜脆不辣。

(4)红白20日大根 红、白两色樱桃萝卜,晚熟种,成熟期约30~35天,圆球形,基部亮红色,顶部1/3为白色,叶丛健壮,叶丛中高,适合露地及热带地区种植。

(5)40日大根 日本引进品种,品质细嫩、生长迅速、色泽美观,肉质根圆形,直径2~3厘米,单株重15~20克,根皮红色,瓤肉白色,生长期30~40天,适应性强,喜温和气候,不耐炎热,高温季节种植易变形。

(6)美樱桃 由日本引进的小型萝卜品种。肉质根圆形,直径2~3厘米。单根重15~20克。根皮红色,瓤为白色,具有生育期短、适应性强的特点,喜温和气候,不耐热,生育期30天左右。

(7)长白20日大根(小白萝卜) 由日本引进的小型萝卜品种。长形肉质根,直径1.5~2.0厘米,长度10厘米左右,瓤白色,根皮晶莹洁白,单根重15~20克,植株短小直立,株高20~25厘米,抗寒性强,耐热性较强,具有生育期短、适应性强的特点。生育期30~35天。

(四)栽培技术

1. 播 种

(1)整地施基肥 大萝卜翻地25~30厘米深,按55厘米的行距开沟,每667平方米施3 000千克农家肥,40千克磷酸二铵于沟内,然后合垄。水萝卜撒施农家肥,数量相同,翻地20厘米深,做小垄或做1米宽畦。畦作需疏松的砂壤土。垄作以25厘米宽的小垄为宜。

(2)种子用量 按 667 平方米栽培面积计算,大萝卜播种量需 400～500 克,水萝卜播种量需 1 500～2 000 克。

(3)播种方法 大萝卜按株距 25～30 厘米在垄台上刨坑,每坑播种 5～6 粒,种子在穴中散开。日光温室去掉靠后墙的通道,每 667 平方米播种 4 000～4 400 穴,大、中、小棚可播种 4 400～4 800 穴。土壤含水量适宜,播完种把种穴踩一脚,使种子与土壤紧密结合,有利于下层毛细管中的水向上运动,然后搂平垄面,保持覆土 1 厘米厚,在表土见干见湿时轻轻镇压垄台。土壤干燥可在整地前泼水造墒,或打底水播种;打底水的方法是用红砖在垄台上打坑,坑内浇水,水渗下后播种覆土。

水萝卜不论畦作或垄作都需要条播,1 米宽畦开 5 条沟,25 厘米宽垄开单沟,播种后顺沟踩一遍再盖土,表土见干时镇压。

2. 播种后的管理

(1)温度管理 播种后棚室密闭不通风,提高温度,可促使种子吸水快,出苗迅速整齐,一般 3 天即可出齐。出苗后适当降温,白天控制在 20℃～25℃,夜间保持 10℃左右,不低于 5℃。萝卜对温度适应能力较强,但是温度低生长缓慢,温度高肉质根纤维多,品质下降,肉质根膨大在 15℃～20℃最有利。棚室栽培在温度管理上尽量减少低温时间,防止通过春化阶段而提早抽薹,也要防止白天中午的高温对生长不利,所以保温和通风非常重要。

(2)间苗 萝卜播种时种子撒开,间苗不宜过早,因为肉质根是由下胚轴膨大长成的,适当晚间苗有利于下胚轴伸长。间苗可 2 次完成,大萝卜第一次在 2～3 片真叶时每穴留双株,第二次在 5 片叶左右已经破肚后定苗;水萝卜畦作每 667 平方米保苗 2.5 万株左右,垄作保苗 2 万株左右,第一次每穴留苗 4～5 株,第二次定苗隔株拔除。

(3)水肥管理 萝卜生长期间以土壤持水量 60%左右,空气相对湿度 60%为宜。幼苗期水分适宜,叶片生长快,很快形成较大的叶丛,能为长成肥大的肉质根打好基础。但是幼苗期氮肥和水分偏多,容易造成叶丛繁茂,生长重心偏于地上部,影响肉质根膨大,所以不论大萝卜和水萝卜,进入膨肚期都应控水蹲苗,进入肉质根膨大期浇水,保持土壤湿润。

水萝卜一般不需追肥,大萝卜生长期较长,基肥不充足时可结合浇水进行追肥,长势正常不需追肥。

3. 收获

(1)**收获期的确定** 大萝卜和水萝卜的收获期既有相同之处,又有区别。大萝卜的肉质根长到最大限度时产量最高,品质也最好,但是作为反季节栽培,往往根据市场需求,达到一定的商品成熟度,在价位较高时就可陆续收获。水萝卜收获期比较严格,必须在肉质根长到最大限度才能收获,收早了品质不佳,产量低,收晚了容易糠心,甚至失掉食用价值。

(2)**收获方法** 大萝卜收获时先把叶片全部摘除,然后把肉质根拔起。水萝卜带叶片拔起肉质根,留下4~5片叶,在距肉质根5~6厘米处捆成小把,每把5~6个肉质根,把上部叶片切齐,留下叶片的长度略短于肉质根,使红色肉质根配上绿叶,显得鲜艳美观,洗净泥土装筐上市。

(五)生理障害和病虫害防治

1. 糠心 大萝卜和水萝卜肉质根生长后期,由于生长过快,木质部的一些远离输导组织的薄壁细胞缺乏营养物质,细胞中糖分消失,可溶性固形物减少,同时还产生细胞间隙,因而出现糠心。其原因主要是肥、水不协调,肥、水缺乏或不均匀,以及氮肥偏多等。另外,水萝卜收获过晚也出现糠心。

2. 歧根 萝卜肉质根分杈叫歧根。不论大萝卜、水萝卜都能出现。萝卜只能由主根膨大成肉质根,侧根的功能是吸收养分和水分,不能膨大。当主根的正常生长受阻时,就要有一部分一级侧根变为肉质根,严重影响产量品质。主根生长受阻是遇到石砾阻碍生长,或有机肥未腐熟,伤害了主根。所以栽培萝卜需选择土质疏松,没有砾石的土壤,基肥要充分腐熟。

3. 肉质根开裂　萝卜生长后期肉质根有时发生纵裂和横裂或放射状开裂,原因是土壤水分供给不均匀或受机械损伤。肉质根正在膨大期水分不足,表皮已长成,一旦土壤中补充大量水分,肉质根内部膨胀,把表皮撑开,另外肉质根生长期间中耕锄草、松土碰伤肉质根会产生横裂。

4. 病毒病

【危害症状】　大萝卜和水萝卜发生病毒病时,幼苗心叶出现明脉及沿叶脉褪绿,出现花叶,叶片皱缩,叶脉上产生褐色斑点或白斑。成株发病,植株矮化畸形,严重影响肉质根肥大,品质极差,产量很低,严重时甚至绝产。

苗期高温干旱发病严重,病毒通过汁液摩擦传播,主要是由蚜虫传播。

【防治方法】　苗期控制好温度,保持土壤水分适宜,及时消灭蚜虫,加强管理,促进正常生长,可避免发生病毒病。

5. 软腐病

【危害症状】　软腐病是细菌性病害,在十字花科的白菜、甘蓝、萝卜上均能发生。萝卜发病肉质根腐烂,病部和健部界限分明,并常有汁液流出。

病菌由伤口侵入,地老虎咬伤,有机肥发酵过程中损伤根系,均能使病菌侵入造成危害。

【防治方法】　高垄栽培,施农家肥要腐熟,及时消灭地下害虫,浇水不漫垄可减少病害传播。发病初期喷200毫克/千克新植霉素或200毫克/千克链霉素防治。

6. 黑腐病

【危害症状】　萝卜黑腐病外部症状不明显,切开肉质根可以发现维管束变黑,严重时内部组织干枯,变为空心。

黑腐病是细菌侵染引起的,借浇水、昆虫传播,病菌从伤口或叶缘的水孔侵入导致发病。

【防治方法】 选不带病菌的种子,进行种子消毒,实行轮作。种子消毒可用福尔马林 200 倍液浸种 20 分钟,充分洗净后播种。发病初期喷布 60%抑霉灵或 2.5%瑞毒霉加 50%福美双(1∶1 拌匀)加水 500 倍液。

7. 炭 疽 病

【危害症状】 萝卜炭疽病开始在叶片发生苍白色水渍状圆形小斑点,后来扩大成灰褐色,稍凹陷,最后病斑中央变为灰白色,半透明,容易穿孔。叶柄上的病斑呈椭圆形或纺锤形,褐色凹陷。潮湿时病部产生淡红色黏状物。高温、高湿情况下发病严重。

【防治方法】 实行轮作,加强管理,调节好温、湿度,发病初期喷 70%代森锰锌可湿性粉剂 500 倍液,或 50% 多菌灵可湿性粉剂 600 倍液,每隔 7 天 1 次,连续喷 2～3 次。

8. 害虫

萝卜的害虫主要有蚜虫和地老虎,防治方法在瓜类和茄果类蔬菜部分已经介绍。此外,为害萝卜最严重的害虫是种蝇。种蝇的幼虫为害十字花科蔬菜根部,也能为害其他蔬菜。

成虫在萝卜根际产卵,孵化后幼虫蛀食肉质根,进入内部,边食边长,使肉质根丧失食用价值。

种蝇的成虫有趋向腐臭有机物的习性。因此,施用未腐熟的有机肥料,能吸引成虫产卵。一般 4 月下旬至 5 月下旬为第一代幼虫为害盛期。

防治方法是发现幼虫用 90% 晶体敌百虫 1 000 倍液喷布,也可用 50% 敌敌畏乳油 1 000 倍液灌根。

附录 无公害农产品管理办法

农业部 国家质量监督检验检疫总局
2002 年 4 月 29 日发布

第一章 总 则

第一条 为加强对无公害农产品的管理,维护消费者权益,提高农产品质量,保护农业生态环境,促进农业可持续发展,制定本办法。

第二条 本办法所称无公害农产品,是指产地环境、生产过程和产品质量符合国家有关标准和规范的要求,经认证合格获得认证证书并允许使用无公害农产品标志的未经加工或者初加工的食用农产品。

第三条 无公害农产品管理工作,由政府推动,并实行产地认定和产品认证的工作模式。

第四条 在中华人民共和国境内从事无公害农产品生产、产地认定、产品认证和监督管理等活动,适用本办法。

第五条 全国无公害农产品的管理及质量监督工作,由农业部门、国家质量监督检验检疫部门和国家认证认可监督管理委员会按照"三定"方案赋予的职责和国务院的有关规定,分工负责,共同做好工作。

第六条 各级农业行政主管部门和质量监督检验检疫部门应当在政策、资金、技术等方面扶持无公害农产品的发展,组织无公害农产品新技术的研究、开发和推广。

第七条 国家鼓励生产单位和个人申请无公害农产品产地认定和产品认证。

实施无公害农产品认证的产品范围由农业部、国家认证认可监督管理委员会共同确定、调整。

第八条 国家适时推行强制性无公害农产品认证制度。

第二章 产地条件与生产管理

第九条 无公害农产品产地应当符合下列条件：

(一)产地环境符合无公害农产品产地环境的标准要求；

(二)区域范围明确；

(三)具备一定的生产规模。

第十条 无公害农产品的生产管理应当符合下列条件：

(一)生产过程符合无公害农产品生产技术的标准要求；

(二)有相应的专业技术和管理人员；

(三)有完善的质量控制措施,并有完整的生产和销售记录档案。

第十一条 从事无公害农产品生产的单位或者个人,应当严格按规定使用农业投入品。禁止使用国家禁用、淘汰的农业投入品。

第十二条 无公害农产品产地应当树立标示牌,标明范围、品种、责任人。

第三章 产地认定

第十三条 省级农业行政主管部门根据本办法的规定负责组织实施本辖区内无公害农产品产地的认定工作。

第十四条 申请无公害农产品产地认定的单位或者个人(以下简称申请人),应当向县级农业行政监管部门提交书面申请,书面申请应当包括以下内容：

(一)申请人的姓名(名称)、地址、电话号码；

(二)产地的区域范围、生产规模；

(三)无公害农产品生产计划；

(四)产地环境说明；

（五）无公害农产品质量控制措施；

（六）有关专业技术和管理人员的资质证明材料；

（七）保证执行无公害农产品标准和规范的声明；

（八）其他有关材料。

第十五条　县级农业行政主管部门自收到申请之日起，在10个工作日内完成对申请材料的初审工作。

申请材料初审不符合要求的，应当书面通知申请人。

第十六条　申请材料初审符合要求的，县级农业行政主管部门应当逐级将推荐意见和有关材料上报省级农业行政主管部门。

第十七条　省级农业行政主管部门自收到有关材料之日起，在10个工作日内完成对有关材料的审核工作，符合要求的，组织有关人员对产地环境、区域范围、生产规模、质量控制措施、生产计划等进行现场检查。

现场检查不符合要求的，应当书面通知申请人。

第十八条　现场符合要求的，应当通知申请人委托具有资质资格的检测机构，对产地环境进行检测。

承担产地环境检测任务的机构，根据检测结果出具产地环境检测报告。

第十九条　省级农业行政主管部门对材料审核、现场检查和产地环境检测结果符合要求的，应当自收到现场检查报告和产地环境检测报告之日起，30个工作日内颁发无公害农产品产地认定证书，并报农业部和国家认证认可监督管理委员会备案。

不符合要求的，应当书面通知申请人。

第二十条　无公害农产品产地认定证书有效期为3年。期满需要继续使用的，应当在有效期满90日前按照本办法规定的无公害农产品产地认定程序，重新办理。

第四章　无公害农产品认证

第二十一条　无公害农产品的认证机构，由国家认证认可监督管理委员会审批,并获得国家认证认可监督管理委员会授权的认可机构的资格认可后,方可从事无公害农产品认证活动。

第二十二条　申请无公害农产品认证的单位或者个人(以下简称申请人),应当向认证机构提交书面申请,书面申请应当包括以下内容:

(一)申请人的姓名(名称)、地址、电话号码;

(二)产品品种、产地的区域范围和生产规模;

(三)无公害农产品生产计划;

(四)产地环境说明;

(五)无公害农产品质量控制措施;

(六)有关专业技术和管理人员的资质证明材料;

(七)保证无公害农产品产地认定证书;

(八)生产过程记录档案;

(九)认证机构要求提交的其他材料。

第二十三条　认证机构自收到无公害农产品认证申请之日起,应当在15个工作日内完成对申请材料的审核。材料审核不符合要求的,应当书面通知申请人。

第二十四条　符合要求的,认证机构可以根据需要派员对产地环境、区域范围、生产规模、质量控制措施、生产计划、标准和规范的执行情况等进行现场检查。现场检查不符合要求的,应当书面通知申请人。

第二十五条　材料审核符合要求的、或者材料审核和现场检查符合要求的(限于需要对现场进行检查时),认证机构应当通知申请人委托具有资质资格的检测机构对产品进行检测。

承担产品检测任务的机构,根据检测结果出具产品检测报告。

第二十六条　认证机构对材料审核、现场检查(限于需要对现场进行检查时)和产品检测结果符合要求的,应当在自收到现场检查报告和产品检测报告之日起,30个工作日内颁发无公害农产品认证证书。

不符合要求的,应当书面通知申请人。

第二十七条　认证机构应当自颁发无公害农产品认证证书后30个工作日内,将其颁发的认证证书副本同时报农业部和国家认证认可监督管理委员会备案,由农业部和国家认证认可监督管理委员会公告。

第二十八条　无公害农产品认证证书有效期为3年。期满需要继续使用的,应当在有效期满90日前按照本办法规定的无公害农产品认证程序,重新办理。

在有效期内生产无公害农产品认证证书以外的产品品种的,应当向原无公害农产品认证机构办理认证证书的变更手续。

第二十九条　无公害农产品产地认定证书、产品认证证书格式由农业部、国家认证认可监督管理委员会规定。

第五章　标志管理

第三十条　农业部和国家认证认可监督管理委员会制定并发布《无公害农产品标志管理办法》。

第三十一条　无公害农产品标志应当在认证的品种、数量等范围内使用。

第三十二条　获得无公害农产品认证证书的单位或者个人,可以在证书规定的产品、包装、标签、广告、说明书上使用无公害农产品标志。

第六章　监督管理

第三十三条　农业部、国家质量监督检验检疫总局、国家认证认可监督管理委员会和国务院有关部门根据职责分工依法组织对无公害农产品的生产、销售和无公害农产品标志使用等活动进行监督管理。

(一)查阅或者要求生产者、销售者提供有关材料;

(二)对无公害农产品产地认定工作进行监督;

（三）对无公害农产品认证机构的认证工作进行监督；

（四）对无公害农产品的检测机构的检测工作进行检查；

（五）对使用无公害农产品标志的产品进行检查、检验和鉴定；

（六）必要时对无公害农产品经营场所进行检查。

第三十四条　认证机构对获得认证的产品进行跟踪检查，受理有关的投诉、申诉工作。

第三十五条　任何单位和个人不得伪造、冒用、转让、买卖无公害农产品产地认定证书、产品认证证书和标志。

第七章　罚　　则

第三十六条　获得无公害农产品产地认定证书的单位或者个人违反本办法，有下列情形之一的，由省级农业行政主管部门予以警告，并责令限期改正；逾期未改正的，撤销其无公害农产品产地认定证书：

（一）无公害农产品产地被污染或者产地环境达不到标准要求的；

（二）无公害农产品产地使用的农业投入品不符合无公害农产品相关标准要求的；

（三）擅自扩大无公害农产品产地范围的。

第三十七条　违反本办法第三十五条规定的，由县级以上农业行政主管部门和各地质量监督检验检疫部门根据各自的职责分工责令停止，并可处以违法所得1倍以上3倍以下的罚款，但最高罚款不得超过3万元；违法所得的，可以处1万元以下的罚款。

第三十八条　获得无公害农产品认证并加贴标志的产品，经检查、检测、鉴定，不符合无公害农产品质量标准要求的，由县级以上农业行政主管部门或者各地质量监督检验检疫部门责令停止使用无公害农产品标志，由认证机构暂停或者撤销认证证书。

第三十九条　从事无公害农产品管理的工作人员滥用职权、徇私舞弊、玩忽职守的，由所在单位或者所在单位的上级行政主管部门给予行政处分;构成犯罪的,依法追究刑事责任。

第八章　附　则

第四十条　从事无公害农产品的产地认定的部门和产品认证的机构不得收取费用。

检测机构的检测、无公害农产品标志按国家规定收取费用。

第四十一条　本办法由农业部、国家质量监督检验检疫总局和国家认证认可监督管理委员会负责解释。

第四十二条　本办法自发布之日起施行。

金盾版图书,科学实用,
通俗易懂,物美价廉,欢迎选购

怎样种好菜园(新编北
　方本修订版)　　　　19.00 元
怎样种好菜园(南方本
　第二次修订版)　　　8.50 元
菜田农药安全合理使用
　150 题　　　　　　　7.00 元
露地蔬菜高效栽培模式　9.00 元
图说蔬菜嫁接育苗技术　14.00 元
蔬菜贮运工培训教材　　8.00 元
蔬菜生产手册　　　　　11.50 元
蔬菜栽培实用技术　　　25.00 元
蔬菜生产实用新技术　　17.00 元
蔬菜嫁接栽培实用技术　10.00 元
蔬菜无土栽培技术
　操作规程　　　　　　6.00 元
蔬菜调控与保鲜实用
　技术　　　　　　　　18.50 元
蔬菜科学施肥　　　　　9.00 元
蔬菜配方施肥 120 题　　6.50 元
蔬菜施肥技术问答(修订
　版)　　　　　　　　8.00 元
现代蔬菜灌溉技术　　　7.00 元
城郊农村如何发展蔬菜
　业　　　　　　　　　6.50 元
蔬菜规模化种植致富第
　一村——山东省寿光市
　三元朱村　　　　　　10.00 元

种菜关键技术 121 题　　13.00 元
菜田除草新技术　　　　7.00 元
蔬菜无土栽培新技术
　(修订版)　　　　　　14.00 元
无公害蔬菜栽培新技术　9.00 元
长江流域冬季蔬菜栽培
　技术　　　　　　　　10.00 元
南方高山蔬菜生产技术　16.00 元
夏季绿叶蔬菜栽培技术　4.60 元
四季叶菜生产技术 160
　题　　　　　　　　　7.00 元
绿叶菜类蔬菜园艺工培
　训教材　　　　　　　9.00 元
绿叶蔬菜保护地栽培　　4.50 元
绿叶菜周年生产技术　　12.00 元
绿叶菜类蔬菜病虫害诊
　断与防治原色图谱　　20.50 元
绿叶菜类蔬菜良种引种
　指导　　　　　　　　10.00 元
绿叶菜病虫害及防治原
　色图册　　　　　　　16.00 元
根菜类蔬菜周年生产技
　术　　　　　　　　　8.00 元
绿叶菜类蔬菜制种技术　5.50 元
蔬菜高产良种　　　　　4.80 元
根菜类蔬菜良种引种指
　导　　　　　　　　　13.00 元

新编蔬菜优质高产良种	12.50元	培	7.00元
名特优瓜菜新品种及栽		四棱豆栽培及利用技术	12.00元
培	22.00元	菜豆豇豆荷兰豆保护地	
稀特菜制种技术	5.50元	栽培	5.00元
蔬菜育苗技术	4.00元	图说温室菜豆高效栽培	
豆类蔬菜园艺工培训教		关键技术	9.50元
材	10.00元	黄花菜扁豆栽培技术	6.50元
瓜类豆类蔬菜良种	7.00元	番茄辣椒茄子良种	8.50元
瓜类豆类蔬菜施肥技术	6.50元	日光温室蔬菜栽培	8.50元
瓜类蔬菜保护地嫁接栽		温室种菜难题解答（修	
培配套技术120题	6.50元	订版）	14.00元
瓜类蔬菜园艺工培训教		温室种菜技术正误100	
材（北方本）	10.00元	题	13.00元
瓜类蔬菜园艺工培训教		蔬菜地膜覆盖栽培技术	
材（南方本）	7.00元	（第二次修订版）	6.00元
菜用豆类栽培	3.80元	塑料棚温室种菜新技术	
食用豆类种植技术	19.00元	（修订版）	29.00元
豆类蔬菜良种引种指导	11.00元	塑料大棚高产早熟种菜	
豆类蔬菜栽培技术	9.50元	技术	4.50元
豆类蔬菜周年生产技术	10.00元	大棚日光温室稀特菜栽	
豆类蔬菜病虫害诊断与		培技术	10.00元
防治原色图谱	24.00元	日常温室蔬菜生理病害	
日光温室蔬菜根结线虫		防治200题	8.00元
防治技术	4.00元	新编棚室蔬菜病虫害防	
豆类蔬菜园艺工培训教		治	15.50元
材（南方本）	9.00元	南方早春大棚蔬菜高效	
南方豆类蔬菜反季节栽		栽培实用技术	10.00元

以上图书由全国各地新华书店经销。凡向本社邮购图书或音像制品，可通过邮局汇款，在汇单"附言"栏填写所购书目，邮购图书均可享受9折优惠。购书30元（按打折后实款计算）以上的免收邮挂费，购书不足30元的按邮局资费标准收取3元挂号费，邮寄费由我社承担。邮购地址：北京市丰台区晓月中路29号，邮政编码：100072，联系人：金友，电话：(010)83210681、83210682、83219215、83219217(传真)。